KB145646

생명의 수학

이언 스튜어트

안지민 옮김

생명의
수학

21세기 수학과 생물학의 혁명

사이언스 북스
SCIENCE BOOKS

들어가며

동물의 뼈에 달이 변하는 모습을 새겼던 아주 먼 옛날부터 대형 강입자 충돌기(Large Hadron Collider)로 힉스 보손을 찾는 오늘날까지, 수학의 이론과 그 응용은 언제나 함께였다. 아이작 뉴턴(Isaac Newton)이 미적분으로 천체를 연구한 이래 지난 3세기 동안, 물리학자들은 수리 물리학 — 열, 빛, 소리, 유체 역학, 상대성과 양자 이론 — 의 틀을 세웠다. 수학적 사고는 물리학에서 가장 중요한 틀이 되었다.

하지만 생명 과학에서는 그렇지 않았다. 수학은 주인이 아닌 종일뿐이었다. 수학은 기계적인 계산을 할 때나 통계 자료에서 나타나는 패턴의 의미를 따져볼 때 사용했지, 생물학의 지식과 관련된 중요한 통찰이나 이해에 도움이 되지 않았으며, 훌륭한 이론이나 실험을 고무

하지도 못했다.

오늘날 사정은 달라졌다. 현대 생물학에서는 중요한 질문들이 많이 나오고 있으며, 그중 다수가 뛰어난 수학 지식이 있어야 답할 수 있는 것들이다. 생명 과학, 특히 생명 과정(living process)을 연구하는 분야에서는 매우 다양한 분야의 수학을 활용하고 있으며, 필요한 경우 완전히 새로운 분야의 수학을 만들어 내기도 한다. 오늘날 수학자들과 생물학자들은 인류가 마주해 온 가장 어려운 문제들을 풀기 위해 함께 일하고 있다. 생명의 기원과 본질도 그와 같은 문제 중 하나이다.

21세기 수학의 지평은 생물학으로 인해 확장될 것이다.

『생명의 수학(Mathematics of Life)』에서는 인간 유전체 사업, 바이러스와 세포의 구성, 유기체의 생김새와 행동, 생태계와의 상호 작용에 이르기까지 수학과 생물학이 가진 기존의 연관성들을 풍부하고 다양하게 소개한다. 또한 진화 과정 중에는 그 기간이 너무 길어 관찰하기 어려운 것도 많고, 몇억 년 전에 일어나 아리송한 자취밖에 남지 않은 것들도 있는데, 이렇게 진화와 관련된 까다로운 문제에 수학이 어떻게 새로운 빛을 던져 줄 수 있는지도 나온다.

처음에, 생물학은 식물과 동물만을 대상으로 했다. 그러다가 그 대상은 세포가 되었다. 이제는 주로 복잡한 분자들을 다룬다. 이 책에서는 생명의 수수께끼를 탐구하는 과학적 사고가 이렇게 변화한 것을 반영해, 처음에는 인간이 일상에서 볼 수 있는 수준에서 이야기를 시작한 뒤, 역사적 흐름을 따라 생물학자들이 급격히 관심을 집중한 생명체의 미세 구조와 그 정점인 '생명의 분자' DNA를 다룬다.

따라서 첫 세 장의 이야기는 주로 생물학과 관련된다. 하지만 수학도 일찍 등장해 빅토리아 시대에서 오늘날까지, 식물의 생김과 짜임에 관한 생물학의 질문에서 어떻게 새로운 수학적 아이디어가 탄생했는지 설명한다. 이렇게 생물학적인 배경을 마련한 뒤에, 원자 수준에서 시작해 우리가 가장 편안하게 느끼는, 우리가 사는 세계의 수준으로 다시 돌아올 때까지 수학은 무대의 중심에 있을 것이다.

생명과 관련된 수학의 범위는 매우 넓다. 확률, (동)역학, 카오스 이론, 대칭, 네트워크, 탄성, 심지어는 매듭 이론까지 그 범위에 포함된다. 이 책에서 다루는 응용 수학의 대부분은 주류 수리 생물학(mathematical biology)과 관련된 것이다. 주류 수리 생물학에서는 복잡한 생명 과정을 조직하는 합성 분자의 구조와 기능, 바이러스의 형태, 이 땅에 가지각색의 생명을 낳게 했고 지금도 진행 중인 진화 게임, 신경계와 뇌의 작용, 생태계의 역학들을 연구한다. 생명의 본성과 외계 생명체의 존재 가능성에 관한 주제도 책에 포함되었다.

수학과 생물학의 연합은 과학에서 가장 뜨거운 주제이다. 두 학문은 매우 짧은 시간 동안 먼 길을 왔다. 얼마나 더 갈 수 있을지는 아무도 모른다. 하지만 확실히, 그 길은 짜릿할 정도로 재미있을 것이다.

2010년 9월
코번트리에서
이언 스튜어트

차례

들어가며   5

1   수학과 생물학   11

2   작디작은 생명체   27

3   생명의 긴 목록   49

4   꽃에서 찾은 수학   61

5   종의 기원   85

6   수도원 정원에서   117

7   생명의 분자   137

8   생명의 책   167

9   생명의 나뭇가지를 따라서   187

10   4차원에서 온 바이러스   207

11 숨겨진 배선도   235

12 매듭과 접기   267

13 반점과 줄무늬   291

14 도마뱀 게임   311

15 정보망 형성   359

16 플랑크톤 역설   377

17 생명이란?   401

18 거기 누구 없소?   421

19 여섯 번째 혁명   463

후주   468

도판 저작권   488

옮긴이의 글   490

찾아보기   493

1

수학과 생물학

그동안 생물학은 식물과 동물, 곤충을 연구 대상으로 했지만, 다섯 번의 큰 혁명이 일어나면서 생명이 무엇인가에 대한 생각은 바뀌어 갔다.

여섯 번째 혁명은 아직 진행 중이다.

처음에 일어난 다섯 혁명들은 각각 현미경을 발명하고, 지구에 사는 생명체들을 체계적으로 분류하고, 진화 이론이 나타나고, 유전자를 발견하고, DNA의 구조를 알게 되면서 일어났다. 이 사건들을 차례로 살펴본 다음, 더욱 말 많은 여섯 번째 혁명으로 넘어가자.

현미경

300년 전에 일어난 첫 번째 혁명은, 현미경이 발명되어 가장 작은 세계에 사는 복잡한 생명체들에 눈을 뜨면서 시작되었다. 더 정확히 말하면, 인간의 시각에 새로운 도구를 더하면서, 생명의 복잡함을 눈으로 관찰할 수 있는 길이 열렸다.

　유기체의 내부가 놀랍도록 복잡하다는 사실은 현미경이 발명되면서 알려졌다. 처음으로 놀라움을 일으킨 사실은 생물이 세포 — 화학 물질이 든 매우 작은 주머니로, 막으로 둘러싸여 있으며 몇몇 화학 물질이 드나들 수 있다 — 로 만들어졌다는 것이었다. 어떤 유기체들은 하나의 세포로 이루어졌지만, 그 유기체들조차도 놀라울 정도로 복잡했는데, 각각 하나의 세포는 하나의 온전한 화학 체계여서 그리 단순하지 않기 때문이다. 다른 많은 유기체들은 엄청나게 많은 세포들로 이루어진다. 사람의 몸 안에는 거의 75조 개의 세포가 들어 있다. 하나의 세포는 고유의 유전 장치를 가진 작은 기계이며, 스스로 번식하거나 죽을 수도 있다. 세포의 종류로는 근육 세포, 신경 세포, 혈액 세포 등이 있으며, 총 200가지가 넘는다.

　세포는 현미경이 발명된 직후 나타났다. 고배율 현미경 아래에서 유기체를 보면 세포를 못 보고 지나칠 수가 없다.

분류

두 번째 혁명은 스웨덴의 식물학자이자 동물학자, 그리고 의사인 칼 폰 린네(Carl von Linné)가 일으켰다. 1735년, 그가 쓴 방대한 책『자연의 체계(Systema Naturae)』가 출판되었다. 책의 온전한 제목은 다음과 같다.『특성, 차이, 동종이명(同種異名), 지역과 종, 속, 목, 강에 따라 세 가지 계로 분류되는 자연의 체계(The System of Nature through the Three Kingdoms of Nature, According to Classes, Orders, Genera and Species, with Characters,

Differences, Synonyms, Places)』. 자연의 세계에 무척이나 흥미를 느낀 린네는 자연에 있는 모든 것의 목록을 만들기로 결심했다. 처음 펴낸 목록은 11쪽짜리였다. 마지막 13번째로 펴낸 목록은 3000쪽에 달했다. 린네는 자연의 숨겨진 질서 같은 것을 밝혀내려 하지는 않았다. 다만 자연에 있는 것들을 체계적으로 엮어 내려 했을 뿐이었다. 그는 자연에 있는 것들을 계(kingdom), 강(class), 목(order), 속(genus), 종(species)의 다섯 단계로 나누었다. 계는 동물, 식물, 광물 세 가지로 나누었다. 그는 관련된 무리로 생명체들을 나누는 분류학의 아버지가 되었다.

린네의 분류에서 광물은 더 잘게 나누어지지 않았지만, 식물과 동물에는 더 자세한 항목과 내용이 추가되었다. 최근 린네의 체계 대신 다른 분류 체계를 사용하자는 학자들이 있지만, 아직은 널리 받아들여지지 않는다. 린네는 생물을 체계적으로 분류하는 일이 과학에서 매우 중요하다고 생각했으며, 그러한 생각을 실행에 옮겼다. 그런 린네도 가끔 실수를 했다. 처음에 고래를 물고기로 분류했던 것이다. 1758년 『자연의 체계』 10판에서 어류학자인 친구가 고래를 포유동물로 바로잡았다.

린네의 분류 체계에서 가장 유용하고 가장 잘 알려진 특징은 호모 사피엔스(*Homo sapiens*), 펠리스 카투스(*Felis catus*), 투르두스 메룰라(*Turdus merula*), 퀘르쿠스 로부르(*Quercus robur*)처럼 두 단어 이름을 사용한다는 점이다. 이 이름들은 각각 사람, 고양이, 대륙검은지빠귀, 로부르참나무 종을 뜻한다.[1] 분류가 중요한 까닭은 자연의 목록을 만들 수 있어서도, 멋진 라틴 어 학명을 써서 자신이 얼마나 똑똑한지를 보여 줄 수 있어서도 아니다. 존재하는 많은 생물을 논리에 따라 분명하게 구분할 수 있기 때문이다. 사람들이 흔히 쓰는 말로는 그것이 불가능한데, 이를테면 '검은새(blackbird)'란 검은지빠귀(common blackbird), 회색날개지빠귀(grey-winged blackbird), 인도지빠귀(Indian blackbird), 티베트지빠귀(Tibetan blackbird), 흰깃지빠귀(white-collared blackbird), 또는 26종의 신세계찌르레기사촌과(New World blackbird) 중 무엇을 말하는 것인가? 그러나 린네의 투르두스 메룰라는 정확히 대륙검은지빠귀를 가리키기 때문에 혼동을 일으키지 않는다.

진화

끓어오르고 있었던 세 번째 혁명은 1859년 찰스 로버트 다윈(Charles Robert Darwin)의 『종의 기원(*The Origin of Species*)』이 출판되면서 흘러넘쳤다. 『종의 기원』은 6판까지 나왔고, 물리학의 갈릴레오나 코페르니쿠스, 뉴턴과 아인슈타인의 연구와 비견될 만한 진정 위대한 과학 작품 중 하나가 되었다. 『종의 기원』에서 다윈은 다양한 생명이 어디에서 비롯되었는지를 새로운 눈으로 보았다.

그가 살았던 시대에는 보통 사람들뿐만 아니라 과학자들도 모든 종은 신이 천지를 창조하면서 일일이 만들었다고 믿었다. 그러한 믿음에서 보면 종은 시간이 지나도 변하지 않는다. 양은 전에도, 지금도, 앞으로도 언제나 양일 것이다. 개도 언제나 개로 있을 것이다. 그러나 다윈은 여행을 다니며 수집한 생물학적 증거들을 가지고 깊이 생각한 뒤, 그와 같은 편리한 주장이 믿을 만하지 못하다고 판단했다.

비둘기 애호가들은 부모와 전혀 다른 종류의 새끼 비둘기가 나오도록 의도적으로 부모 비둘기를 짝짓기하게 할 수 있다. 개나 소와 같은 가축도 마찬가지이다. 이때 종을 변화시키려면 사람의 손이 필요하다. 동물은 '저절로' 변하지 않는다. 누군가가 계획을 따라 세심하게 **선**

택해야 했다. 그러나 다윈은 자연 상태에서도 원리상으로는 자원 경쟁에 따라 비슷한 변화가 일어날 수 있음을 알았다. 힘든 상황에서 생존력이 더 강한 동물은 충분히 오래 살면서 다음 세대를 낳을 것이고, 이때 나온 세대는 환경에 조금 더 잘 적응할 것이다.

다윈이 느끼기에 환경에 따른 이러한 변화는 인위적인 짝짓기에 의한 것보다는 훨씬 더 점진적이기는 하지만, 긴 시간이 지나면 종 안의 일부 개체들은 뚜렷하게 다른 형태와 습성을 갖게 된다. 그가 보기에 이 과정은 작디 작은 무수히 많은 변화들이 천천히 쌓여 이루어진다. 지질학을 공부했던 다윈은 지구가 영겁의 시간 동안 있어 왔다는 사실을 정확히 알고 있었기 때문에, 시간은 문제가 되지 않았다. 아주 느린 변화조차도 결국에는 매우 중요해질 수 있었다.

그는 이 과정을 "자연 선택(natural selection)"이라고 했다. 오늘날 우리는 '진화'라고 하지만, 정작 다윈은 이 말을 쓰지 않았다. 『종의 기원』의 마지막 낱말이 "진화한(evolved)"이었음을 제외하면 말이다. 진화를 옹호하는 증거는 널리 퍼져 있고, 서로 독립적인 수많은 분야에서 나오기 때문에 생물학은 이제 진화 없이는 말이 되지 않는다. 오늘날 거의 모든 생물학자들이(그리고 연구 분야와 상관없이 대부분의 과학자들도) 압도적으로 다양한 종이 나타난 이면에는 진화의 작용이 있었다는 증거를 발견하고 있다. 하지만 진화가 어떻게 작동하는지는 그와 전혀 다른 문제로, 아직도 알아야 할 부분이 많다.

유전학

네 번째 혁명은 그레고어 요한 멘델(Gregor Johann Mendel)이 유전자를 발견하면서 일어났다. 하지만 그가 1865년 발표한 내용은 50년 동안 제대로 평가 받지 못했다.

색깔, 크기, 질감, 모양과 같이 생명체에서 살펴볼 수 있는 특성들을 형질(특징 혹은 특성)이라고 한다. 다윈은 유전이 구체적으로 어떻게 일어나는지는 잘 모르지만, 이런저런 면으로 미루어 보아 부모에게 있는 형질이 자손들에게 대물림되는 것은 분명하다고 생각했다. 사실 전달 기제에 대한 연구는 다윈이 『종의 기원』을 쓰고 있을 때 이미 진행되고 있었지만, 그는 그 사실을 몰랐다. 아마 알았다면 그의 생각에 주요한 영향을 주었을 것이다.

1860년 즈음, 오스트리아의 수도사였던 멘델은 7년 동안 완두콩 식물 2만 9000그루를 가꾸면서 세대마다 특정한 성질이 얼마나 나타나는지를 셌다. 콩의 색이 노란지 푸른지, 표면이 매끈한지 주름이 졌는지 등의 성질을 살펴본 결과 흥미로운 수학 패턴이 나타났다. 멘델은 모든 생물 안에는 오늘날 유전자라고 부르는 '인자(factor)'가 있으며, 생명체가 가진 많은 특성들은 그 인자로 결정된다는 생각을 굳혔다. 이 인자는 이전 세대에서 물려받는데, 유성 생물의 경우 이 인자들은 둘씩 짝지어 나타난다. 둘 중 하나는 '아버지(완두콩 식물의 남성 기관)'에서 물려받고 다른 하나는 '어머니(완두콩 식물의 여성 기관)'에서 물려받는다. 인자 하나하나는 여러 형태로 나타날 수 있다. 이 '대립유전자(alleles)' — 유전 변이체 — 들이 섞이면 멘델이 살펴본 결과에서와 같은 패턴이 나타난다.

처음에 멘델이 말한 인자의 형태는 완전한 수수께끼였다. 그런 인자가 있다는 사실조차도 수학 패턴에서 간접적으로 알아냈기 때문이다. 잇따른 세대 속에서 특정 성질을 가진 완두콩 식물이 차지하는 비율은 하나의 수학적 패턴을 이루었다.

DNA의 구조

다섯 번째 혁명은 더 분명했으며, 첫 번째 혁명과 마찬가지로 새로운 기법을 발견하면서 일어났다. 그 기법은 엑스선 회절로, 복잡하고 중요한 분자 구조를 알아낼 때 생화학자들이 사용한다. 엑스선 회절은 사실상 '현미경'과 같아 분자 속 개개 원자들의 위치를 보여 준다.

1950년대 프랜시스 해리 컴프턴 크릭(Francis Harry Compton Crick)과 제임스 듀이 왓슨(James Dewey Watson)은 거의 모든 생물 속에서 나타나는 합성 분자(complex molecule)인 디옥시리보핵산(deoxyribose nucleic acid), 우리에게는 그 머리글자로 널리 알려진 DNA의 구조에 대해 생각하기 시작했다. 영국인 크릭은 물리학을 공부했으나, 온도가 높은 물의 점성을 측정하는 방법에 대해 박사 논문을 쓰다가 막판에 질려 1947년 생화학으로 옮겨갔다. 왓슨은 미국인으로 첫 전공은 동물학이었다. 그는 세균 속에 들어가 그 수를 불리는 바이러스인 세균 바이러스(bacteriophage, 일명 '세균 포식자')에 흥미가 있었다. 그는 유전자의 물리적 성질 — 분자의 구조 — 을 이해하려는 야심찬 계획을 세웠다.

당시 과학자들은 유전자가 세포 속의 염색체라는 영역에 살고 있으며, 유전자를 이루는 주요 물질은 단백질과 DNA라는 사실을 이미 알고 있었다. 생물학자들의 일반적인 생각에 따르면, 생물이 번식할 수 있는 까닭은 유전자가 스스로를 복제할 수 있는 단백질이기 때문이었다. DNA는 '쓸모없는 4뉴클레오티드(stupid tetranucleotide)'로서, 고작해야 단백질이 서로 엮일 수 있도록 돕는 임시 받침대일 뿐이라고 생각했다.

하지만 DNA가 유전자를 이루는 분자라는 증거가 이미 나온 이상 중요한 의문이 곧바로 제기되었다. DNA 분자는 어떻게 생겼을까? 그것을 이루는 원자는 어떤 순서로 놓일까?

크릭과 왓슨은 결국 함께 일하게 되었다. 그들은 다른 사람들(특히 모리스 윌킨스와 로절린드 프랭클린)의 중요한 엑스선 회절 실험을 바탕으로 DNA를 분석했고, 몇 가지 핵심적인 사실에 집중해 모형을 만들기 시작했다. 그들은 카드나 간단한 분자 모형의 금속을 조립해 나갔고, 이 모형을 바탕으로 오늘날 잘 알려진 이중 나선 구조를 제안했다. DNA는 나선형의 계단이 서로 얽혀 있는 모양으로 두 가닥의 끈이 꼬여 만들어졌다. 끈(계단) 하나에는 아데닌(A), 시토신(C), 구아닌(G), 티민(T)이라는 4종류의 염기들이 달려 있다. 염기는 둘씩 짝지어 나타난다. 한 끈에 있는 A는 다른 끈에 있는 T와 만나고, 한 끈에 있는 C는 반드시 다른 끈에 있는 G와 만난다.

크릭과 왓슨은 자신들의 주장을 1953년 《네이처(*Nature*)》에 냈다. 글은 다음과 같이 시작한다. "디옥시리보핵산(D.N.A)의 구조에 대한 의견을 내고자 한다. 이 구조에는 참신한 특징이 있어 생물학적으로 더없이 흥미로우리라 생각한다." 마지막은 다음과 같이 마무리했다. "우리가 기본 전제로 가정한 [A와 T, C와 G의] 특정한 짝짓기는 바로 유전 물질이 복제되는 방법을 보여 준다고 생각할 수밖에 없었다."[2]

기본적 생각은 간단하다. 두 끈 중 어느 하나에 있는 염기 서열이 모든 구조를 결정한다. 다른 끈에서, 염기가 놓이는 순서는 마주 보는 끈에 있는 염기들을 따라 정해진다. 즉 마주 보는 끈의 A를 T로, T는 A로, C는 G로, G는 C로 맞바꾸면 된다. DNA를 두 끈으로 나누어 놓는다면, 두 끈 모두 나머지 다른 끈을 다시 만들어 낼 충분한 '정보'를 가지고 있는 것이다. 이때 끈마다 짝이 맞는 나머지 다른 끈을 만들어 묶어 주기만 하면 본래 하나였던 DNA가 2개로 완벽하게 복제된다.

크릭과 왓슨이 주장한 DNA의 구조, 실험에서 얻은 중요한 실마리를 바탕으로 수도 없이 모형을 만지작거리며 얻은 그 결과는 옳았다. 또 미루어 짐작만 했지 확실한 증거가 없어《네이처》에 드러내 놓고 말하지 못했던 복제 방법도 옳았다. 하지만 서로 꼬여 있는 나선을 그리 간단히 떼어낼 수는 없기 때문에, 복제를 하려면 꽤 복잡한 방법이 필요하다. 그 방법이 무엇인지는 먼 훗날 밝혀질 것이었다.

크릭과 왓슨의 한 방으로, 생물학자들의 관심은 DNA, 단백질, 관련 분자들과 같은 물질의 분자 구조로 옮겨 갔다. 식물학자, 동물학자와 분류학자들은 각 대학의 생물학과에서 해고되거나 은퇴했다. 자연의 **모든 동물**을 연구하는 일은 시대에 뒤떨어졌다. 이제는 분자가 대세였다. 그때부터 생물학은 완전히 달라졌다. 크릭과 왓슨은 '생명의 비밀'을 보았다. 왓슨과 함께 정확한 DNA 구조를 찾아내기 며칠 전 크릭 스스로가 독수리(Eagle, 케임브리지 베넷 가에 있는 맥주집)에서 떠벌렸듯 말이다.

두 사람이 혁명을 일으킨 뒤로, 새롭고 중요한 진전들이 많이 이루어졌다. 그 진전들 다수는 매우 혁신적이지만, 기본 출발점은 크릭과 왓슨 때로부터 크게 달라지지 않았기 때문에, 더 극적이라 할지라도 진정한 혁명이 되지는 못한다. 2006년 인간 유전체 사업(Human Genome Project, HGP)은 사람의 유전자가 놓인 순서, 즉 30억 개의 유전 정보 전체를 목록으로 만드는 데 성공했다.[3] 이 일에는 여러 가지로 매우 큰 의미가 있다. 의학에서만도 완전히 새로운 분야가 열렸다. 생물학은 21세기 과학의 한계를 넓힐 가장 흥미로운 분야로, 의학과 농업은 크게 발전하고 과학자들은 생명 자체의 본질을 더 깊이 이해하게 될 것이다. 이 모든 일이 DNA 구조의 발견과 확실하게 연결되어 있다.

여기까지가 앞에서 말한 다섯 가지의 혁명이다.

혁명이 일어난 시간 간격은, 사람들에게 알려지기 전까지의 시간도 포함한다면 대략 50, 100, 50, 50년이다. 다섯 번째 혁명이 일어난 지 50년이 넘었다. 세상이 변하는 속도가 빨라지고 있음을 생각하면 여섯 번째 혁명은 벌써 일어났어야 하는데 늦어진 것 같다. 생명의 본성은 생화학의 문제만은 아니다. 다른 많은 과학도 생물의 삶을 설명하는 데 중요한 몫을 한다. 그들을 모두 묶어서, 완전히 새로운 앞날을 여는 것이 내가 말하는 생물학에서의 여섯 번째 혁명, 수학이다.

수학은 몇천 년 동안 사람과 함께 했다. 4000년 전의 바빌로니아 사람들은 2차방정식을 풀었다. 생물학자들도 수학의 기교와 방법, 그중에서도 통계학을 사용한 지 한 세기가 넘었다. 그러니 수학을 여섯 번째 '혁명'이라고 부르기에는 마땅치 않을지도 모른다. 그러나 내가 생각하는 수학은 — 이 글을 쓰는 동안 일어나고 있는 여섯 번째 혁명은 — 여기서 훨씬 더 나아간 것이다. 수학적 사고는 생물학이 쓰는 도구들 중에서도 표준이 되고 있다. 수학은 생명체에 대한 자료를 분석할 뿐만 아니라, 그 정보를 이해하는 도구이다.

수학이 무엇인지, 그것이 얼마나 유용한지에 대해서 많은 사람들이 잘못 알고 있다. 수학은 숫자나, 학교에서 배운 '더하기'만이 아니다. 그건 산술이다. 심지어 대수, 삼각법, 기하, 그리고 행렬처럼 더 현대적인 주제들을 포함한다 해도, 새롭고 효율적인 방법을 생각해 그것을 실천하는 수학의 큰 힘에 비하면 매우 제한된 내용일 뿐이다. 1퍼센트의 10분의 1이라 쳐도 많을 정도이다. 또한 학교에서 배우는 수학은 여러 면으로 보았을 때 수학의 모든 것을 나타내지 못한다. 마치 피아노 위에서 음계만 치는 것이 진짜 음악에 못 미칠 뿐만 아니라, 음악을 **만드는 것**에는 턱없이 모자란 것과 같다. 사람들은 흔히 수학이 이미 오래전에 완성(또는 발견)되었다고 생각하지만, 사실 새로운 수학은 놀라운 속도로 끊임없이 태어나고 있다. 매년 적게 잡아도 논문 100만 편이 나오며, 그 100만 편에는 기계적인 계산이 아닌 새로운 생각들이 들어 있다.

음계가 음악에서 기본이듯, 수도 수학에서 기본이지만 수학이 다루는 주제는 훨씬 넓다. 형태, 논리, 과정처럼 구조나 패턴이 있는 모든 것이 주제가 된다. 겉으로 볼 땐 패턴이 아예 없는 듯한 불확실성도 수학이 다루는 주제가 될 수 있는데, 아무렇게나 일어나는 사건들도 길게 보면 평균적으로 그만의 패턴이 나타난다는 사실을 통계학자들이 알아냈기 때문이다. 지금 생물학에서 쓰는 수학의 특징 하나는 다양성이다. 또 다른 특징은 새로움이다. 많은 수학이 50년도 되지 않았을 뿐만 아니라, 지난주에 갓 나온 것도 있다. 분야의 다양성을 보자면 매듭 이론에서 게임 이론, 미분 방정식에서 대칭군에 이른다. 그 속에는 우리가 한 번도 마주친 적 없으며, 마주쳤더라도 수학이라고 생각하지 않았을 생각들이 들어 있다. 수학으로 인해, 생물학에서 얻는 결과뿐만이 아니라, 생물학을 어떻게 **보아야 하는지**조차 바뀌고 있다.

수학에 많은 부분을 기대는 물리학에서는 이미 지겨운 이야기이다. 사실 수학과 물리학은 몇천 년 동안 함께 자라 왔다. 얼마 전까지도, 생물학은 달랐거나, 혹은 다른 듯했다. 오랫동안 생물학은 될 수 있다면 수학을 피하고픈 학생들이 선택했다. 셈을 할 줄 몰라도 나비의 삶의 주기는 공부할 수 있기 때문이다. 아직 생물학에는 뉴턴의 중력 법칙과 같은 기본적인 방정식이 없다. 물고기가 진화하며 거쳐 온 길을 다윈의 방정식 같은 것으로 계산하지 않는다. 하지만 오늘날 생물학에는 피하기 어려울 정도로 수학이 넘쳐난다. 그렇다고 물리학에서 쓰는 그대로는 아니다. 생물학에서의 수학은 자신만의 특별한 성격이 있다. 그리고 그중 많은 부분이 생물학자들의 필요에 따라 발전해, 더 이상 나비를 바라보는 것처럼 편하고 아늑하지만은 않다.

수학을 생물학에 쓸 때는 새로운 기구, 주로 컴퓨터가 필요하다. 새로운 생각 도구들, 수학 기술도 필요하다. 생물학의 필요에 특별히 맞춘 것들도 있지만, 다른 이유로 나타나 생물학에서 중요한 뜻을 가지는 것도 있다. 수학은 새로운 관점과, 생명을 이루는 성분과, 그 성분들이 사용되는 과정에도 관여한다.

여섯 번째 혁명, 수학적인 영감을 생물학에 응용하는 일은 벌써 그 길을 가고 있다고 믿는다. 이 책에서는 수학적인 기술과 관점이 생명을 이해하는 일, 즉 생명이 무엇으로 이루어졌고, 분자에서 지구, 어쩌면 그 너머에서 어떻게 작동하는지 아는 일에 이바지하고 있음을 보일 것이다.

얼마 전까지도, 많은 생물학자들이 수학이 생물학에 도움이 되리라고 믿지 않았다. 딱딱한 수학 공식에 맞추기에는 생명체들의 삶이 너무 다양했고, 그 형태도 너무 유연한 것 같았다. (그래서 하버드에는 이런 법칙 같지 않은 법칙이 있다. "조건을 알맞게 잘 조절한 실험실 안에서, 실험 동물은 자기가 하고 싶은 대로 한다.") 물론 통계와 같은 수학 도구들은 쓸 곳이 있었지만, 수학은 그저 종일 뿐 생물학의 주된 흐름에 큰 영향을 줄 수 없었다. 괴짜였던 다시 웬트워스 톰프슨(D'Arcy Wentworth Thompson)은 『성장과 형태에 대해(On Growth and Form)』라는 책에서 생명체에서 나타나는, 혹은 있다고 알려진 수많은 수학 패턴을 열거했지만 별다른 주목을 받지 못했다. 그 패턴들은 잘해 봐야 별도의 볼거리였고, 심하게 말하면 터무니없었다. 하기야 톰프슨의 책은 DNA의 구조가 알려지기 40년 전인 1917년에 처음 나왔고, 진화에 대해서도 거의 언급이 없었다. 다만 그가 본 진화에 대해서 어쩌다 일어날 수 있는 사실에 맞춰 이야기를 만드는 경향이라고 비난했을 뿐이다. 미국의 진화 생물학자 리처드 르원틴(Richard Lewontin)을 비롯해 생물학을 분자라는 좁은 눈에서 보는 것을 비판하는 사람들은 생물학의 주된 흐름에서 도태되었다. 유전체는 '한 생명체를 만드는 데 필요한 정보'였고, 그 정보를 알기만 하면 모든 것을 알게 되리라는 것은 분명한 이치였다.

하지만 유전자 서열의 발견과 관련된 주요한 어려움들을 극복하고, 유전자와 단백질의 기능(생명체 안에서 이들이 진짜로 **한** 일)을 밝혀내면서, 생명의 문제가 가진 진짜 깊이가 전과 달리 더욱 분명해졌다. 고양이를 이루는 단백질을 나열한다 해도 고양이에 대한 모든 것을 알지 못한다. 심지어는 세균처럼 더 단순한 생물에 대해서도 모든 것을 알지 못한다.

생명체의 유전체가 생물의 형태와 행동을 아는 바탕이 된다는 점은 분명하다. 하지만 가구를 이루는 물품을 안다고 해서 공구로 그것을 조립하는 방법까지 알지 못하듯이, 유전체 안에 있는 그 '정보'들만으로는 그 생명체에 대해 절대로 모든 것을 알지 못한다. 사실 생명체와 그 유전체 사이의 틈은 가구와 그것을 이루는 물품 사이의 틈보다 훨씬 크다. 한 예로, DNA에도 없고, 어쩌면 어떤 기호로도 '암호화'되지 않은 '후생적(epigenetic)' 정보가 지구에 사는 생명체에게 매우 필요하고 중요한 정보라는 사실이 지난 몇 년 동안 분명해졌다. 공구 상자의 사용 설명서에도 필요한 모든 것이 쓰여 있지는 않은 법이다.

부분들만으로는 생물학 전부를 이해하기에 부족하다. 그 부분들이 어떻게 쓰이는가, 즉 생명체 안에서 그 부분들이 어떤 과정을 겪는가가 더 중요한 문제이기 때문이다. 그 과정을 알아내는 데 가장 좋은 도구는 수학이다. 반 세기 더 전에 나온 새로운 수학 덕분에 겉보기에는 단순한 과정도 놀라울 정도로 복잡한 일을 할 수 있다는 사실이 드러나면서, 행동에 대한 다채롭고 놀라운 연구가 나타났다. 그 결과 수학이 지나치게 단순하고 규칙적이어서 복잡한 생명체에 대한 통찰을 얻을 수 없다는 믿음을 지키기가 어려워졌다. 이제는 수학의 힘을 사용해 참된 생물학적 영감을 얻는 방법에 관심을 갖기 시작했다.

수학은 생물학자들이 쓰는 기법의 성장을 돕는 도구로 사용되기도 한다. 이와 같은 활용은 물리학자들이 광학을 깊이 연구하고 제조업자들이 더 뛰어난 현미경을 설계할 때부터 있었다. 예를 들어 오늘날의 '생물 정보학(bioinformatics)'은 컴퓨터로 엄청난 자료 집합들을 저장하고 다루는 방법을 연구한다. 유전체의 염기 서열을 나열하는 것으로는 부족하다. 그 목록에서 필요한 부분을 찾고, 다른 목록에 있는 정보 항목과 비교할 수 있어야 한다. 목록에 정보 항목이 30억 개가 있다면(그 항목들이 무슨 일을 하는가는 제쳐 놓더라도, 암호만 해도 30억 개이다.), 그리 간단한 일이 아니다. 많은 컴퓨터 기술은 사실 엄청난 양의 수학에 의지하고 있으며, 생물 정보학도 마찬가지이다.

가치 있고, 쓰임이 많고, 필요하고, …… 그렇지만 흥미롭지는 않다. 수학이 하는 일은 아직 그렇게 기발하거나 신선해 보이지 않는다. 하지만 사실은 다르다. 수학은 생물학자의 자료 관리를 돕고, 그들이 쓰는 기계를 더 좋게 하지만, 더 근본적인 부분, 다시 말해 과학에 영감을 주고, 생명이 어떻게 제 기능을 하는지 밝히는 데에도 쓰인다. 10년 동안 '생물 수학(biomathematics)' — 수리 생물학(mathematical bioloby) — 은 급속도로 발전했다. 지구 곳곳에서 이 학문을 연구하는 새로운 기관과 중심지들이 생겨나, 이제는 자격 있는 연구 직원을 찾기가 어려울 정도이다. 아직 생물학의 주요 흐름에 속하지 않지만, 생물 수학은 자신이 있어야 할 올바른 자리를 찾고 있다. 생명이 어떻게 진화해 왔는지, 어떻게 제 일을 하는지, 생명체가 환경과 어떻게 연결되어 있는지를 연구할 때 필요한 수많은 기술과 관점 사이에서 말이다.

10~20년 전에, 수학이 생물학에서 중요한 일을 할 수 있다는 주장은 소귀에 경 읽기나 다름없었다. 오늘날 그 주장은 거의 모든 논쟁을 압도한다. 생물 수학을 전문으로 하는 연구소들이 빠르게 성장하는 사실이 보여 주듯 말이다. 더는 생물학자들에게 수학이 쓰임새가 많다고 설득할 필요가 없다. 컴퓨터 소프트웨어 안에 깔끔하게 프로그램되어 있다면 몰라도 생물학자들 중 많은 이들은 아직도 수학을 하고 싶어 하지 않는다. 하지만 다른 사람들이 한다면 말리지는 않는다. 수학자가 생물학자들의 연구 모임에 들어간다면 도움이 될지도 모른다. 아직도 자신들의 학문에 수학이 들어오는 것에 저항하는 소수의 생물학자들은, 지금까지 이야기한 내용들이 대부분 참이 아니라며 버티겠지만, 그러한 반응은 빠른 속도로 시대에 뒤쳐지고 있으며 그 영향도 줄어들고 있다.

수학자들도 수학을 생물학에서 잘 활용하기 위해서는 생물학자들이 원하는 바가 무엇인지 알아내, 수학적 지식을 그에 알맞게 바꾸어야만 한다는 교훈을 얻었다. 생물 수학은 이미 있는 수학적 지식을 새롭게 쓰는 것만이 아니다. 선반 위에 놓인 잘 완성된 수학 지식을 꺼내다가 바로 쓰는 일은 없으며, 질문에 맞게 그 지식을 마름질해야 한다. 생물학은 완전히 새로운 수학 개념과 기법을 필요로, 사실은 요구하며, 참신하고 매력적인 수학적 연구 문제들을 제기하기도 한다.

20세기에 새로운 수학이 나타나게끔 한 힘이 물리학이었다면, 21세기에는 생명 과학이 될 것이다. 수학자인 나는 이러한 기대에 가슴이 두근거리고 마음이 들뜬다. 수학자들은 새로운 의문이 끊임없이 나오는 샘물을 가장 좋아한다. 생물학자들은 수학자들이 낸 답에 제대로 감동할 것이다.

2

작디작은
생명체

사람의 시력이 더 좋았다면 첫 번째 혁명이 일어나지 않았더라도 생명
에 숨겨진 기적을 볼 수 있었을 것이다. 하지만 시력이 그다지 좋지 않
았던 결과 사람은 조그만 유리 조각 — 렌즈 — 을 발명했다. 그런데 그
저 일상적 활동에 도움이 되었던 이 유리 조각이 두 종류의 과학 기구,
망원경과 현미경을 만들어 낼 줄은 아무도 몰랐다. 두 기구는 드넓은
우주와 생물 안의 작디작지만 복잡한 세계를 열었다.

　사람의 눈은 사람의 척도에서 세계를 본다. 사람들, 집, 동물, 식
물, 바위, 강, 컵, 칼…… 심지어 주변에 있는 산이나 호수 같은 더 큰 형
체도 한 덩어리로 본다. 멀리서 보면, 산은 끝이 뾰족한 하나의 바위와
별로 다르지 않다. 가까이 다가가 무언가가 더 많이 눈에 들어올 때쯤

이면 멀리서 본 산의 모습은 온데간데없고, 시냇물과 돌멩이, 풀, 벼랑, 골짜기, 눈과 얼음이 여러 가지로 뒤엉켜 있을 뿐이다.

'잡다(grasp)'라는 말은 세상만사의 비밀을 모두 드러낸다. 인간의 척도로 보면 세상은 사람이 손으로 잡을 수 있는 것들로 이루어져 있다. 달, 젖소, 벼룩은 그런 점에서 서로 같다. 물론 달을 손에 쥘 수는 없지만 팔을 쭉 펴서 엄지손가락으로 가릴 수는 있다. 젖소를 들 수는 없지만, 쇠코뚜레를 끼워서 끌고 다닐 수 있다. (현대인들이 다 그렇게 하지는 못하겠지만, 그래도 누군가는 그렇게 할 수 있을 것이다.) 벼룩을 잡을 때는 반대로 너무 작아서 손에 들어오지 않고, 펄쩍 뛰어 다녀서 문제이다. 하지만 넓게 보면 모든 물체들은 다르지 않다. 사람은 물체에 이름을 붙이고, 그렇게 해서 그것의 본질을 잡아냈다고 생각한다. 달은 반짝반짝 빛나면서 얼룩이 있는 접시이다. 젖소는 네발 달린 짐승으로 우유를 만들어 낸다. 벼룩은 사람을 물고, 뛰어다니는 골칫거리이다.

기껏해야 잘 다듬어진 유리 덩어리일 뿐인 도구를 써서 맨눈의 상태를 벗어나면 그때부터 단순하고 편안했던 세상이 바뀐다. 갈릴레오는 망원경으로 태양에 있는 점을 보았고, 달 위에 있는 산과, 금성이 바뀌는 모양과, 4개의 작은 빛 덩어리들이 목성의 주황빛 고리를 가로질러 왔다갔다 하는 것을 보았다. 그는 자신이 본 것을 바탕으로 판단을 내렸다. (그가 심혈을 기울여 내리는 판단은 틀리는 일이 거의 없었다.) 태양과 달은 흠 하나 없는 공이 아니며, 금성은 태양 주위를 돌고, 지구는 우주의 고정된 중심이 아니라고 말이다.

자신들이 진리의 수호자라 생각했던 당시 가톨릭 교회는 놀라워했고 겁에 질렸다. 교회에서는 종종 끔찍한 벌로 자신들이 알린 진리를 강요했다. 갈릴레오는 이를 가까스로 피할 수 있었지만, 이단으로 몰린 1633년 재판에서 자신이 본 것을 토대로 내린 판단을 억지로 물려야 했다. 교회에서는 그가 본 것을 문제 삼지 않았다. 그저 갈릴레오에게 그것들을 무시하고, 책에 쓰지 말라고 했다. 그들이 이렇게 한 이유는 종교에 대한 믿음 때문이 아니라, 자신들의 힘과 권위를 잃을지도 모른다는 두려움 때문이라는 생각이 든다.

"그래도, 지구는 돈다."라고 숨 죽여 속삭였다지만 갈릴레오는 자신의 주장을 철회했다. 교회가 무엇을 믿건, 갈릴레오더러 사람들 앞에서 어떻게 말하라고 강요했건, 지구는 끊임없이 태양 주위를 돌았다. 마침내 과학의 증거 앞에 교회는 패배했지만, 교황 요한 바울 2세가 교회에서 갈릴레오에게 했던 잘못을 인정할 때쯤, 사람은 달 위를 밟게 되었다.

그저 **거기**에 있는 것을 보게 해 준 변변치 않은 망원경 때문에 이런 시끄러운 일이 일어났는데, 현미경은 어땠을까? 현미경은 매우 작은 것들, 특히 생명체 속의 세상을 열었다. 현미경으로 드러난 이단적인 생각의 힘은 천문학의 그것에 비해 훨씬 강했다. 그런데 이상하게도 교회에서는 조용히 넘어가는 듯했다. 세상에 대한 생각을 완전히 바꾸게 될 새로운 증거를 볼 수 있게 되었는데도 말이다. 어쩌면 교회에서는 현미경의 숨은 힘을 몰랐을지도 모른다. 처음에 현미경에서 나타난 기적은 성경의 가르침에 어긋나지 않는 듯했다. 교회는 긍정적으로 받아들였고, 현미경이 신이 창조한 생명의 경이로움을 보여 준다고 믿었다. 갈릴레오의 주장도 이렇게 생각했다면 좋았으련만 말이다.

사실 현미경은 아주 위험했다. 세상이 보이는 것과 다르다는 사실이 곧 밝혀졌기 때문이다. 세상은 사람의 척도에서만 작동하지 않으며, 사람을 **위해** 만들어지지 않았다. 그때까지 동물과 식물에 대해 사람들이 당연하게 받아들였던 모든 것은 사람을 기준으로 한 생각일 뿐이었으며, 사실은 달랐다. 고양이와 젖소, 나무와 같은 생명들은 사람의 수준에서 움직이는 **듯했지만** 사실은 그렇지 않았다.

사람의 눈으로 보면 젖소는 단순하다. 사람이 풀을 주면 젖소는 우유를 내놓는다. 마치 마술 같지만 그 비밀은 젖소와 몇몇 포유동물들만이 가지고 있다(대부분의 포유류들은 풀을 소화하지 못한다.). 그 과정을 자세히 알지 못해도 우유는 나온다. 풀에서 우유로 바뀌는 변화는 단순하며, 생물학이라기보다는 화학, 또는 연금술에 더 가깝다. 마술이라지만 쉽게 바뀌지 않아 신뢰할 만한 합리적인 마술이다. 필요한 것은 풀과 소, 그리고 여러 세대를 걸쳐 내려온 젖 짜는 방법이다.

하지만 현미경으로 보면 모든 것이 복잡해진다. 더 가까이 볼수록, 더 복잡해진다. 우유에는 수많은 성분들이 섞여 있다. 풀은 너무나 복잡해서 아직까지 생물학자들도 온전히 이해하지 못한다. 젖소는 그보다 훨씬 복잡하다. 특히나 젖소는 (그리고 황소도) 새끼를 낳는다. 사람이 보면 단순한 일이지만 현미경의 수준에서는 말로 다 할 수 없을 정도로 복잡하다.

3000년 전쯤, 이집트 인은 유리 렌즈로 보면 사물이 더 크게 보이기도 한다는 사실을 알았다. 네로 황제를 가르친 세네카는 물이 든 유리 공으로 들여다보면 글씨를 더 쉽게 읽을 수 있음을 알았다. 네로 황제는 에메랄드로 검투사들이 경기장에서 싸우는 모습을 보았다고 한다. 9세기 사람들은 '읽기 돌(reading stones)'을 써서 모자란 시력을 보충했다. 읽기 돌은 잘 닦아 놓은 깨끗한 유리 덩어리로, 한쪽은 둥글고 다른 한쪽은 판판했으며, 읽으려는 문서 위에 올려놓고 그 위로 보면 되었다. 12세기에 중국인은 얇은 연수정 조각이 태양으로부터 눈을 보호해 줄 수 있음을 알았다.

정확히 언제, 어디에서, 누가 처음으로 진짜 안경 — 코 위에 얹어 놓는 2개의 렌즈 — 을 발명했는지 아무도 모른다. 피렌체에 살았던 살비노 다르마티(Salvino D'Armati)가 1284년쯤 안경을 발명했으리라고 추측된다. 피사에 살았던 도미니크회 수도사 알레산드로 스피나(Alessandro Spina)도 안경을 발명했다. 로저 베이컨(Roger Bacon)은 1235년(혹은 그보다 일찍)에 펴낸 무지개에 대한 책에서 광학 도구를 써서 먼 거리에 있는 작은 글자를 읽는 법에 대해 썼다. 하지만 그가 어떤 도구를 생각했는지는 모른다. 아마도 하나짜리 거친 렌즈였을 수도 있다.

셋 중 누가 첫 안경 발명자라는 이름을 얻든, 진짜 안경은 분명 1280년과 1300년 사이에 이탈리아에서 처음 만들어진 것이 거의 확실하다. 그때 발명된 안경은 돋보기와 원시를 바로잡는 일을 했다. 근시를 바로 잡을 수 있는 렌즈는 등장하기까지 300년이 더 걸렸는데, 만들기가 더 어렵기 때문이기도 했다. (천문학자, 점성술사, 수학자였던) 요하네스 케플러(Johannes Kepler)는 처음으로 볼록 렌즈와 오목 렌즈가 어떻게 시력을 바로 잡는지 밝혀냈다. 더 좋은 안경을 만들려면 렌즈가 거품이나 불순물이 없는 깨끗한 유리로 되어 있어야 하고, 렌즈의 정확한 모양도 중요하다. 렌즈는 (지금도 그렇지만) 여러 가지 갈고 닦는 물질로 유리를 갈아 만들었는데, 케플러가 살던 때의 보석 세공사들은 이미 이러한 제작 방식을 쓰고 있었다. 그래서 렌즈 기술은 다른 기술과 함께 발전했다.

1590년 네덜란드에 사는 안경 기술자 자카리아스 얀센(Zaccharias

Janssen)은 아들 한스(Hans)의 도움을 받아 어떤 관 안에 여러 개의 렌즈를 넣었다. 그렇게 만든 관 속을 들여다보니 모든 것이 더 크고 더 가까이에 있는 것처럼 보였다. 가장 중요한 과학 기구 두 가지, 망원경과 현미경은 그렇게 세상에 나왔다. 망원경은 크고 먼 우주의 구조들을 인간의 척도로 끌어내렸다. 현미경은 정반대의 일을 했다. 지구 위에 있는 것들, 특히 생명체들의 아주 작은 구조들을 인간의 척도로 끌어올렸다.

1609년까지 갈릴레오는 이러한 최초의 망원경들을 개선했고, 다소 미완성된 그 기구들로 하늘을 살펴 지구가 우주의 중심이 아니라는 판단을 내렸다. 100년이 채 지나기 전에 천문학이 번성했고, 천체들과 특히 중력의 법칙에 숨은 비밀들이 금방 밝혀졌다.

이렇게 천문학이 자랄 수 있었던 까닭은 사람이 망원경으로 행성처럼 엄청나게 멀리 있고 엄청나게 큰 사물을 볼 수 있게 되었기 때문이다. 이와 정반대의 상황이 생물학의 시대를 열었다. 코앞에 있는 믿을 수 없을 정도로 작은 사물들을 볼 수 있게 해 준 기구 덕분이었다. 우연히도 망원경과 근본적으로 같은 기술 — 렌즈 — 이 그 기구를 만들었다. 심지어 망원경과 끝 글자도 같다. 현미경.

현미경은 발명되면서 망원경과 매우 다른 결과를 가져왔다. 현미경 덕분에 생물학은 성큼성큼 자라났지만, 그 결과 문제가 풀리기보다는 훨씬 더 수수께끼 같고 괴상해지는 때가 많았다. 생명체의 세상을 이해하기는커녕, 더 어려운 수수께끼가 나타난 듯했다. 배율이 낮은, 하나짜리 거친 렌즈만으로도 생명체는 새롭게 보였다. 그들은 **매우** 복잡했다.

그렇게 망원경은 우주 속의 깊은 단순성을 보여 주었고, 현미경은 전에는 알지 못한 생명의 복잡성을 보여 주었다. 단순성과 복잡성이라는 두 극단은 그 후 내내 생물학자들을 괴롭혔다. 생물학자들은 그럴듯한 이유를 들어 생명 과학이 근본적으로 물리학보다 더 어렵다고 주장한다.

현미경이 발전하는 데 중요한 일을 한 사람은 네덜란드 상인이자 과학자인 안톤 판 레이우엔훅(Anton van Leeuwenhoek)이었다. 그는 작고 질 좋은 유리 구슬을 만들어, 렌즈로 썼다. 공은 렌즈에 알맞은 형태는 아니지만, 유리의 질이 형태의 단점을 보완했기 때문에 그가 만든 현미경은 놀라울 정도로 우수했다. 이 새로 만든 현미경으로 그는 세균, 효모균, 연못에 사는 작은 생물들을 최초로 관찰했다. 자신이 만든 현미경 중 하나로 연못물 한 방울을 살펴보자 세렝게티 초원에 견줄 만큼 풍부한 생물들이 나타났다. 그는 사람의 피가 접시 모양의 작은 사물로 이루어지며, 이 사물은 몸속의 작은 혈관인 모세 혈관을 따라 흐른다는 사실도 알았다.

　1673년부터, 레이우엔훅은 영국 왕립 학회의 회보인 《철학 교류 (*Philosophical Transactions*)》에 자신이 발견한 내용들을 발표했다. 당시 학자들은 처음에는 그의 연구를 호평했지만 3년 뒤에 그가 주장하기 시작한, '극미동물(animalcule)'에는 터무니없다는 반응을 보였다. 레이우엔훅은 이 극미동물이 물 한 방울 속에도 넘쳐 날 정도로 많다고 했다. 맨눈에는 보이지 않을 정도로 작은 생명체들이 있다는 생각은 말도 안 되는 것처럼 보였기 때문에, 레이우엔훅의 주장은 웃음거리가 되었다.

　레이우엔훅이 보았던 생명체들은 오늘날 원생생물이라고 한다.

그림 1 (왼쪽에서 오른쪽으로) 아메바, 짚신벌레, 좁쌀공말

학교에서 배운 덕분에 아메바는 많은 사람들이 알고 있는 원생생물이다. 사실 아메바는 종류가 셀 수 없이 많으며, 껍질이 있는 것도 있다. 그러니까 '아메바(생물학에서는 '아메바상(amoeboid)')'는 그와 비슷한 생명체들 모두를 이르는 말이 되었다. 1757년 아우구스트 폰 로젠호프(August von Rosenhof)는 아메바들을 발견했는데, 이들은 어떤 형태로든 바뀔 수 있어 유명한 그리스 신 프로테우스의 이름을 딴 "프로테우스 극미동물(Proteus animalcules)"이라고 했다. 가장 잘 알려진 아메바는 아메바 프로테우스(*Amoeba proteus*)라는 학명의 아메바인데, 잘 알려지게 된 이유는 아메바 중에서도 가장 큰 쪽에 속하고, 그래서 저배율의 현미경에서도 쉽게 볼 수 있기 때문이다(그림 1).

현미경으로 보면, 이 아메바는 불규칙한 물방울 위로 둥그런 원시 촉수가 튀어나온 모습이다. 바깥이 막 같은 것으로 둘러싸여 이리저리 휘어지기 쉬운 자루 같다. 그 안은 여러 가지 알갱이들과 몇 개의 구멍들이 뒤섞여 모래 알갱이가 박힌 두꺼운 젤리처럼 보이는데, 마치 어디를 가야 할지 알고 있는 것처럼 뚜렷한 목표를 향해 흘러간다. 조그만 알갱이들이 박힌 동그란 모양의 어떤 형체가 그중에서도 눈에 띈다. 이것이 바로 핵이다. 아메바는 움직일 수도 있고, 먹을 것을 소화시킬 수도 있으며, 핵 덕분에 생식도 — 이름난 그 '이분법'을 써서 — 할 수 있다. 조건이 알맞으면 핵의 지휘에 따라 하나의 아메바가 둘로 갈라지는 복잡한 사건들이 일어난다. 갈라진 두 아메바들은 다시 자라서 둘로 갈라지고, 그렇게 아메바의 혈통이 널리 이어진다.

내가 가장 좋아하는 만화 중에 노아의 방주 이야기를 소재로 한 것이 있다. 비가 억수같이 내리고, 임시 나무 뼈대로 받친 건널 판자를 마지막 몇 쌍의 동물들이 비에 젖어 불쌍한 몰골로 오르고 있다. 진흙투성이의 꾀죄죄한 노아는 건널 판자 밑동에서 무언가를 절실히 찾고 있다. 노아의 부인은 방주의 옆면에서 그런 노아를 보며 소리친다. "여보! 다른 아메바는 그만 잊어버리고 돌아와요!"

레이우엔훅은 가는 채찍 같은 돌기인 섬모로 뒤덮인 슬리퍼 모양의 짚신벌레(*Paramecium*)도 보았다. 짚신벌레는 섬모의 파동 운동으로 움직이는데, 아메바처럼 막으로 둘러 싸여 있다. 한쪽 끝은 입처럼 움직이고 다른 끝은 항문과 같은 작용을 한다. 또한 어느 정도 큰, 이른바 대핵이 있는데, 유전학적으로 많은 핵이 융합해 하나의 몸을 이룬 듯해서 대핵이라 한다.

물방울 속의 세 번째 공동 거주자는 좁쌀공말(*Volvox*)이라는 식물이다. 다 자란 좁쌀공말은 단세포 조류(algae)가 모여서 만들어지며, 세포마다 편모라고 하는, 양옆으로 꿈틀대는 꼬리 모양의 털을 이용해서 움직인다. 때로는 5만 개에 달하는 이 조류들의 군집이 더 큰(그래 봐야 현미경으로 보았을 때 크다는 뜻이다.) 젤리 같은 단백질 공 속에 들어 있다. 이들에게는 엽록소라는 물질이 들어 있어서 밝은 푸른빛을 띠는데, 엽록소는 식물이 푸른빛을 띠게 하면서, 태양 빛을 화학 에너지로 바꾸는 중요한 일을 한다.

이뿐만 아니라 훨씬 더 많은 생명체들이 한 방울의 물속에 들어 있다고? 믿기 힘든 이야기였다. 왕립 학회의 권위자들은 그 이야기가 헛소리라며 헐뜯었지만, 4년 뒤에는 자신들이 직접 그 생명체들을 찾기 시작했다. 레이우엔훅은 명예를 회복했고, 곧 학회 회원이 되었다.

레이우엔훅은 자신이 만든 현미경들을 이용해 수많은 중요한 발견들을 했지만, 궁극적으로 가장 중요한 발견은 다른 사람들의 발견을 도와준 그의 현미경이었다. 레이우엔훅은 500개가 넘는 렌즈와 400가지의 현미경을 만들었다. 현재까지 남아 있는 9가지 중 가장 뛰어난 현미경은 사물을 275배까지 크게 보여 주는데, 지금은 남아 있지 않지만 500배까지 크게 보여 줄 수 있는 현미경도 있었다. 이 정도면 오늘날 실험실에서 널리 쓰는 광학 현미경보다 뛰어나다. 물론 요즘에는 필요하다면 배율이 그보다 더 크면서 정확하고, 여러 기능을 갖춘 현미경을 만들 수 있다. 하지만 레이우엔훅의 현미경으로도 많은 발견들을 할 수 있다.

칼뱅파 신교도였던 레이우엔훅은 자신의 발견이 신의 창조에 숨겨진 경이로움을 보여 주는 증거라고 생각했다. 과학적으로, 그는 그때 널리 퍼져 있었던 믿음, 즉 아주 작은 생물이 '스스로 생겨난다' ─ 무생물의 물질에서 저절로 생겨난다 ─ 는 믿음에 맞서 그들도 더 큰 생물처럼 생식을 통해 생겨난다는 증거를 보였다. 역설적이게도, 교회는 갈릴레오가 먼 우주의 새로운 사실을 밝혀내게 한 망원경에는 그토록 불같이 노했으면서, 이 땅 위에 사는 생명을 완전히 새롭게 보게 한 현미경은 거리낌 없이 받아들였다.

말할 것도 없이 교회의 그런 반응은 오래가지 못했다. 200년 후 다윈과 그의 뒤를 잇는 학자들은 종교적 믿음과 감정을 뿌리까지 불

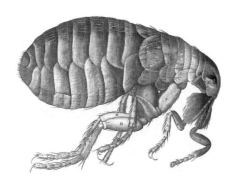

그림 2 훅이 그린 벼룩, 『작은 그림들』에서.

살라 버렸다.

현미경 관찰이 새롭게 떠오르고, 생물학이 거기에 더해질 때쯤, 로버트 훅(Robert Hooke)이 그 소란에 참여했다. 박학다식한 자연 철학자 — 그때는 '과학자'를 그렇게 말했다 — 였던 영국인 훅은 레이우엔훅이 떠난 빈자리를 메웠다. 그는 많은 면에서 현미경 관찰의 진정한 아버지였다. 그는 **모든 것**에 정력적으로 몰두했다. 새로운 일에 뛰어들 때면, 불꽃이 튀었다.

훅은 극미한 생물의 복잡성이 분명히 드러나는 상징적인 그림을 그렸다. 1665년에 나온 『작은 그림들(*Micrographia*)』에서, 그는 자신이 현미경과 망원경으로 보았던 것들을 풍부한 그림으로 보여 주었다. 보통의 현미경으로 본 벼룩이 어떻게 생겼는지를 보여 주는 판화도 있다 (그림2). 당시 사람들은 벼룩이라면 모두 잘 알고 있었고 사실은 피부의 일부로 느낄 만큼 가까운 사이였지만, 이 짜증나는 작은 괴물은 그저 펄쩍 뛰어오르고 피를 빨아먹는 검은 점일 뿐이었다. 훅은 벼룩이

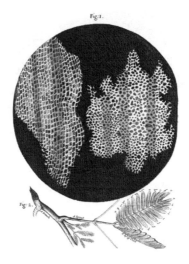

그림 3 훅이 그린 코르크, 『작은 그림들』에서.

얼마나 복잡한지 보여 주었다. 벼룩은 마치 철갑에 쌓인 작은 기계처럼 보인다. 긴 다리가 있어 펄쩍 뛸 수 있으며, 그 다리는 털로 뒤덮여 있다. 피를 빠는 입 부분은 놀라우리만큼 복잡하다. 벼룩은 그저 골칫거리가 아니다.

훅은 같은 책에서 훨씬 더 상징적인 그림을 그렸다. 그 그림은 일상적으로 보는 물건인 코르크 마개의 얇은 단면이었다(그림 3). 나무껍질로 만드는 코르크는 단단하면서도 가볍다. 이 두 성질이 생겨난 까닭은 현미경으로 그 구조를 보면 알 수 있다. 코르크는 셀 수 없이 많은 작은 방으로 짜여 있기 때문이다. 이 방에서 옛날 수도사들이 살던 수도실을 떠올린 훅은 "cell"이라는 이름을 붙였다. 세포(cell)는 생명을 쌓는 기본 벽돌이다.

아메바와 같은 생물은 하나의 세포로 이루어진다. 고등 생물은,

그것이 참제비고깔이든, 호랑이이든, 사람이든 모두 엄청나게 많은 세포로 이루어진다. 언뜻 보면 생명체들을 나누는 중요한 잣대는 세포의 수— 하나인가, 많은가—같았다. 단세포 생물은 다세포 생물보다 단순했다. 하지만 사람들이 현미경으로 세포를 이루는 여러 조각과 부분들을 보게 되면서, 세포의 수는 근본적인 차이가 아님을 깨달았다. 세포가 하나인 단세포 생물이어도 세균과 아메바는 매우 달랐고, 다세포 생물 대부분이 일부 단세포 생물과 같은 범주에 들어가기도 했기 때문이다.

더 근본적인 차이는 원핵생물(prokaryotes)과 진핵생물(eukaryotes)에 있다. 원핵생물과 진핵생물은 오늘날 분류학의 범주인 세 '군(domain)' 중 두 가지이다. 세 번째 분류군은 고세균류(archaea, 예전에는 원핵생물과 함께 묶였던 단세포 원시 생물)이다. 진핵생물 세포에는 핵이 있다. 원핵생물 세포에는 없다. 세균은 원핵생물이다. 아메바와 호랑이는 진핵생물이다. 핵이 도대체 무엇이기에, 생물을 나누는 잣대가 되었을까? 핵은 세포의 생식에 영향을 주기 때문이다. 모든 세포는 갈라짐으로써 늘어난다. '엄마' 세포 하나가 쪼개지면, '딸' 세포 둘이 생긴다. 그러나 원핵생물은 진핵생물보다 이 과정이 훨씬 간단하다.

하나의 세포가 둘로 나누어질 때, 그 크기는 거의 똑같아진다. 나누어진 부분은 또 하나의 새로운 세포로 엄마 세포의 판박이쯤 되는데, 크기는 더 커질 수 있다. 하지만 생식은 이렇게 모양새만 같아서는 안 되고 세포 안에 숨겨진 유전 정보까지 똑같아야 한다. 왜냐하면 유전은 세포가 살아가는 데 필요한 많은 행동을 조절하기 때문이다. 유전자는 염색체(chromosomes), 즉 '색이 있는 형체(coloured bodies)'로 알려진

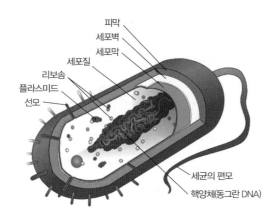

피막
세포벽
세포막
세포질
리보솜
플라스미드
선모

세균의 편모
핵양체(동그란 DNA)

그림 4 원핵생물 세포

세포 부분에 모여 있다. 염색체는 세포를 염색했을 때 색을 띤 부분으로 나타났기 때문에 붙여진 이름이다. 세포가 갈라질 때 염색체는 어떻게든 복제되어서 두 딸 세포에 하나씩 들어간다. 원핵생물과 진핵생물은 이 복제 과정이 아주 다르다.

원핵생물 세포는 수많은 부분들로 구성된다(그림 4). 그리고 대부분이 주머니(envelope)로 싸여 있어, 필수적인 부분들을 한데 담은 가방 같다. 주머니는 바깥의 세포벽과 안쪽의 세포막 두 겹으로 되어 있다. 또한 매우 단단해서 세포가 형태를 유지하도록 돕고, 물질이 아무렇게나 드나드는 것을 막는다. 따라서 허락된 물질만이 들어오고 나갈 수 있다. 주머니는 세포의 부분들이 제 기능을 하도록 조절한다. 주머니 바깥은 운동을 돕거나(긴 채찍 털(편모)), 소통을 돕는(털 그물(선모)) 구조로 이루어진다. 툭 튀어나온 꼬리처럼 생긴 편모는 빙빙 돌 수 있기 때문에 세포가 유체 속에서 헤엄쳐 나가도록 돕는다. 선모는 송송 돋아난 털들로, 털끼리 서로 붙어 그 안의 내용물이 의사를 주고받을 때도 있다.

세포 주머니 안에는 여러 가지 특별한 내용물이 들어 있는데, 그중에는 단백질을 만드는 리보솜(ribosome)과, 그 단백질의 구조에 대해 자세히 알려 주는 유전 물질이 있다. 오늘날 사람들이 DNA로 알고 있는 그 유전 물질은 흔히 길고, 닫힌 고리 모양으로서 여러 번 접혀서 뒤엉킨 채 세포막에 붙어 있다. 자유롭게 움직이는 DNA 고리들도 있는데, 플라스미드(plasmid)라고 한다. 플라스미드는 '세균의 성교'가 일어나게 하는데 이때 두 세균은 선모를 통해 DNA를 주고받는다.

진핵생물 세포는 원핵생물 세포보다 더 복잡하며, 보통 너비가 10~15배, 부피는 1000배 정도 더 크다(그림 5). 세포막이 있지만 세포벽은 항상 있는 것은 아니다. 편모와 선모 대신 가는 실 같은 섬모가 있기도 한데 왼쪽 오른쪽으로 흐느적거리면 세포가 움직인다. 원핵 세포와 가장 중요한 차이는 유전 물질이다. 진핵 세포에서 유전 물질은 거의 독립적으로 자신만의 막이 있는 핵 안에 들어 있다. 똑같이 DNA로 이루어지지만, 이때 DNA 분자는 닫힌 고리가 아닌 긴 실 모양이다. 그 실들은 바느질에 쓰는 실패 모양의 히스톤 분자들을 둥글게 감아 늘어서 있으며, 이러한 실 하나하나가 염색체를 만든다.

진핵생물 세포 안에는 세포 소기관('작은 기관')이라고 알려진 다른 구조들도 여럿 있다. 그중에는 역시 단백질을 만드는 리보솜과, 아데노신 3인산(ATP) 분자를 만들어 세포에 에너지를 공급하는 미토콘드리아가 있다.

세포의 움직임을 현미경으로 보면 거의 기적에 가깝다. 세포는 자신이 어디로 가고 있는지 아는 것 같다. 하지만 우리는 겉보기의 기적 뒤에

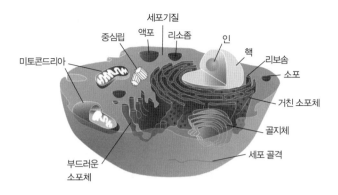

세포기질
중심립　액포　리소좀　　　　인
미토콘드리아　　　　　　　　　　　핵　　리보솜
　　　　　　　　　　　　　　　　　소포
　　　　　　　　　　　　　　　거친 소포체
　　　　　　　　　　　　　　　골지체
부드러운　　　　　　　　　　세포 골격
소포체

그림 5 진핵생물 세포와 기관의 이름

무엇이 있는지 꿰뚫어 보고 왜 세포가 그렇게 움직이는지를 약간은 이해할 수 있을 정도로 세포의 운동에 대해 알고 있다. 세포의 운동은 세포의 형태를 조절하는 세포 소기관이 좌우한다. 세포 형태가 알맞게 바뀌면 움직임이 일어나는데, 이때 긴 원기둥 모양의 분자로 이루어진 뼈대를 통해 형태가 유지되거나 바뀐다. 원기둥 분자들은 중심체라는 세포 소기관에서 만드는데, 죽 자랄 수도 있고, 필요하면 부술 수도 있다.

　　세포의 움직임에 주로 관계하는 기관은 세포 골격(Cytoskeleton)이라고 하는, 세포 안에 그물처럼 짜인 단백질 임시 건물(scaffolding)이다. 이 임시 건물을 지을 때는 미세 소관(microtubule, 튜불린이라는 단백질로 만든 길고 가는 관)도 필요하다. 튜불린에는 서로 매우 닮은 알파 튜불린과 베타 튜불린이 있다. 미세 소관의 구조는 서양 장기판을 원기둥처럼 말아놓은 모양이다. 이때 서양 장기판의 '흑'은 알파 튜불린이고, '백'은 베타 튜불린이다. 재미있게도 이 구조는 그리 안정적이지 않다. 마치 벽돌로 만든 원기둥 굴뚝이 있는데, 모든 벽돌들을 모서리끼리

나란히 맞추어 차곡차곡 쌓은 느낌이다.

왜 자연은 미세 소관처럼 중요한 부분을 그렇게 불안정하게 만들었을까? 왜냐하면 그러한 구조에서 '할선(cleavage lines)'이라는 약한 부분이 중요한 역할을 하기 때문이다. 단백질 벽돌을 쌓으면 미세 소관은 더 길게 자랄 수 있다. 그러나 이음매에서 쪼개지면 바나나 껍질을 까듯 쉽게 짧아지기도 한다. 실험 결과를 보면 미세 소관은 자라는 속도에 비해 거의 열 배나 더 빨리 짧아지는데, 분자와 원자 사이의 힘에 관한 수학 모형도 이 실험 결과를 뒷받침한다. 세포는 튜불린 막대를 이용해 흥미로운 것을 '잡으러' 가서, 되는 대로 막대를 밀어내 무엇을 찾았는지 보기도 하고, 찾은 게 없으면 막대를 무너뜨리기도 한다. 세포는 자신의 뼈대를 부수기도 하고 다시 세우기도 하면서 움직인다. 그 모든 일이 아주 작은 분자 기계의 운동에서 일어난다.

미세 소관을 짓거나 부수는 일은 화학 신호에 따라 조절되는데, 신호는 주로 바깥 환경에 따라 달라진다. 세포가 먹는 것과 관계된 신호를 받으면, 음식과 먼 쪽에 있는 미세 소관을 부수고 음식과 가까운 쪽에 있는 미세 소관을 더 늘려서 음식을 향해 조금씩 움직인다.

미세 소관은 중심체라는 소기관에서 만들어지는데, 1887년 테오도어 보베리(Theodor Boveri)와 에두아르 반 베네당(Edouard van Beneden)이 이 사실을 처음으로 설명했다. 세포가 분열할 때 염색체가 복제되는데, 이 활동은 체세포 분열 방추사(mitotic spindle)라는 실 모양의 구조를 중심으로 일어난다. 염색체는 이 체세포 분열 방추사의 '적도'를 둘러싸고 줄을 서서 늘어선 다음 순서대로 방추사의 '극'으로 이동한다. 보베리와 베네당은 현미경으로 체세포 분열 방추사의 두 극에 있는 작은 점, 중심체를 보았다(그림 14). 세포 하나에는 핵 가까이에 중심체가 하나 있다. 세포가 갈라지면, 중심체도 둘로 갈라져 따로 움직인다. 체세포 분열 방추사는 이 둘 사이에 생긴다. 이때 중심체는 미세 소관을 밀어 내어 세포를 두 부분으로 잡아 찢는데, 이 미세 소관을 낚싯대 삼아 특수한 화학 동력기를 써서 염색체를 필요한 자리로 끌어당긴다.

중심체는 똑같이 생긴 2개의 중심립(centriole)으로 이루어진다. 그리고 1개의 중심립은 27개의 미세 소관으로 이루어지는데, 미세 소관은 각각 3개씩 짝을 지어 아홉 묶음으로 존재하며, 각각의 묶음이 대칭을 이루며 둥그렇게 서로 조금씩 휘어진 채로 늘어서 있다. 서로 직각으로 놓인 두 중심립은, 수많은 튜불린 낚싯대가 자라나는 '중심립 주변 물질(pericentriolar material)'이라는 흐릿한 구름으로 싸여 있다. 아름다운 분자 기계인 이 튜불린 낚싯대는 새로운 미세 소관을 만들어 내는 일도 한다.

수학적 모형과 생화학의 결합으로 최근 세포 속 튜불린이 하는 또 다른 일을 발견했다. 작은 분자들은 따로 도움을 받지 않아도 세포 안에 널리 퍼질 수 있지만, 크기가 크고 생물학에서 중요한 분자들은 자신이 가진 도구만으로는 필요한 곳에 가지 못할 때도 있다. 키네신(kinesin)이라는 단백질 분자는 조그만 분자 다리로 튜불린 막대를 따라 '걸어가면서', 세포 안에서 중요한 분자들을 실어 나른다.[1] 세포는 단지 화학 물질이 든 주머니가 아니다. 고도로 자동화된 공장에 더 가깝다.

원핵생물과 단세포 진핵생물은, 생물 전체가 하나의 세포이기 때문에 세포가 둘로 쪼개지면 생물도 둘이 된다. 다세포 고등 생물의 경우에는 다 자란 생명체가 생식을 하기까지 더 많은 일이 일어난다. 많은 생물이 그렇지만, 유성 생물의 경우, 남성 세포는 특수한 방법으로 분열해 정자를 만들고, 여성 세포도 비슷하게 난자를 만든다. (기초 지식이 더 쌓이면 뒤에서 이것에 대해 간단히 설명할 것이다. 정자와 난자에 있는 유전 물질의 양은 보통 세포가 가진 양의 절반이다.) 이 특별한 두 '반쪽 세포'가 만나 정자와 난자가 수정하면, 합쳐진 두 세포는 하나의 보통 세포가 된다.

수정된 난자는 **발생**(development)이라는, 복잡하지만 잘 조직된 과정을 거친다. 포유류 동물은 이 과정이 배아(embryo), 태아(fetus) 등의 여러 단계로 일어나며, 최종적으로 엄마 뱃속에서 바깥 세상에 나오게 된다. 태어난 뒤에도 계속 성장해 청년기를 거쳐 성체가 된다. 조류도 파충류도 똑같지만, '엄마(mother)'가 아닌 '알(egg)'이라고 읽는 것만 다르다. 다른 생물도 이러한 단계에 해당하는 변화를 겪는다. 예를 들어 개구리는 올챙이 단계를 거쳐 결국에는 작은 개구리로 자란다. 성체 개구리가 되는 때에 와서야 복제되었다고 말할 수 있다.

발생은 아마도 생물학에서 가장 복잡한 부분일 것이다. 생명체의 어느 부분을 따로 떼어 내는 것이 아니라, 전체를 깊이 생각해야 하는 단계이기 때문이다. 발생에 대해 생물학자들은 엄청나게 많이 알고 있지만, 모르는 것은 그보다 훨씬 많다. 생물학자들은 개, 고양이, 상어, 불가사리, 비둘기, 거미, 국화, 도마뱀, 성게, 초파리, 조그만 선충 등 많은 생물들의 발생에 대해 놀라울 정도로 자세히 안다. 그러나 발생을 조절하는 과정에 대해서는 그에 비해 너무 모른다.

주요한 발생 과정은 다음과 같다. 수정된 난자가 거듭 쪼개지면서 그 안의 세포 수가 늘어나고, 생물의 유전 물질은 이 세포들이 자라고, 움직이고, 저마다 특수한 역할을 맡고, 심지어는 죽어 가는 패턴을 계

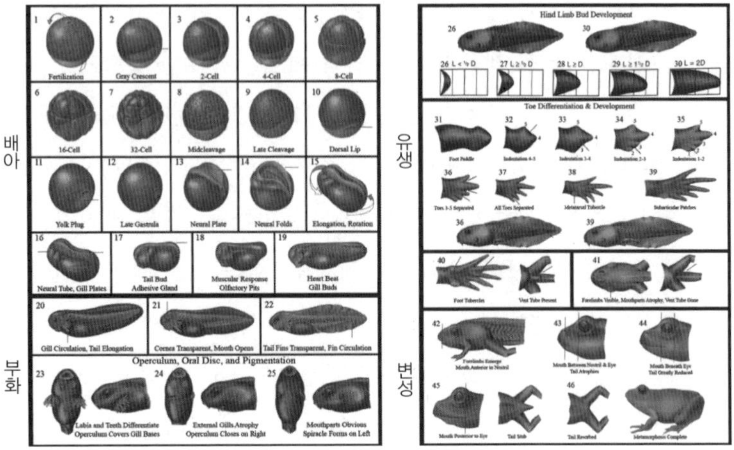

그림 6 멕시코 만 두꺼비 버포 발리셉스(*Bufo valliceps*)가 발생하는 처음 몇 단계

획한다. 자연은 복잡한 구조를 만들 때 임시로 어떤 세포들을 만들어 사용하다가, 더 이상 필요 없어지면 그것을 부숴 버리고는 한다.

고등 동물들은 발생에서 처음의 몇 단계가 거의 비슷하다. 그림 6에 개구리의 발생의 몇 단계가 있다. 수정된 난자는 거듭해서 분할되는데, 전체 크기는 그대로이기 때문에 세포 하나의 크기는 점점 더 작아진다. 난할이라는 이 과정을 지나면, 표면이 작은 세포들로 이루어진 속이 빈 공, 포배(blastula) 단계가 된다. 많은 생물의 포배가 액체나 노른자로 차 있지만, 포유류의 포배 안에는 배낭(blastocyst)이라는 세포 덩어리가 있다.

그리고 서로 다른 세포들로 구성된 다양한 세포층들이 나타난다. 중요한 단계, 낭배 형성(gastrulation)이 일어나는 것이다. 세포 공 전체가 안으로 접혀 들어가 주머니, 또는 한 쪽만 구멍이 뚫린 관과 비슷한 형태가 된다. (13장 끝에서는 이 과정을 본뜬 수학 모형을 이야기할 텐데, 그때는 세포 구조에 대해서도 설명할 것이다.) 말하자면 생물의 안과 밖이 생긴다. 이제 내부 기관이 만들어질 수 있다.

　다음으로 신경계가 만들어지기 시작하는 모습이 보인다. 산마루처럼 길쭉하게 나란히 솟은 두 부분이 배아 위에 나타나 오목하고 길게 패인 홈을 만든다. 바로 신경구(neural groove)이다. 이 홈이 관 모양으로 닫혀서 생긴 신경관은 나중에 척수와 신경계로 발달한다. 다른 관들은 입에서 위장과 소장을 거쳐 항문에 이르는 소화계를 만든다. 갓 태어난 뇌가 보인다. 끊임없이 무언가가 생겨난다.

발생에서 형태가 복잡하게 바뀌는 모습은 생화학만으로 설명할 수 없다. 세포의 물리적 성질들, 예를 들면 얼마나 끈적끈적한지, 배아의 한 부분에서 다른 부분으로 어떻게 옮겨 가는지, 새로운 세포들이 어떻게 태어나고, 존재하던 세포들이 어떻게 죽는지도 생각해야 한다. 끈적끈적한 성질은 다세포 생물로 진화하는 길을 열었다. 끈적끈적함이 없다면 세포들은 떨어져 나갔을 것이다.

　발생에서 어떤 구조를 만드는 동안 '임시로 만들어' 쓴 세포들은 구조가 완성되고 나면 부서진다. 이 과정을 아포프토시스(apoptosis, 세포소멸), 다시 말해 계획된 세포의 죽음이라고 한다. 닭의 배아를 예로 들면, 배아의 날개는 날개아(limb buds)에서 자라난다. 처음에 날개아는 별 특징 없는 하나의 둥그런 덩어리이지만 시간이 지나면 갈라져서 손가락들처럼 튀어나온다. 이렇게 갈라지는 까닭은 손가락들이 저마다 자랐기 때문이 아니라, 손가락들 사이에 있었던 세포들이 죽었기 때문인데, 마치 장갑을 만들 때 손가락 모양의 천 조각을 하나하나 꿰매지 않고, 손가락이 있어야 할 자리 사이의 천을 잘라 내는 것과 같다. 그동안 생물학의 수학적 모형은 팔다리의 발달, 파리 날개의 형태, 조그만 히드라의 촉수 등 발생에서 나타나는 많은 수수께끼들을 이해하는 데 도움을 주었다.

발생은 분자 구조만의 이야기가 아니다. 발생의 가장 중요한 특징은 그 과정에서 나타나는 형태에 있다. 기관과 팔다리와 몸통의 형태가 잘못된다면 생명체는 제대로 살 수 없다. 생물학자들은 그동안 배아가 자라는 동안 일어나는 변화들에 대해서 매우 많이 알아냈다. 곤충들을 예로 들면, 다리나 더듬이처럼 크기가 큰 구조는 성충판이라는 작은 세포 영역에서 자라난다. 이 세포들의 성장과 운동은 혹스 유전자(Hox genes)라는 특별한 유전자들이 조절한다는 사실이 실험으로 밝혀졌다. 이 유전자들 중에 하나라도 돌연변이가 일어나면 다리가 생겨나야 할 자리에 더듬이가 생기거나 더듬이가 있어야 할 자리에 다리가 생길 수 있다.

발생에는 성장, 운동, 죽음과 같은 물리적 과정과 유전이 여러 가지로 얽혀 있다. 발생은 이제 막 이해되기 시작했을 뿐이며, 그 과정을 밝히는 일은 생물학자, 물리학, 화학자, 그리고 수학자들에게 매력적인 도전이 될 것이다.

3

생명의
긴 목록

이 장은 긴 목록에 대한 짧은 이야기이다.

처음에 생물학자들은 사람의 척도에서 생물을 연구했다. 하나의 동식물은 하나의 개체였다. 몇몇 동식물을 해부해 내부를 관찰하기도 했지만, 생물학자들은 주로 생물의 다양성에 대해 연구했다.

어려서부터 우리는 '나비'라는 단순한 범주만으로는 파란 나비, 빨간 나비, 갈색 나비, 노란 나비, 흰 나비, 점박이 나비, 큰 나비, 작은 나비들의 다양함과 아름다움을 알 수 없음을 알게 된다. 심지어 인간의 척도에서 봐도 생물학은 매우 거대하다. 그 거대한 생물학을 파악해 내려면, 다룰 수 있는 덩어리로 잘라야 한다. 우물 안 개구리 같은 사람에 비하면 그것은 너무 크고 복잡하기 때문이다. 문제를 해결하는 한 방법은 목록을 만드는 것이다. 두 번째 혁명은 그렇게 일어났다.

지구에 놀라울 정도로 다양한 생명이 산다는 사실이 밝혀진 지 그리 오래되지 않았다. 과학 기술 덕분에 용기 있는 과학자들이 지구의 오지까지 찾아가 발견한 생물 표본을 가지고 돌아온 뒤였으니 말이다.

얼마 전 1771년에 나온 『대영 백과 사전(*Encyclopaedia Britannica*)』 초판 복제본을 얻었다. 제 I 권(모두 합해 세 권이다.)을 넘기다 보면 3분의 2쯤 되는 곳에 「방주(ARK)」 항목이 나온다. 노아의 방주가 얼마나 많은 생명체들을 실어야 했는지에 대한 이야기도 여기에 있다.

> 모세가 말한 내용으로 보면 방주의 크기는 길이가 300완척(1완척은 손가락 끝에서 팔꿈치까지의 길이로 약 45센티미터), 너비는 50완척, 높이는 30완척으로, 어떤 이들은 배에 실어야 할 생명체의 수에 비해 지나치게 작다고 생각했다. 이렇게 교회에 맞서는 다른 의견들이 나오면서, 논쟁이 일어났다. 이 문제를 풀기 위해 처음 의문을 품었던 사람들부터 같은 생각을 하는 많은 후손들이 골치를 썩어가며 계산에 매달렸지만 해결이 나지 않았다. 하지만 부테오(Buteo)와 키르허(Kircher)가 기하학으로 보인 바에 따르면, 1완척의 길이를 보통 쓰는 한 발 반(약 45.7센티미터)으로 볼 때, 방주는 그때 실었다고 생각하는 모든 동물들을 태우기에 충분하고도 남는 크기였다. 스넬(Snellius)의 계산에 따르면 방주의 넓이는 반 에이커(약 612평)가 넘었을 것이며……아버스넛(Arbuthnot) 박사는 방주 부피가 맥주 등을 담는 큰 통으로 8만 1062통이었다고 계산한다.
>
> 방주에는 노아의 식구 8명과 깨끗하지 못한 모든 동물 암수 한 쌍씩, 깨끗한 모든 동물들 암수 일곱 쌍씩 타고 그들이 그해 내내 먹을 음

생명의 수학

식을 실었다. 언뜻 보면 방주에 탄 동물의 수는 거의 무한하다. 그러나 셈을 해 보면 그 가짓수는 흔히 상상하는 것보다 훨씬 적다. 네발짐승은 100종류에 이르지 않고, 날짐승도 200종에 이르지 않는다. 물속에서 살아야 하는 동물은 넣지 않았을 것이다. 하지만 많은 동물학자들은 172종의 네발짐승이 배에 타야 했으리라고 생각한다.

이어서 사전에서는 다양한 동물들, 특히 집에서 기르는 동물들에게 어떤 먹이가 필요했을지, 외양간과 저장 장소는 어떤 식으로 나누었을지 등에 대해 썼다. 이 글을 보면 그 시대의 사고 과정이 놀랍도록 훤히 보이는데, 지구에 사는 생물 종이 얼마나 다양한지 잘 알려지지 않았음을 감안하면 어느 정도 말이 된다. 하지만 아무리 잘 보아주려고 해도 계산이 지나치게 단순했다.

　『성경』의 「창세기」에 따르면 노아는 방주에 지구에 사는 모든 생물 종을 실었다. 비록 물에 사는 생물에 대한 내용은 분명하지 않지만. 하지만 가장 높은 산이 잠길 만큼 빗물이 쏟아져 내렸다면, 바닷물의 소금기는 바다 생물이 살기 어려울 정도로 줄어들었을 것이다. 비가 내리기 전의 소금기 없던 물 역시 바닷물과 섞이면서 민물의 생물은 살 수 없었을 것이다. 그렇기 때문에 **모든 것**이 방주 안으로 들어가야 했을 것이다.

　알다시피 오늘날 지구에 사는 생물 종은 단지 몇백이 아니라 몇백만에 이른다. 또한 종마다 고유한 서식지와 먹이가 필요할 것이다. 심지어 보통의 사자도 다섯 달 동안은 영양과 같은 먹이가 필요하다. 표범, 치타, 호랑이, 재규어, 서발 고양이, 스라소니, 눈표범, 고기잡이고양이…… 이렇게 고양이과 동물만 41종류가 더 있다.

노아의 방주 이야기를 웃음거리로 삼으려는 것이 아니다. 노아의 방주는 「길가메시 서사시(Epic of Gilgamesh)」에 나오는 옛 바빌로니아의 큰비 이야기에서 생겨난, 훌륭하고 교훈적인 이야기이다. 여기서 말하려는 것은 250년도 채 되지 않은 과거에, 가장 현명한 학자들조차도 지구 위에 사는 생명의 수를 크게 낮춰 생각했다는 점, 자신의 믿음에 눈이 어두워 뒷마당에 그토록 많은 생명들이 사는지도 전혀 몰랐다는 점이다. 뒷마당에서는 실제로 무수히 많은 나비와 나방, 딱정벌레 — 특히 딱정벌레 — 들이 날마다 눈앞에서 날아다녔을 텐데도 말이다.

하지만 시대를 앞섰던 어떤 사람들은 자연의 엄청난 다양성에 대해 알고 있었다. 사실 너무나 다양해서, 제대로 이해하려면 누군가 순서대로 정리를 해야 할 정도였다.

생물을 체계적으로 분류하는 일에 최초로 손을 댄 사람은 스웨덴의 식물학자이자 동물학자, 의사인 린네였다. 그가 한 일 덕분에 오늘날 우리는 생물을 종과 속, 기타 더 큰 묶음으로 나누고, 라틴 어 학명을 붙이는 기본적인 체계를 갖게 되었다. 그는 자신의 생각을 1740년대에 처음으로 실행했다. 『대영 백과 사전』의 첫 판이 나오기 30년 전이었다. 실제로 『대영 백과 사전』의 「식물(BOTANY)」에서는 린네의 식물 분류에 대해 방대하게, 「자연의 역사(NATURAL HISTORY)」에서는 동물 분류에 대해 다룬다. 린네는 처음에 동물, 식물, 광물을 자신이 만든 분류 안에 넣으려고 했지만, 그 거대한 계획에 억지로 끼워 넣기에 광물은 살아 있는 생물과 너무나 달랐다. 동물과 식물은 모두 살아 있는 생명이고, 겉보기에는 크게 다를지라도 알고 보면 공통점도 많았다. 린네의 분류의 자세한 내용은 해가 갈수록 많은 부분에서 크게 바뀌었지만, 기본이 되는 규칙은 똑같았다.

린네의 분류가 지나온 역사와 그동안 거친 많은 변화들은 매우 흥미롭지만, 우리에게 중요한 것은 현재의 결과이다. 오늘날 분류학자들(생명체를 종을 비롯한 관련 항목으로 분류하기가 전공인 생물학자)은 생물의 왕국을 8단계로 조직한다.

- 생명은 세 군(domain, 群)으로 나뉜다.
- 군은 계(kingdom, 界)로 나뉜다.
- 계는 문(phylum, 門)으로 나뉜다.
- 문은 강(class, 綱)으로 나뉜다.
- 강은 목(order, 目)으로 나뉜다.
- 목은 과(family, 科)로 나뉜다.
- 과는 속(genus, 屬)으로 나뉜다.
- 속은 종(species, 種)으로 나뉜다.

이어서 더 작은 단위로 나눌 수 있지만, 분류학의 주된 단계는 이 8가지이다.

목록을 아래에서 위로 올라가보면, 종은 서로 다른 동물, 새, 물고기, 식물들을 나타낸다. 많은 부분에서 종의 분류는 우리의 직감과 일치한다. 예를 들어 모든 파란박새(blue tit)는 바탕이 서로 같지만 개똥지빠귀(thrush)와는 다르다. 몇 해 전, 어떤 분류학자들은 뉴기니의 원주민들이 여러 새를 부를 때 쓰는 이름들을 린네 분류에 있는 이름과 비교했는데, 둘 모두 똑같이 새들을 구분하고 있었다. 종에서 한 단계

올라간 속에서, 파란박새와 큰박새, 진박새들은 똑같은 '박새'를 기본으로 모양이 조금씩 달라진 것들이다. 노래지빠귀, 겨우살이개똥지빠귀도 '개똥지빠귀'를 기본으로 하지만 파란박새는 그렇지 않다. 하지만 속은 전체적으로 이보다는 더 세세하게 갈라서 나눈다. 오리는 둘 이상의 속 안에 포함된다. 과는 많은 부분에서 우리의 직감과 더 일치한다.

더 정확하게, 파란박새는 표 1처럼 분류된다. 이렇게 완전한 분류에서 파란박새는 다른 생물과 매우 특수한 관계를 맺는다. 예를 들어 개구리는 파란박새처럼 척삭동물이지만 조류가 아니며, 민들레는 파란박새와 같은 진핵생물이지만, 동물이 아니다. (진핵 세포에는 핵이 있다. 척삭동물은 배아에서 척추의 전 단계인 척삭이 생겨난 동물이다.) 하지만 이 목록을 말로 하려면 너무 길고 복잡하기 때문에, 대체로는 마지막의 종과 속만 말해도 모자람이 없다. 이렇게 해서 흔히 말하는 두 단어짜리 학명이 생겨나는데, 파란박새의 학명은 시아니스테스 카에룰레

표 1 파란박새의 분류

분류	학명	내용
군	유카리요타(*Eukaryota*)	진핵생물(Eukaryotes)
계	아니말리아(*Animalia*)	동물(Animals)
문	코르다타(*Chordata*)	척삭동물(Chordates)
강	아베스(*Aves*)	조류(Birds)
목	파세리포르메스(*Passeriformes*)	참새(Perching or songbirds)
과	파리다에(*Paridae*)	박새(Tits)
속	시아니스테스(*Cyanistes*)	작은 박새(A subset of smaller tits)
종	카에룰레우스(*Caeruleus*)	파란박새(The blue tit)

우스(*Cyanistes caeruleus*)로, 속은 첫 자를 대문자로 쓰지만 종은 그렇지 않다.[1] 속은 흔히 짧게 줄여서 머리글자만 쓴다. 그래서 파란박새의 학명은 *C.* 카에룰레우스가 된다.

그래도 분류는 생물함의 복잡함이 드러나는 시작점이다. 분류는 고작해야 '나비 모으기'(나비 수집가에게는 비유가 아닌 말 그대로이겠지만)일 뿐이다. 생명체를 정리하고 거기에 멋진 이름을 붙이는 일 말고도 생물학에서는 할 일이 많다. 그리고 생명의 복잡함은 그저 생물 수에서 나오는 것이 아니다. 아무리 단순하다 해도 모든 생명체는 안으로 엄청나게 복잡하다. 게다가 생물이 '환경' 안에서 무언가를 주고받는 문제라면…… 생물학은 그 복잡함에 거의 짓눌릴 지경이다.

그래도 분류는 첫 단추가 되기에 마땅하다. 생물학에서 하는 이야기들을 올바르게 이해하고, 더 깊이 있는 비교를 하며, 포괄적인 패턴을 찾는 바탕이 되기 때문이다. '나비 모으기'라는 첫 단계가 없었다면 수많은 학문이 생겨나지 못했을 것이다.

분류학자들은 지금까지 150만 종이 넘는 생물들을 분류했다. 크기는 바이러스에서 흰긴수염고래에 이르고, 장소는 대양저의 부글부글 끓는 구멍에서 성층권의 높이 떠 있는 구름에 이르며, 적도의 우림, 사막, 강과 호수, 바다, 동굴 …… 심지어 바위에 난 미세한 틈의 몇 킬로미터 아래에서도 생명은 나타난다. 생명이 지금까지 모습을 나타내지 않은 단 한 곳이 있다면 화산의 마그마이다. 그리고 생각지도 못했던 곳에서 생명이 나타났음을 볼 때, 많은 과학자들이 그동안 예측했던 것과는 완전히 반대로 마그마에서도 어떤 괴상한 생명체가 **충분히** 나타날 수 있을 것이다. 그렇다면 그 생물은 지금까지 지구에서 한 번도 나오지 않았던 종이어야 하며, 이 점은 누구나 동의할 것이다.

분류학자들은 오늘날 식물을 약 30만 종, 균류와 동물이 아닌 것들을 약 3만 종, 동물을 약 125만 종으로 계산한다. 동물 가운데서도 120만 종은 새우나 달팽이처럼 등뼈가 없는 무척추동물, 그 가운데서도 약 40만 종은 딱정벌레이다. 유전학자이자 진화 생물학자인 존 버던 샌더슨 홀데인(John Burdon Sanderson Haldane)은, 연구를 통해 신에 대해 무엇을 알았느냐고 한 여성이 묻자 이렇게 대답했다. "신은 딱정벌레를 너무나 좋아한다는 사실이었지요, 부인." 척추동물은 고작 6만 종이다. 어류가 3만 종, 양서류가 6000종, 파충류가 800종, 조류가 1만 종, 그리고 포유류가 5000종이다. 포유류 가운데서 약 630종은 원숭이, 여우원숭이, 유인원, 그리고 사람을 아우르는 영장류이다. 지난 10년 동안 53종의 새로운 영장류가 나타났다. 40종은 마다가스카르에서, 2종은 아프리카에서, 3종은 아시아에서, 마지막으로 8종은 중앙아메리카와 남아메리카에서 나왔다. 온 세상을 샅샅이 뒤져서 그렇게 나왔다는 사실이 놀랍지만, 사실 생물은 찾기가 매우 어렵기도 하다. 생물이 그렇게 진화해 왔기 때문이다.

이렇게 엄청난 수의 생물 가운데서도 오직 한 종, 호모 사피엔스, 곧 사람만이 읽기와 쓰기, 종교와 과학 기술, 그리고 말을 만들어 냈다. 사람의 특성을 이루는 기초는 다른 생물에서도 나타나며, 침팬지나 돌고래처럼 지능이 높은 많은 동물들은 과거에 사람들이 생각했던 것보다 훨씬 더 똑똑하다. 지능만을 보자면 까마귀도 높다.

생물 종의 수는 모두 합해 얼마나 될까? 과학자들은 200만에서 1억까지로 계산하지만, 사실은 500만~1000만 정도가 더 맞을 것이다. 얼마 전 나온 논문에서는 생물 종이 550만이며, 이전의 계산 결과는 생물 종의 다양함을 과장했다고 주장했다.

종은 생성에 비해 더 빨리 소멸해 가고 있다. '종'의 뜻을 어떻게 밝혀야 할지도 다 알지 못한다. 사실 '종'이 생물학에서 볼 때 정말로 의미 있는 개념인지조차 확실하지 않다. 내가 학교를 다닐 때는 코끼리에는 아프리카코끼리와 아시아코끼리 두 종류가 있다고 배웠다. 오늘날 동물학자들은 다섯이라고 알고 있다. 앞으로 10년이 지나면 어떻게 될지 누가 알겠는가?

린네의 분류 체계는 겉보기에 뒤죽박죽인 생물계에 질서를 가져왔다. 게다가 생각지도 못한 보상으로, 오늘날까지 진화해 온 생물의 조상이 무엇인지 넌지시 알려 준다.

하지만 과학에서 신처럼 여기는 것은 없으며 린네의 분류도 마찬가지이다. 소수이지만 어떤 분류학자들은 생물계가 린네의 체계처럼 깔끔하고 가지런한 것이 아니라고 강하게 주장한다. 그들은 사람의 학명인 호모 사피엔스의 대안으로 호모-사피엔스(Homo-sapiens), 호모.사피엔스(homo.sapiens), 호모사피엔스(homosapiens), 사피엔스1(sapiens1), 사피엔스0127654(sapiens0127654) 등 10개도 넘는 이름을 제안했다. 그들이 만든 체계는 딱딱하고 질서정연한 목록에 따라 생물을 인위적으로 분류하지 않고 복잡성을 그대로 보여 준다는 점에서 좋다고 한다.

위의 비판이 어느 정도 옳기는 하지만, 린네의 분류, 물론 오늘날 수정된 형태의 린네의 분류는 사람의 상식과 일치해 오랫동안 쓰였으므로 이제 와서 바꾼다면 매우 불편할 것이다. 이치에 더 맞는다고 알려진 새로운 체계를 잘 받아들이지 않는 까닭은 과학이 옛 것을 지키려 하기 때문만은 아니다. 그 체계를 바꾸려면 얼마나 많은 노력이 필요한지 알기 때문이다. 새로 나온 많은 분류법에는 모두 저마다의 흠이 있다. 길게 보면 진화나 DNA, 현대적 분류 기법이 없었던 18세기의 분류법이 21세기에 적합한 것일지 모른다.

린네의 분류가 나타나면서 동물학자들과 식물학자들은 종들을 구분하는 특징에 대해 더 꼼꼼히 생각하게 되었다. 생물을 분류할 때 어떤 특성을 잣대로 해야 가장 좋을까? 호랑이와 얼룩말은 둘 다 줄무늬가 있지만, 그렇다고 둘이 매우 가까운 사이는 아니다. 실제로 둘은 같은 종이나 같은 과, 심지어 같은 목에도 들어가지 않는다. 호랑이는 식육목이고 얼룩말은 유제목(발굽이 있고 발가락 개수가 홀수인 동물)이다. 두 종은 강의 단계에 와서야 같아진다. 둘 모두 포유류이기 때문이다. 그러니까 줄무늬처럼 눈에 띄는 특성들은 별로 중요하지 않다. 오히려 발가락이 몇 개인지와 같은 눈에 잘 안 띄는 특성이 중요할 때가 더 많다.

어떤 특징을 더 많은 생물들이 가지고 있을수록, 그 특징과 관련된 분류 단계는 과-목-강의 순서로 더 높아질 수 있다. 분류 단계가 높아질수록 그 안에 들어가는 생물 수가 많아진다. 젖을 내고 새끼를 먹인다와 같은 특징은 모든 포유류에게 널리 퍼져 있기 때문에 타고난 무늬나 색과 같은 겉보기 특성보다 포유류를 구분하는 우선 잣대가 된다. 그러니까 중요한 사실은 호랑이가 식물이 아닌 동물(계)이며, 동물 가운데서도 척삭동물(문)이며, 척삭동물에서도 포유류(강)이며, 육식 동물(목)이고, 고양이(과)이며, 큰 고양이(속)라는 것이다. 오직 종의 단계에 와서야, 호랑이의 상징인 줄무늬가 나타난다. 마찬가지로

생명의 수학

얼룩말에게 줄무늬 특징보다 더 중요한 것은 포유류라는 사실이며, 육식 동물이 아닌 홀수의 발가락이 달린 말굽동물(목)이고, 말(과)이며, 그 가운데서도 말과 **아주** 비슷한(속) 동물이라는 것이다. 줄무늬는 세 얼룩말 종에 모두 있으며, 그 셋을 구분하려면 다른 특성들이 더 필요하다.

분류학자들은 분류에서 가장 중요한 특성이 사람의 눈에 잘 띄지 않음을 곧 깨달았다. 꽃피는 식물에서는 눈에 잘 안 띄는 특성들이 특히 중요하다. 커다란 나무와 조그만 잡초가 아주 가까운 사이일 수도 있고, 같은 숲에 사는 큰 나무 둘이 완전히 다를 수도 있다. 가장 중요한 특성은 암술, 수술, 꽃받침, 꽃잎과 같은 아주 작은 생식 기관일 때가 많았다.

린네는 처음에 『유성 생물 체계(*Systema Sexuale*)』에서 꽃피는 식물을 생식 기관의 수에 따라 나누었다. 그는 식물 강을 1 수술군(Monandria), 2 수술군(Diandria), 3 수술군(Triandria), 4 수술군(Tetrandria)과 같이 나누었다. 이렇게 이름 붙인 까닭은 편리함 때문이었다. 수술이나 꽃잎 수는 세기도 쉽고, 그것을 잣대로 한 체계는 식물을 구분할 때 매우 유용하기 때문이다. 그래서 이러한 척도는 19세기 중반까지도 식물 구분에 널리 쓰였지만, 이후 분류학자들은 식물 사이의 관계를 더 분명하게 보여 주는 분류 체계로 바꾸었다. 그래도 번식은 식물의 중요한 특성으로서, 기관의 수와 구조는 여전히 식물의 분류에서 중요하다.

식물의 기관을 세면서 수학은 처음으로 생물학의 문제, 곧 꽃과 잎의 수와 모양에서 나타나는 놀라운 패턴에 관해 폭넓게 활용되기 시작했다. 다음 장에서는 그에 대한 역사를 말하려 한다. 19세기와 20세기 초에 생물학에서는 어떤 수학을 어떻게 활용했는지, 오늘날 생물학의 새로운 발견이 어떻게 새로운 질문을 낳고, 수학자들이 낸 답으로 오늘날 생물학자가 수학을 보는 눈이 어떻게 달라졌는지 알아 보자.

4

꽃에서 찾은
수학

생물학에서 일어난 첫 두 혁명으로, 그 후 1세기 동안 모든 연구에서 틀에 박은 듯한 패턴이 나타났다. 당시 생물학에서 지식을 발전시키는 방법은 새로운 종을 찾아 그것을 린네의 분류에 끼워 넣는 것이었다. 필요하다면 현미경을 써서 새로운 종을 자세히 연구한 뒤, 발견 사실을 알리고 글로 적었다. 생물학이 '나비 모으기'였던 당시, 학자들은 다양한 생물을 목록으로 정리하고 그 목록의 풍부함을 찬양했다.

세세한 연구 내용들이 넘치는 가운데, 특히 포식자/피식자, 기생/숙주, 흉내와 공생처럼 생물 간의 일반적인 관계에서 몇 가지 포괄적인 원리들이 나타나기 시작했다. 이러한 개념들은 끊임없이 발전하는 생물학의 지식 체계를 조직하는 데 도움이 되었다. 하지만 당시 더 우세한 모형은, 모으고 정리하고 관찰하는 연구였다. 그렇기에 생물학자는 없었다. 식물학자, 동물학자, 곤충학자, 파충류학자, 어류학자가 있을 뿐이었다.

물리학은 이와는 아주 다른 길을 걸었다. 생물학에서 린네의 분류가 나온 1735년부터 다윈의 진화론이 나온 1859년의 기간까지, 물리학은 수학을 통해 얻어 낸 자연의 일반 법칙에 힘입어 폭발적으로 자라났다. 이처럼 물리학이 수학의 포괄적인 원리로 하나가 되고 있는 동안 생물학은 생물 분야 하나하나의 늪에서 빠져 나오지 못하고 있었다. 그것들을 하나로 묶는 일반적인 원리, 법칙이라고 할 만한 것은 거의 없었으며 수학은 아예 없다고 보아야 했다.

그래도 수학은 가까스로 생물학의 몇몇 영역, 특히 식물계의 기묘한 수비학 속을 비집고 들어갔다. 꽃잎의 수, 씨앗이 자라 펼쳐 나는 모양, 줄기에 잎이 난 모양, 꽃양배추에 난 혹, 파인애플과 솔방울의 구조처럼 식물과 관련된 다양한 상황에서 특수한 수열이 모습을 드러냈다.

1850년 즈음 주류 생물학과 당시 수학 기술은 이 숫자 패턴들을 아주 자세히 설명할 수 있었고, 실제로 그렇게 하기도 했다. 자세한 설명은 이미 충분했다. 그러나 **왜** 그 패턴이 나타나는지 설명하는 것은 당시 과학 수준을 넘어서는 전혀 다른 문제였다. 이 장에서는 생물학자들이 식물의 형태에 대한 수학과 신비한 수열에 대해 깊이 생각하기까지 빅토리아 시대의 과학이 얼마나 많이 성장해야 했는지를 이야기할 것이다. 그 다음에는 역사 이야기에서 잠깐 벗어나 그 사이 현대 수학과 화학이 어떤 일을 했는지 볼 것이다.

금잔화 꽃잎은 보통 13개이다. 과꽃의 꽃잎은 21개이다. 데이지는 보통

34, 아니면 55개나 89개이다. 꽃잎 수가 이것의 두 배일 때도 있는데, 특히 사람이 키우는 식물 종들이 그렇다. 꽃 키우는 사람들이 꽃잎의 수를 두 배로 하는 방법을 쓰기 때문이다. 그러나 어찌되었든 꽃잎이 37개인 데이지를 본 적은 별로 없다. 33개라면 아마 꽃잎이 떨어져서 그럴 것이다. 데이지 과에 들어 있는 해바라기도 꽃잎의 수가 보통 55, 89, 144이다. 예외가 있다면 자라는 동안 병이 들거나 다쳐서일 때가 많다.

언뜻 보면 자연이 특별히 이 숫자들, 아니면 이와 관련한 다른 특정한 숫자들을 좋아해야 할 이유는 없다. 꽃잎은 꽃의 중심 부분을 둘러싸고 수레바퀴의 바퀴살처럼 늘어서 있다. 수레바퀴에 달린 바퀴살의 수가 몇 개이든 중요하지 않은 것처럼, 꽃을 둘러싼 빈자리를 몇 개의 꽃잎으로 채워야 하는지에 대해서도 딱히 정해진 규칙은 없는 것처럼 보인다. 그렇기에 앞에 나온 숫자들은 더욱 수수께끼 같다.

오늘날 유전자 중심의 관점에서 보면, 식물은 저마다의 유전자가 '시키는' 대로 적당한 수의 꽃잎을 가질지도 모른다. 그러나 만약 그렇다면 종마다 다른 특정한 숫자들이 나와야지, 몇 개의 이상한 숫자들이 많은 종에서 똑같이 나타나지는 않았을 것이다. 하지만 자연이 하는 일은 표 2와 같다. 꽃잎이 4개인 푸크시아처럼 표에 나오지 않는 숫자들은, 전혀 없지는 않지만 훨씬 드물게 나타난다. 예외로 나타나는 꽃잎의 수로는 4, 7, 11, 18, 29가 많으며, 여기에 대해서는 나중에 다시 설명할 것이다. 이 예외의 숫자들은 최근에 나온 이론을 반증하기는 커녕 확증한다.

설상가상으로, 이 이상한 숫자들이 식물계의 다른 곳에서도 똑같이 나타나면 수수께끼는 더욱 어려워진다. 가장 눈에 띄는 예로 줄기

표 2 꽃잎의 수

꽃잎 수	꽃
3	아이리스, 백합
5	미나리아재비, 매발톱꽃, 제비고깔, 패랭이꽃, 들장미
8	기생초, 제비고깔
13	시네라리아, 금잔화, 솜방망이
21	쑥부쟁이, 노랑데이지, 치커리
34	플랜틴, 데이지, 제충국
55	데이지, 해바라기
89	데이지, 해바라기
144	해바라기

에 잎이 난 순서, 또는 생물학에서 쓰는 말로 잎차례(엽서)를 들 수 있다. 어떤 식물에서는 잎이 매우 단순하게 난다. 한 쪽에 잎 하나씩 짝을 이루어서 가로로 나란히. 그러나 다수의 식물에서는 잎이 늘어선 모양이 나선과 같아서, 앞에 난 잎과 다음 잎이 특정한 각을 이룬 채 줄기에 죽 붙어 있다. 이때 그 각은 표 2에 나오는 특별한 수들과 관계가 있다.

가장 흔히 나타나는 각은 135도로 3/8 바퀴이다. 첫 잎이 난 자리를 0도라고 하면 두 번째 잎은 첫 잎과 135도를 이루고, 세 번째 잎은 첫 잎과 270도를 이루는 식으로 나아간다. 연달아 나는 잎들이 최초의 잎과 이루는 각은 135도에 자연수를 곱한 값들이다. 각의 크기가 원 한 바퀴가 넘어갈 때마다 360도를 빼주면 다음의 잇따른 각들이 나온다. (각도 아래에 알맞은 바퀴 수를 분수로 나타냈다.)

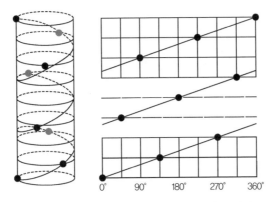

그림 7 (왼쪽) 잎 사이 각도가 3/8 바퀴를 이루며 나선처럼 달린 모양. (오른쪽) 식물 줄기인 원기둥을 펼쳤을 때 겉에 있던 나선도 함께 펼쳐진 모습. 360°는 0°와 같기 때문에 '싸서 말면' 두 끝은 만난다.

0°	135°	270°	45°	180°	315°	90°	225°	0°
0	3/8	6/8	1/8	4/8	7/8	2/8	5/8	0

이 패턴은 끝없이 되풀이된다. (패턴을 더 눈에 띄게 하기 위해 6/8과 같은 분수는 3/4으로 약분하지 않고 그대로 두었다.) 그림 7은 잎이 이 각을 따라 나선처럼 달린 모양이다.

다른 많은 식물들에서도 표와 똑같은 식의 잎차례가 나타나는데, 잎 사이 바퀴 수가 이와 다른 식물도 여럿 있다. 하지만 2/7과 같은 분수는 나타나는 일이 거의 없다. 표 3에 정리된 분수들은 꽃잎에서 나타나는 숫자들과 매우 가까운 사이로, 사실 표에 나타난 분수는 1, 2, 3, 5, 8, 13에서 두 숫자를 뽑아 만든 것이다. 1과 2를 빼면 모두 꽃잎의 수이다. 꽃잎도 결국은 잎이 변한 것이므로 크게 놀랍지는 않지만, 그래도 설명이 필요하다.

표 3 식물별 이웃한 잎 사이 바퀴 수

이웃한 잎 사이 바퀴 수	식물
1/2	잔디
1/3	너도밤나무, 개암나무
2/5	오크나무, 살구나무
3/8	포플러나무, 배나무
5/13	버드나무, 아몬드나무

식물의 다른 특징들에서도 똑같은 숫자들이 나타나면서 잇따른 숫자들의 패턴이 단지 우연이 아니라는 생각이 강해졌다. 파인애플 겉에는 육각형 무늬들이 뚜렷하게 나 있다. 그 육각형들 하나하나는 원래 작은 파인애플 열매로, 파인애플이 성장하면서 우리가 흔히 보는 큰 파인애플 덩어리로 합쳐진다. (파인애플은 여러 개의 열매가 모여 하나의 열매처럼 보이는 집합과(集合果)에 속한다. — 옮긴이) 하지만 흔히 보는 벌집 무늬가 아니라 나선 소용돌이 두 묶음이 서로 얽힌 모양으로 깔끔하게 맞춰진다. 한 묶음은 위에서 내려다볼 때 시계 반대 방향으로 돌아가며, 8개의 나선이 그 안에 있다. 다른 한 묶음은 시계 방향으로 돌아가며 13개의 나선이 그 안에 있다. 5개의 나선을 가진 세 번째 묶음도 있는데 경사가 더 낮으며 시계 방향으로 돌아간다(그림 8). 솔방울의 잔비늘 같은 조각들에서도 비슷한 나선들이 나타난다. 다 자란 해바라기 씨들도 나선을 이루는데(그림 9), 이 나선들은 위아래로 뻗어 나가지 않고 평면 안에 놓여 있다.

틀림없이 이 숫자들은 식물의 구조와 특별히 잘 맞는다. 그런데

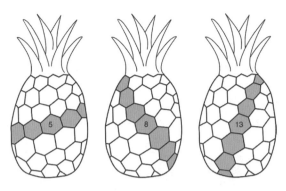

그림 8 파인애플에서 보이는 세 종류의 나선

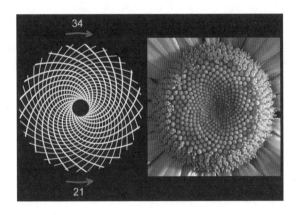

그림 9 해바라기 꽃에서 보이는 두 종류의 나선. 34개는 시계 방향으로, 21개는 반시계 방향으로 감긴다.

왜 이 숫자들이 다른 숫자들보다 많이 나타날까?

그 답은 토끼에서 시작되었다.

1202년 이탈리아 수학자 피사의 레오나르도(Leonardo of Pisa)는 산술에 대한 책을 썼다. 그는 독자들에게 토끼 한 쌍에서 나오는 자손의 수를 연습 문제로 냈다. 이 문제와 답은 16장에서 더 자세히 다룰 것이다. 16장에서는 개체수 증가와 관련된 수학에 대해 살펴본다. 여기서는 답으로 나온 숫자들을 잘 살펴보기만 하면 된다. 아래 숫자들은 짝짓기 기간마다 나타나는 토끼 쌍의 수이다.

1, 1, 2, 3, 5, 8, 13, 21, 34, 55, 89, 144, 233, 377

수열을 만들기 위해서는 (시작점인 2개의 1을 빼고) 앞의 두 수를 더하면 된다. 2=1+1, 3=1+2, 5=2+3, 8=3+5, 13=5+8처럼 말이다. 나중에 레오나르도에게는 피보나치(Fibonacci)라는 별명이 생겼고, 1877년 수학의 대중화를 위해 애쓴 프랑스 수학자 에두아르 루카(Édouard Lucas)가 이 수열에 대해 언급하면서 피보나치 수로 알려졌다.

　홀데인의 말을 바꿔 표현하면 식물계는 지나치게 피보나치 수를 좋아하는 것 같다.

　토끼 번식과 관련해 나타난 이 수열은 겉보기에는 생물학 같지만 꽃잎의 수나 잎차례와는 아무 관련이 없다. 사실 피보나치 수는 너무 인위적이라 토끼와도 큰 관련은 없다. 하지만 그 속의 어떤 특징, 연이은 두 피보나치 수로 만든 분수만큼은 다르다. 분수를 소수로 쓰면 뭔가가 나타난다.

1/1=1.000,　2/1=2.000,　3/2=1.500,　5/3=1.666,　8/5=1.600,
13/8=1.625, 21/13=1.615, 34/21=1.619, 55/34=1.617

피보나치 수가 커질수록, 분수는 어떤 값에 더 가까워지는데, 그 값을 소수점 아래 여섯 자리까지 쓰면 1.618034이다. 올바른 값은

$(1+\sqrt{5})/2$로, 흔히 그리스 글자 파이 ϕ로 나타내기도 한다. 이 수는 무리수이다. 두 정수의 비로 나타낼 수 없기 때문이다. 어떤 분수도 이 값과 꼭 같지 않다. 사실 이 수는 2의 제곱근 다음에 맨 처음 나타난 무리수로, 고대 그리스 인은 정오각형과 관련해 이 수를 발견했다.

잎차례에서 나타나는 분수도 피보나치 수로 만든 분수인데, 분자와 분모가 연달아 나타나는 수가 아니라 두 걸음 떨어진 수이다. 그리고 더 큰 숫자는 분모이지 분자가 아니다. 흔히 나타나는 예로, 피보나치 수열의 5, 8, 13 부분에서 만들어진 5/13이 있다. 피보나치 수로 만든 이런 분수를 처음부터 몇 개 늘어놓으면 아래와 같다.

$$1/2=0.500, \quad 1/3=0.333, \quad 2/5=0.400, \quad 3/8=0.375, \quad 5/13=0.384,$$
$$8/21=0.380, \quad 13/34=0.382, \quad 21/55=0.381, \quad 34/89=0.382$$

여기서도 어떤 패턴이 보인다. 분수는 어떤 수에 점점 가까워지는데, 이번에는 0.381966이다. 이 수는 ϕ와 깊은 관련이 있다. 사실, 간단한 대수를 쓰면 이 값은 바로 $2-\phi$이다.

많은 곳에서 나타나기에 황금수라고도 하는 ϕ의 특별한 성질을 가지고 이야기할 수도 있다. 원을 서로 황금비를 이루도록 두 호로 가른다고 하자. 다시 말해 큰 호의 중심각은 작은 호의 중심각보다 ϕ배 크다. 이때 작은 호의 길이는 원주의 $1/(1+\phi)$배이다. 소수로 나타내면 0.381966이다. 바로 앞에서 나왔던 수이다. 대수를 사용하면 두 값이 똑같음을 알 수 있다. 작은 호의 중심각은 황금각이라고 하는데 크기는 137.5도에 매우 가깝다.

결국 잎차례에서 나타나는 분수들은 어림잡아 황금각이라고 생각할 수 있다는 이야기이다. 그런데 지금까지는 하나의 수수께끼를 다른 두 수수께끼로 만들었을 뿐이다. 다시 말해 꽃에서 나타나는 피보나치 수에서 그와 관련된 분수의 어림값과 특별한 각으로 옮겨갔을 뿐이다. 왜 이 각과 분수들을 살펴보아야 할까?

피보나치 분수 쪽은 이해하기가 더 쉽다. 수학에서 피보나치 분수는 주어진 분모에 대해서 황금각에 **가장 가까운** 분수이다. 분모가 같을 때라고 해서 이를테면 피보나치 분수 3/8이 2/8나 4/8보다 황금각에 더 가깝다는 뜻이 아니다. 그보다는 분모의 수를 점점 크게 하면서 볼 때 처음으로 황금각에 가까운 어림값이 5/13, 두 번째로 황금각에 가까운 어림값은 8/21과 같은 식으로 피보나치 분수들이 나온다는 뜻이다. '연분수'라는 오래된 수학 개념을 쓰면 황금각과 잎차례 분수 사이의 이러한 관계를 정리할 수 있다. 그러므로 황금각이 왜 나타나는지를 이해하는 것이 수수께끼의 열쇠이다. 그 까닭을 안다면 분수가 무슨 일을 하는지 저절로 알게 될 것이다.

잎차례에서 나타나는 수수께끼를 푸는 다음 단계는 생물학이다. 더 자세히 말해, 새싹이 자랄 때 세포 수준에서 무엇이 어떻게 바뀌는지를 살펴본다. 1868년 독일 식물학자 빌헬름 호프마이스터(Wilhelm Hofmeister)는 이 과정을 철저히 관찰해, 후속 연구의 기초를 마련했다.

생장의 첫 단계에서, 식물은 구조가 아주 작은 푸른 새싹일 뿐이다. 새싹이 자라면서 작은 잎들이 나타나기 시작하고, 그 잎들은 새싹이 하늘로 올라가는 동안 '그 자리에 남겨진다(left behind).' 가장 큰 변화는 싹의 끝에서 일어난다. 식물의 생장 패턴을 시각화하자면 분수가 적절하다. 분수 중심에서 물이 위쪽으로 쏘아 올라가면 그 물은 사

방으로 퍼져 나간 뒤 떨어져 다시 연못으로 돌아온다. 이제 분수 전체
가 로켓처럼 하늘로 솟아오르고, 뒤따라오는 물이 분수 중심보다 아
래로 떨어지면 그 자리에서 '언다'고 가정하자. 그러면 언 물기둥이 자
라나는 모습과 함께 그 위에 아슬아슬 걸쳐진, 하늘로 올라가면서 물
을 뿜어내는 분수가 보일 것이다. 뿜어져 나오는 '새' 물은 언 물기둥
끝에 놓인 분수에서 만들어지고, 사방으로 퍼져 나가다가 아래에 있
는 물기둥 가장자리에 떨어지면 얼어 버릴 것이다.

물방울이 세포라고 하면 새싹이 자라는 모습도 이와 같다. 새싹
을 윗면이 둥근 원통이라고 쉽게 생각하자. 거의 모든 생장은 줄기 중
심에 가까운 새싹의 끝부분에서 일어난다. 세포 분열로 싹 끝의 중심
부에서 새로운 세포가 나타나고, 이 세포들은 바깥으로 움직이다가
가장자리에 닿으면 멈춘다. 이렇게 끝부분은 자라면서 위로 밀려가고
그동안 새로 생겼던 세포는 뒤에 남으면서, 원통은 길어지지만 굵어지
지는 않는다.

말할 것도 없이, 식물은 자라면서 더 굵어지고, 잎이 더 커지거나
꽃봉오리가 나타나는 것과 같은 변화가 일어난다. 하지만 이렇게 나중
에 나타나는 일들은 잎차례와 상관이 없다. 잎이 발달하는 기본 패턴
과 수많은 다른 일들이, 자라나는 새싹 끝에서 일어나는 일로 결정된다.

새싹 끝에서 일어나는 일들을 보려면 현미경이 필요하다. 원기
(primordia)라는 작은 세포 덩어리들과 관련이 있기 때문이다. 덩어리
들은 결국 잎이 되므로 잎이 난 곳은 원기들이 배열된 미세한 기하에
따라 정해진다. 호프마이스터는 처음에 싹의 끝 중심에서 서로 반대쪽
으로 두 원기가 함께 나타남을 보았다. 이 두 원기가 바깥으로 움직이
기 시작하면, 세 번째 원기가 그 사이, 중심부에서 나타난다. 새로 나

타난 원기가 그 자리에서 온전히 자라기에는 공간이 모자라기 때문에, 먼저 나타난 두 원기는 중심부에서 열린 틈으로 새 원기를 밀어낸다. 이렇게 여러 힘들 사이에서 세 번째 원기가 자리를 잡고 나면 첫 번째와 두 번째 원기, 두 번째와 세 번째 원기가 이루는 각은 모두 황금각에 가깝다.

세 원기들이 움직이는 동안, 네 번째 원기가 싹 끝의 중심부에서 나타난다. 황금각의 세 배는 한 바퀴, 곧 360도를 조금 넘기 때문에, 네 번째 원기는 첫 번째 원기 가까운 곳에서 나와 그것을 밀어낸다. 그다음 다섯 번째 원기가 중심부에서 나타나고, 그림 10처럼 두 번째 원기를 밀어낸다. 이렇게 밀고 밀리면서 다른 원기들이 바깥으로 천천히 움직이는 동안 중심부에서 새로운 원기들이 튀어나오는 모습은 아름다운 기하학적 무늬를 이룬다. 잇따라 생겨나는 원기들은 나선을 따라 황금각의 배수만큼 떨어져 놓인다. 나선은 원기가 움직이고 자라는 속도에 따라 형성되므로, 호프마이스터는 이 나선을 생식 나선(generative spiral)이라고 불렀다.

자세한 생물학 내용은 건너뛰고, 이제 잎차례의 기하 패턴과 숫자 패턴이 만들어지는 과정을 수학으로 쓸 수 있다. 원기들은 잇따라 생식 나선 위에 놓이고, 서로 황금각 또는 그에 매우 가까운 각만큼 떨어져 있다. 시간이 지나면서, 원기들은 밖으로 퍼져 나가 줄기의 둥근 꼭대기 가장자리에 다다른 뒤 움직임을 멈춘다. 그 결과, 새싹이 자라면서 줄기 원통을 휘감은 나선을 따라 원기들이 서로 황금각의 정수배만큼 떨어진 채 줄줄이 늘어선다.

빅토리아 시대의 수학자들, 그 가운데서도 「자연 철학에 대한 논문(Treatise on Natural Philosophy)」으로 가장 잘 알려진 수리 물리학자

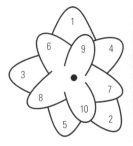 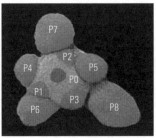

그림 10 (왼쪽) 이론. 원기들(나타난 순서대로 번호를 매겼다.)은 앞서 나타난 원기와 일정한 각을 이루며 천천히 바깥으로 움직인다. (오른쪽) 실험. 전자 현미경으로 아라비돕시스(*Arabidopsis*, 애기장대) 줄기 꼭대기를 보면 원기들이 줄줄이 나타난다. (P8~P1 번호는 옆의 그림과 반대로 뒤집어 매겼다.) 다음 원기는 P0에서 나타날 것이다. P0를 둘러싼 부분에서 새로운 세포들이 나온다.

피터 거스리 테이트(Peter Guthrie Tait)는 그림 7과 같은 그림들을 바탕으로, 잎차례에 대한 호프마이스터의 생각을 수학적으로 기술했다. 하지만 빅토리아 시대의 수학으로는 거기까지였다. 적어도 중요한 의문 하나는 풀지 못했다. 식물의 생장에서 황금각이 왜 그토록 특별할까? 황금각이 황금수에서 나왔다는 사실은 알았는데, 황금수가 왜 중요할까?

『성장과 형태에 대해』에서 톰프슨은 이 질문에 대한 빅토리아 시대의 한 유명한 답에 대해 썼다. 황금수는 무리수이므로, 어떤 잎도 다른 잎 바로 위에 오는 일이 없도록 늘어서는데, 이러한 구조는 비와 햇빛을 받아들이기에 더 좋다는 설명이었다. 그는 다른 무리수라도 똑같은 이야기를 할 수 있으며, 황금수는 피보나치 수열만이 아니라 다른 많은 수열에서도 나타날 수 있다고 지적했다. (어쩌면 식물에서 나타나는, 지금 설명하려는 5/13와 같은 어림값은 유리수라는 지적도 했을 것이다.) 톰프슨은 비아냥거리며 말했다. "빅토리아 시대의 이 모든 추측은 옛날 신비주의 학파가 주장했을 법한 이야기이다."

1917년 톰프슨의 책이 처음 나왔을 때, 그의 이 말은 틀림없이 핵심을 찌르는 듯 보였을 것이다. 황금수와 피보나치 수열은 수비론처럼 보였고, 이를 다룬 엄청난 책들은 추측만 가득하고 사실은 적었다. 하지만 더 최근의 연구를 통해 황금각은 식물 수비학의 고유한 특징이며 그 근사값인 피보나치 분수들도 마찬가지임이 확실해졌다. 그러나 이성이 수비학을 초월하려면 단순히 기하를 묘사하는 데서 벗어나 식물의 성장 역학을 설명해야 한다.

이 문제는 몇 단계를 거치면서 발전했는데, 여기서 잠깐 이야기를 조금 건너 뛰어 좀 더 현대적인 성과를 살펴본 뒤, 다음 장에서 생물학의 세 번째 혁명과 함께 다시 시간의 흐름대로 가려고 한다.

황금각의 특별한 성질은 잎차례와 관련 있는 식물의 특성으로 눈을 돌리면 더 쉽게 드러난다. 어린 새싹이 자라날 때 원기의 배열이 아닌, 다 자란 식물의 꽃에서 씨가 어떻게 놓여 있는지를 보자. 피보나치 수와 호프마이스터의 생식 나선은 여기에서도 나타난다. 왜냐하면 씨의 위치는 어린 새싹의 원기들이 이루는 패턴에 따라 정해지기 때문이다. 씨의 위치가 이루는 패턴은 식물이 다 자란 뒤에야 활발하게 나타나는데, 잎이 나는 과정(원기들의 패턴)과 똑같이 생겨난다. 그래서 여기에서도 중요한 문제는 원기의 형태와 위치 구조 같은 것이며, 여기서 식물의 잎뿐만 아니라 꽃잎이나 민들레 씨의 씨앗 같은 흥미로운 다른 기관들도 생겨난다.

그림 9에서 해바라기의 씨가 하나는 시계 방향으로 다른 하나는 반시계 방향으로 돌아가며 얽혀 있는 두 종류의 나선으로 쌓여 있음

을 보았다. 두 종류의 나선 수를 각각 세어 보면 잇따른 두 피보나치 수일 때가 많다. 그런데 이 나선은 생식 나선이 아니다. 생식 나선은 더 느슨하게 감겨 있어서 눈에 띄지 않는다.

꽃잎은 한 나선 종류의 바깥쪽 끝에 생기는데, 이 또한 원기들이 만든 독특한 패턴에 따라 보이지 않게 결정되며, 이 패턴은 씨가 아닌 꽃잎을 만드는 데 특성화되어 있다. 그러므로 이러한 나선과 관련된 피보나치 수는 꽃잎의 피보나치 수를 뜻한다. 간단히 말해 이것으로 왜 피보나치 수가 나선에 나타나는지 충분히 설명이 된다.

1979년, 뮌헨 기술 대학교의 헬무트 포겔(Helmut Vogel)은 해바라기 씨 배열을 수학으로 간단히 나타내는 방법을 고안해 왜 황금각이 해바라기 씨 같은 배열에 특히 잘 맞는지 설명했다.[1] 그가 만든 모형에서, n번째 원기는 첫 번째 원기에서 137.5도의 n배가 되는 각을 이루고, 중심까지 거리는 n의 제곱근에 비례한다. 원기가 있는 곳은 137.5도의 n배와 n의 제곱근 두 숫자로 정해지고, 호프마이스터의 생식 나선은 중심에서 바깥으로 갈수록 느슨하게 감기는, 이른바 페르마 나선으로 나타난다.

포겔은 자신이 만든 식을 써서, 생식 나선은 그대로 두고, 황금각 137.5도를 아주 조금만 바꾸면 씨가 어떻게 되는지 알아보았다. 결과는 그림 11에 나타난 대로 아주 놀랍다. 오직 황금각에서만 씨들은 겹치지도 않고, 빈틈도 없이 빽빽하게 차 있다. 10분의 1도만 바뀌어도 무늬가 깨지면서 한 종류의 나선만 남으며, 씨들 사이에 틈이 생긴다.

포겔의 모형으로 왜 황금각이 특별한지 밝혀졌다. 또한 황금삭이 잎차례에서 중요한 역할을 한다는 생각도 강해졌다. 그의 모형은 수비론에서 보는 숫자의 우연한 일치 같은 것이 아니다. 하지만 완전히 설

그림 11 페르마 나선 무늬. (왼쪽) 끼인각 137도로 황금각보다 조금 작을 때. (가운데) 끼인각 137.5도 황금각. (오른쪽) 끼인각 138도로 황금각보다 조금 클 때

명하려면 더 깊이 들어가야 한다. 호프마이스터가 말했듯 식물이 자라는 힘이 원기들을 **밀어내어** 황금각을 이루도록 한다는 사실이 드러났다. 세포가 자라고 움직이면서 생기는 힘은 옆에 있는 세포에 영향을 준다.

힘은 역학, 다시 말해 움직이는 물체를 다루는 수리 물리학에서 꼭 필요한 재료이다. 역학은 1600년 즈음 갈릴레오의 실험에서 탄생했다. 갈릴레오는 빗면에서 공을 굴려서 중력의 효과를 알아보았다. 1687년 뉴턴이 걸작 『자연 철학의 수학적 원리(*Philosophiae Naturalis Principia Mathematica*)』를 펴내면서 역학은 수학의 한 분야로 인정받았다. 뉴턴은 이 책에서 물체의 운동을 힘과 관련지어 이야기했다.

역학이 자리잡으면서, 사람들은 자연 현상을 그저 관찰하고 기록하는 것에서 나아가 그 현상이 일어나는 과정을 연구하는 데에 관심을 가졌다. 황금각과 피보나치 분수는 이제 더는 신기한 숫자가 아니다. 그들은 식물 줄기가 자라면서 생기는 힘들의 놀이에서 생겨난다. 톰프슨의 의심과 다르게, 황금수의 수학은 실제로 그 놀이에서 중요한 일을 한다.

1992년 프랑스 수리 물리학자 스테판 두아디(Stéphane Douady)와 이브 쿠더(Yves Couder)는 원기를 나타내는 점 같은 물체가 접시 모양의 중심부에서 같은 시간 간격이 지날 때마다 끝없이 생기고, 원의 반지름을 따라 바깥으로 움직이는 계의 역학을 소개했다.[2] 두아디와 쿠더는 처음에 이 물체들이 마치 두 자석의 북극처럼 서로 밀어낸다고 가정했다. 그리고 일어날 일을 두 가지 방법, 실험과 컴퓨터 가상 실험으로 알아냈다.

실험에서 원기는 자성을 띤 액체 방울이었고, 이 액체 방울들은 자기장의 운동 아래 서로 밀어내면서도 사방으로 퍼져 나가 어떤 패턴을 만들었다. 나타난 패턴은 자기장의 세기와 액체 방울 사이의 거리에 따라 달라졌지만, 액체 방울들은 거의 언제나 자발적으로 꼭 해바라기에서 나타난 것과 같은 나선 묶음들을 만들었고, 앞에서 본 것처럼 그 나선들은 황금각과 피보나치 수비학으로 채워졌다.

이 사실은 컴퓨터 가상 실험에서 더 자세히 나타나며, 결국 액체 방울들의 계를 연구하면 자연히 황금각의 어림값인 피보나치 분수에 주목하게 됨을 보여 준다. 계에서 나타나는 피보나치 분수는 새로운 액체 방울이 얼마나 빨리 더해지는가에 따라 다르다. 둘 사이의 정확한 관계는 이른바 분기도(bifurcation diagram)(그림 12)에서 알 수 있다. 이 그림을 보면 나선에서 나타나는 수와 그에 관련된 연속하는 원기 사이의 각도가 액체 방울이 더해지는 빠르기와 어떻게 관련 있는지 나온다. 분기도에서 볼 수 있는 두드러진 특징은 2개의 곡선, 이른바 피보나치 가지(Fibonacci branch)와 루카 가지(Lucas branch)이다. 이론으로는 다른 가지들도 무한히 많이 있지만 그 가지들은 매우 짧기 때

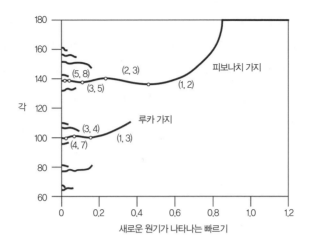

그림 12 잎차례에 대한 두아디와 쿠더 분기도

문에 실제로 나타나는 일이 매우 드물다.

이 곡선들이 무엇을 뜻하는지 밝혀내기 위해 오른쪽 끝에서 왼쪽으로 이동한다. 액체 방울이 생겨나는 빠르기가 0.8보다 크면 각은 180도로, 물방울들은 중심에서 양쪽 방향으로 죽 늘어선다. 빠르기가 작아지면, 각은 그림 위에서 왼쪽 아래로 구부러지는 곡선을 따라 연속적으로 작아지면서 140도쯤으로 바뀐다. 피보나치 가지라고 하는 이 곡선은 나타날 가능성이 가장 높다. 곡선은 위아래로 출렁이는데 마루나 골에 도달할 때마다 두 종류의 나선이 각각 몇 개씩인지 보여 주는 숫자들이 피보나치 수열을 따라 한 칸씩 앞으로 이동한다. 예를 들어 (3, 5)는 한 방향으로 3, 다른 방향으로 5개의 나선이 있다는 뜻으로, 이 숫자쌍들은 곡선이 오른쪽에서 왼쪽으로 갈 때 (1, 2)에서 (2, 3), (3, 5), (5, 8)과 같이 바뀐다. 이에 따라 각은 예상한 대로 137.5도인 황금각에 수렴한다.

지금은 퍼즐의 남은 조각들을 맞추었다. 황금각이 왜 식물 기하의 원리인지, **하지만** 실제로는 왜 어림값인 피보나치 분수로 드러나는지가 밝혀진 것이다. 가장 큰 조각이 그동안 빠져 있었다. 가상 실험에서 보이는 특성들이 왜 그렇게 나타나는지를 수학으로 엄격히 증명해야 했다. 이 조각은 1991년 MIT의 응집 물리학자 레오니트 레비토프(Leonid Levitov)가 찾아냈다. 1995년에는 스위스 로잔 대학교의 물리학자 마틴 쿤츠(Martin Kunz)가 더 자세한 내용을 더했다.[3]

앞서 지나쳤던 당황스러운 문제, 꽃잎이 4개인 푸크시아처럼 어쩌다가 피보나치 수가 아닌 수가 나타나는 문제도 이 결과로 풀린다. 두 아디와 쿠더의 분기도에도 이런 예외가 있으며, 루카 가지에서 나타난다. 루카 가지에 나타난 수는 피보나치 수와 비슷한 맥락에서 그 수는 피보나치 수열과 매우 비슷한 루카 수열에서 나왔다.

1, 3, 4, 7, 11, 18, 29, 47, 76, 123

루카 수열을 만드는 규칙은 피보나치 수열과 같다. 첫 두 수를 뺀 모든 수는 그 전에 나온 두 수의 합이지만 여기서는 첫 두 수가 1과 1이 아니고 1과 3이다. 잇따른 두 루카 수의 비율도 황금수에 가까워진다. 나선 수 쌍은 (1, 3), (3, 4), (4, 7), (7, 11) 등이 된다. 각은 99.5도로 수렴한다.

분기도에서 다른 짧은 가지들도 피보나치 수열이나 루카 수열처럼 어떤 숫자 패턴을 따르는데, 시작 수가 다르다. 각은 77.9도나 151.1도로 수렴하는데 식물에서는 거의 찾아보기 어렵다.

루카 수는 푸크시아가 아닌 다른 식물에서도 나타난다. 선인장 중에는 나선의 방향이 한쪽으로 4, 다른 쪽으로 7인 것과, 한쪽으로 11, 다른 쪽으로 18인 것이 있다. 구형 선인장의 한 종은 29개의 능(rib, 선인장 줄기에 솟아 있는 능선 — 옮긴이)이 있다.[4] 두 방향으로 저마다 47개와 76개의 나선이 있는 해바라기도 나타났다.[5]

푸크시아에 이어 선인장의 구조가 밝혀지면서 자연히 식물 구조를 연구하는 수학의 범위가 확대되었다. 앞에서 살펴본 모형에서 원기는 점 같은 물체이며, 힘은 서로 관련된 점에 작용했다. 실제와 더 가까운 '연속체' 모형에서, 힘은 자라나는 줄기 표면 전체에 미치고, 원기는 그 힘들을 따라 자라난다. 마치 금속판의 모서리에 힘을 주면 구부러지듯 말이다. 이 모형에서는 응용 수학의 주요 갈래인 탄성 이론이 쓰인다. 탄성 이론에서는 구부리거나 누를 수 있는 형태들이 바깥에서 작용하는 힘에 따라 어떻게 움직이는지를 연구한다. 건물이나 다리, 그밖의 큰 구조물을 설계할 때 공학에서 널리 쓴다.

어떤 탄성 물체의 모양을 바꾸려면 일을 해야 한다. 고무공을 눌러 보자. 그 공을 누를 때 한 일은 탄성 에너지라는 에너지의 한 형태로 물질에 저장된다. 탄성 이론의 주요 원리로, 계는 탄성 에너지를 될 수 있는 한 작게 하는 쪽으로 움직인다. 2004년, 투손에 있는 애리조나 대학교의 수학자 패트릭 시프먼(Patrick Shipman)과 앨런 뉴얼(Alan Newell)은 자라는 식물 새싹의 연속체 모형에 탄성 이론을 적용했다. 특히 애리조나 주에 널리 퍼져 있는 선인장을 집중적으로 실험했다.[6] 그들이 만든 모형에서 원기의 생성은 자라는 새싹 끝의 표면이 구부러지는 모습으로 나타났다. 또한 가장 작은 에너지 배치는 평행한 파들이 겹쳐진 패턴으로 나타났다.

이 겹친 패턴은 두 요소, 곧 파의 길이와 관련된 파동수와 파가 가리키는 방향에 따라 달라진다. 여기에서 피보나치 수비학이 나타나는데, 세 평행파가 서로 겹쳐질 때, 특히 그렇게 겹쳐진 상태에서 세 번째 파의 파동수가 다른 두 파의 파동수의 합이 되었을 때 가장 중요한 패턴이 나타나기 때문이다. 그림 8의 파인애플에 나타난 나선들은 육각형에서 나타나는 세 종류의 얼추 평행한 선분들을 보여 주었다. 기본적인 생각은 같다. 그러므로 이 모형은 피보나치 수의 산술을 파동 패턴의 산술에 직접 대응시킨다. 이렇게 수뿐만 아니라 수를 만들어 내는 규칙까지도 식물 끝의 구부러짐과 바로 연결된다.

어떤 식물학자도 식물 끝이 자란다고 하지 구부러진다고 말하지 않을 것이다. 탄성 모형이 식물 생장의 주요 특성들을 어느 정도 밝혀냈다고 해도, 아직 중요한 특성들이 빠져 있다. 탄성 모형은 원기에 작용하는 힘들을 가지고 원기의 배치나 기하를 이야기할 수 있지만, 새 원기가 어떻게 생겨나고, 왜 탄성 모형이 예측하는 그 자리에 나타나지는 밝히지 못한다.

이 문제를 풀려면 수학이 아니라 생화학이 필요하다. 원기는 옥신이라는 호르몬의 영향을 받아 생겨난다. 뉴얼과 동료들은 옥신 분포에서 비슷한 파동 패턴이 나타남을 보였다.[7] 이 문제에서는 식물의 생화학, 세포 사이의 역학, 식물의 기하 모두가 서로 영향을 주고받는다. 옥신은 새로운 원기가 자라도록 돕는다. 원기들은 서로 힘을 주고받으며, 식물의 생장과 함께 이 힘들은 원기의 기하를 이룬다. 기하는 식물의 생화학에 영향을 줄 수도 있는데, 예를 들어 특정한 장소에서 옥신이 더 나오도록 자극하기도 한다. 그러므로 생화학과 역학, 역학과 기하, 기하와 생화학 사이에는 피드백 고리들이 복잡하게 놓여 있으며,

이 요소들은 모두 필수적이다. 현대 수학 이론에서는 식물 생장을 연구하는 생물학과 물리학의 수많은 특성을 함께 고려해야 한다. 빅토리아 시대에서는 꿈도 못 꿨을 만큼 수많은 특성들이다.

여기까지의 결과로 보면, 다시 톰프슨의 의심은 틀렸다. 잎차례에서 황금수는 분명 어떤 역할을 하고 있으며, 잎차례에 대한 정보를 주기도 한다. 수학은 피보나치 수비학이 실제로 중요함을 한 번에 — 사실은 서로 보완하는 내용으로 여러 번에 걸쳐 — 확실히 설명했다. 또한 드물게 나타나는 루카 수를 예측해 어떤 식물에서는 왜 피보나치 수가 나타나지 **않는지** 밝혔다. 자연에서 나타나는 거의 모든 예외들은 루카 수와 관련이 있다. 잎차례에 대해 기술한 빅토리아 시대의 황금각 연구로부터, 더 폭넓게 응용할 수 있는 깊이 있는 수학이 나왔다. 한 세기 전의 관점에서 예외였던 경우가 빅토리아 시대의 이론을 굳힌 수학 이론이 참임을 증명한다.

하지만 이렇게 더 포괄적인 이론에 맞지 않는 식물들도 많다. 심지어 어떤 식물을 보면 잎을 비롯한 기관들이 매우 아무렇게나 만들어진 듯하다. 이야기는 아직 끝나지 않은 것이다.

한 가지 경고할 것도 있다. 톰프슨의 의심에는 까닭이 있었으며, 그 까닭은 완전히 사라지지도 않았다. 사람들이 황금수에 반한 나머지 그 중요성은 흔히 과장되었는데, 보통 수학에서 봤을 때 분명하지 않은 상황에서 그랬다. 모든 책에서 염소 뿔과 이집트의 피라미드와 그리스의 파르테논 신전에 나타난 나선을 가지고 자연과 예술품에서 나타나는 황금수를 이야기했다. 자주 나오는 이야기로 직사각형이 미학적으로 가장 보기 좋을 때는 두 변이 황금비를 이룰 때이다.

이러한 이야기에는 별로 근거가 없는 것 같다. 말하자면 현대의 수학 신비주의이다. 황금수가 있다고 생각했던 많은 대상들은 실제로는 가짜거나 어쩌다가 나온 예이다. 통계학의 어떤 기법은 황금수에 가까운 숫자들에만 집중해 그 중요성을 과장하기도 한다. 1.6에 가까운 값은 모두 황금수와 연결시킬 수 있지만, 그 관계는 우연일 가능성이 크다. 그렇지 않다면, 잎차례에서와 같이 그 현상은 더 깊은 이론에서 나온 것으로, 황금수는 탄탄한 근거를 토대로 나타날 것이다.

자연에서 나타나는 황금수의 한 예로, 앵무조개 껍데기의 아름다운 나선 또한 흔히 이야기한다. 이것은 틀린 예이다. 조개껍데기의 나선 모양은 나선들이 한 바퀴 돌 때마다 일정한 비율(그 비율을 성장률이라고 한다.)로 커지는 로그 나선과 놀라울 정도로 비슷하다. 성장률이 황금수와 관련된 아름다운 로그 나선은 있다. 하지만 많은 로그 나선의 성장률은 황금수와 관계가 없으며, 앵무조개 나선의 성장률도 황금수와 관련이 없다. 그러므로 황금수와 앵무조개 사이에는 별 관계가 없다.

잎차례는 사실상 자연이 황금수와 관계 있다고 자신 있게 말할 수 있는 **단 하나의** 상황이라고 말하는 편이 더 맞을 것이다. (실험 물리를 뺀다면 말이다.) 그러나 심지어 그 안에서도 모든 것이 황금수와 연결되어 있지는 않다. 수학과 생물학 사이의 연결이 모든 곳에서 옳다고, 결코 예외가 없다고 생각해서는 안 된다. 생물학의 세계는 목적이 다양하고 변화에 쉽게 적응한다. 수학적 모형이 어느 정도 적절하게 쓰인다 하더라도, 모든 곳에 쓸 수 있다고 기대하는 것은 현명하지 못하다.

빅토리아 시대에서 20세기 초까지의 수리 생물학 여행은 여기까지이다. 현대 수리 생물학에 관한 통찰은 짧은 속편이었다. 지금까지는 생물학의 첫 두 혁명을 바탕으로 어떤 일들이 일어났는지 살펴보았다. 이제 남은 세 혁명으로 돌아가려고 한다. 이 혁명들이 무대를 마련하면 마침내 카리스마 넘치는 주인공, 수학이 나타날 것이다.

5

종의 기원

세 번째 혁명의 시작은 좋지 않았다.

1858년 7월 1일이었다. 그때나 지금이나 자연사와 분류학에 관한 한 세계에서 가장 오래된 학회였던 린네 학회(Linnaean Society)는 70주년을 맞이했다. 마지막 기간 회의가 열리는 날이었고, 회원들의 신경은 온통 여름 휴가와 야회 활동에 가 있었다. 토머스 벨(Thomas Bell) 회장은 한 해 동안 학회에서 두드러졌던 과학 활동이 무엇이었는지를 정리해 발표해야 했다. 그의 생각에 그해는 뚜렷한 결실이 없는 흉년이었다. "이번 해에는"이라고 벨은 말을 시작했다. "학계에 이른바 큰 혁명을 일으킬 만한 놀라운 발견이 나오지 않았습니다."[1]

당시 어느 누구도 그의 의견에 반대하지 않았다. 심지어 회의의 마지막 순간에 발표된 두 편의 논문도 그들의 생각에 아무 영향을 주지 못했다. 회의가 끝나고 저마다 집으로 돌아갈 때, 그 논문에 큰 관심을 갖는 사람은 없었다. 당시 관례에 따라 두 논문은 저자들을 대신해 학회에서 크게 낭독되었다. 서로 매우 비슷한 주제를 다룬 두 논문의 제목은 「다양한 변종을 만들려는 종의 경향에 대해(On the Tendency of Speices to Form Varieties)」와 「자연 선택에 의한 종과 변종의 영속에 대해(On the Perpetuation of Varieties and Species by Natural Means of Selection)」였다. 저자는 각각 찰스 로버트 다윈과 앨프리드 러셀 월리스(Alfred Russel Wallace)였다.

어느 것이 먼저 나왔는지에 대한 논쟁을 피하기 위해 동시에 발표된 두 논문은 모두 자연 선택에 따른 진화론의 시작을 알렸다.

다윈이 태어나기 오래전, 생물학자들은 어떻게 이 땅에 셀 수 없이 많은 종이 생겨났는지 알고자 했다. 거의 모든 사람들이 종은 신이 창조했다고 생각했으며, 그것이 당시 사람들의 근본적인 믿음이었다. 하지만 그 믿음은 어떤 수수께끼이든 너무 쉽게 만드는 답이었다. 개는 어떻게 생겨났을까? 신이 만들었다. 용은 어떻게 생겨났을까? 신이 만들었다. 말할 것도 없이 신은 용을 만들지 않았다. 하지만 신이 모든 것을 만들었다는 답에서는 신이 용을 만들지 않았다고 생각할 수 없다.

그리스 철학자 아리스토텔레스는 『자연 철학 강의(*Physicae Auscultationes*)』에서 "비는 옥수수를 자라게 하려고 내린다."처럼 목적을 가지고 자연을 설명하는 것에 반대했다. 이 이야기가 옳다면, 비는 농부가 밖에서 옥수수 낟알을 털어낼 때 농사를 망치려고 내리는 것이기도 하다. 추론 끝에 아리스토텔레스는 물었다. 왜 동물의 해부학적 특성들은 서로 뚜렷하게 관련되어 있을까? 아리스토텔레스가 생각한 답은 놀랍게도 오늘날의 생각과 비슷하다. 그 특성 가운데 어느 하나라도 나머지와 제대로 연결되지 못한다면, 동물은 어떤 활동도 할 수 없으며, 동물만이 아니라 특성끼리의 잘못된 결합 자체도 살아남지 못할 것이기 때문이다.

18세기 후반에 와서 학자들은 생물이 오랜 시간에 걸쳐 변할 수도 있다고 생각하기 시작했다. 다윈의 조부 이래즈머스 다윈(Erasmus Darwin)도 그렇게 생각했다. 직업은 의사였지만 이래즈머스는 자연사, 생리학, 노예 무역 폐지, 발명처럼 다양한 분야에 관심을 가진 사람이었다. 그는 달 학회를 세운 사람들 중 한 명이었다. 달 학회는 과학을 주제로 한 모임으로 한 달에 한 번 보름달이 뜬 밤에 버밍엄에서 모였는데, 회원들이 어둠 속에서 안전하게 집에 갈 수 있도록 하기 위해서였다. 이래즈머스는 1794년부터 1796년까지 저술한『동물 생리학 (Zoonomia)』으로 잘 알려졌는데, 책 속에서 그는 아래와 같은 대담한 생각을 이야기했다.

지구가 생겨난 이래 아주 긴 시간 동안, 아마도 인류의 역사가 시작되기 엄청나게 오래전…… 따뜻한 피가 흐르는 모든 동물들은 살아 있는 하나의 가는 실에서 생겨났다. 최초의 원인인 그 실은 새로운 부분을 획득하는 힘과 동물성을 부여받았고, 그에 따라 새로운 경향이 생겨났으며, 자극과, 감각, 의지와 연합의 지시를 받아 결국 내적 활동으로 자신을 끊임없이 개선했고, 그렇게 해서 나아진 부분을 후손에게 전달하는 능력을 갖게 되었다.

이래즈머스(손자인 다윈과 구분하기 위해 이렇게 부르겠다.)는 종이 "변형(transmute, 스스로 바뀜)"될 수 있으며 그 과정은 한 원시 생물에서 시작되었다고 확신하게 되었다. 오늘날 생물학자들은 그 원시 생물을 "보편 공통 가계(universal common ancestry)"라고 한다. 하지만 이래즈머스는 그 변화가 어떻게 일어나는지 자세히 말하지 않았다.

다윈은 『종의 기원』에서 조부의 연구를 언급하지 않았는데, 『동물 생리학』의 내용이 너무 별나다고 생각해서였을 수도 있지만 십중팔구 자신이 연구한 내용과 별로 관련이 없다고 생각해서였을 것이다. (다윈은 분명 할아버지의 책을 읽었다. 『종의 기원』의 첫 단계였던 'B 공책'의 첫 장에 그 책의 제목을 썼기 때문이다.) 할아버지와 다르게, 다윈은 종이 **어떻게** 변하는지 알고 싶었다. 이래즈머스는 동물이 새로운 능력을 얻을 수 있다고 보았으며, 그 능력은 저절로 자손에 전해질 것이라고 생각했던 것 같다. 그러한 믿음은 오늘날 이래즈머스보다 더 잘 알려진 한 사람이 곧 나타나 "획득 형질의 유전(inheritance of acquired characters)"이라는 말을 쓰면서 널리 알려졌다. 하지만 역사에서 그는 정당한 대우를 받지 못했다.

기울어 가는 한 상류층 가정에서 11번째 아이로 태어난 장 바티스트 피에르 앙투안 드 모네 라마르크(Jean Baptiste Pierre Antoine de Monet Lamark)는 예수회 교육을 받았으나, 공부를 그만두고 당시 프로이센과 전쟁을 하고 있던 프랑스 군에 들어갔다. 질병으로 군대에서 은퇴한 뒤 의학과 은행업에 손을 대었고, 식물학에 자리를 잡은 뒤 1788년 루이 16세에 속한 왕실 식물 표본관의 관리인이 되었다. 그는 그 자리를 계속 지켰는데, 왕실과 끈이 있었기 때문이 아니라, 무르익을 대로 무르익은 프랑스 혁명 덕분이었다. 프랑스 혁명 때문에 루이 16세의 목은 자기 자리를 지키지 못했지만 말이다. 라마르크는 당시 국립 자연사 박물관의 책임자이자 무척추동물학 교수가 되었다.

라마르크가 낸 가장 중요한 책들로는『동물 철학(*Philosophie Zoologique*)(1809년)』과, 1815년과 1822년 사이에 나온 7권짜리『무척추동물의 역사(*Histoire Naturelle des Animaux sans Vertèbres*)』등이 있다. 이 책을 비롯한 다른 책에서, 라마르크는 새로운 생각을 발전시키고 정교하게 다듬었다. 바로 동물은 환경에 적응해 세대를 거쳐 변할 수 있다는 것이었다. 라마르크가 보기에 두더지가 앞을 못 보는 까닭은 처음부터 그렇게 만들어져서가 아니라, 땅 밑에 살아서 시각이 필요하지 않았기 때문이다. 두더지의 조상은 한때 앞을 보았지만, 그럴 필요가 없었으므로 시력을 잃었다. 라마르크는 이런 변화가 어떻게 일어나는지 믿을 만한 설명을 하고자 했는데, 그의 설명에 따르면 두 가지 "힘"이 그 과정에 영향을 미치고 있었다. 생물이 더 복잡해지려는 성질과 주변에 적응하려는 경향이었다. 라마르크가 생각할 때 생물은 자기 안에 있는 어떤 힘으로 질서를 이루면서 끊임없이 개선되고 있었다.

오늘날 라마르크의 생각은 흔히 타당성 없는 진화론, 혹은 '획득 형질의 유전'과 관련되어 나온다. 획득 형질의 유전이란, 어떤 생물이 어쩌다가 긴 목이나 튼튼한 근육처럼 유용한 성질을 갖게 되면, 이 성질은 후손에게 유전된다는 것이다. 따라서 어떤 대장장이가 일로 팔이 매우 단단해졌다면 그 아들도 팔이 매우 단단할 것이다. 이것은 참인 경우가 많은데, 아들이 아버지의 일을 잇기 때문이다. 하지만 라마르크는 진화하는 유기체가 목적을 가지고 변한다고 믿지 않았고, 획득 형질이 모두 후손에 전해질 거라고 생각하지도 않았다. 그는 유기

체에서 일어나는 모든 변화가 순전히 물리적인 기원에서 비롯된다고
믿었다.

라마르크는 자신의 생각에서 두 가지 법칙을 추출했다.

1. 동물이 어떤 기관을 더 자주 쓰면, 그 기관은 더 튼튼해지고 더 커진
   다. 반대로 쓰지 않는 기관은 갈수록 약해져서 결국 사라질 것이다.
2. 위와 같은 기관의 강화나 소멸은, 그 동물이 오랜 기간 같은 환경에 머
   무를 때, 다음 세대로 전해질 것이다.

두 번째 법칙은 획득 형질의 유전에 대한 그의 생각이 어디에서 비롯
되었는지를 보여 준다. 그는 획득 형질이 유전된다고 생각했지만, 모든
획득 형질이 아닌 특정한 것만 유전된다고 믿었다. 다윈은 라마르크가
어떤 성질의 활용 여부를 강조한다고 주장했으며, 그와 같은 맥락에
서 라마르크의 연구를 자연 선택의 한 형태로 이해했다. 다윈은 라마
르크가 "생명계에서 일어나는 모든 변화가 신이 아닌 어떤 법칙의 결
과일 수도 있음"을 보여 주었다고 높이 평가했다. 다윈이 볼 때 라마르
크는 과학에서 받아들일 만한 진화론에 가까이 다가갔지만, 조금 부
족했다.

젊은 시절 다윈은 지질학에 관심을 가졌다. 지질학에서 다루는 엄청
난 시간에 크게 감동받았기 때문이다. 찰스 라이엘(Charles Lyell)은 지
구가 매우 오래되었다고 주장하며, 그 엄청난 시간의 중요성을 강조했
다. 다윈의 아버지는 이러한 사실에 별 감동을 받지 않았으며, 다윈이
의사가 되어 빅토리아 사회에서 제대로 자리 잡기를 바랐다. 하지만

다윈은 에든버러 대학교의 의과 대학 과정을 마치지 못했고, 아버지는 아들이 지방에 자리를 잡고 목사가 되는 것이 더 낫겠다고 생각했다. 그렇게 되면 아들이 좋아하는 지질학을 공부할 시간도 많이 날 것이었다. 그렇게 1828년 다윈은 신학을 공부하기 위해 케임브리지 대학교에 입학했다.

아버지의 신중한 계획과 달리, 다윈은 곧 지질학에 빠져 들었다. 역설적이게도, 한 지방 목사였던 윌리엄 커비(William Kirby) 때문이었다. 그는 사업가 윌리엄 스펜스(William Spence)와 함께 「곤충학 입문(An Introduction to Entomology)」이라는 4권짜리 방대한 논문을 썼다. 이 책으로 영국 전체에 딱정벌레 수집 열풍이 불었고, 다윈도 새로운 종을 찾기 위해 열정을 갖고 뛰어들었다. 결국 새로운 종은 찾지 못했지만, 매우 드문 종일 것 같은 딱정벌레는 찾았다. 다윈은 패니 오윈(Fanny Owen)이라는 여성에게도 열성적이었으나, 그녀는 다윈이 자신보다 딱정벌레에 더 관심이 있다는 사실을 알게 된 뒤 바로 그를 차 버렸다.

두 관심사는 신학 시험 준비에 아무 도움도 되지 않았고, 다윈은 단 두 달 만에 2년 동안의 공부를 끝내야 하는 처지가 되었다. 윌리엄 페일리(William Paley) 목사가 쓴 『기독교의 증거(*Evidences of Christianity*)』는 중요한 교재 중 하나였다. 다윈은 이 책에 나온 논리와 급진적인 정치적 견해에 매료되었다. 그는 과정을 간신히 통과해 마지막 학년으로 올라갔다. 이제는 페일리가 쓴 또 다른 책 『도덕과 정치 철학의 원리(*Principles of Moral and Political Philosophy*)』를 읽어야 했다. 기독교의 정통 교리를 배우기 위해서가 아니라, 이를테면 교회는 기독교의 정신과 관련이 없다는 식의 책의 주장에 **반박하는** 방법을 배워야 했기 때문이다.

다윈은 이와 관련해 다른 책들을 읽기로 마음먹었고, 어쩌다가 페일리가 쓴 『자연 신학(Natural Theology)』을 알게 되었다. 책에서는 창조론을 옹호했다. 다윈은 이해하기 쉬운 설명에 감동을 받았으나, 많은 과학자들과 철학자들이 책의 내용을 비과학적이고 순진하다고 여길 것이라고 생각했다. 그래서 그는 존 프레더릭 윌리엄 허셜(John Frederick William Herschel) 경이 쓴 『자연 철학 연구의 기초(Preliminary Discourse on the Study of Natural Philosophy)』를 읽으며 자연 과학 법칙이 어떻게 만들어지는지 알아보았다. 가벼운 읽을거리로, 그는 알렉산더 폰 훔볼트(Alexander von Humboldt)가 남아메리카를 탐험한 경험을 쓴 3754쪽짜리 『개인적인 이야기(Personal Narrative)』도 대충 훑어보았다. 그는 허셜의 책을 읽고 어떻게 과학을 연구해야 하는지 배웠다. 훔볼트의 책을 읽고는 어디에서 연구를 해야 할지 영감을 얻었다. 그는 곧 화산섬인 카나리아 제도로 가서 유명한 거대 용혈수를 보기로 마음먹었다.

이 계획은 같이 떠나기로 했던 친구 마르마듀크 램지(Marmaduke Ramsay)가 갑자기 사망하면서 무산되었다. 다른 계획을 생각해 보던 다윈에게 해군 장교 로버트 피츠로이(Robert FitzRoy)의 동행인 자리가 들어왔다. 피츠로이 장교는 크로노미터(매우 정확한 항해 시계)를 써서 남아메리카 바닷가의 경도를 조사하는 일을 해야 했다. 타야 할 배는 **비글(Beagle)** 호로, 피츠로이는 전에 탔던 선장이 권총 자살한 사건이 있어 걱정스러워했다. 설상가상으로, 피츠로이의 삼촌 중 한 사람은 우울한 상태에서 경동맥을 그어 자살했다. 피츠로이는 지적인 대화를 나눌 수 있는 학식 있는 사람과 동행한다면 자신의 자살을 막을 수 있을 것이라고 생각했다. 다윈에게는 꼭 맞는 자리였고, 아버지는 이 여행이 청년 다윈을 더 자라게 할 것이라는 삼촌 조슈아의 편지를 받은 끝에 결국 허락했다. 그래서 다윈은 배에 올랐고, 5년 동안 세상을 여행하게 되었다. 처음 배가 닿은 곳은 카보 베르데 제도의 울퉁불퉁한 화산암 섬인 세인트 자고(St Jago)였다. 인상적인 화산들이 있는 그곳에서 다윈은 지질학적 호기심을 채웠고, 생명이 풍부한 골짜기 덕분에 자연사를 연구할 수 있었다. 다윈은 브라질에서 편형동물을, 아르헨티나에서는 화석을 찾아냈고, 티에라델푸에고에서는 벌거벗은 미개인을 보았다. 바닷가의 조개껍데기와 높은 칠레 산맥에서 찾아낸 화석이 비슷하다는 사실에서 다윈은 안데스 산맥이 지질학적으로 거대한 힘을 받아 해수면 위로 밀려 올라갔다고 확신하게 되었다. 하지만 과학적으로, 항해의 절정은 비글 호가 여러 화산의 둥지라고 할 수 있는 갈라파고스 군도에 도착했을 때였다.

머문 기간은 짧았지만, 다윈이 갈라파고스에서 모은 표본은 알고 보니 새로 생겨난 땅에서 난 것이었다. 그곳에 사는 많은 생물들은 이상했다. 적도에 펭귄 종들이 살고 있었다. 유일하게 알려진 바다이구아나가 사나운 파도 아래 사는 바닷말을 먹이로 찾아다녔다. 유일하게 알려진 날지 못하는 가마우지 종들이 있었고 둘레가 2미터에 달하는 큰 거북도 있었다. 다윈은 파란발부비새 떼가 높은 하늘에서 바다로 곧장 뛰어드는 멋진 광경에 놀랐다. 마치 물고기 과녁으로 새 화살이 날아가는 듯했다. 흉내지빠귀에도 이끌렸는데, 섬마다 서식하는 흉내지빠귀가 아주 조금씩 달랐다. 더 자세히 보니 적어도 세 가지 종으로 나타났다. 하나는 찰스 섬(현재의 산타마리아 섬), 다른 하나는 채텀 섬(산크리스토발 섬), 나머지는 제임스 섬(산살바도르 섬)에 사는 종이었다.

다윈은 조금 둔해 보이는 방울새와 휘파람새도 수집했지만, 큰 흥미를 느끼지는 못했다.

그 뒤 항해는 타히티, 뉴질랜드, 오스트레일리아로 이어졌다. 5년하고 3일이 지난 뒤 비글 호는 영국 플리머스 항에서 다시 출발했지만, 여행에 지친 다윈은 집으로 돌아왔다. 집에 들어섰을 때, 아침을 먹고 있었던 아버지는 무덤덤하게 그를 맞았다. "머리 모양이 좀 바뀌었구나."

비글 호 여행에서 돌아온 뒤에 다윈은 자신이 본 것에 대해서 진지하게 생각하기 시작했다.

항해 막바지에 머물렀던 오스트레일리아에서, 그는 중요한 한 가지 사실을 알았다. 바로 산호초의 기원이었다. 라이엘은 산호초가 틀림없이 물속에 잠긴 화산 위에서 생겼을 것이라고 제안했다. 하지만 다윈의 생각은 달랐다. 산호초는 얕은 바다에서 생겨났지만, 그 후 해저가 천천히 내려갔다. 산호초는 해저가 떨어지는 속도보다 더 빨리 자라났고, 그렇게 해서 살아 있는 산호초의 끝이 해수면 가까이에 남은 것이다. 산호초의 기원과 안데스 산맥에 대한 관찰을 바탕으로, 그는 왕립 지질학회 회원이 되었다. 진화론이 아니라 지질학으로 이름이 알려진 것이다.

하지만 지질학자로서 다윈은 자신이 보았던 것에서 혼란을 느꼈다. 창조설을 굳게 믿었던 라이엘은 생물의 다양성과 환경에의 적응을 그곳의 지질 조건으로 설명했다. 다윈은 그 설명을 믿지 못했다. 그가 별 흥미를 느끼지 못해 그냥 지나친 갈라파고스 방울새가 다시 머릿속을 맴돌았다. 다윈은 그 새들에 대해 제대로 알지 못했다. 사실 그 새들이 다 방울새인지조차 모를 만큼 잘 알지 못했다. 그는 그중 어떤 새들은 굴뚝새, 어떤 새들은 지빠귀라고 생각했다. 영국으로 돌아오자마자 그는 자신이 모은 방울새 표본을 동물학회의 방울새 전문가 존 굴드(John Gould)에게 모두 주었다. 열흘 만에 굴드는 그 새들이 모두 방울새에 속하며, 서로 관련성이 매우 깊지만 그 종이 놀랍게도 12가지(현재는 13가지로 나눈다.)라고 확신했다. 그렇게 조그만 섬들이 모인 작은 곳에서 어떻게 그렇게 많은 종이 생겨났을까?

비글 호 여행 당시에는 다윈은 이런 의문이 들지 않았지만, 이제는 진지하게 생각하기 시작했다. 그 질문이 그를 괴롭혔다. 이번만은 관찰 능력도, 시간이 모자라기 때문인지 도움이 되지 않았다. 그는 어느 표본이 어느 섬에서 왔는지 써 놓지 않았다. 그는 방울새들이 큰 군집을 이루고, 같은 먹이를 먹는다고 생각했다. 하지만 부리를 더 자세히 살펴본 뒤, 이 생각이 틀렸음을 알았다. 부리의 생김새는 다양했고, 알맞은 먹이가 저마다 달랐다.

다윈 가족은 기독교에서 삼위일체론을 받아들이지 않는 유니테리언 교도였기 때문에, 다윈은 신이 매우 큰 시간과 공간에서만 일을 한다고 믿게 되었다. 이러한 생각을 뒷받침하듯 그는 다음과 같이 썼다.[2]

세상의 셀 수 없이 많은 체계를 만드신 분이 날마다 땅과 물에서 떼 지어 다니는 끈적끈적한 벌레와 기어 다니는 수많은 기생 동물까지 하나하나 창조하셨다는 말은 그 분을 업신여기는 말이다. 아무리 못마땅해 한숨 지어도, 어떤 동물들은 창자 속에 자신의 알과 다른 동물의 살을 넣도록 만들어졌음이, 그리고 어떤 생명체들은 잔인하게 그것을 즐기도록 태어났음이 더 이상 놀랍지 않다. 죽음, 배고픔, 약탈, 그리고 자연의 숨겨진 경쟁으로부터, 생각할 수 있는 가장 좋은 것, 즉 더 고등한 동물들이 바로 나왔다는 사실을 알 수 있다.

빅토리아 시대의 주요 신학자들도 비슷한 까닭에서 더는 페일리의 주장을 좋아하지 않았다. 신이 끊임없이 자신의 창조물에 끼어든다는 이야기는 신이 실수를 했다는 뜻으로 여겨졌기 때문이다. 그렇지 않다면 왜 끊임없이 손을 보겠는가? 신학자들의 생각은 신을 세계의 창조자로 인정하지만 세상 일에 관여하거나 계시하지는 않는다고 보는 이신론자들의 생각으로 바뀌어 갔다. 그랬다. 신은 우주를 자신의 법칙에 따라 창조했지만, 그런 다음에는 뒤로 물러나 우주가 가는 대로 놔두고 그 자신의 법칙에 따라 스스로 운명을 만들어 가도록 했다. 그리고 종이 변할 수 있는 것도 그 법칙에 따라 나온 결과 중 하나인 것처럼 보였다. 다윈은 자신이 겪은 자잘한 일들을 노트에 쓰고 있었는데, 이제는 비밀 노트(B 공책)를 새로 만들어 종의 변형에 대한 내용을 쓰기 시작했다. 그는 천천히 수수께끼들을 모아 긴 목록을 만들었는데 그 수수께끼들은 종이 변한다고 가정하면 해결되었다. 하지만 종이 실제로 바뀐다고 해도, 그때까지 다윈은 그 변화가 어떻게 일어나는지 알지 못했다.

영국으로 돌아온 다윈은 책을 여러 권 썼다. 두 권은 비글 호 여행에 대한 책이었고 한 권은 산호초, 다른 한 권은 남아메리카의 지질을 주제로 썼으며, 따개비에 대해 엄청나게 두꺼운 네 권의 책을 썼다. (언젠가 자연학자로서 이름을 굳히려면 생물을 정해서 그에 관한 전문가가 되어야 한다는 조언을 들은 그가 연구 대상을 따개비로 정한 것이다.) 따개비는 신이 생명체를 하나하나 만들었다는 주장에 반대하는 쪽으로 힘을 실어 주었다. 따개비 종은 몇백 가지나 되었지만, 서로 거의 비슷했으므로 똑같은 기본 주제에서 아주 조금씩만 바뀐 듯했다. 딱정벌레에 대한 지나친 신의 사랑은 이제 따개비에 대한 지나친 사랑으로 범위가 넓어 진 듯했다. 생물 종을 하나하나 만든다는 것은 말도 안 되는 듯했다. 하나를 창조해서 그 스스로가 바뀌도록 하는 쪽이 훨씬 더 깔끔했다.

종의 변성에 대한 다윈의 생각은 모양을 갖추어 가기 시작했고, 그는 간단한 과정으로 그 변화를 설명할 수 있을지도 모른다고 생각했다. 이 생각은 1826년에 나온 토머스 로버트 맬서스(Thomas Robert Malthus)의 『개체수 원리에 대한 글(*Essay on the Principle of Population*)』을 읽으면서 싹텄다. 맬서스는 간단한 수학을 바탕으로 다음과 같은 주장을 펼쳤다. 그의 주장에 따르면, 생명체의 개체수는 먹이가 모자라거나 다른 동물에게 잡아먹히지 않는다면 "기하급수적으로" 늘어난다. 곧 매순간마다 일정한 양이 개체수에 곱해진다. 예를 들어 모든 방울새 쌍이 네 마리의 새끼를 낳아서 그 새끼들이 잘 자란다면, 방울새 개체수는 두 배씩 늘어난다. 수는 매우 가파르게, 오늘날 쓰는 말로는 '지수적으로' 증가한다.

2, 4, 8, 16, 32, 64, 128, 256, 512, 1024, 2048, 4096, 8192

수는 이렇게 커신다. 하시만 맬시스는 쓸 수 있는 자원, 이를테면 먹이 공급은 더 천천히 "산술적으로" 늘어난다고 생각했다. 곧, 매순간마다 일정한 양이 더해진다. 예를 들면

2, 4, 6, 8, 10, 12, 14, 16, 18, 20, 22, 24, 26, 28, 30, 32

이렇게 앞의 수에 2를 더해서 다음 수가 생겨난다. 오늘날 쓰는 말로 '선형적으로' 늘어난다.

선형적으로 늘어나면, 매우 큰 수가 끊임없이 더해진대도, 길게 보면 언제나 지수로 늘어남만 못하다. 지수 증가에서는 곱해지는 수가 1보다 아주 조금만 커도 산술 증가를 넘어선다. 그래서 맬서스는 어떤 제약도 없이 생명체의 수가 늘어나면 언제나 자원을 앞지르게 되므로, 개체수의 증가에는 언제나 한계가 있다고 결론 내렸다. 여기서는 간단한 수열에 기대어 그의 주장을 너무 단순하게 만들었지만, 결론만큼은 분명하다. 멀리 볼 때 지수 증가는 선형적인 증가뿐만 아니라 제곱, 세제곱들처럼 지수가 고정된 증가를 언제나 이긴다. (예를 들어 2^x 수열은 $x^2, x^3, x^4, \cdots$ 수열들보다 훨씬 빨리 증가한다. — 옮긴이)

맬서스는 주로 인구수에 관심이 있었지만 다윈은 동물 수에도 같은 논리가 적용될 수밖에 없음을 알았다. 동물 수는 크게 보면 일정하다. 어떤 한 지역의 지빠귀 수는 해마다 조금씩 달라질 수 있지만 폭발적으로 늘어나지는 않는다. 평균을 내면 고르게 머문다. 그래도 지빠귀 한 쌍은 새끼를 몇십 마리나 낳는다. 어떻게 그 수가 그대로일 수 있을까? 맬서스가 말했던 바, 한마디로 자원 경쟁 때문이다. 먹이, 살 곳, 짝짓기, 그리고 말할 것도 없이 또 다른 경쟁자이기도 한 포식자의 영향 때문이다. '자연 선택'은 피할 수 없는 결과일 것이다. 자손을 낳는 생물만이 자신의 특성을 다음 세대에 전할 수 있고, 자손을 낳으려면 다 자랄 때까지 살아남아야 했다.

사람이 일부러 더 빠른 말이나 더 여윈 개를 골라 새끼를 낳게 하는 것처럼, 자연 또한 무의식적으로 성체가 된 생물 중에서 어느 것이 경쟁에서 살아남아 새끼를 낳을지 '선택할' 것이다. 또는 선택해야만 한다. 선택의 과정은 복권처럼 우연히, 또는 완전히 무작위로 이루어지지 않는다. 건강한 동물은 병든 동물을 이긴다. 언제나 그렇지는 않더라도 거의 그렇다. 힘이 센 동물은 약한 동물을 이기는 때가 많다. 과학자는 어떤 방법이 생존에 가장 적합한지(예를 들면 작은 동물은 큰 동물이 들어갈 수 없는 곳에 숨을 수도 있다.) 잘 알아내지 못할 때도 있지만, 자연은 무의식적으로 여러 방법을 실험해 보고 어떤 방법이 먹히는지 찾아낸다.

다윈이 빠뜨린 기제가 여기 있다. 같은 종에서도 생물들은 저마다 다같지 않다. 자연은 선택의 과정에서 특정 성질을 가진 생물을 더 선호하고 다른 생물은 억누른다. 그 결과 점차 변화가 일어날 것이다. 이러한 변화는 어디까지 일어날 수 있을까? 아주 조그만 변화라도 쌓이고 쌓이다 보면 큰 변화가 될 수 있다. 다윈이 생각하기에는 아주 새로운 종이 생겨날 정도로 매우 큰 변화가 될 수 있었다. 시간만 충분하다면 말이다.

정말 그런 변화가 일어날 만한 시간이 있었을까? 지질학을 공부한 다윈은 그렇다고 거의 확신했다.

지구의 나이는 몇일까? 생물학에서는 바보 같은 질문일지도 모르지만, 진화론을 가장 굳게 믿는 학자들조차 진화가 매우 오랜 시간이 필요한 과정이라고 생각한다. 원숭이처럼 생긴 조상으로부터 사람이 나타나기에 1만 년은 턱없이 모자라다. 그 조상이 물고기에서 나타나고, 물고기가 미생물에서 나타나는 데 걸린 시간은 말할 것도 없다.

지구가 고작 1만 년밖에 안 되었다고 사람들을 설득할 수 있다면, 미국 성경 지대(Bible Belt, 미국 남동부를 중심으로, 보수적이고 프로테스탄트 복음주의 성향이 강한 지역 ─ 옮긴이)에서 반과학자들이 "악마의 진화론 (evilution)"이라고 일컫는 진화론은 패배할 것이다. 진화는 **결코** 있을 수 없게 된다. 그래서 오늘날 창조론자들은 늘 과학에서 정립한 지구의 나이 46억 년이 잘못되었다고 주장한다.

약 150년 전까지도, 성경은 과거 역사에 대한 주요 정보원이었기 때문에, 그 내용을 토대로 창조의 날짜를 계산하려 애쓴 것도 당연했다. 북아일랜드 아마의 대주교 제임스 어셔(James Ussher)는 박학다식하고 뛰어난 언어 능력이 있는 사람이었다. 1650년 그는 성서 연대기에 바친 두 연구 가운데 첫 번째 연구를 정리한 『구약 성서 연대기 (*Annals of the Old Testament*)』를 펴냈다. 두 번째 연구는 1654년에 발표했다. 두 연구에서 그는 성서학 지식을 써서 창조의 날짜를 계산했고, 결과는 기원전 4004년 10월 23일 해질녘이었다.[3]

이렇게 애쓴 사람은 어셔뿐만이 아니었다. 10년 전, 존 라이트풋 (John Lightfoot)도 비슷한 방법을 써서 기원전 3929년 추분에 창조가 일어났으리라고 추정했다. 오늘날 이성의 시대를 연 사람으로 추앙 받는 뉴턴은 기원전 4000년으로 계산했다. 행성 운동의 법칙을 찾아낸 사람으로 이름난 케플러는 기원전 3992년이라고 주장했다. 지구가 6000년쯤 되었다는 데는 분명히 의견이 같았으므로, 1700년 『킹 제임스 성경(*King James Bible*)』 안에는 주석으로 어셔의 연대기에 대한 내용이 실렸다. 그러므로 말할 것도 없이, 몇 세기 동안 기독교인들은 성서에 나온 지구의 나이가 6000년이라고 **알았다.**

몇 세기가 지난 뒤, 과학 발달이 거듭되면서 성서학을 대신해 지구 암석의 나이를 객관적이고 정확하게, 더 긴 시간 척도에서 계산할 수 있게 되었다. 이렇게 해서 나온 지구의 나이는 어셔의 연대기와는 아주 달랐다.

아주 긴 시간의 척도를 충분히 이해하기까지는 오래 걸렸다. 처음에는 1000만 년도 대담한 주장처럼 보였지만, 몇억 년 정도의 시간 추정은 곧 흔해졌다. 이제 사실상 모든 과학자들은 지구의 나이가 46억 년에 가깝다는 데에 동의한다. 성서 연대학자들이 내놓은 나이보다 **75만 배**나 더 많다. 그 정도면 진화가 일어날 가능성은 훨씬 커진다.

지구가 아직 어리다고 증명해 보라. 그러면 진화는 끝장이다. 젊은 지구 창조론(Young Earth Creationism)은 그토록 많은 과학의 증거에도 굴하지 않고 지금도 지구의 나이가 5700~1만 살이며 진화는 없다고 주장한다. 조사에 따르면 오늘날 미국 성인의 45퍼센트 정도는 젊은 지구 창조론에서 말하는 지구의 나이를 믿는데 그중 많은 사람들은 학력 수준과 소득이 낮다.[4] 신이 없다는 무신론은커녕, 신이 정말 있는지 알 수 없다는 불가지론을 받아들이는 것조차 미국에서는 사회적인 자살 행위나 다름없다는 사실을 알고 보면, 조사 결과는 놀랍지 않으니, 과학자들은 특히 허탈해 할 필요가 없다.

긴 시간과 자연 선택이라는 도구를 갖춘 다윈은 이제 자신의 비밀 노트에 적었던 수수께끼의 답을 알았다. 하지만 군건한 기독교인이었던 (유일신이 아닌 '많아 봐야 하나의 신'을 믿는다고 알려진 유니테리언 파였지만) 다윈은 자신의 손에 교회를 무너뜨릴 폭탄이 있음을 깨닫고 마음이 불편했다. 아내 에마(Emma)는 종교에 대한 믿음이 강했다. 다윈은 아내가 자신의 이론에 못마땅해 할 것을 알고 있었고, 아내의 기분을 상하게 하고 싶지 않았다. 그리고 자신도 교회를 공격하는 사람으로 보이고 싶지 않았다. 그래서 많은 사람들이 그러한 상황에서 할 법한 일을 했다. 그는 미적거리며 발표를 미뤘다.

다윈은 자연 선택을 뒷받침하는 엄청난 증거를 수집했으며, 그것의 약점 또한 기록해 놓았다. 그는 지식에 있어서 정직했으며, 그것이 그의 가장 큰 장점이었다. 그는 라이엘과 조지프 달턴 후커(Joseph Dalton Hooker)를 비롯해서 믿을 만한 몇 사람에게만 자신의 생각을 이야기했다. 머릿속에서 다윈은 책으로 쓰면 여러 권이 나올 정도로 규모가 큰 연구를 생각했는데, 어떤 흠도 없고 논리도 타당해 상식이 있는 사람이라면 옳다고 여길 수밖에 없었다. 그는 그렇게 머릿속에서 자신의 생각을 끝없이 손보고 다듬고 고치면서 계속 발표를 미적거렸을 것이다. 지구 반대편에서 무슨 일이 일어나는지 알지 못했다면 말이다.

사건을 일으킨 것은 빅토리아 시대의 항해가 월리스와 열대 태풍이었다. 다윈은 부유한 집에서 태어났다. 월리스는 그렇지 않았으므로 멀리 외국으로 항해를 떠나서 나비나 딱정벌레, 기타 진기한 생물을 모아 와서는 그것들을 팔아 생계를 꾸렸다. 빅토리아 시대의 중상류 층에서는 나비나 딱정벌레를 비롯한 신기한 생물을 수집하는 것이 인기였고, 그것들만을 파는 상인도 있었다. 월리스는 1848년 아마존에 갔고 1854년에는 보르네오 섬에서 오랑우탄을 잡고 있었다. 그는 사람의 조상과 오랑우탄의 생김새가 비슷할지도 모른다고 생각하기 시작했다.

태풍이 보르네오 섬에 비를 퍼붓는 동안 월리스는 집 안에 틀어 박혀 갑자기 마음에 떠오른, 자신이 "종의 시작(the introduction of species)"이라고 이름 붙인 주제에 대해 이리 저리 궁리하기 시작했다. 그는 그 생각들을 논문으로 써서 《자연사 연보(*Annals and Magazine of Natural History*)》에 보냈다. 별로 유명한 잡지는 아니었지만, 월리스의 논문이 실렸을 때 라이엘은 그것을 보고 다윈에게 말해 주었다. 다윈이 친구들에게 이야기한 생각과 어딘가 비슷한 데가 있었기 때문이다. 다른 친구 에드워드 블리스(Edward Blyth)도 편지로 그 논문이 "전체적으로 좋다!"라고 다윈에게 알렸다. 걱정이 된 다윈은 논문을 구해 읽었고, 마음이 놓여 답장을 보냈다. "별로 새로운 게 없어.…… 모두 그 혼자 지어낸 것 같군."

다윈은 걱정을 놓았다. 마음이 넓은 다윈은 월리스를 격려하며 연구를 이어 가도록 도왔지만 그 결과가 어떻게 될지는 알지 못했다. 월리스는 다윈이 좋은 뜻으로 한 조언을 따랐고, 곧 더 나은 생각, 다윈의 자연 선택과 바탕이 같은 생각을 떠올렸다. 1858년 6월, 월리스가 다윈에게 20쪽의 편지로 그 전체적인 내용을 알렸을 때, 그것은 분명히 다윈의 이론과 너무도 비슷했다. 너무나 비슷해서 다윈은 그의 삶을 바친 연구가 "박살났다."라고 말하며 이렇게 덧붙였다. "내가 1842년에 구상해 둔 내용으로 논문을 썼다면 이와 같은 내용의 초록이 나왔을 것이다!"

박살나고 부서진 조각들을 살려 보기 위해, 라이엘은 두 사람이 동시에 각자의 생각을 발표하는 것이 좋겠다고 말했고, 월리스도 동의했다. 월리스는 다윈이 무기를 훔칠 생각이 없었다. 훌륭한 다윈이 자신의 생각과 조금이라도 관련된 연구를 하고 있을 줄은 몰랐다. 다윈에게는 더 나은 증거가 있고, 자료도 훨씬 많았음을 안 월리스는 다윈이 받아야 할 명예를 빼앗고 싶지 않았다.

배신당하지 않을까 걱정한 다윈은 재빨리 자신의 연구를 짧게 정리해 월리스의 논문과 함께 냈다. 후커와 라이엘은 두 논문 발표를 린네 학회의 시간표에 간신히 끼워 넣었다. 린네 학회는 곧 여름 휴가 기간이었지만, 위원회에서는 따로 시간을 내 마지막 순간에 회의를 열었다. 두 논문은 때맞춰 30명의 회원 앞에서 낭독되었지만…… 그들이 어떻게 받아들였는지는 앞에서 보았다.

다윈은 논문을 다듬어 제목을 「자연 선택으로 본 종과 그 변종들의 기원에 대해(On the Origin of Species and Varieties by Means of Natural Selection)」로 바꾸었다. 펴낼 때는 편집자 존 머리(John Murray)의 조언에 따라, 제목에서 '과 그 변종들'을 잘라 냈다. 1859년 11월 1250부를 펴낸 첫 판은 나오자마자 모두 팔렸다.

자연 선택에 대한 월리스-다윈 이론은 간단하다. 겉보기만 간단하다는 사실이 곧 밝혀지겠지만. 이론의 요점은 다음과 같다.

1. 살아 있는 생물은 종이 같더라도 저마다 다르다.
2. 차이점은 대부분은 자손에 전해질 수 있다.
3. 태어나는 모든 자손에게 똑같은 환경이 이어질 수 없으므로, 생존 경쟁이 일어난다.
4. 경쟁에서 살아남는 생물은 앞의 세대보다 살아남기에 더 '적합한' 쪽으로 나아간다.

이것을 바탕으로 내린 결론은 다음과 같다. 종은 점진적으로 변할 수 있다. 그리고 충분한 시간이 지나면 작은 변화도 큰 변화가 될 수도 있다.

다윈은 새로운 종이 이런 방법으로 기존의 종에서 나온다고 주장했다.

자연 선택은 겉보기에만 간단하다. 이 책도 그렇지만, 생물학 전공에서 쓰는 말을 쓰지 않고 자연 선택에 대해 설명하려면 복잡한 과정을 매우 단순하게 만들어야 한다. 사실은 너무 단순하게 만들 때가 많다. 허버트 스펜서(Herbert Spencer)가 자연 선택의 특징을 "적자생존(survival of the fittest)"으로 부른 것이 바로 그런 예이다. 또 다른 예로는 시인 앨프리드 테니슨(Alfred Tennyson)이 『죽은 A.H.H.를 기리며(In Memoriam A.H.H.)』[5]에서 쓴 표현 "시뻘건 이와 발톱을 가진 자연"이 있는데, 원래 이 표현은 사람의 본성을 가리키려는 뜻이었지만, 곧 진화를 믿는 쪽과 그렇지 않은 쪽 모두가 쓰게 되었다. 세 번째 예로, 생물학자들이 흔히 당연한 사실처럼 이야기하는, 진화는 무작위로 일어난다는 생각이 있다.

스펜서는 '적자생존'이라는 유명한 말을 1864년, 자신이 쓴 『생물학의 원리(*Principles of Biology*)』에서 만들었다. 생물학에서 '적자'란 어떤 유기체가 환경에 얼마나 '알맞게' 갖추어졌는지와 관련해서 쓰는 말이지만, 많은 사람들이 건강함과 다부진 몸집을 먼저 떠올린다. 덧붙여 스펜서의 생각은 라마르크의 이론에 더 가까웠기 때문에, 그의 책은 다른 이론에 희석되어 있다. 스펜서를 평가하는 사람들은 흔히 진화의 증명으로 스펜서가 쓴 '적자생존'이 '동어 반복'이므로 잘못 되었다고 말한다. 살아남음은 적합하다는 뜻이고, 적합하면 살아남기 때문이라는 논리였다.

이 비판은 두 가지가 틀렸다. 첫째, 동어 반복은 어떤 조건에도 **참**

인 논리 명제이다. 올바로 비판하려면 순환 논리이므로 틀렸다고 해야 한다. 예를 들어 생명이 존재한다는 것은 초자연적인 '생명의 본질'이 존재한다는 확실한 증거라고 주장하면서 그 본질을 가지고 생명의 존재에 대해 설명하는 것은 순환 논리를 쓴 틀린 주장이다. 두 번째로 더 치명적인 실수는 지나치게 단순한 스펜서의 '적자생존'이 생물학에서 말하는 자연 선택을 정확하게 설명한다는 생각이다. 이 생각에 따르면 마치 모든 생명체 안에 환경에 대한 적합성이 있고, 그 적합성이 더 큰 생물이 우세하다고 믿는 것처럼 생각할 위험이 있다. 하지만 진화생물학자들은 적합성의 증거로 생존을 들거나 적합성을 가지고 생존을 정당화하지 않는다. 중요한 것은 **선택**이다. 생명체들은 제한된 자원을 두고 경쟁하기 때문에 어떤 생명체는 살아남고 어떤 생명체는 죽는다. 그 과정은 깔때기와 같아서, 어떤 생물은 그 안을 수월하게 지나는데, 어떤 생물은 그렇지 않다. 그리고 깔때기에서는 무작위로 지나가거나 막히지 않는다. 거기에는 어느 정도 잘 조직된 통과 기준이 있다. 깔때기가 어떤 일을 하는지 자세히 알지 못한다면 무엇이 지나가고 무엇이 막힐지 알 수 없겠지만, 적어도 잘 짜인 기준에 따라 구분이 이루어질 것이라고는 생각한다.[6] 생물은 누가 이길지를 가려내기 위해 서로의 적합성을 견주지 않는다. 그저 경쟁을 하고 나면 누가 이기는지 알게 된다.

'경쟁'이라는 낱말은 또한 시험과도 관련이 있다. 어떤 숲에 여우, 부엉이, 토끼가 산다고 하자. 어떤 경쟁이 진화에서 가장 중요할까? "시뻘건 이와 발톱을 가진 자연"이라는 표현에서는 이가 시뻘건 여우와 포식자 부엉이가 순진한 토끼를 사냥하는 모습이 떠오른다. 분명 포식자와 먹이 사이에는 경쟁이 있다. 하지만 토끼가 가장 심각하게 경쟁

해야 할 생물은 무엇일까?

바로 다른 토끼들이다.

토끼는 다른 토끼들과 같은 자원을 두고 경쟁하며, 같은 위험에서 살아남기 위해 싸운다. 똑같은 먹이를 두고 경쟁하며, 똑같이 여우와 부엉이를 피해 달아난다.[7] 끊임없이 이어지는 경쟁 속에서 이기는 토끼는 살아남아 새끼를 낳을 것이고, 자기를 살아남게 한 그 능력은(그 능력이 유전될 수 있는 종류라면) 자손에게 이어져, 비슷한 방법에 따르는 자손들은 생존이 더 쉬워진다. 이 논리는 주된 경쟁자가 다른 여우들인 여우에게도, 주된 경쟁자가 다른 부엉이들인 부엉이에게도 마찬가지이다.

여우와 토끼 사이에도 경쟁은 일어나고, 그 또한 진화에 영향을 주지만, 좀 더 긴 시간을 두고 벌어진다. 마치 '군비 경쟁'처럼, 토끼가 더 빨리 달릴 수 있게 되면, 여우도 그렇게 진화하고, 그 과정이 끝없이 이어지면서 토끼와 여우 둘 다 전보다 더 죽어라고 달리게 된다.

하지만 또 다른 꼴의 경쟁도 나타난다. 바로 여우와 부엉이 사이의 경쟁이다. 보통 여우는 부엉이를 먹지 않고 부엉이도 여우를 먹지 않는다. 어쩌면 새끼들은 잡아먹을 수도 있겠지만. 하지만 둘은 모두 토끼를 먹으므로, 토끼 수가 너무 줄어들면 둘은 서로 맞설 수밖에 없게 된다. 이 경쟁은 눈에 잘 띄지 않는다. 경쟁을 해도 경쟁자가 있는지조차 알지 못한다. 토끼가 많지 않기 때문에 배고파진다는 것만 알 뿐이다.

자연 선택은 단지 한 생물과 다른 생물 사이의 겨루기가 아니나. 자연 선택은 그들을 둘러싼 환경, 즉 그곳의 생태계 전체에서 일어난다. 토끼 수는 그들이 먹는 풀과, 토끼 굴을 파기에 알맞은 흙, 몸을 숨길 작은 풀과 나무의 수에 따라 달라진다. 또한 저마다 눈에 잘 띄지 않는 생태학의 다른 특성에 따라서도 토끼 수는 달라지는데, 이를테면 식물을 수정시키는 곤충이나, 흙에 영향을 주는 곰팡이나 세균들 따위가 있다. 그러므로 진화하는 것은 사실 생태계 전체이다. 그렇다. 진화는 유기체 하나에서 시작되지만, 생태계는 유기체들이 경쟁하는 상황을 정한다. 이것을 잘 보여 주는 수학 모형은 14장에서 이야기할 것이다.

진화는 무작위로 일어날까? 미리 정해져 있지 않다는 것은 분명하다. 그날 어떤 토끼가 살아남을지 맞추는 것은 월드컵에서 프랑스가 멕시코를 이길지 맞추는 것만큼 미리 알기가 어렵다. 하지만 흐름은 분명히 있다. 어떤 사건은 다른 사건보다 더 자주 일어난다. 분자의 수준으로 내려가면, 유전자의 변화는 어쩌면 무작위로 일어날 것이다. 돌연변이, 즉 유전자 변화는 화학 물질이나 우주선(宇宙線)으로 일어날 수 있으며, 이는 사실상 무작위로 일어난다고 보아도 좋다.[8] 하지만 그렇다고 진화가 똑같은 확률로 다른 방향으로도 일어날 수 있다는 뜻은 아니다. 바로 자연 선택 때문이다. 상황이 적합한가에 따라, 선택에는 선호도가 생긴다. 어떤 돌연변이는 살아남기가 더 쉽고, 어떤 돌연변이는 그렇지 않으며, 거의 모든 돌연변이는 보통 생물과 다르지 않다.

다음과 같은 비유를 들어보자. 물 분자들은 저마다 무작위로 움직이지만, 그렇다고 물이 위로도 흐를 수 있는 것은 아니다. 중력에 따라 물은 아래쪽을 훨씬 더 좋아하게 된다. 하지만 많은 물이 흐를 때 모든 물의 움직임이 아래로 향하는지는 알 수 없다. 물의 흐름이 끝나는 곳은 물이 흐르는 풍광에 따라 달라진다. 자연 선택은 중력과 같다(중

생명의 수학

력만큼 어느 한쪽으로 강하게 미치거나, 그 효과와 독립적으로 특징짓기가 쉽지 않지만.). 그리고 환경은 풍광과 같다.

1973년 이름난 진화 생물학자 테오도시우스 도브잔스키(Theodosius Dobzhansky)는 「생물학의 무엇도 진화 없이는 말이 되지 않는다 (Nothing in Biology Makes Sense except in the Light of Evolution)」라는 글을 썼다.[9] 그때부터 생물학의 엄청나게 많은 모든 발견은 그 제목을 더 강화해 왔다. '이론(theory)'이라는 낱말은 아주 다른 두 가지 뜻이 있다. '진화 이론'에서 '이론'이라는 말의 의미가 '임시로 만든 가설'에서, '다양한 곳에서 얻은 수많은 증거로 확인된, 셀 수 없이 많은 반론 속에서도 살아남은 논리정연하고 일관된 설명'의 뜻으로 바뀌었다는 데 많은 과학자들이 동의할 것이다. 리처드 도킨스(Richard Dawkins)가 말했듯, 그와 같은 의미의 '이론(theory)'을 일상에서는 '사실(fact)'이라는 용어로 쓰고 있는데, 과학자들이 진화에 '사실'이라는 용어를 적용한다고 해도 그것이 독단적으로 보이지는 않는다.

소리 높여 진화론을 반대하는 몇몇 근본주의 종교 집단이 없다면 이런 점을 군이 콕 집어 말할 필요는 없을 것이다. 정말로 신이 1만 년 전에 세상을 창조했다면, 신은 매우 어렵게 자연의 특성들을 한데 모아 거대한 그물을 짜서, 지적인 사람이 보았을 때 지구의 생명이 아수 단순한 것에서 시작해 몇십 억 년에 걸쳐 다양하게 진화해 왔다고 잘못 생각하도록 이끈 것이다. 신을 거짓말쟁이로 만드는 이러한 생각은 종교적 관점에서도 옳지 않지만, 이것이 바로 빅토리아 시대의 과학적 발견들을 받아들인 당시 성직자들이 내렸던 결론이다. 러시아 정교를 믿는 도브잔스키도 마찬가지였다.

진화의 증거는 다양한 곳에서 나타난다. 서로 관련이 없는 다양한 곳에서 증거가 나타난다는 사실은 과학적인 진화론의 타당성을 매우 강하게 뒷받침하는데, 새로운 분야마다 나올 수 있는 진화론에 대한 수많은 반박 가능성들을 물리쳤기 때문이다. 지금까지 기본 원리는 별 탈 없이 살아남았지만, 진화 과정의 구체적인 내용들은 깨끗하게 정리되거나 새로운 증거가 나타나면서 바뀌기도 했다. 오늘날 진화의 증거는 다윈이 살았을 때보다 훨씬 더 광범위하다. 양도 더 많고 더 정확하다. 진화의 주요 근거는 다음과 같다.

- 생물의 형태와 행동 변화의 유연성. 사람이 인위적으로 개, 비둘기, 말이나 다른 가축들을 번식시킬 때 분명하게 나타난다.
- 생물 사이의 유사점들에서 공통 조상이 있음을 추측할 수 있다.
- 수많은 생물에서 똑같은 생화학 성분과 체계가 나타난다.
- 화석 기록을 통해 시간에 따라 일관성 있게 변화가 일어났음을 알 수 있다.
- 지질 기록으로 화석화된 생물이 살았던 시기를 확인할 수 있다.
- 생물의 유전 특성, 특히 DNA의 염기 서열로 자손의 계통과 변화가 일어난 시기를 동시에 확인할 수 있다.
- 종이 흩어진 모양과 오늘날 또는 과거 지질 특성들 사이의 관련성
- 실험실과 실제에서 나타나는 자연 선택
- 복잡한 체계의 변화에 대해 선택 원리의 결과를 보여 주는 수학 연구

진화를 비판하는 사람들은 흔히 사람이 아주 먼 과거를 살펴볼 수 없기 때문에 진화론은 과학적으로 검증할 수 없다고 주장한다. 하

생명의 수학

지만 과학에서는 직접 관찰만큼이나 간접적인 추론도 중요하다. 홀데인은 어떤 증거로 진화를 반박할 수 있느냐는 물음에 곧바로 대답했다. "백악기 시대의 토끼 화석입니다."(토끼 화석이라도 나오지 않는 이상 진화론을 반박하기란 불가능하다. ― 옮긴이) 화석은 과거에 살던 생명체의 유적이 바위 속에 흘러들어와 그 안에 보존된 것이다. 거의 모든 암석의 나이를 계산할 수 있으므로, 수많은 화석이 생겨난 특정 시기를 타당하게 말할 수 있다.

과거의 생물에 대해 알려 주는 화석은 드물게 나타나는데, 생물이 화석이 되는 일이 매우 드물기 때문이다. 하지만 지난 몇억 년 동안 엄청나게 많은 생물이 존재했고, 화석 종도 25만이 넘게 발견되었다. 지금까지 찾아낸 화석의 수는 매우 많으며(미국 로스앤젤레스의 라 브레아 타르 피츠 공원에서만도 300만 개가 넘게 발견되었다.), 세계 곳곳에서 새로운 화석이 발견된다. 화석을 정확하게 찾아내고 분석하는 기술이 높아지면서 발견된 화석 수는 가파르게 늘어나고 있다.

화석이 비교적 드물게 나타난다고 해도, 그 안의 기록은 매우 광범위하고 뚜렷한 공백기가 거의 없기에 긴 시간 동안 일어난 체계적인 진화 과정을 분명하게 보여 준다. 5400만 년 전에서 100만 년 전까지 일어난 말의 진화가 바로 그러한 예이다. 처음에는 길이가 고작 0.4미터밖에 안 되는, 말처럼 생긴 포유동물에서 시작된다. 이 종은 원래 에오히푸스(*Eohippus*, '새벽의 말')라는, 시적인 이름이 붙었다가 나중에 분류학 규칙에 따라 히라코테리움(*Hyracotherium*)으로 바뀌었는데 애써 이름을 바꿔 어리석은 결과를 가져온 경우였다.[10] 진화는 계속되어 3500만 년 전에는 길이가 0.6미터인 메소히푸스(*Mesohippus*), 1500만 년 전에는 길이 1미터인 메리키푸스(*Merychippus*), 800만 년 전에는 길이 1.3미터인 플리오히푸스(*Pliohippus*), 그리고 마지막으로 100만 년 전 (부터 지금까지) 길이 1.6미터의, 오늘날의 말과 바탕이 같은 에쿠우스 (*Equus*)가 나타났다.

분류학자들은 이러한 계통을 따라 말의 조상에서 시작된 변화 과정을 자세히 추적할 수 있다. 변화 과정은 동물의 치아와 발굽 등에서 드러난다. 또한 암석의 나이를 알아내 변화가 일어난 시기도 알 수 있게 되면서 지질에서 나타난 증거까지 고려하게 되었다. 원리적으로 잘못된 지층에서 나온 화석 한 종만으로도 진화론은 의심스러워질 수 있다. 홀데인의 답도 바로 이런 뜻에서 나왔다. 실제로 진화론을 반박하려면 서로 관련이 없는 여러 개의 예가 필요한데, 몇몇 고립된 예외도 있을 수 있기 때문이다. 분명한 사실은 연달아 나타나는 암석과 다양한 방법으로 판단한 암석의 연대, 화석에서 나타나는 진화의 과정이 놀라울 정도로 일치한다는 것이다.

화석을 진화의 증거로 삼는 것에 반대하는 쪽에서는 흔히 '잃어버린 고리(missing link)'로 잘 알려진, 과도기 형태의 화석 실종을 근거로 든다. 과도기 형태나 '잃어버린 고리'나 썩 마음에 드는 말은 아니다. 진화 생물학에서 볼 때는 **모든** 종이 다 과도기 (조상에서 자손에 이르기까지) 상태이며, 과도기 형태는 오늘날의 '고리'가 아니라 고대의 공통 조상이다. 하지만 그 형태들이 존재하지 않는 까닭이, 원래 존재한 적이 없어서인지, 아니면 존재했지만 화석을 찾아내지 못해서인지는 중요한 문제이다. 진화론에서는 후자로 예상하지만 — 진화에는 이 같은 예측력도 있다 — 진화의 가치를 깎아내리는 사람들은 전자를 주장한다.

더 많은 화석이 나타나면서, 과도기 형태들도 더 많이 나타났다.

어류와 육상 동물(지느러미가 아닌 사지가 달린 네발동물)의 과도기 형태가 그 중요한 예이다. 빅토리아 시대의 고생물학자들이 볼 수 있었던 화석은 어류 아니면 양서류로, 둘 사이에는 과도기 화석 하나 없이 5000만 년이라는 시간의 공백이 있었다. 하지만 1881년부터 줄곧 새로운 화석이 발견되면서 어류와 양서류 사이의 중간 단계들을 채웠다. 오스테올레피스(총기류, *Osteolepis*), 유스테놉테론(*Eusthenopteron*), 판데릭티스(*Panderichthys*), 틱타알릭(*Tiktaalik*), 엘기네르페톤(*Elginerpeton*), 오브르체비크티스(*Obruchevichthys*), 벤타스테가(*Ventastega*), 아칸토스테가(*Acanthostega*), 이크티오스테가(*Ichthyostega*), 히네르페톤(*Hynerpeton*),툴레르페톤(*Tulerpeton*), 페데르페스(*Pederpes*), 에리옵스(*Eryops*)가 있다. 공백이라고 할 만한 다른 몇십 단계들도 지난 20년 동안 채워졌고, 이제는 해마다 더 많은 과도기 형태들이 나타나, 단계가 더 세세해졌다.

진화를 비판하는 어떤 사람은 화석 기록의 공백이 채워질 때마다 그것을 기준으로 양쪽에 2개의 공백이 더 생겨날 뿐이라고 말했다. 어느 정도 극단적인 이러한 트집은 언뜻 보면 옳지만, 과학적 추론의 성질을 심각하게 잘못 이해하고 있다. 또 다른 과도기 형태의 발견은 진화론이 참임을, 그리고 그것을 끌어내리려는 시도가 실패임을 뚜렷하게 보여 준다. 또한 하나의 과도기 형태로 생겨난 2개의 공백은 그 전에 있었던 공백보다 매우 좁다. 새로운 과도기 형태는 특별한 창조론의 관 뚜껑에 박는 또 하나의 못이다. 못이 많으면 뚜껑을 단단히 고정시킬 것이다. 뚜껑의 가장자리를 연속적으로 두를 만큼 많은 못은 필요하지 않다.

논란을 일으키려는 뜻은 없었지만 결국 다윈은 판도라의 상자를 열었다. 『종의 기원』에서 이미 타격을 받은 사람들은, 그 뒤에 출판된 『인간의 유래(The Descent of Man)』에서 사람과 유인원의 조상이 같다는 주장에 다시 한 번 큰 충격을 받으면서 분노했다. 감성은 짓밟혔다. 사회적 관습은 격노했다.

사람이 만물의 영장이며, 나머지 세상은 사람이 활용하는 자원으로 존재한다고 보던 사람은, 인간과 동물이 많은 부분에서 같다는 주장을 받아들이기 힘들 것이며, 사람과 오늘날의 동물이 똑같은 조상에서 진화했다는 생각도 몹시 싫을 것이다. 그래서 당연히 "다윈 씨, 정확히 어떤 유인원이 당신의 할아버지인가요?"와 같은 조롱이나, 지금 보면 인종 차별로 여길 법한 삽화들이 넘쳐났다.

하지만 감정에 치우치지 않고 보면 사람과 동물 사이에는 분명히 깊은 관계가 있었다. 사람은 동물처럼 먹고, 번식하고, 배출한다. 사람의 해부학적 특성은 수많은 동물의 해부학 특성과 매우 가깝다. 사람의 뼈대와 거의 모든 포유류 동물의 뼈대를 비교해 보면 모양이나 크기가 조금 다를 뿐이지 사실상 뼈끼리 대응된다. 사람의 뇌는 포유류, 양서류, 파충류의 뇌와 같은 점이 많다. 사람의 손은 유인원의 손과 매우 비슷하며, 원숭이나 여우원숭이와도 별로 다르지 않다.

인간과 유인원에 대한 의견 차이가 그 정도였을 때는 사회 관습으로 결과를 미연에 방지했다. 거의 모든 서양 기독교 전통에서 사람은 당연히 동물과 완전히 달랐다. 그래서 사람만이 가진 말하고 쓰고, 작곡하고 초상화를 그리는 능력 등이 강조되었다. 동물과 비슷한 점(특히 수치스러운 몸의 기능과 관련된 특성들)은 무시하거나 될 수 있으면 최소화하고, 심지어는 부정하기까지 했다. 하지만 과학적 증거들이 쌓이면서 이러한 태도를 유지하기는 어려워졌다. 빅토리아 시대의 유럽에서, 기독교를 믿는 사람들은 조금씩「창세기」에 나온 천지 창조 이야기가 하나의 비유이며, 신의 창조에 대한 깨달음은 과학적 발견으로도 얻을 수 있다는 생각을 하게 되었다. 무신론자들에게는 아무 문제가 없었지만 말이다. 하지만 성경에 나온 이야기를 그대로 믿는 사람들은, 계속해서 늘어나는 수많은 과학적 증거들을 근거 없이 부정하는 데 자신들의 믿음을 소모함으로써 스스로를 궁지로 몰아넣었다.

6

수도원 정원에서

오늘날 과학자는 인용 순위, 곧 다른 과학자들이 발표한 연구에 자신의 논문이 얼마나 많이 인용되었는지에 따라 생사가 갈린다. 관리자들은 인용을 좋아한다. 클립처럼 셀 수 있기 때문이다. 하지만 인용으로 우수함을 따질 때는 조심해야 한다. 수학에서 가장 우수한 어떤 논문들은 너무나 잘 알려진 나머지 아무도 인용을 신경 쓰지 않고 터놓고 말하기도 하기 때문이다. 문제는 발견의 중요성이 알려지기까지 걸린 시간이다. 여기에 꼭 맞는 예로, 유전학 자체를 만들어 낸 19세기의 한 논문을 들 수 있다. 그 논문에 나온 발견과 생각은 생명체를 이해할 때 아주 중요한 바탕이 되지만, 세상에 나온 뒤 35년 동안 서너 번 이상 인용된 적이 없었다.

독일어로 쓴 그 논문은 1865년 크게 알려지지 않았던 학술지, 《브륀 자연사 학회 회의록(*Erhandlungen des Natruforschenden Vereines in Brünn*)》에 실렸다. 독일에서 태어난 저자의 세례명은 요한(Johann)이었다. 어렸을 때는 양봉을 하고 정원을 가꾸었다. 1840년 오늘날 체코 모라비아 지방에 있는 올로모우츠 시 철학 기관에 입학했다. 한 학기가 지난 뒤 요한은 몸이 좋지 않아 한 해를 쉬었다. 공부를 마친 뒤 그는 성 아우구스티누스 파의 신부가 되기로 마음을 정했다. 이름을 그레고어(Gregor)로 바꾸고 성직자 생활을 하는 동안 그 이름을 썼다. 성은 멘델(Mendel)이었다.

1851년 수도회의 명에 따라 그는 빈 대학교로 갔고, 수도원으로 돌아와서 교사가 되었다. 1856년 멘델은 수도원에서 콩을 재배하고 교배시키는 실험을 시작하여, 7년 동안 2만 9000번의 실험을 했다. 콩다음으로 벌을 치기 시작했으나 콩만큼 성공하지는 못했다. 벌은 너무 위험한데다가 여왕벌의 짝짓기를 통제하기가 어려웠기 때문에 분명한 결과를 얻는 데 실패했으므로 결국 모두 죽일 수밖에 없었다. 1868년 수도원장이 되면서 그의 실험도 중단되었다. 하지만 멘델이 이룬 결과는 생물학의 네 번째 혁명, 유전학을 낳았다.

힘든 싸움이었다. 그때의 거의 모든 생물학자들은 멘델의 이론을 받아들이지 않았는데, 그 까닭은 주로 그의 이론이 당시 널리 퍼져 있던 믿음, 즉 부모의 성질은 '융합(blending)'되어 자식에게 전해진다는 믿음과 달랐기 때문이다. 융합 유전 이론의 주된 아이디어는 이렇다. (아이디어라는 말을 쓸 수 있는지 모르겠지만.) 자식의 키는 부모의 두 키를 함께 물려받기 때문에 부모의 키 사이가 될 것이다. 키 말고 몸무게, 힘, 이두박근, 수학적 재능 따위의 특성들도 모두 마찬가지이다.

융합 유전 이론을 뒷받침하는 증거는 거의 없었지만, 그것을 반박하는 증거는 널려 있었다. 그럼에도 불구하고 사실상 모든 사람이 융합 유전을 믿었다. 그 까닭 중 하나는 당시 유행했던 유전 성질에 대한 '피'의 비유 때문이었으리라고 생각한다. 가축을 키울 때 '혈통(bloodliness)'은 개나 말의 가계도를 가리킨다. 심지어 오늘날에도 사람들은 '왕족의 혈통'이라거나, '피를 나눈' 같은 말을 쓴다. 이러한 비유의 기원은 유전 특성이 피를 통해 자손에게 전달된다는 고대 그리스의 범생설(pangenesis, pan=모든, genesis=탄생, 기원)에서 찾을 수 있다. 다윈도 같은 함정에 빠졌다. 『종의 기원』을 쓸 때, 그는 유전을 설명하는 이론으로 범생설을 염두에 두었다.

하지만 일단 과학적으로 보면 융합 유전은 분명히 말이 되지 않는다. 1869년에서 1871년 사이, 통계학을 연 사람 중 한 명이었던 다윈의 사촌 프랜시스 골턴(Francis Galton)은 여러 번의 긴 실험을 수행해 범생설을 시험했다. 그의 접근은 직접적이고 객관적이었다. 다양한 종류의 토끼에게서 피를 뽑아 다른 종류의 토끼에게 넣고 번식을 시켜 그 자손에게서 어떤 특성이 나타나는지 살펴보았다. 토끼 피에 자손의 특성을 결정하는 물질이 있음을 입증하는 증거가 전혀 나타나지 않았고, 그 후 능력 있는 거의 모든 생물학자들이 재빨리 범생설을 버렸다. 하지만 범생설은 뿌리 깊게 박혀 있었다. 뚜렷하게 말로 표현되지 않았지만, 의심한 적 없는 가정들이 생물학자, 가축을 사육하는 사람, 일반 대중의 머릿속에 떠돌고 있었다. 정말 똑똑하다면 범생설을 지지할 만한 교묘한 수를 쓸 수도 있었을 것이다. 마치 지구가 평평하다고 주장하는 경험 많은 사람이 빛의 굴절에 대한 사이비 이론들이나 이상한 기하, 심지어 그도 안 되면 음모론까지 하나하나 들먹여 언제나 논쟁에서 이길 수 있는 것처럼 말이다.

범생설을 아무 의심 없이 받아들이는 분위기에서, 멘델의 결과는 매우 두드러져 보였다. 하지만 학자들은 그 결과를 이해하려 애쓰거나 멘델의 실험을 반복하고 확장하기보다는, 마치 그의 논문을 읽은 적도 없었다는 듯 무시하는 편이 훨씬 더 편했을 것이다. 다윈은 읽지 않았다. 다윈이 『종의 기원』을 쓸 때 멘델이 하는 연구를 알았다면, 엄청난 변화가 일어났을 것이다.

얼핏 보면 멘델의 실험은 그리 대단한 혁명처럼 보이지 않는다. 그는 콩 식물을 교배해서, 그렇게 나온 세대의 특성을 앞 세대의 특성과 비교했을 뿐이다. 하지만 그가 찾아낸 사실에는 폭발적인 잠재력이 있었고, 결국 그가 죽은 뒤 오늘날까지도 들을 수 있을 정도로 큰 소리를 내며 폭발했다. 머릿속을 터무니없는 이야기들로 채운 채 귀를 막으려고 안간힘을 쓰는 사람들은 듣지 못하겠지만 말이다.

멘델의 논문은 오랫동안 방치되었다. 누구도 그의 논문을 읽지 않고 어떤 평가도 내리지 않았다. 『종의 기원』이 나온 지 30년이 지난 1890년 쯤, 마침내 두 식물학자 휘호 더프리스(Hugo de Vries)와 카를 에리히 코렌스(Carl Erich Correns)가 멘델의 논문을 다시 살려냈다.

멘델의 발견은 콩 식물을 교배할 때 살펴보았던 간단한 숫자 관계들에서 나왔다. 기본 생각은 간단했다. 다양하게 나타나는 특정 성질에 집중해서, 그 성질이 어느 한 형태로 나타난 식물과, 그 형태가 같거나 다른 또 다른 식물을 교차 수정(cross-fertilization)시켜서, 그 성질이 다음 세대에서 어떻게 나타나는지 관찰하는 것이다. 교차 수정, 또 다른 말로 교차 교배(cross-breeding)는 한 식물(이 식물을 '아버지'라고 부르겠다.)의 꽃가루를 다른 식물('어머니'라고 부르겠다.)에 수정할 때 쓰는 말이다. 이런 종류의 실험을 하기에는 식물이 이상적이다. 아버지에게서 가져온 꽃가루를 어머니의 생식 기관에 바로 칠할 수 있으므로 가계도를 조절하기가 쉽기 때문이다. 화난 벌들에게 그렇게 하기가 어디 쉽겠는가!

멘델이 가장 처음 연구한 특성은 꽃의 색이었다. 꽃의 색은 흰색 아니면 보라색이었다. 그에게 충격을 준 첫 번째 사실은 이 두 가지 색 말고는 다른 색이 나오지 않는다는 것이었다. 융합을 보여 주는 증거, 이를테면 연보나 보랏빛을 띤 흰색 꽃은 나오지 않았다. 콩 식물을 아무리 많이 교차 교배해도 그 꽃은 언제나 흰색 아니면 보라색이었다. 융합 유전 이론의 증거는 없었으며, 멘델은 실제로 일어난 일을 살펴보기 시작했다.

두 '흰색' 식물, 즉 꽃이 흰 두 식물을 교배하면 언제나 흰색 식물이 나오고 보라색일 때도 분명 마찬가지라고 생각할 수 있다. 하지만 이러한 생각은 융합 이론과 어딘지 비슷하며, 융합 이론은 틀린 이론이다. 멘델은 흰색에 흰색을 더하면 언제나 흰색이 나오지만 보라색에 보라색을 더하면 흰색과 보라색 둘 다 나올 수 있음을 알았다. 그러므로 이것은 흰색 부모에서는 흰색, 보라색 부모에서는 보라색이 나오는 것처럼 단순하지 않은, 더 복잡한 과정이었다. 사실 보라색에 보라색을 교배하면 **세 가지**의 서로 다른 결과가 나오는 듯했다.

- 모든 자손이 보라색이다.
- 자손의 4분의 3은 보라색이고 나머지는 흰색이다.
- 자손의 반은 보라색이고 반은 흰색이다.

이와 달리 흰색-보라색 교배에서는 위의 셋 중 처음 두 가지 결과가 나왔으며, 얼핏 볼 때 가장 자연스럽게 나올 법한 세 번째 결과는 나오지 않았다. 서로 다른 색이 나타나는 비율 — 2분의 1, 4분의 1, 4분의 3 — 은 아주 정확하지는 않았고 실험마다 달랐다. 그래도 관찰 결과는 이 비율에 가까웠다.[1]

무슨 일이 일어나고 있었을까? 그 답을 알기 위한 핵심 단계는 식물을 잘 골라 교차 교배하여 나타날 결과를 단순하게 만드는 것이다. 우선, 식물을 자가수정했을 때 어떤 특정 성질이 모든 자손에게 다시 나타난다면 그 성질을 '유전적으로 순수하다(breed true)'고 한다. 고정 형질을 가진 순종을 만드는 것은 부모 **양쪽**에 달려 있는데, 부모의 씨앗 중 일부는 남겨 두고 일부는 다음 세대를 키우는 데 사용한 뒤, 다음 세대들끼리 교차 교배함으로써, 어떤 씨가 순종 식물에서 나왔는지 가려내어 그 순종 식물의 나머지 씨들을 또 다른 실험에 쓴다.

순종 흰색 식물을 순종 보라색 식물과 섞으면, 그 결과는 **언제나** 보라색으로 나타났다. 하지만 그 자손에서 나온 식물 둘을 골라 교차 교배하면 **언제나** 약 4분의 3은 보라색, 약 4분의 1은 흰색인 자손이 나온다. 이상한 결과이다. 마치 식물이 앞 세대를 '기억'이라도 하는 듯하다. 어떻게 보면 실제로 기억한다고 할 수도 있다.

이와 같은 결과에 혼란스러웠을 멘델이 적절한 설명을 찾으려 애쓰는 모습을 쉽게 상상할 수 있을 것이다. 결국 그는 '색'이라는 성질이 하나의 유전 인자가 아닌 두 유전 인자로 정해진다면 모든 것이 이치에 맞는다고 생각했다. 한 인자는 아버지에게서, 다른 한 인자는 어머니에게서 전해질 것이다. 이 인자가 물리적으로 무엇인지는 수수께끼였다. 하지만 결과에서 나타나는 숫자와 수학 패턴은 그 인자가 반드시 있어야 함을 강하게 뒷받침했다.

색이 W 또는 P(흰색 또는 보라색)라는 어떤 인자들에 따라 정해지고, 식물마다 인자가 2개씩 들어 있다고 하자. 두 인자는 WW, WP, PP와 같은 꼴 중 하나로 짝지어진다. PW는 WP와 같아서 뺐다. 중요한 점은 인자의 조합이지 표현 순서가 아니기 때문이다.[2]

두 식물이 교차 교배될 때, 자손은 부모에게서 인자 하나씩을 받는다. 부모의 두 인자 짝이 WW나 PP로 모두 같다면 둘 중 어떤 인자가 유전되든 달라지지 않는다. 이때 자손은 '유전적으로 순수한' 식물이다. 하지만 WP와 PP를 교배한다고 해 보자. 자손은 첫 번째 부모에게서 W나 P를 받을 수 있지만 두 번째 부모로부터는 P만 받는다. 그래서 두 가지 결과, WP 또는 PP가 나온다.

여기서 쓰는 수학은 조합론이다. 조합론은 서로 다른 수학 대상들을 어떻게 결합할 수 있는지를 다룬다. 여기서 그 대상은 기호 W와 P이다. 하지만 지금은 조합론을 전혀 몰라도 '주먹구구'로 답을 알아낼 수 있다.

- WW와 WW를 교배하면, WW만 나온다.
- PP와 PP를 교배하면, PP만 나온다.
- WW와 PP를 교배하면, WP만 나온다.
- WW와 WP를 교배하면, WW 또는 WP가 나올 수 있다.
- PP와 WP를 교배하면, PW(=WP) 또는 PP가 나올 수 있다.
- WP와 WP를 교배하면, WW 또는 WP 또는 PW 또는 PP가 나올 수 있다. 하지만 PW=WP이므로, 나올 수 있는 경우는 세 가지이다.

멘델이 관찰한 비율에 대해서는 어떤 말을 할 수 있을까? 비율에 대한 이야기는 위의 주장을 완성한다. 왜 그런지 그림을 그려 좀 더 쉽게 알아보자. 이 그림은 1900년쯤 영국 유전학자 레지널드 퍼넷(Reginald Punnett)이 만들었는데 그의 이름을 따서 퍼넷 사각형(Punnett square)이라고 한다. 여기에서는 WP와 WP의 그림을 살펴볼 것이다. 이 조합은 가장 복잡한 경우 중 하나이지만 대표적인 예이므로 이해하기도 더 쉽다.

그림 13의 가장 윗 행은 어머니에게 있는 두 인자(W와 P)를 나타낸다. 왼쪽 열은 아버지에게 있는 두 인자(W와 P)를 나타낸다. 4개의 사각형은 행과 열의 인자들이 자손에게 전달되었을 때 결과로 나타난 조합(WW, WP, PW, PP)을 보여 준다. 보통은 아버지로부터 물려받은 인자를 처음에 놓는다. 앞에서 보았듯 인자가 표현된 순서는 특성에 영향을 주지 않지만 순서대로 써 놓으면 나중에 도움이 된다.

어떤 사각형은 흰색으로 나머지는 회색으로 칠해 놓았다. 이것은 해당 인자를 가진 식물의 꽃 색을 나타내는데, 회색은 꽃이 보라색임을 뜻한다. 왼쪽 맨 위 모서리에 붙인 직사각형 꼬리표도 원래 퍼넷 사각형에는 없다. 이 꼬리표는 부모의 색을 나타낸다. 밝거나 어두운 부분으로, WW는 흰색, WP와 PW, PP는 보라색임을 알 수 있다. 여기서의 생각은, 모든 좋은 생각이 그렇듯 단순하다. 멘델의 큰 깨달음 중 하나는 W와 P가 색에 대해 '투표'를 하는데, W가 P에 반대하면 P가 이긴다는 것이다. 유전학에서 쓰는 말을 빌리면, W는 열성이고 P는 우성이다.

이 투표 규칙에 따라 WP처럼 인자가 혼합된 경우에는 어떻게든 두 색을 섞거나 다른 뭔가를 하지 않고, 부모에게서 나타나는 두 색 중

그림 13 WP와 WP를 교배할 때의 퍼넷 사각형

하나를 고르게 된다. 원리로 보면 '보라색 승'이라는 투표 규칙은 그저 인자가 혼합되었을 때 식물의 색을 결정하는 하나의 방법일 뿐이다. 다른 대안도 생각할 수 있다. 하지만 이 규칙은 매우 깔끔하고 단순한 데다가, 콩 식물의 색을 실제로 잘 설명한다. 하지만 생물학이 그렇듯 더 많은 유전학자들이 그런 규칙을 조사하면서, 더 많은 대안들이 나타났다. 역설적이게도, 융합 이론적인 규칙도 있었다.

그림 13에서 3개의 사각형이 회색(보라색 꽃)이고 한 사각형만 흰색(흰 꽃)이다. 보라색과 흰색의 비 3:1은 멘델의 실험에서 나온 결과와 정확히 같다. 그러므로 다양한 특성의 비율에서 나타난 숫자 규칙을 설명하기 위해서는 통계가 반드시 필요하다. 숫자들은 다양한 결과의 확률을 뒷받침하는 증거이다.

이제 수학의 또 다른 분야, 확률론이 조합론에 더해졌다. 확률론은 확실히 정해지지 않은 대상을 다루는 불확실성의 수학에서 주요한 분야이다. 확률론은 도박과 관련된 의문에서 생겨났다. 처음으로 확률론을 다룬 책은 1713년에 나온 야코프 베르누이(Jacob Bernoulli)의 『*Ars Conjectandi*』이었다. 나는 이 책을 『짐작의 기술(*The Art of Guesswork*)』이라고 옮기기 좋아하는데, 더 믿을 만한 번역은 『추측의 기술(*The Art of Conjecture*)』이다. 베르누이는 어떤 사건이 일어날 확률이란,

길게 보았을 때 그 사건이 일어나는 횟수를 전체 시도 횟수로 나눈 값이라고 했다. 이 뜻은 직관과도 잘 맞는다. 예를 들어 주사위를 던질 때 1, 2, 3, 4, 5, 6의 모든 면은 멀리 보면 대충 똑같이 나와야 한다. 6이 계속 2보다 많이 나온다면 그 주사위는 공평하지 않다.

실제 상황에서도 베르누이가 세운 확률의 뜻은 잘 맞지만, 거기에는 한 가지 가정이 뒤따른다. 바로 길게 보았을 때 확률은 대푯값(representative)이라는 점이다. 하지만 주사위를 100번 던졌을 때 내리 6이 나오는 일이 분명 **있을 수 있다.** 그래서 베르누이는 큰 수의 법칙이라는 수학 이론을 증명함으로써, 100번 내리 6이 나오는 이러한 예외가 매우 드물다는 사실을 보였다. 수학자들은 뒤에 명쾌한 **공리**를 가지고 건전한 논리의 바탕 위에 모든 수학 분야를 정립했는데, 확률론에서 나오는 모든 생각도 반드시 그 공리들을 만족해야 한다. 큰 수의 법칙은 공리에서 논리적으로 이끌어 낸 정리로, 수학자들은 이 법칙을 이용해서 조합으로, 곧 셈을 해서 확률을 계산한다. 그러므로 보라색을 내는 인자들의 조합이 얼마나 되는지 세어서, 그 수를 모든 조합의 수로 나누어 주면 보라색 꽃이 나올 확률도 계산할 수 있다. 여기서는 3을 4로 나누면 된다.

멘델의 유전 이론은 부모 모두의 특성을 결합시키지만 융합 이론은 아니다. 멘델의 이론은 아버지와 어머니를 똑같이 다룬다. 아버지에게는 2개의 인자가 있지만, 자손에게 영향을 미치는 것은 그중 하나뿐이다. 어머니도 마찬가지이다. 모든 경우에 부모 각자가 가진 두 인자 중 하나만이 선택된다. 이 선택이 마치 동전 던지기처럼 아무렇게나 이루어진다면, 아버지의 두 인자가 뽑힐 확률은 모두 같다. 어머니도 마찬가지이다. 그래서 퍼넷 사각형의 조합들이 저마다 나타날 확률은 4분의 1로 모두 같다. 총 4개의 사각형 중에서 3개가 회색이므로 식물이 보라색일 확률은 3/4이라고 계산한다. 흰색 사각형은 하나밖에 없으므로 식물이 흰색일 확률은 나머지 1/4이 된다. 그러므로 2개의 기호 W와 P를 갖는 조합은, 'P가 나타나면 무조건 이긴다.'라는 투표 규칙에 따르며, 멘델이 관찰했던 흰색과 보라색의 빈도를 만들어 낸다. 단 부모에게서 인자가 하나씩 선택될 때, 그 선택은 무작위로 일어나며 선택 확률이 모두 같다는 전제 아래에서 말이다.

멘델이 다른 실험에서 관찰했던 비율도 비슷한 방법으로 계산하면 설명할 수 있다. 멘델이 관찰한 비율이 **정확히** 3/4과 1/4로 딱 떨어지지 않는 까닭은 그 과정이 무작위로 일어나기 때문이다. 무작위 과정에서는 언제나 어느 정도 '흩어짐(scatter)'이 있기에 사물은 정확히 평균값으로 행동하지 않으며, 확률에서도 이러한 점이 반영된다. 예를 들어 동전을 잇따라 네 번 던지면, '평균값' 또는 '기댓값'은 앞면 두 번, 뒷면 두 번이다. 하지만 실제로는 앞면 네 번에서 뒷면 네 번까지 모든 경우가 나오며, 평균값은 절반에도 못 미치게 나온다.

색깔 비율에 대해 중요한 통찰을 얻은 멘델은 거기서 멈추지 않고, 자신의 가설을 시험할 방법을 생각해 냈다. 그 방법으로 자신과 다른 색깔의 자손을 만드는 성가신 콩 식물들을 제거해야 했는데, 여러 세대를 교배시켜서 자손의 색이 부모와 다르면 그 부모 식물을 제거했다. 순종 식물을 가려낸 뒤에는 그 씨를 저장해 두었고, 저장소의 씨앗들을 사용해서 식물을 키워 다양한 방법으로 교차 교배했다. 몇 세대를 거치면서 분명한 패턴이 자리 잡았고, 이 패턴은 멘델의 이론을 뒷받침했다.

멘델에게 유전자는 수수께끼 같은 '인자'로서, 그는 그 인자가 무엇인지, 생물의 어디에 위치하는지 알지 못했다. 그 답은 세포 분열에 대한 연구에서 나왔다. 하나의 세포는 그저 화학 물질을 담은 주머니가 아니라, 고도로 복잡하게 조직된, 번식을 할 수 있을 정도로 복잡하고, 잘 조직된 구조이다. 세포 복제는 놀라운 일이지만, 그 중요성은 생물 전체의 복제에 비하면 아무것도 아니다. 복잡한 생물에게 필수적인 이 전체 복제 과정은, 특수한 세포 복제 과정에 편승해 이루어졌다.

원핵생물은 둘로 나눠짐으로써 생식을 한다. 이를 이분법이라고 한다. 진핵생물도 둘로 나눠지지만, 원핵생물보다 세포가 더 복잡하므로 분열도 더 복잡하다. 덧붙여, 진핵생물은 보통 유성 생식을 할 수 있으므로, 자손은 두 부모(또는 효모균처럼 둘 이상의 부모)에게서 유전 물질을 받는다. 멘델의 콩 식물이 그 예이다. 유성 생물에서 유성 생식과 관련된 생식 세포(정자와 난자)를 만들 때는 감수 분열이라는 다른 종류의 세포 분열이 일어난다.

멘델이 식물에 유전 '인자'가 있음을 생각해 낸 뒤로 오랫동안, 누구도 유전의 물리적(오늘날에 말하는 분자적) 바탕에 대해 알지 못했다. 인위적인 염색을 할 수 있게 되자, 세포의 얇은 단면을 염색해 현미경으로 그 안에 숨겨진 구조를 볼 수 있게 되었다. 숨겨진 구조에는 염색체라고 알려진 수수께끼 같은 형체들이 있었다. 원핵생물은 염색체가 하나인데 고리처럼 생겨서 세포막에 붙어 있다. 진핵생물의 염색체는 세포핵 안에 있으며, 모든 생물은 특정한 수만큼의 (예를 들면 인간은 46개) 염색체를 갖는다. 염색체는 대충 X자 모양으로 생겼으며, 구체적인 형태와 크기는 다양하다.

염색체는 어떻게든 세포 분열에서 나타나게 되는데, 원핵생물과 진핵생물 모두 분열이 시작되는 단계에서 염색체를 복제하기 때문이다. 이러한 사실을 실마리로 해, 생물학자들은 염색체가 세포의 유전 물질이 아닐까 생각하기 시작했다. 보베리와 월터 스탠버러 서턴(Walter Stanborough Sutton)은 1902년 독립적으로 같은 생각을 떠올렸고, 그 생각을 검증하고자 여러 실험을 했다. 보베리는 성게를 가지고 연구해 모든 염색체가 나타나야 생명체가 올바르게 자라날 수 있음을 보였다. 서턴은 메뚜기에 집중해 염색체는 쌍으로 나타나며 그중 하나는 아버지에게서, 다른 하나는 어머니에게서 물려받는다는 중요한 사실을 찾아냈다. 이 염색체 쌍이야말로 멘델이 생각한 유전 인자임이 분명했다.

이들의 주장을 두고 약 10년 동안 논란이 이어졌지만, 1913년 엘리너 카루서스(Eleanor Carruthers)는 염색체들이 독립적으로 결합하며, 그 결과는 멘델의 실험에서 나타난 비율과 일치함을 보였다. 예를 들어 사람의 체세포에는 46개의 염색체가 23쌍을 이루고 있지만, 생식 세포에는 각 염색체 쌍마다 하나씩 모두 23개의 염색체가 있다(나중에 더 자세히 보자.). 이 염색체들은 아버지나 어머니에게서 왔으며, 선택은 독립적이고 무작위적으로 일어난다. 결정적으로 2년 뒤 토머스 헌트 모건(Thomas Hunt Morgan)은 초파리의 한 종류인 노랑초파리(*Drosophila melanogaster*)를 가지고 완벽한 실험을 했다. 염색체 속에서 서로 매우 가까운 영역에 있는 관련 유전자들은 초파리 자손에서도 관련되는 경향이 있었다. 이들은 둘 다 함께 나타나거나 아니면 둘 다 나타나지 않았다. 이러한 치우침 효과는 존재하는 영역이 서로 멀어질수록 서서히 약해진다.

원핵생물의 이분법에서, 첫 단계는 고리 모양인 하나의 염색체를 복제하는 것이다. 그 다음으로 세포의 크기가 커진다. 복제로 둘이 된 염색체는 세포막에 달라붙는다. 그 다음 세포가 길어지면서 염색체가 분리된다. 마지막으로 세포막이 안쪽으로 자라면 결국 세포가 갈라지면서 염색체가 반으로 잘린다. 그 결과로 원래 세포가 복제된 두 세포가 나왔다. 원래 세포와 두 세포는 거의 같으며, 특히 유전적으로 똑같다. (이것은 아주 참은 아니다. 나중에 보겠지만 복제 과정에서 오류가 일어날 수 있기 때문이다.)

진핵생물의 복제는 이보다 더 복잡하며, 세포 분열로 알려진 과정을 따라 진행된다. 세포 분열은 두 가지 방법으로 일어날 수 있다. 생식을 할 수 있는 딸세포를 만드는 체세포 분열과 생식의 기본 단위인 생식 세포를 만드는 감수 분열이 있다. 사람의 생식 세포는 남자의 경우 정자 세포, 여자의 경우 난자 세포이다.

체세포 분열은 세포핵에서 시작된다. 첫 단계로 여기서도 세포의 유전 물질을 복제해 여분을 만든다. 진핵생물의 유전 물질은 여러 염색체에 포장되어 있기 때문에, 염색체들이 저마다 복제되어야 한다. 보통 염색체 복제는 차례대로 나아가지 않고 동시에 일어난다. 그 다음 염색체 쌍들은 찢어져 두 집합으로 나뉘고, 한 집합 안에는 2개의 똑같은 염색체 중 하나가 들어간다. 그동안 세포핵은 두 부분으로 나뉘어 각 부분에 염색체 집합이 하나씩 들어간다. 그 과정에서 미토콘드리아와 같은 세포 기관도 복제되는데 원핵생물의 이분법과 매우 비슷하게 진행된다. 마지막으로, 세포막이 안쪽으로 자라면서 세포를 자르는데 이때 두 딸세포는 모든 구성 요소들, 특히 하나의 세포핵을 똑같이 가진다.

그림 14 체세포 분열 단계. (왼쪽에서 오른쪽으로) 전기: 중심체가 갈라진다. 전중기: 미세 소관이 핵을 뚫고 들어간다. 중기: 염색체가 미세 소관과 직각을 이루며 늘어선다. 후기: 미세 소관이 오그라들면서 염색체들을 잡아당긴다. 말기: 염색체들이 두 세포핵에 모이고 세포막이 갈라지기 시작한다.

이 과정은 전형적이지만 유일하지는 않다. 체세포 분열의 구체적인 과정은 생물마다 다르다. 과정은 생물학자들이 나눈 다섯 단계로 신중하게 진행된다(그림 14). 결국에는 어머니 세포에서 복제된 내용물이 분리된 두 집합에 나뉘어 들어간다. 이때 미세 소관이 사용되는데, 미세 소관은 세포의 '뼈대'를 이루는 긴 분자들로, 다양한 세포 소기관들이 올바른 위치에 놓이도록 들어 올리는 일을 한다.

세포 소기관들은 저마다 하나의 원핵생물처럼 행동한다. 특히 번식도 이분법으로 한다. 이러한 사실을 실마리로 진핵생물의 세포의 기원을 알 수 있다. 진핵 세포는 어떤 면에서 한때 떨어져 있던 원핵생물들이 이룬 군집 같은 것으로 볼 수 있다. 이 원핵생물들은 더 큰 단위인 진핵생물 세포를 이루어 그 안에서 서로 돕는 쪽으로 진화해 왔다. 이러한 생각을 가리켜 공생설(endosymbiotic theory)이라고 하는데, 공생설은 1905년 러시아의 콘스탄틴 메레쉬코프스키(Konstantin Mereschkowski)가 처음 제안했다. 그는 식물에서 엽록소가 든 엽록체의 분열 방식이 원핵생물인 남조류(cyanobacteria)와 놀랄 정도로 비슷하나는 사실을 증거로 들었다. 1920년대, 이반 윌린(Ivan Wallin)은 미토콘드리아에 대해서도 비슷한 이야기를 했다. 이들의 주장은 별 관심을 받지 못하다가, 1950년대에 들어서 미토콘드리아와 엽록체를 비롯한 다른 세포 소기관들이 세포의 주된 유전자들과는 별개로 자신만의 DNA를 가지고 있음이 밝혀지면서 주목 받기 시작했다. 1967년 린 마걸리스(Lynn Margulis)는 진핵 세포는 수많은 원핵 세포의 군집 같은 것에서 비롯되었으며, 이 군집은 여러 단계를 거치면서 진화했다는 생각을 더 많은 증거로 뒷받침했다.

원핵생물의 번식은 시원시원하게 곧바로 이루어진다. 원핵생물 하나가 두 원핵생물로 쪼개지면 그만이다. 진핵생물은 **세포**의 생식조차도 그보다 덜 직접적이며, 생물 전체의 생식은 말할 것도 없다. 진핵생물은 생물의 특정한 세포 속에서 유전 정보를 하나 더 복제해서, 그 정보를 가지고 완전히 처음부터 새 생물을 만들어 나간다. 원핵생물의 생식은 분필 하나를 쪼개어 2개의 분필을 만드는 것과 같다. 진핵생물의 번식은 차 한 대의 청사진을 만들어 복사한 다음 복사본을 이용해 새로운 차를 만드는 것과 같다. 한 가지를 추가한다면 청사진은 원래 차의 앞좌석 사물함에 있으며, 복사본도 새로 만든 차의 앞좌석 사물함에 있다.

유전 정보의 복제는 감수 분열로 시작한다. 이 과정은 체세포 분열과 비슷하게 흘러가지만, 체세포 분열은 5단계인데 감수 분열은 11단계이다. 염색체가 복제되지 않고 갈라진다는 점이 가장 큰 차이이다. 유성 생식하는 생물에서, 염색체는 보통 부모에게서 하나씩 물려받아 쌍으로 나타난다. 감수 분열에서 이들 염색체 쌍은 무작위로 저마다의 유전 물질을 교환하는데, 재조합(recombination)이라는 이 과정은 개체 안에서 다양한 변이가 나타나는 주된 원인이다. 변형된 염색

생명의 수학

체 쌍은 갈라진다. 감수 분열이 끝나면 4개의 세포로 이루어진 집합이 남는데, 이들 세포에 저마다 든 염색체 수는 보통 세포에 들어 있는 수의 절반이다.

체세포 분열과 달리 감수 분열은 순환하지 않는다. 적어도 한 생명체 안에서는 말이다. 감수 분열에서는 생식 세포를 만드는데, 한 번 생식 세포가 만들어지면 분열이 멈추기 때문이다. 생식 세포는 거의 아무 일도 하지 않다가, 생물이 성체가 되었을 때 성별이 다른 둘이 만나면 자연스럽게 정자 세포와 난자 세포가 만나 수정이 이루어진다. 이때 염색체가 반만 든 두 집합이 만나 하나의 완전한 집합을 재구성한다. 수정된 난자는 발생을 거쳐 똑같은 생물의 어린 형태가 된다. 간단히 말해 두 성인이 만나 아이가 태어난다.

생물을 케이크라고 보면, 체세포 분열은 케이크를 반으로 자르는 것이다. 감수 분열에서는 케이크의 조리법을 복사해서 어딘가에 보관해 놓았다가 새로운 케이크를 구울 때 꺼내 쓴다. 이때 새로 만든 케이크는 자랄 수 있으며, 조리법은 케이크 안에 보관된다.

감수 분열에서는 재조합이 일어나기 때문에, 자손의 유전체는 부모 유전체에서 일부는 무작위로, 일부는 체계적으로 받아 혼합되어 만들어진다. 사람의 아이는 (보통) 정확히 23쌍의 염색체를 받는다. 염색체 쌍은 저마다 아버지와 어머니에게서 하나씩 온 염색체로 이루어진다. 하나는 정자가, 하나는 난자가 준 것이다. 이중 22쌍에서, 한 쌍을 이룬, 두 염색체는 전체 구조와 '유전자' 순서가 같지만, 어떤 특정 유전자의 선택에서는 다를 수 있다. 예를 들어 사람의 머리카락 색은 갈색, 검은색, 적갈색처럼 매우 다양하게 나타난다. 머리카락 색은 유멜라닌과 페오멜라닌이라는 색소 단백질의 작용으로 나타난다. 유멜라닌은 갈색과 검은색의 두 가지 꼴로 나타난다. 페오멜라닌은 분홍색이나 빨간색으로 나타난다. 단백질은 유전자로 만들어지므로, 어떤 유전자를 선택하느냐에 따라 머리카락 색도 달라진다.

머리카락의 색은 겉으로 분명하게 나타나고, 그것이 유전과 관련되었다는 생각도 오래되었지만("그 애 머리카락 색은 엄마를 빼 닮았어……."), 이상하게도 아직 어떤 유전자가 어떻게 머리카락 색을 정하는지는 알려지지 않았다. 널리 알려진 이론에 따르면 머리카락 색은 두 유전자로 결정된다. 갈색 유전자는 우성이고 금색 유전자는 열성이며, (콩 꽃의 보라색/흰색처럼) 빨간색을 누르고 나타나는 색의 유전자는 우성이고 빨간색은 열성이다. 하지만 이 이론만으로는 엄청나게 많은 머리카락 색을 설명하지 못한다.

하지만 23번째 염색체 쌍은 다르다. 그 안에는 성을 결정하는 성 염색체가 들어 있다. 포유류(와 그밖의 동물들)에서 여성의 성 염색체 X는 남성의 성 염색체 Y보다 훨씬 크다. 여성은 염색체 쌍이 XX이며 남성은 XY이다. X가 2개 있으면 확실히 안정되게 생식할 수 있다. 자손은 어머니에게서 X를 반드시 받기 때문에, XY 또는 XX의 성 염색체 쌍이 거듭 나타난다. 이 과정에서 오류가 나타나면, 가장 대표적인 경우로, 정상인 2개의 성 염색체가 아닌 3개의 성 염색체를 가지고 태어나기도 한다.

모든 염색체 쌍에서, 염색체 하나는 아버지에게서 다른 하나는 어머니에게서 온 것이지만 부모의 것과는 유전적 차이가 있을 수 있다. 이것은 멘델의 관찰을 분자 수준에서 설명한 것으로 그의 실험 결과를 타당하게 설명하려면 자손에게 나타나는 모든 특성은 부모에게서 하나씩 받은 두 '인자'로 인해 나타난다고 가정해야 했다. 그 과정에서 전체 조직은 유지한 채 유전 '정보'를 새롭게 결합하는 한 가지 방법이 나타난다. 부모가 그대로 복제되지 않는 생식으로서, 다양한 유전 결과가 나타나게 된다. 이것은 유전성 변이(heritable variation)가 일어나는 배경이 되고, 생명체를 선택적으로 걸러내는 일이 사실상 필연적으로 일어나면서 진화로 들어가는 문이 열린다.

하지만 진화보다도 이 과정에서 가장 흥미로운 특징은 유전 변이의 또 다른, 더 과감한 원천인 재조합이 일어난다는 것이다. 아버지에게서 온 정자 세포에는, 아버지가 가진 염색체 쌍 중 하나가 그대로 들어 있는 것이 아니다. 그대로 들어 있다면, 부모에게서 온 저마다의 염색체를 그대로 복제해 이어 놓은 꼴밖에 되지 않는다. 하지만 사실은 부모의 염색체 쌍이 서로 마구 뒤섞여 만들어진 교차형이 들어 있다. 아버지의 염색체의 어떤 부분은 어머니의 염색체에서 그 부분에 해당하는 조각으로 채워져 있다.

재조합이 없다면, 자손의 염색체 쌍은 부모의 염색체 쌍을 반으로 갈라 하나는 어머니에게서, 다른 하나는 아버지에게서 온 두 반쪽들을 같이 묶어 넣은 것이 되고, 그러면 염색체 저마다에 들어 있는 유전 정보는 바뀌지 않을 것이다. 유전자를 섞기에는 조금 약한 방식이다. 재조합에서는 유전자가 염색체 안에서 바뀌기 때문에, 유전자의 구성도 훨씬 더 급격하게 바뀐다. 두 단계짜리 혼합 과정에서 나타나는 특별한 결과로, 자손의 유전자와 부모의 유전자 사이에는 차이가 나타난다. 부모가 **조부모**에게서 선해 받은 염색체들이 마구 섞이기 때문이다.

7

생명의 분자

오늘날 DNA는 중요한 문화적 상징이다. 거의 날마다 개인이나 기업이 신문 방송에 나와 어떤 활동이나 제품이 자신들의 "DNA에 타고났다."라고 표현하는 것을 본다. 매체에서는 DNA를 "생명의 분자"나 "생물을 만드는 데 필요한 정보" 등으로 특별하게 일컫는다. 새로운 치료법, 인류의 '아프리카 기원설', 심지어 몇만 년 전 현재 인류의 조상이 네안데르탈인과 성교를 했는지의 문제(실제로 했다.)에도 연결짓는다.

때로 DNA를 신비로운 것으로 이야기하기도 한다. "자신의 DNA를 물려주려고", "유전자를 물려주려고" 아이를 낳는다는 말을 흔히 듣는다. 어쩌면 오늘날에도 어떤 사람들은 정말 자신의 유전자를 물려주려고 아이를 낳을 수도 있겠지만, 몇십만 년 동안 사람들은 개인적인 이유로 그저 낳고 싶어서, 혹은 어쩔 수 없이 자식을 낳았다. 어쨌거나 자손들은 부모의 DNA와 유전자를 물려받았고 그 과정은 매우 중요하지만, 그것이 자손을 낳는 **이유**는 아니었다. 이유가 될 수 없었다. 사람들은 자신이 유전자를 가진 줄도 몰랐기 때문이다.

진화론에서라면 유전자나 DNA를 물려준다는 것은 자손을 낳는 이유가 될 수 있으며, 출산의 위험에도 번식 욕구를 강화하는 데 도움이 되었다고 볼 수 있다. 하지만 사람의 자유 의지와, 생물학의 발생, 자연 선택의 기계적 과정을 혼동해서는 안 된다. DNA가 하나의 상징이 되면 이러한 혼동이 일어나면서 마법에 가까운 뜻을 갖는다. 몇십 년 동안 사람의 DNA 염기 서열을 알아내면 수많은 질병을 치료할 수 있으며, 유전자 조작으로 아주 새로운 생명체를 만들어 낼 수 있다는 이야기를 공공연히 들어 온 대중이 이러한 주장을 진지하게 받아들인다 해도 생물학자들은 놀라지 않을 것이다.

DNA가 중요하다는 것은 분명하다. DNA의 놀라운 분자 구조를 발견한 것은 현대의 가장 큰 과학 혁명일 것이다. 하지만 DNA는 훨씬 더 복잡한 이야기의 한 부분일 뿐이다. 그리고 아무리 마술처럼 보여도, 마술이 아니다.

유전자의 화학 성질과 아름다운 기하를 찾아내기까지 과학자들은 한 세기가 넘도록 길고 복잡한 과정을 겪었다.

1869년 스위스 의사 요한 프리드리히 미셰르(Johann Friedrich Miescher)는 아주 따분한 주제를 연구하고 있었다. 바로 수술에서 사용한 뒤 버리는 붕대의 고름을 분석하는 것이었다. 자신이 가장 흥미진진한 과학의 문턱에 와 있었다는 사실을 알았다면, 그는 깜짝 놀랐을 것이다. 미셰르는 새로운 화학 물질을 발견했고, 그것이 세포핵 안에서 나왔음을 알게 되었다. 그래서 이 물질에 뉴클레인(nuclein, 핵소)이라는 이름을 붙였다. 50년 뒤, 뉴클레인의 화학 구조를 분석한 피버스 레빈(Phoebus Levine)은 어떤 기본 단위가 수없이 복제되어 뉴클레인을 만들었으며, 이 기본 단위는 당과 인산기와 염기로 이루어진 뉴클레오티드(nucleotide)임을 밝혔다. 레빈은 뉴클레인 분자 전체가 적절한 횟수만큼 복제된 뉴틀레오티드들로 이루어졌고, 이 뉴클레오티드들은 인산기에 의해 서로 붙어 있으며 똑같은 염기 패턴이 계속 반복될 것이라고 추측했다.

레빈이 발견한 새로운 분자에 대해 더 많은 사실이 밝혀지면서 디옥시리보핵산(deoxyribonucleic acid)이라는 이름이 붙었고[1], 오늘날 이 분자는 머리글자를 딴 DNA로 잘 알려져 있다. 디옥시리보핵산은 아주 큰 분자로, 당시 기술로는 그 구조 — 어떤 원자로 이루어졌으며, 그 원자들이 어떻게 결합되었는지 — 를 절대 알 수 없었을 것이다. 하지만 20년 뒤 엑스선 회절 기법은 그것을 가능하게 해 주었다.

빛은 전자기파이며, 엑스선 또한 그렇다. 파동이 진행하다가 장애물에 부딪치거나 촘촘히 늘어선 장애물을 지나게 되면 휘어진다. 이 현상이 바로 회절이다. 회절이 일어나는 정확한 역학 과정은 파동 간섭에 대한 수학으로 알 수 있다. 회절의 기본 원리는 윌리엄 로런스 브래그(William Lawrence Bragg)와 윌리엄 헨리 브래그(William Henry Bragg) 부자가 1913년 찾아냈다. 엑스선의 파장은 파동이 결정 속 원자에 의해 회절하는 파장 범위 안에 들어 있었다.

결정 속의 원자 구조가 만들어 내는 회절 패턴으로 원자 구조를 재구성하는 수학 기법이 있다. 그중 하나가 브래그 법칙(Bragg's law)으로, 이 법칙에서는 똑같은 간격으로 배열된 평행한 원자 층으로 생겨난 회절 패턴을 분석하는데, 특히 결정 격자가 단순할 때 활용하기가 좋다. 브래그의 법칙을 쓰면 결정 안에 있는 원자층 사이의 간격과 방향을 추측할 수 있다. 원자가 어떻게 배열되었는지를 구체적으로 알려 주는 수학 기법은 푸리에 변환(Fourier transform)으로, 프랑스 수학자 장 바티스트 조제프 푸리에(Jean Baptiste Joseph Fourier)가 1800년대 초에 열의 흐름을 연구하면서 들여온 개념이다. 푸리에 변환에서는 시간이나 공간에서 주기적으로 나타나는 패턴을, 모든 가능한 파장을 가진 규칙파의 중첩으로 표현하는 것이 핵심이다. 여기서 파동에는 진폭(파동에서 마루나 골의 깊이를 나타냄)과 위상(마루의 정확한 위치를 결정함)이라는 요소가 있다.

엑스선 회절의 주요한 목표는 결정 속 전자 밀도 지도를 찾는 것이다. 다시 말해, 결정 속의 전자들이 공간에 어떻게 분포하는지를 알아내야 한다. 전자의 배열 상태를 알면 원자 구조와 원자의 화학 결합을 알아낼 수 있다. 그래서 결정학자들은 결정을 통과하는 엑스선 빛줄기가 만드는 회절 무늬를 관찰한다. 엑스선 빛줄기와 결정 사이의 각을 다양하게 바꾸면서 관찰을 반복한 뒤, 그 결과를 가지고 전자 밀도의 푸리에 변환에서 중첩된 모든 파동의 진폭을 추측한다. 위상은 진폭보다 찾기가 훨씬 더 어렵다. 한 가지 방법은 수은과 같은 무거운 금속 원자를 결정에 더해서 얻은 새로운 회절 무늬를 원래의 회절 무늬와 비교하는 것이다. 진폭과 위상은 전자 밀도의 푸리에 변환 전체를 결정하고, '역' 푸리에 변환은 원래 푸리에 변환을 전자 밀도로 바꿔준다. 그러므로 어떤 흥미로운 분자가 있을 때 그것을 결정으로 만들 수 있다면 엑스선 회절을 이용해서 원자 구조를 조사할 수 있다. DNA

역시 쉽지는 않지만 결정으로 만들 수 있었다. 1937년 윌리엄 애스트버리(William Astbury)는 엑스선 회절을 이용해 DNA 구조가 규칙적임을 확인했지만, 그 구조를 구체적으로 밝히지는 못했다.

그동안 세포 생물학자들은 DNA의 **기능**에 대해 연구하고 있었다. DNA가 관련된 정보가 매우 많은 것으로 보아, DNA에 중요한 기능이 있음직했다. 1928년 프레더릭 그리피스(Frederick Griffith)는 폐렴, 뇌막염, 귀 염증을 일으키는 주 원인으로서 오늘날 폐렴연쇄상구균(*Streptococcus pneumoniae*)이라고 부르는 폐렴구균(Pneumococcus)을 연구하고 있었다. 이 세균은 두 가지 모습으로 나타났다. Ⅱ-S형은 표면이 부드러운 캡슐로 숙주의 면역 체계 속에서 스스로를 보호하면서 숙주를 죽인다. Ⅱ-R형은 표면이 거칠다. 캡슐이 없기 때문에 스스로를 보호하지 못하므로 숙주의 면역 체계에 굴복한다. 그리피스가 생쥐에게 살아 있는 거친 세균을 주사한 결과 생쥐는 살았다. 표면이 부드러운 세균을 죽은 상태로 주사했을 때도 생쥐는 살았다. 하지만 분명 아무 해도 없었던 살아 있는 거친 세균과 부드러운 죽은 세균을 함께 주사하자, 생쥐는 죽었다.

결과도 놀랍지만 그리피스는 여기서 훨씬 더 놀라운 것을 알아냈다. 죽은 생쥐의 혈액에서 **살아 있는** 부드러운 세균이 나타났던 것이다. 그리피스는 죽어 있는 부드러운 세균에서 살아 있는 거친 세균으로 틀림없이 **무언가가** 전달되었다고 결론내렸다. 그 무언가가 무엇인지는 몰랐지만 그는 전통 있는 생물학 용어를 써서 "형질 전환 인자(transforming principle)"라는 애매한 이름을 붙였다. 1943년, 오즈월드 시어도어 에이버리(Oswald Theodore Avery), 콜린 먼로 매클라우드(Colin Munro MacLeod), 매클린 매카티(Maclyn McCarty)는 그리피스의 '형질 전환 인자'가 DNA라는 분자임을 밝혔다. 죽어 있는 부드러운 세균의 DNA는 어떤 식으로든 보호 캡슐과 관련이 있으며, 살아 있는 거친 세균이 그 캡슐을 사용했다는 것이다. 살아 있는 거친 세균은 부드러운 세균의 캡슐을 재빨리 획득해 사실상 부드러운 세균의 형태로 변했다. 짐작컨대 거친 세균은 자신만의 DNA가 있지만 그 안에 특정한 **유형의 DNA**는 없는 듯했다. 에이버리-매클라우드-매카티 실험은 DNA가 오랫동안 찾아 헤맨 유전 전달자라는 생각을 강하게 뒷받침했고, 이것은 1952년 앨프리드 데이 허시(Alfred Day Hershey)와 마사 체이스(Martha Chase)의 실험으로 사실임이 확인되었다. 이들은 T2파지라고 알려진 바이러스의 유전 물질이 DNA가 틀림없음을 밝혔다. 또한 실험에서는 겉보기에 똑같은 DNA 분자들이 미묘하게 다를 수 있음이 넌지시 드러났다.

이제 DNA의 정확한 분자 구조를 밝히려는 경주가 시작되었다. 과학에서 흔히 그렇듯, 결정적인 결과는 여러 단계를 거쳐 나타나지만, 과학자들이 그 모든 단계의 중요성을 처음부터 알아본 것은 아니었다. 레빈의 연구로 DNA가 뉴클레오티드로 만들어지며, 뉴클레오티드는 당과 인산기와 염기로 만들어진다는 사실이 이미 알려져 있었다. 알고 보니 염기의 종류는 네 가지였다. 아데닌, 시토신, 구아닌, 티

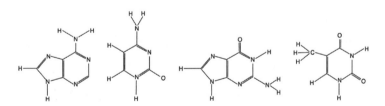

그림 15 DNA의 네 염기. (왼쪽에서 오른쪽으로) 아데닌, 시토신, 구아닌, 티민.

생명의 수학

표 4 여러 생물의 DNA에서 네 염기가 나타나는 빈도에 관한 샤가프의 자료(일부)(단위: 퍼센트)

생물	A	T	G	C
사람	29.3	30.0	20.7	20.0
문어	33.2	31.6	17.6	17.6
닭	28.0	28.4	22.0	21.6
쥐	28.6	28.4	21.4	20.5
메뚜기	29.3	29.3	20.5	20.7
성게	32.8	32.1	17.7	17.3
밀	27.3	27.1	22.7	22.8

민으로, 모두 작고 단순한 분자였다(그림 15).

이 네 염기는 DNA 분자 속에 어떤 식으로 들어 있었을까? 나치스를 피해 1935년 미국으로 망명한 오스트리아 생화학자 어윈 샤가프(Erwin Chargaff)는 중요한 — 하지만 언뜻 보면 당황스러운 — 단서를 찾아냈다. 그는 DNA와 여러 핵산들을 꼼꼼히 연구했고, 1950년 이상한 패턴을 발견했다. 표 4는 샤가프가 여러 생물에서 DNA의 네 염기가 나타나는 빈도를 조사한 자료의 일부이다. 빈도는 총 염기수에 대한 백분율로 나타내었다.

생물마다 빈도수가 매우 다르다. 예를 들어 A는 사람에게서 29.3퍼센트로 나타나지만 성게에게서는 32.8퍼센트로 나타난다. 하지만 뚜렷한 패턴이 있다. 우선 '샤가프 반전성 제1법칙(Chargaff parity rule 1)'이 있다. 목록에 나열된 (그리고 다른 많은) 생명체에서, A와 T 각각의 백분율은 거의 같고, G와 C도 그렇다. 하지만 A/T와 G/C의 백분율은 매우 다를 수 있다. '샤가프 반전성 제2법칙'도 있는데, DNA

가 두 가닥의 실이 뒤얽혀 이루어졌다는 것과 관련이 있다. 제2법칙에 따르면 실마다 똑같은 백분율 동등성이 성립한다. 덧붙여, 바츨라우 시발스키(Waclaw Szybalski)는 언제나는 아니지만 A/T의 백분율이 G/C의 백분율보다 대체로 크다고 밝혔다.

이 세 가지 규칙은 DNA 속 네 염기의 전체적인 백분율에 대한 내용일 뿐이다. 분자 내부의 염기의 위치에 대해서는 직접적으로 알 수 없다. 생명학자들은 아직도 왜 샤가프 제2법칙과 시발스키 법칙이 성립하는지 모르지만 샤가프 제1법칙은 매우 간단하게 설명할 수 있다. 그리고 이 설명을 하나의 단서로 크릭과 왓슨은 유명한 이중 나선 구조를 찾아냈다. 크릭과 왓슨은 알았다. 구아닌과 시토신은 3개의 수소 결합을 써서 자연스럽게 합쳐지고, 이와 비슷하게 아데닌과 티민도 2개의 수소 결합(그림 16에서 점선으로 표시됨)을 써서 결합한다는 사실을 말이다. 또한 그 결과로 나타난 두 쌍은 화학적으로 매우 비슷하다. 모양이 거의 같으며, 크기도 같고, DNA 구조에서 다른 분자들과 결합할 수 있는 잠재력도 같다.

마치 포크와 나이프, 그릇들이 든 커다란 배송물을 열어 내용물을 조사한 샤가프가 나이프와 포크의 백분율이 같고 컵과 받침의 백

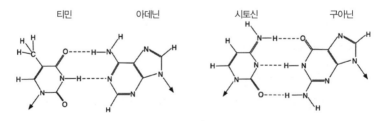

티민   아데닌   시토신   구아닌

그림 16 염기들이 DNA에서 짝을 짓는 과정. 연결된 두 쌍은 모양과 크기가 거의 같다.

생명의 수학

분율이 같다고 말하는 것 같다. 우연처럼 보였던 백분율 일치의 수수 께끼는 전체 배송물이 꾸러미로 이루어져 있고, 각 꾸러미 안에 짝지 은 포크와 나이프, 혹은 짝지은 컵과 받침이 들어 있음을 아는 순간 풀린다. 이때 백분율들은 **정확히** 일치하게 되며, 총합에서뿐만 아니라 배송물의 모든 부분에서 일치할 것이다. 마찬가지로 크릭과 왓슨이 옳 다면, 샤가프 반전성 제1법칙은 곧바로 나오게 된다. 그저 DNA 전체 에서 백분율이 같은 정도가 아니라, 염기들 각각이 포크와 나이프처 럼 쌍을 이루어 배열된다.

이 단순한 관찰은 생명체의 DNA가 이러한 염기 쌍으로 이루어 졌음을 넌지시 보여 준다. 그밖의 DNA 특성들과, 모리스 휴 프레더릭 윌킨스(Maurice Hugh Frederick Wilkins)와 로절린드 프랭클린(Rosalind Franklin)이 얻은 엑스선 회절 무늬를 같이 생각할 때, 놀라울 정도로 단순한 생각이 떠오른다. DNA는 염기 쌍들을 차곡차곡 쌓아 올린 큰 무더기로, 그 과정에서 인산기를 포함한 분자의 다른 부분들이 결합 한다. 원자들 사이의 화학적 힘에 따라 죽 이어진 염기 쌍은 저마다 아 래 염기 쌍보다 일정한 양만큼 비틀어진다. 염기 쌍은 소용돌이 모양 의 계단, 더 정확히 말하면 서로 얽힌 두 소용돌이 계단처럼 배열된다. 수학에서는 이러한 계단 모양을 '나선(helix)'이라고 하므로, DNA는 이중 나선이다.

『이중 나선』이라는, DNA의 모양과 같은 이름의 책에서 왓슨은 이 이야기를 있는 그대로 다룬다. 책에는 프랭클린의 자료를 구하면서 겪었던 어려움, 자신과 크릭이 그 자료를 어떻게 다루었는지 등이 왓 슨의 시각에서 기술되어 있다. 그의 고백대로라면, 이 책은 과학의 양 심이 오를 수 있는 최고봉이 아니라, 노벨상 수상자 라이너스 칼 폴링

(Linus Carl Pauling)이 자신들을 앞지르기 전에 DNA 구조를 완성해야 한다는 당장의 필요를 합리화한 것이다. 이 이야기의 끝은 비극적이다. 프랭클린은 암으로 죽었고, 크릭과 왓슨은 (그보다 조금 못하지만 윌킨스도) 명예를 얻었다.

1953년 크릭과 왓슨이 《네이처》에 DNA의 이중 나선 구조를 밝혔을 때, 염기들이 특정한 짝을 이루어 나타나는 사실에서 DNA의 복제 방법이 암시되어 있음을 함께 지적했다. DNA 복제는 세포가 분열할 때, 그리고 부모가 자손에게 유전 정보를 전달할 때 모두 필수적으로 일어난다. 복제에서 핵심은 염기 쌍의 어느 한쪽을 안다면 나머지 한쪽이 무엇인지 바로 알 수 있다는 사실이다. 한쪽이 A라면 나머지는 T이다. 한쪽이 T라면 나머지는 반드시 A이다. G와 C에 대해서도 마찬가지이다. 그러므로 두 나선 가닥을 풀어 그들을 떼어 내고, 떼어 낸 빈자리에 각 염기 쌍의 반쪽을 채워 넣어 그 결과로 나온 두 복제본을 이중 나선 꼴로 감아놓는 화학 과정이 있다고 생각할 수 있다.

기하와 관련해 생각한다면, 이러한 과정은 그리 간단하지 않으며 위와 같은 과정으로 일어나지 않을 수도 있다. 나선 가닥들은 위상 수학적인 이유로 헝클어진다. 한 발의 밧줄을 가닥가닥 떼어 내 보면 왜 그런지 곧 알게 될 것이다.

생화학자들은 이제 강력한 증거를 바탕으로, 실제 과정에서는 여러 다른 분자와 효소들이 참여하며, 이들의 구조 또한 흥미롭게도 DNA에 암호화되어 있다고 생각한다.[2] 이중 헬리카제와 토포이소머라아제라는 두 효소가 국소적으로 이중 나선을 푸는 일을 한다(그림 17). 두 가닥이 분리된 뒤에는 염기 쌍의 잃어버린 반쪽이 복구되는데, 꼭 동시에 일어나지는 않는다. 두 가닥 중 하나가 앞서가고 나머지가 뒤따라 복구된다. 아마도 복구 과정에 필요한 분자 구조가 나선 가닥에 접근해 자신의 일을 할 수 있도록 공간을 마련하기 위해서일 것이다. DNA 중합 효소라고 불리는 효소는 앞선 나선 가닥의 염기 쌍을 채우고, 그동안 두 번째 DNA 중합 효소가 뒤쳐진 두 번째 나선 가닥에 같은 일을 한다. DNA 중합 효소는 '오카자키 조각'이라는 짧은 사슬의 형태로 DNA를 복제한다. 그리고 나서 DNA 리가아제라는 효소가 오카자키 조각들을 연결한다.

이쯤 되면 크릭과 왓슨이 DNA 복제에 관한 자신들의 추측을 간략하게 말한 이유, 그리고 간략하게라도 말해야 한다고 느꼈던 이유를 알 수 있다. 그들이 말하지 않았다면 그 명백한 과정에 대해 다른 누군가가 똑같은 주장을 해서 명예를 얻었을 것이다. 그리고 그 과정이 실제로 어떻게 이루어지는지 정리하는 데 왜 50년이라는 시간이 걸렸는지도 알 수 있다.

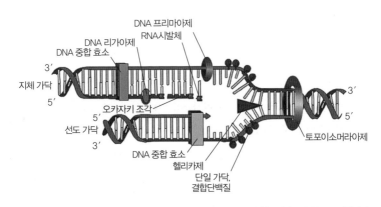

그림 17 DNA 이중 나선을 복제하는 방법. 전체 과정은 나선을 따라 왼쪽에서 오른쪽으로 진행된다.

지금까지 DNA가 어떻게 유전 '정보'를 나타내고, 부모의 유전 정보가 어떻게 자식에게 복제되는지 살펴보았다. 그런데 그 정보에 담긴 의미는 무엇이었을까?

초기에는 DNA가 단백질 조리법이라고 생각했다. 생명체는 단백질뿐만 아니라 다른 것으로도 만들어지지만, 그중 가장 복잡하고 가장 공통적이며 거의 틀림없이 가장 중요한 구성 성분은 단백질이다. 단백질은 아미노산이라고 알려진 분자들의 긴 사슬이며, 살아 있는 생명체 안에는 20종류의 아미노산이 있다. 실제 분자에서 아미노산 사슬은 여러 복잡한 방법으로 접을 수 있지만, 사슬을 만드는 데 있어서 핵심은 아미노산의 서열을 아는 것이다.

크릭과 왓슨이 이중 나선 구조를 발표하자마자, 물리학자 조지 가모브(George Gamow)는, DNA 염기 서열이 세 글자 암호로 아미노산 서열을 표현할 가능성이 크다고 제안했다. 가모브는 수학적인 사고 실험으로 자신의 제안을 증명했다. 네 염기를 글자로 사용하면, 한 글자짜리 낱말(A, C, G, T)이 4개 나온다. 두 글자짜리 낱말(AA, AC, …, TT)은 4×4=16개 나온다. 세 글자짜리 낱말(AAA, AAC, …, TTT)은 4×4×4=64개 나온다. 이것에 따르면 한 글자와 두 글자 낱말을 사용하면 쓸 수 있는 단어가 총 20개이다. 그런데 AA가 두 글자 낱말인지 한 글자 낱말 A가 2개 있는 것인지 화학에서는 어떻게 알 수 있었을까? 그러므로 길이를 고정한 낱말을 사용해야 이치에 맞다. 또한 그 길이는 적어도 셋이 되어야 하는데, 두 글자 낱말로는 20개의 아미노산을 표현하기에 모자라기 때문이다. 64개의 세 글자짜리 낱말이면 공간은 넉넉하며, 그보다 글자 수가 많으면 매우 비경제적일 것 같다.

여러 훌륭한 실험들이 가모브가 옳다고 증명했고, 오늘날 알려진

표 5 유전 암호로 표현되는 20종류의 아미노산과 세쌍둥이 DNA 염기 암호에 대응하는 아미노산

알라닌(Ala), 아르기닌(Arg), 아스파라긴(Asn), 아스파르트산(Asp), 시스테인(Cys), 글루탐산(Glu), 글루타민(Gln), 글리신(Gly), 히스티딘(His), 이소류신(Ile), 류신(Leu), 리신(Lys), 메티오닌(Met), 페닐알라닌(Phe), 프롤린(Pro), 세린(Ser), 트레오닌(Thr), 트립토판(Trp), 티로신(Tyr), 발린(Val)

TTT	Phe	TTC	Phe	TTA	Leu	TTG	Leu
TCT	Ser	TCC	Ser	TCA	Ser	TCG	Ser
TAT	Tyr	TAC	Tyr	TAA	STOP	TAG	STOP
TGT	Cys	TGC	Cys	TGA	STOP	TGG	Trp
CTT	Leu	CTC	Leu	CTA	Leu	CTG	Leu
CCT	Pro	CCC	Pro	CCA	Pro	CCG	Pro
CAT	His	CAC	His	CAA	Gln	CAG	Gln
CGT	Arg	CGC	Arg	CGA	Arg	CGG	Arg
ATT	Ile	ATC	Ile	ATA	Ile	ATG	Met/START
ACT	Thr	ACC	Thr	ACA	Thr	ACG	Thr
AAT	Asn	AAC	Asn	AAA	Lys	AAG	Lys
AGT	Ser	AGC	Ser	AGA	Arg	AGG	Arg
GTT	Val	GTC	Val	GTA	Val	GTG	Val
GCT	Ala	GCC	Ala	GCA	Ala	GCG	Ala
GAT	Asp	GAC	Asp	GAA	Glu	GAG	Glu
GGT	Gly	GGC	Gly	GGA	Gly	GGG	Gly

유전 암호가 탄생했다. 유전 암호는 규칙과 불규칙이 혼란스럽게 섞인 모습을 보여 주므로 자세히 살펴볼 가치가 있다.

표 5에는 20개의 아미노산과 어떤 DNA 염기 암호가 어떤 아미노산에 해당하는지 나와 있다. 구조를 이해하기 위해, 세쌍둥이 암호들을 첫 글자에 따라 4개의 블록으로 나누었다. 한 블록 안에서, 둘째 글자는 행에, 셋째 글자는 열에 해당한다. 전체 암호 중에서 TGA, TAA, TAG, ATG는 특별한 암호이다. TGA, TAA, TAG는 아미노산을 뜻하지 않고, 세쌍둥이 암호를 아미노산으로 전환하는 과정의 끝을 나타낸다. 그리고 ATG는 유전자가 시작되는 곳에 있을 때는 아미노산 전환의 시작을 나타내지만 그렇지 않을 때는 메티오닌을 가리키는 암호이다.

여기서 말하는 암호는 유일하다. 사실상 알려진 모든 미생물, 식물, 동물의 세포핵 속 DNA 서열에 똑같은 암호가 적용되기 때문이다. 예외는 아주 적으며, 그나마도 거의 전환의 끝(STOP)을 뜻하는 세쌍둥이 암호가 다른 아미노산에 대응되는 정도이다. 또한 미토콘드리아는 자신만의 DNA를 가지고 있는데, 그 DNA의 유전 암호에는 작지만 중요한 차이가 있다.[3] DNA의 자매라 할 수 있는 RNA(리보핵산) 분자도 매우 유사한 암호를 적용한다. RNA는 DNA 암호를 단백질로 전환하는 과정, 곧 전사(transcription)에서 다른 무엇보다 중요한 역할을 한다. RNA 속 암호는 DNA와 똑같은 구조이지만, 티민(T)이 우라실(U)로 대체된다는 점에서 다르다. 앞으로 RNA 염기 서열 자료에서는 T의 자리에 U를 쓴 암호를 흔히 보게 될 것이다.

유전 암호 속에는 질서와 이해하기 어려운 불규칙을 모두 나타내는 흥미로운 실마리들이 있다. 세쌍둥이 암호의 수는 아미노산의 수보

생명의 수학

다 많기 때문에('끝(STOP)'과 '시작(START)'을 셈에 넣는다 해도 말이다.), 어떤 아미노산은 둘 이상의 세쌍둥이 암호로 표현된다. 4개의 세쌍둥이 암호가 아미노산 하나를 가리키는 경우가 가장 많다. 예를 들어 TCT, TCC, TCA, TCG는 모두 세린을 나타낸다(암호와 그에 대응하는 아미노산을 나타낸 표 5에서 두 번째 열). 세 번째 글자에 따라 달라지는 것은 없기 때문에 어떤 점에서 세 번째 글자는 무용지물이다. 이러한 특징은 흔히 나타난다. 표 5의 16개 행 중 8번째 행은 정확히 한 아미노산에 대응한다. 이런 경우에 세 번째 글자가 필요 없다고 지워버릴 수는 없는데, 그 까닭은 화학 기관의 작동에 세쌍둥이 암호가 필요하기 때문이다. 그래도 이러한 패턴을 통해 과거 언젠가 염기 쌍으로 더 간단히 암호를 썼던 시절이 있으며, 그때는 TC가 세린을 뜻하지 않았을까 추측할 수 있다. 암호는 진화했을 것이다.

하지만 페닐알라닌을 보면 TTT와 TTC는 똑같이 페닐알라닌을 뜻하지만, TTA와 TTG는 류신을 뜻한다. CT로 시작하는 4개의 세쌍둥이 암호도 류신을 뜻한다. 그러므로 페닐알라닌에 대응하는 암호는 둘이지만, 류신을 뜻하는 암호는 **여섯**이나 된다. 유전 암호는 스스로 진화한 것 같지만, 어떻게 '일'을 하는 동시에 진화할 수 있었을까?

암호의 변화와, 그 변화가 일어난 이유는 생물학의 문제일 뿐만 아니라 수학이 관련된 문제이기도 하다. 암호에 어떤 주요한 변화가 나타났다면, 생명이 지구에 나타난 그때 시작되었어야 한다. 일단 생명이 존재하기 시작했다면, DNA처럼 아주 근본적인 수준에서의 변화는 일어나기가 점점 더 어려워지는데, 중간에 폐기된 암호가 있다면 그 흔적이 생물계 어딘가에서, 아주 이름없는 생물에서라도 한 번은 나타나야 한다. 앞서 말했듯 표준 유전 암호에서 벗어나는 몇 가지 예가 있지만, 그것들은 고대가 아닌 최근에 나타난 미세한 변화로 보인다.

'사건 결빙 이론(frozen accident theory)'에서는 유전 암호가 오늘날과 매우 달랐을 수도 있다고 본다. 다른 암호도 잘 작동했겠지만, 종이 다양해지면서 예전 암호가 어떤 방식의 암호였든 간에 더는 주요한 변화에서 살아남을 수 없었을 것이다. 처음에 우연히 나타난 오늘날의 유전 암호는 변화된 생물이 기존의 유전 암호로 생존 경쟁에서 버틸 수 없게 되면서 그 자리에 굳어졌다.

그래도 현재의 암호가 나타날 수 있었던 다른 대안들에 비해 가장 '자연스럽다'라고 말할 수 있는 실마리들이 엿보여 학자들을 감질나게 한다. 특정 아미노산과 특정 세쌍둥이 암호는 생화학적으로 친하므로, 전체적인 암호 구성은 상대적으로 큰 변화가 없는 오늘날의 암호가 될 경향을 이미 지니고 있었을지도 모른다.

학자들은 변화가 고정되기 전까지 초기 암호에 일어났을 법한 진화를 추적하고 있다. 이들은 대칭 원리와 함께 여러 물리학적, 수학적 지식들을 바탕으로 진화를 추적해 약 38억 년 전 일어났던 일을 재구성하려 애쓴다. 몇만 년도 더 된 생명체의 DNA 자료를 얻을 수 없다면 결정적인 증거를 찾기란 매우 어려울 것이다. 그래서 증거 찾기는 계속될 것이다.

DNA는 예상치 못하게 진화론을 뒷받침하는 또 다른 증거이다.

크릭과 왓슨이 DNA 구조를 찾아내기 전에, 분류학자들은 린네의 분류 체계를 광범위한 '생명의 나무(Tree of Life)'로 발전시켰다. 생명의 나무는 오늘날 존재하는 생명체들의 해부학적 특징과 행동을 비교해 학자들이 추정한 진화의 가계도이다. 종들이 분기한 복잡한 순서에 따라 진화론에 기초한 무성한 추측들이 쌓여 갔다. 필요한 것은 그 추측들을 검증할 독립적인 방법이었고, DNA 염기 서열이 바로 그 방법이었다. 적절한 방법을 쓸 수 있게 되면서 서로 진화 관계에 있다고 추측한 종들의 DNA 염기 서열이 대체로 유사하다고 밝혀졌다.

심지어 유사한 두 종을 구분하는 유전 변화가 무엇인지 알아낼 수 없을 정도로 유사한 경우도 있다. 풀잠자리는 아름답고 섬세한 곤충으로 약 1500종에 85속이 있다. 북미에서 가장 많이 나타나는 두 종은 크리소파 카네아(*Chrysopa carnea*, 어리줄풀잠자리)와 크리소파 도네시(*C. downesi*, 진초록색풀잠자리)이다. 앞의 것은 봄과 여름에는 연초록색이지만 가을에는 갈색이고, 뒤의 것은 언제나 진초록색이다. 앞의 것은 풀밭과 낙엽수에 살고 뒤의 것은 침엽수에 산다. 앞의 것은 1년에 두 번 자손을 낳는데 여름에 한 번, 겨울에 한 번 낳는다. 뒤의 것은 봄에 번식한다.

이러한 결과는 자연 선택으로 간단히 설명할 수 있다. 진초록색 곤충은 연초록색 곤충보다 진초록색의 침엽수에서 눈에 덜 띈다. 그래서 어두운 색의 돌연변이가 나타나면, 자연 선택이 작용했다. 침엽수에서는 진초록색 풀잠자리가 연초록색 풀잠자리보다 포식자의 공격에서 더 보호받을 수 있었고, 반대로 풀밭에서는 연초록색 풀잠자리가 진초록색 풀잠자리보다 더 보호받을 수 있었다. 갓 나온 두 종이 서로 다른 영역을 차지하게 되면서 상호 교배가 중단되었다. 원리적으로 불가능해서가 아니라, 서로 다른 곳에 살아 자주 만날 수 없었기 때문이다. 뒤이어 번식 기간마저 바뀌면서 이 '생식 격리(reproductive isolation)'는 더욱 심해졌다. 엄청난 수의 DNA 염기 서열을 자세히 분석해 보면 순수 분류학을 바탕으로 발전시켰던 것과 아주 유사한 생명의 나무에 이른다. 완벽하게 같지는 않지만 — 만약 그랬다면 매우 의심스러웠을 것이다 — 놀라울 정도로 비슷하다. 그러므로 이와 관련해 DNA 돌연변이는 그동안 생물의 표현형에서 추론했던 진화의 순서를 거의 모두 입증하고, 표현형에 변화를 일으킨 유전적 돌연변이의 분명한 증거를 보여 준다.

　엉뚱한 지질층에서 토끼 화석이 발견된다면 진화론은 폐기될 것이다. 토끼에서 엉뚱한 DNA가 나타나도 그렇게 될 것이다.

유전자 지상주의는 사람들의 집단 의식에 워낙 단단히 자리 잡아 뉴스 매체에서는 유전자나 DNA와 전혀 관련이 없을 때조차도 '유전학'을 이야기할 정도이다. 인상적이며 흠이 있긴 하지만 결코 터무니없지는 않은 '이기적 유전자(selfish gene)'의 이미지는 도킨스가 쓴 같은 이름의 책에 소개되어 사람들의 상상력을 사로잡았다.[4] 이기적 유전자의 이미지가 탄생한 주된 까닭은 이른바 쓰레기 DNA[5] 때문으로, 쓰레기 DNA는 생물이 번식할 때 유전체의 중요한 부분과 같이 복제된다. 도킨스는 이 사실을 바탕으로, DNA 조각의 생존은 성공적인 복제를 가늠하는 단 하나의 기준이며, 그러므로 DNA는 "이기적이다."[6]라고 주장한다.

　이것은 멋들어진 최첨단 기술이 덧입혔을 뿐, 결국 "닭은 달걀이 새로운 달걀을 낳기 위해 거치는 과정일 뿐이다."라는 식의 케케묵은 사고이다. 생명체의 관점에서도 유전학과 진화론을 설명할 수 있으며, 생물학자 잭 코언(Jack Cohen)과 내가 말하는 '노예 유전자(slavish genes)'는 그와 같은 관점에서 나온 것이다. 노예 유전자는 생명체의 생존 가능성에 해를 입히지 않는 행동에 집착한다.[7] 이기적 유전자의 비유는 틀리지 않다. 사실은 토론의 한 논점으로서 지적으로 옹호될 수 있다. 하지만 이기적 유전자의 비유는 유전자의 이해에 도움이 되기보다는 주의를 흩뜨려 버린다. 유전자와 생명체는 피드백 고리 관계이다. 유전자는 발달을 통해 생명체에 영향을 준다. 생명체는 자연 선택을 통해 (다음 세대의) 유전자에 영향을 준다. 이 피드백 역학을 어느 한 구성 요소에만 두는 것은 오류이다. 마치 임금 인상이 인플레이션을 일으킨다고 말하면서, 가격 인상이 임금 인상 요구를 부채질한다는 것을 잊은 것과 같다.

이기적 유전자 이미지는 또한 유전자 결정론 같은 다소 순진한 생각에 영향을 받았다. 유전자 결정론에서는 사람에게 중요한 것이 유전자뿐이라고 본다. 이렇게 유전자를 형태와 행동의 절대 지배자로 보는 생각은 오늘날의 생명 공학, 이른바 '유전 공학' 속에 들어 있다. 유전 공학에서는 DNA를 자르거나 이어 붙여서 새로운 유전자를 삽입하거나, 이미 존재하고 있는 유전자를 삭제 또는 수정할 수 있다. 그 결과가 유익할 때도 있다. 농작물에 해충 저항성이 생기는 경우가 그렇다. 하지만 심지어 이런 예에서도 생각지 못한 부작용이 생기기도 한다.

유전 공학과 같은 기술은 논란의 여지가 많은데 특히 유전자 조작 식품이 그렇다. 논란이 일어날 만한 까닭은 충분하며, 옹호와 반대 양쪽 모두 매우 설득력 있는 주장을 내세운다. 내가 보기에 복잡계에 관한 수학을 잘 아는 사람들은 유전자의 행동을 단순화한 모형을 매우 경계하고 있으며, 유전자에 대해 아직 모르는 것이 너무 많기 때문에 더욱 그래야 한다고 느낀다. 나는 똑똑한 10살짜리 꼬마에게 해킹 당했다는 컴퓨터가 있다면 그 컴퓨터를 믿지 않을 것이며, 그 뒤 아무리 우수한 컴퓨터 보호 장치를 달았대도 마찬가지일 것이다. 프로그램이 해킹당했을 때 무언가 우연히 손상된 것은 없었는지 걱정할 것이다. 그리고 컴퓨터의 운영 체제를 제대로 이해하는 전문 프로그래머를 더 신뢰할 것이다. 현재의 유전 공학자들은 사실 똑똑한 해커들일 뿐이며, 아무도 유전 '운영 체제'가 실제로 어떻게 작동하는지 제대로 아는 사람은 없다.

엄청난 액수의 돈이 걸려 있는 상태에서, 논의는 양 극단으로 갈라졌다. 유전자 조작의 반대자들은 아무리 온건하고 타당한 방식으로 비판을 해도 '신경질적인 사람들'로 낙인찍힌 상태이다. 생명 공학 기업들은 이윤을 위해서 큰 위험을 무릅쓴다고 비난 받지만 때로는 그들의 동기가 선할 때도 있다. 어떤 사람들은 어떤 위험도 없다고 말한다. 다른 사람들은 위험을 과장한다. 이러한 주장들 속에는 진지하게 관심을 가져야 할 과학적 문제가 있다. 솔직히 말해서, 유전 조작으로 얻을 수 있는 혜택, 비용, 잠재된 위험을 따져보기에는 현재의 유전학 지식이 너무나 부족하다.

나의 주장이 강경해 보일지는 몰라도, 유전학 전문가들은 자신들이 가진 전문 지식 때문에 제대로 보지 못할 때가 많다. 유전자와 그 조작에 반대하는 사람들보다 훨씬 많이 알고 있기 때문에, 전문가는 자신들이 모든 것을 안다고 생각하는 함정에 빠진다. 하지만 유전학의 역사를 볼 때, 새로운 정보가 나타나는 단계에서는 확신을 가졌던 이론들 대부분이 몰락해 폐허만 남았다.

몇십 년 전까지만 해도, 유전자 하나는 유전체 속의 한 연결된 조각이며, 그 위치는 고정되었다고 생각했다. 코넬 대학교의 유전학자 바버라 매클린톡(Barbara McClintock)은 옥수수에 대한 일련의 연구 결과, 유전자에는 스위치가 있어 끄고 켤 수 있으며, 때로는 유전자가 움직이기도 한다는 결론을 내렸다. '뛰어다니는 유전자(jumping genes)'에 대한 생각은 몇 년 동안 조롱을 받았지만, 그녀는 옳았다. 1983년 그녀는 오늘날 '자리 옮김 유전자(transposons)'라고 부르는, 움직이는 유전 인자를 찾아낸 공로로 노벨상을 받았다.

인간 유전체의 배열 순서가 밝혀지기 전에는 — 이것에 관한 이야기는 다음 장에서 할 것이다 — 하나의 유전자가 하나의 단백질을 만든다는 것이 일반적인 생각이었다. 그래서 사람에게는 단백질이 10만 개가 있으므로 유전자도 10만 개라고 보았고 학자들은 이것이 사실이라고 여겼다. 하지만 유전체의 염기 배열 순서가 밝혀져 알게 된 유전자의 수는 그것의 4분의 1밖에 되지 않았다. 예상하지 못한 발견으로, 생물학자들은 이미 짐작은 했지만, 완전히 받아들이지 못했던 사실을 받아들였다. 바로 유전자는 단백질이 만들어지는 동안 잘게 조각나고 재결합될 수 있다는 사실이었다. 이 과정을 통해 사람의 경우 평균적으로 유전자 하나당 1개가 아닌 4개의 단백질을 만든다.

전통적인 지식이 차례로 전복되는 과정은 긍정적으로 볼 수 있다. 사람의 지식은 그런 과정을 거쳐 진보했고, 생명의 미묘함에 대해서도 통찰할 수 있게 되었다. 하지만 부정적인 면도 있다. 체계를 철저하게 이해했으며, 이제 더 이상 예상치 못한 일은 없다는 자신감이 그 순간 산산조각 났다. 확실한 전례가 사라진다.

유전자 조작은 엄청난 잠재력이 있지만, 때 이르게 실험 생명체를 시장에 내놓음으로 이 잠재력을 낭비할 위험이 있다. 유전자 조작 작물을 상업적으로 이용한 결과 이미 예상치 못한 부작용이 나타났으며, 처음 광고했던 내용에 부합하는 작물은 거의 없었다. 대부분이 시장에서 곧 물러났다. 처음에 잘 나가는 듯 보였던 일부 작물들도 문제를 일으키고 있다. 생명 공학 기업들은 식품 안전성에 초점을 맞추는 경향이 있으며("우리 작물은 100퍼센트 안전합니다."), 안전성이 확보되면 그만이라고 생각한다. 잠재적으로 환경에 미칠 바람직하지 못한 영향, 특히 '지연 작용 효과(delayed-action effects)'는 무시하려고 한다. 우리는 지연 작용 효과에 대해 한심할 정도로 모른다. 주로 생태계를 충분히 알지 못하기 때문이다. 유전학에 대한 전문 지식이 아무리 많아도 그 점을 개선하지는 못할 것이다.

하지만 안전성은 분명히 중요한 관심사이다. 전통적인 작물 교배가 서서히 간접적으로 했던 일을, 유전 조작으로 빠르게 직접적으로 할 뿐이라는 주장은 터무니없다. 전통적인 교배에서는 기존의 유전자를 가지고 작물의 정상적인 유전 장치를 작동시켜 새로운 조합을 만드는데, 이것은 자연의 방식을 흉내 낸 것이다. 유전자 조작은 외계 DNA를 무작위로 유전체에 발사해, 떨어지는 곳에 자리 잡도록 한다. 하지만 생명체의 유전체는 단순한 염기들의 나열이 아니다. 고도로 복잡한 역학계인 것이다. 여기저기를 대충 변화시켜서 기대했던 대로 분명한 결과를 얻을 것이라는 생각은 순진한 발상이다.

정상적인 생물 안에서 정상적인 위치에 있어야 사람에게 부작용이 없는, 곧 기본적으로 '먹어도 괜찮은' 단백질을 만들어 내는 유전자 하나를 택한다고 가정하자. 새로운 생물에 이 유전자를 넣으면 똑같이 '안전함'을 보장할 수 있을까? 오히려 그 유전자는 큰 파괴를 일으킬 수도 있다. 새로운 DNA 조각이 어디에 정착할지 모를 때가 많을 뿐더러, 안다고 해도 유전자가 스스로 움직일 수 있기 때문이다. 새로운 유전자는 기대한 단백질을 비롯해 그 어떤 것도 만들지 못할 수도 있다. 전혀 성공하지 못할 수도 있다. 결국 다른 유전자 속에 섞여 그 유전자가 하는 일에 끼어들지도 모른다. 그 일은 단백질을 만드는 것일 수도 있다. 만약 그렇다면 그릇된 단백질을 만들어 잠재적으로 위험해지거나, 단백질을 아예 만들지 못해 작물 전체에 연쇄 효과가 일어날지도 모른다. 설상가상으로, 새로 온 유전자가 조절 유전자(regulatory gene)에 섞이면 유전자가 상호 작용하는 망 전체가 걷잡을 수 없이 혼란스러워질 수도 있다.

이러한 일들이 꼭 일어난다고 할 수는 없어도, 가능성은 있다. 생명체는 번식을 하므로, 어떤 재난이든 퍼져 나가고 자랄 수 있다. 이렇게 어떤 사건이 지속되는 문제가 일어날 가능성은 매우 희박하지만, 일단 일어나면 그것이 복제될 수 있다는 특성과 더불어 피해가 어마어마할 수 있다.

시장 진입을 서두르기 위해 자연 환경에서의 현장 실험을 대규모로 수행했지만, 사실 잘 통제된 실험실에서 검사를 했다면 훨씬 더 경제적이고 유익했을 것이다. 유전 조작 작물의 대규모 재배를 허가한 영국 정부는 꽃가루가 (예상한 대로) 몇 미터 정도만 날아갈 것임, 그리고 새로운 유전자가 다른 종의 작물에 (예상한 대로) 자연스럽게 들어가는 일은 없음을 검증하려고 했다. 실험 결과 꽃가루는 수킬로미터를 날아가고 새로운 유전자는 다른 작물로 쉽게 옮겨갈 수 있다는 사실이 밝혀졌다. 이러한 효과는 농약에 강한 잡초 등을 만들어 낼 수도 있었나. 유선사 조직이 해를 미치지 않을 것이라는 생각이 틀렸음이 실험으로 밝혀졌지만, 꽃가루나 새로운 유전자를 되돌려놓을 방법은 없었다. 꽃가루를 작물에 바로 칠한다든가 하는 간단한 실험실 검사였다면 같은 사실을 더 낮은 비용으로, 환경에 영향을 주는 일 없이 알아낼 수 있었을 것이다. 대규모 현장 실험은, 마치 새로 발명한 방화성

화학 물질을 실험하기 위해 도시 전체에 그것을 뿌리고 그 자리에서 불을 붙였는데, 예상과 달리 그 불이 매우 강력하다면 여러 방향으로 한없이 번져 나갈 수 있는 상황이다.

유전체가 고요하고 질서 정연한 정보의 저장소이며, 한 생명체에서 잘라 내 다른 생명체에 붙이면 유전학자들이 기대하는 '그 기능'을 그대로 수행하리라고 생각하기 쉽다. 하지만 사실은 그렇지 않다. 유전체는 동적인 상호 작용들이 일어나는 중심지이며, 우리는 그중 아주 작은 부분만을 알 뿐이다. 유전자에는 많은 기능이 있다. 게다가 자연은 그에 더해 새로운 기능을 발명할 수도 있다. "단백질 X를 만드는 데에만 쓰시오."와 같은 표는 유전자에 없다.

유전 정보에 대한 연구를 이어가고, 조작에 성공한 생명체를 때때로 값비싼 약의 생산과 같은 특정 목적에 이용하는 것은 분명히 타당하다. 개발 국가의 식량 생산을 돕는 것은 가치있는 일이지만 때에 따라서는 또 다른 의도를 감추는 구실이거나 상대편을 악당으로 만드는 간편한 방법이 되기도 한다. 과학 기술에는 분명 더 나은 규제가 필요하다. 뭔가 이상하다. 작물에 큰 변화가 일어나지 않았다는 이유로 유전 조작 식품에 표준 식품 안전성 검사를 하지 않으면서, 유전자 조작 식품의 혁신성은 높이 평가해 마땅히 특허권의 보호를 받아야 한다는 주장 말이다. 유전자 조작 식품은 새로운 발명으로서 다른 것과 마찬가지로 검사를 받아야 하거나, 그렇지 않으면 특허를 받지 않아야 말이 된다. 또한 염려되는 것은 오늘날처럼 광고주들이 운동선수의 셔츠나 텔레비전 화면에서 자신들을 요란하게 홍보하는 때, 생명 공학 기업은 식품에 자신들의 제품이 성분으로 언급되는 것을 막기 위해 기나긴 정치적 선전을 벌였다. 그 이유는 매우 분명하다. 소비자들의 구

생명의 수학

매 거부라는 위험을 피하기 위해서이다. 소비자들은 사실상 자신들이 원하지 않을 수도 있는 유전자 조작 식품을 강제로 구매하고 있으며, 유전자 조작 식품의 존재는 은폐되고 있다.

자연 환경이나 농업에서 유전 조작 생물을 광범위하게 사용하는 문제와 관련해, 현재로서는 유전학과 생태학에 대한 지식이 부족하다. 유전 조작 물질이 유통될 때의 위험을 왜 감수해야 하는가. 생명 공학 기업이 단기간에 얻게 될 수익과 반대로, 우리 대부분이 얻을 수 있는 이득은 매우 적거나 아예 없을지도 모르는데 말이다.

한때 생명체의 DNA에는 형태와 행동을 결정하는 모든 정보가 들어 있다고 생각했다. 이제는 그렇지 않다는 사실을 안다. 유전체는 말할 것도 없이 매우 영향력이 크지만, 다른 여러 요소들도 생명체의 발달에 영향을 줄 수 있다. 이 요소들은 통틀어 후생적 특성이라고 한다. '후생적'이라는 말은 '유전자의 영향 밖'에 있다는 뜻이다. 후생적 특성은 유전자 발현 또는 표현형에 변화를 일으킬 수 있고, 그 변화는 다음 세대에 전해질 수 있지만, DNA 안에는 없다.

후생적 과정은 DNA 메틸화에서 처음으로 발견했다. DNA 메틸화 과정에서 DNA의 일부는 메틸기라는 몇 개의 원자를 더 얻는다. 이때 시토신 염기는 매우 가까운 사이인 5-메틸시토신 분자로 변한다. 바뀐 시토신은 DNA 이중 나선에서 전과 같이 구아닌과 짝을 이루지만 유전체에서 그 부분의 스위치를 '끄는' 경향이 생긴다. 그 결과 암호화되고 있는 단백질을 더 적게 생산한다.

또 다른 후생적 과정으로 RNA 간섭이 있다. 이 놀라운 현상은 매우 중요하지만 주류 연구 계획에서가 아닌, 여러 생물학자들의 독립적 연구에서 발견되었다. 리처드 조르겐슨(Richard Jorgensen)은 그중 한명이다. 1990년 그와 연구팀은 페튜니아 꽃을 가지고 더 밝은 색깔의 변종을 만드는 연구를 하고 있었다. 그들은 먼저 자명한 유전자 조작을 시도했다. 다시 말해, 색소를 만드는 유전자를 복제해 페튜니아 유전체 안에 더 넣어 주었다. 분명 효소가 많으면 색소도 더 많이 나올 것이었다.

하지만 그렇지 않았다. 색소가 덜 생산된 것도 아니었다. 추가된 유전자는 페튜니아에 줄무늬를 만들었다.

결국 특정 RNA 서열이 유전자의 스위치를 끈다면 단백질의 생산이 중단될 수 있음이 밝혀졌다. 줄무늬가 나타나는 까닭은 색소 유전자들의 스위치가 어떤 세포에서는 꺼지고 어떤 세포에서는 켜지기 때문이었다. 알고 보니 이 'RNA 간섭'은 매우 흔히 나타났다. 인위적으로 유전자 스위치를 끄고 켤 수 있는 가능성이 열렸고, 유전 공학에서 중요하게 쓰이게 되었다. 더 근본적으로, 생물학자들은 유전자의 활동을 전과 달리 보게 되었다.

앞에서 살펴본 전통적인 시각에 따르면 유전자 하나는 단백질 하나를 만들고, 단백질 하나는 생명체 안에서 기능이 하나뿐이었다. 예를 들어 헤모글로빈 유전자는 헤모글로빈을 만들고, 헤모글로빈은 혈액 속에서 산소를 나르다가 필요한 곳에 방출하는 일을 한다. DNA의 특정 서열은 곧 어떤 특성이었다. 하지만 유전학자 존 매틱(John Mattick)이 《사이언티픽 아메리칸(Scientific American)》에 이렇게 썼다.[8]

단백질은 진핵생물의 유전자 발현이라는 규제 안에서 일을 하지만, 그와 유사한 숨겨진 규제 체계 또한 RNA 속에 존재하며, 이 규제 체계는

생명의 수학

RNA, DNA, 단백질에 직접 작용하면서 활동하고 있다. 그동안 간과된 이 RNA 신호망으로 인류는 단세포 세계에서 보이는 모든 것을 훨씬 뛰어넘는 복잡한 구조를 성취할 수 있게 되었는지도 모른다.

후생적 현상 중에는 DNA와 관련된 것도 있지만, 이때의 DNA는 자신이 아닌 다른 생명체의 DNA이다. 예를 들면 포유류에서 수정란의 초기 발생 단계는 자신의 DNA가 아닌 어머니의 DNA에 따라 조절된다. 이것은 실제로도 매우 그럴듯한데, 성체가 되어 자신의 기능을 완전히 발휘하는 생명체가 다음 세대의 성장을 촉진할 수 있기 때문이다. 하지만 이 말은 이를테면 어떤 송아지의 성장에 핵심적인 단계를 그 송아지의 DNA가 결정하지 못한다는 뜻이다. 다른 소의 DNA가 그것을 결정한다.

더 넓게 보면, 어떤 것들은 유전이 아니라 문화를 거쳐 자손에게 전해지기도 한다. 이 현상은 사람에게서 매우 흔히 나타난다. 우리는 문화를 통해 언어와 종교, 그밖에 사람으로 살아가는 데 필요한 다른 많은 것들을 배운다. 쥐나 개, 다른 많은 동물도 비슷한 문화적 상호작용으로 행동을 익힌다.

유전 암호를 찾아냈을 때, DNA는 청사진과 같다고 생각했다. 비행기의 청사진이 있을 때 유능한 공학자라면 비행기 만드는 방법을 알려줄 것이다. 동물을 만드는 방법에 대한 '정보'를 얻었다면, 동물을 만들 수 있다. 그리고 만들 수 있다면, 그 동물에 대해 **알아야 할 모든 것**을 아는 것이다.

누가 봐도 분명한 사실이다.

하지만 그렇지 않다. 그렇게 앞뒤 자르고 이야기하면 분명 과장된 소리, 또는 '정보'라는 말의 다양한 의미가 혼합된 말장난처럼 들린다. 심지어 공학적으로도 말이 되지 않는다. 비행기를 만들기 위해서는 '청사진'말고도 많은 것이 필요하다. 청사진 속에 내포된 모든 공학 기술과, 부품을 만드는 방법, 알맞은 재료를 선택해서 구하는 방법도 알아야 하며 적절한 도구도 필요하다.

생물학적으로는 훨씬 더 말이 되지 않는다. 생물학에서 '기술'은 생명체 스스로가 활동하는 방식에 내포되어 있다. 호랑이 DNA로 호랑이 새끼를 만들 수 없다. 엄마 호랑이도 필요하고, 없다면 적어도 어미 호랑이에게서 어떻게 새끼 호랑이가 나오는지 알아야 한다. 설사 그 과정이 어미 호랑이 DNA에 있다고 해도(사실은 거기에 없다. 후생적 효과이기 때문이다.) 내포된 그 과정을 밖으로 드러내야 한다. 그럼에도 불구하고 DNA가 전부라는 생각 덕분에 생물학은 엄청나게 진보했다. 또한 그와 더불어 관련된 생물학적 분자를 발견하면서 의학에서는 수많은 질병을 치료할 수 있게 되었다. 지난 세대에서는 불가능한 일이었다.

DNA에 암호화된 유전 서열은 '생명의 비밀'에서 큰 자리를 차지한다. DNA가 하는 일을 모른다면, DNA 서열이 어떻게 생겼는지 모른다면, 큰 그림을 놓치고 있는 것이다. 마치 전화가 무엇인지 모르는 채 현대 사회가 어떻게 돌아가는지 알려고 하는 것과 같다.

그래도 DNA가 생명의 **유일한** 비밀은 아니다.

다른 비밀이 존재함을 알아내기까지는 훨씬 더 오래 걸렸고, 그 결과는 더 실망스러웠다. 아주 위대한 발견, 지나간 모든 발견들과 비교해 엄청난 발견에 이르러 비밀이 가득한 상자의 뚜껑을 열었을 때,

판도라의 상자처럼 갖가지 해충과 악의 생명체들도 아니고 그저, 잠겨 있는 또 다른 상자가 나왔으니 얼마나 낙담스러웠겠는가.

8

생명의 책

1990년에 세계 유전학자들은 그때까지 본 가장 야심찬 생명 사업에 참여했다. 많은 사람들이 케네디 대통령 시절 인간을 달에 착륙시킨 아폴로 계획과 그 규모를 비교했다. 당시 생물학자들은 생물학을 중대한 학문적 반열에 올려놓으려 하고 있었다. 이전까지는 주로 입자 물리학, 핵물리학, 천문학이 그 지위를 누려 왔으며, 정부에서는 몇백만 정도가 아닌 몇십억 달러의 돈을 기꺼이 지원했다. 재정적 목표는 분명했고, 학문적 목표 또한 완벽했다. 바로 인간 유전체의 배열 순서를 밝히는 것, 다시 말해, 사람의 완전한 DNA 염기 배열 순서를 결정하는 것이었다. DNA 염기는 약 30억 개로 알려져 있었으므로, 비용이 많이 들고 어렵겠지만, 달성할 수 있는 목표였다. 중대한 학문이란 바로 그런 것이었으니 말이다.

이 사업은 미국 에너지국(Department of Energy)에서 주최한 여러 차례의 연수회에서 발족되었고, 1984년에 시작되어 1987년 관련 보고서가 나왔다.[1] 유전체 사업에서는 인간 유전체의 배열 순서를 밝히는 것을 목표로 하면서, 이 목표가 '의학과 다른 보건 과학의 지속적인 발전에서, 인체 해부학 지식이 현재 의학에 기여한 만큼이나 반드시 중요한' 것임을 알렸다. 대중 매체에서는 생명 과학자들이 생명의 책(Book of Life)을 찾고 있다고 했다.

1990년 미국 에너지국과 국립 보건원에서 30억 달러짜리 사업 — 염기 한 쌍에 1달러꼴인 — 을 발표했다. 일본, 영국, 독일, 프랑스, 중국이 미국에 동참하면서 협력단이 구성되었다. 당시에는 짧은 DNA의 염기 배열 순서를 찾는 데에도 시간과 노력이 많이 들었기 때문에 사업 기간을 15년으로 예상했다. 이 예상은, 그간 엄청난 기술의 발전이 있었음에도 아주 빗나가지는 않았다. 하지만 뒤늦게 이러한 사업에 참여한 쪽에서 밝힌 바에 따르면, 복잡한 생화학 대신 머리를 썼다면 전체 사업은 약 3년의 시간과 10퍼센트의 비용으로도 끝낼 수 있었다. 1998년 국립 보건원 연구원 존 크레이그 벤터(John Craig Venter)는 셀레라 지노믹스(Celera Genomics)라는 회사를 설립해, 개인 투자자들에게서 받은 3억 달러를 가지고 독자적으로 유전체 배열 전체를 연구하기 시작했다.

정부에서 지원한 인간 유전체 사업(HGP)에서는 날마다의 연구를 기반으로 새로운 데이터를 내놓았고, 모든 결과물은 무료로 이용할 수 있었다. 셀레라 사는 1년 단위로 데이터를 내놓았으며, 그중 일부인 수백 개의 유전자에 대해서는 특허를 받을 것이라고 했다. 정작 알고 보니 셀레라 사는 6500개의 부분 유전자에 대해 예비 특허를 받기 시작했다. 그 지적 재산권으로 운이 좋다면 투자자들의 돈을 되돌려 줄 수 있을 정도였다. 당연히 셀레라 사의 데이터는 모든 연구자들에게 공짜로 제공되지 않을 것이었다. HGP와 데이터를 공유하기로 했던 처음의 약속은 셀레라 사가 공개 유전자 은행 젠뱅크(GenBank)의 데이터베이스에 자신들의 데이터를 맡기지 않으면서 산산조각 났다. 하지만 셀레라 사는 HGP의 데이터를 자신들의 연구에 이용하고 있었다. 어쨌든 그 데이터는 모두에게 열려 있었으니까.

중요한 데이터가 아무렇게나 유출되는 것을 방지하기 위해, HGP에서는 데이터 공개를 우선하는 조치를 취하기로 했다. 그렇게 하면, (법적 논쟁에 달렸지만) 발표된 데이터는 '선행 기술'이 되어 셀레라 사가 받은 특허는 무효화될 것이었다. 막상 닥쳐 보니 HGP는 '마지막' 배열 순서를 셀레라 사보다 며칠 먼저 공개했다. 그때쯤 빌 클린턴 대통령은 미리 유전체 배열 순서에 대한 특허를 허가하지 않겠다고 선언했고, 셀레라 사의 주가는 곤두박질쳤다. 생명 공학 기업들로 넘쳐났던 나스닥(NASDAQ) 주식 거래소는 몇백 억 달러를 날렸다.[2]

2000년 미국의 빌 클린턴 대통령과 영국의 토니 블레어 총리는 "유전체의 초안"이 나왔음을 전 세계에 발표했다. 이듬해 HGP와 셀레라 사는 약 80퍼센트 완성된 초안을 발표했다. 2003년 두 집단에서는 "근본적으로 완성된" 유전체를 발표했지만, '근본적으로 완성된'이라는 표현의 뜻에 대해서는 의견을 달리했다. 하지만 2005년에는 그동안의 개선 노력으로 92퍼센트 정도 완성된 결과를 발표했다. 연구 계획에서 중요한 단계는 염색체의 염기 배열 순서를 완벽하게 밝히는 것이었다. 사람에게는 23쌍의 염색체가 있음을 기억하라. 인간 염색체의 최종 염기 배열 순서는 2006년 《네이처》에 발표되었다.

2010년에 이르러 남아 있는 염기 배열 순서의 공백이 대부분 메워졌지만, 여전히 상당수가 메워지지 않은 상태이다. 오류 또한 많다. 그동안 헌신적인 유전학자들 집단이 그 공백을 메우고, '알려졌다'고 생각되는 영역에 있는 오류를 제거해 왔다. 과학적으로 매우 중요한 일이지만, 주목받는 분야가 그 사이에 달라졌기 때문에 큰 인정을 받지는 못할 것이다. 그래도 과학에 헌신하는 그들의 모습은 존경스럽다.

DNA와 같은 거대한 분자의 염기 배열 순서는 어떻게 '읽을까?' 끝에서 끝까지 읽어나가지는 않을 것이다.[3] 현재의 염기 서열 결정 기술은 거대한 분자들을 다루지 못한다. 보통은 300~1000개의 염기들이 달린 DNA 조각을 다룬다. 이러한 제약이 있는 기술은 기법이 분명하지만, 실제로 행하기가 간단하지 않다. 분자를 짧게 쪼개, 쪼갠 조각들의 배열 순서를 읽고, 그것들을 차례에 맞게 다시 붙이는 일은 간단해 보여도 그렇지 않다.

최초의 효율적인 염기 서열 결정 방법은 1976년 앨런 맥삼(Allan Maxam)과 월터 길버트(Walter Gilbert)가 개발했다. 그들은 특정한 염기들이 위치한 곳에서 DNA 분자 구조를 바꾼 다음, DNA 조각의 한 끝에 방사성의 '꼬리표(label)'를 붙였다. 그 다음 네 염기를 표적으로 하는 네 가지 화학 과정을 진행시켰다. 이 네 과정이 각각 A, C, G, T에서 DNA 가닥을 끊을 수 있었다면 한결 깔끔했겠지만, 화학은 그렇게 간단하지 않았다. 두 과정은 염기 C와 G에서 절단을 만들었지만, 다른 두 과정은 조금 애매했다. 이들은 두 염기 중 하나, 즉 A 또는 G, C 또는 T 중 하나에서 절단을 만들었다. 그래도 'A 또는 G' 자료와 G 자

생명의 수학

료를 함께 알고 있다면, 'A 또는 G' 절단이 A에서 이루어졌는지 G에서 이루어졌는지를 추론할 수 있으며 'C 또는 T' 절단 쪽도 마찬가지이다. 절단 지점에 어떤 염기가 놓여 있는지 아는 상태에서, 겔 속에 DNA 분자 조각들을 확산시킨 뒤 방사성 꼬리표를 이용해 순서대로 정렬하면, 염기 서열을 추론할 수 있다. 겔 속에 전류를 흘려 분자들을 확산시키기 때문에 '겔 전기 이동법(gel electrophoresis)'이라고도 한다.

그 다음으로 더 진보된 '사슬 종결법(chain-terminator method)', 또는 개발자인 프레더릭 생어(Frederick Sanger)의 이름을 딴 '생어법'이 나왔다. 이 방법에서도 DNA 분자를 다양한 길이의 조각으로 자르는데, 겔 속에서 분자들을 확산시켜 정렬하는 과정이 겔 전기 이동법과 비슷하다. 기발한 점은 꼬리표에 형광 염료(A는 초록색, C는 파란색, G는 노란색, T는 빨간색)를 붙인다는 것인데, 광학적 방법을 쓰면 꼬리표들이 자동으로 읽힌다.

이 기술은 염기가 1000개 정도인 상대적으로 짧은 DNA 가닥에서는 유용하게 쓰이지만, 그보다 긴 가닥에서는 정확성이 떨어진다. 여러 변형 기법들이 나오면서 사슬 종결법은 더 빠르고 효율적으로 바뀌었다. 통계적 방법이 개발되어 형광 염료가 희미하거나 흐릿한 경우의 정확성도 더 높아졌다. 자동화된 DNA 염기 서열 결정자는 한 시간에 한 번꼴로 돌아가면서, 한 번 돌아갈 때마다 384개의 DNA 표본을 다룰 수 있었다. 그렇게 하루 동안 9000가닥의 염기 서열을 결정할 수 있으며, 이것은 하루에 결정자 하나당 1000만 개가 조금 못되는 염기를 해독하는 것과 같다. 경험이 쌓이고 새로운 염기 서열의 결정이 필요해지면서 해독하는 염기 수도 빠르게 늘어나고 있다.

긴 DNA의 염기 서열을 읽는 단계에서는 생화학과 수학이 모두 필요하다. 절단 지점을 만들고 그 결과 나온 분자 조각들의 염기 서열을 결정하는 일은 생화학에서 한다. 분자를 더 슬기롭게 쪼갤수록, 조각들을 다시 붙이기가 더 쉬울 것이다. 사슬을 '알려진' 위치에서 자르고, 그 근처에 있는 조각들을 추적해 나가면 재결합은 원리적으로 간단하다. 마치 대응되는 분자 조각들의 끝에 서로 일치하는 꼬리표를 표시하는 것과 같다.

간편한 절단 지점이 항상 있다면, 이 방법은 매우 경제적이다. 하지만 그런 지점은 없을 때가 많고 그럴 때는 대안으로 쓸 방법이 필요하다. HGP와 셀레라 사는 모두 '산탄총(shotgun)' 기법을 썼다. 이 기법에서는 DNA 가닥을 아무렇게나 자른다. 잘려진 분자 조각의 염기 서열을 결정하고 나면 수학 기법을 써서 이들을 맞추는데, 이 과정을 빠른 컴퓨터에서 실행한다. 하나의 가닥을 무작위로 자른 다음 같은 가닥을 또 무작위로 잘랐을 때 똑같은 DNA 조각이 한 번은 왼쪽에서 나오고 두 번째는 오른쪽에서 나오도록 끊으면 분자 조각들이 겹치는데, 산탄총 기법에서는 이 효과를 이용한다. 겹침을 이용하면 분자 조각들을 어떻게 맞출 지 알 수 있다.

아주 간단히 말해서, 우선 다음과 같은 두 조각이 나왔다고 하자.

CCTTGCCAAA , TGTGTGAACC

이 두 조각이 인접해 있다는 사실은 알지만 어느 조각이 앞에 오는지 모른다. 그러므로 올바른 결합은 둘 중 한가지이다.

CCTTGCCAAATGTGTGAACC

이거나

TGTGTGAACCCCTTGCCAAA

이다. 다음과 같이 겹치는 조각이 있다면

GAACCCCTTG

두 번째 결합

TGTGTGAACCCCTTGCCAAA

이 맞고 첫 번째 결합은 맞지 않는다. 실제로는 이와 같은 조각들이 엄청나게 많고, 정렬하는 방법에 대한 정보도 다양하다. 조각들만 해도 실제로는 훨씬 길다. 하지만 긴 길이는 오히려 도움이 된다. 겹치는 부분이 커져서 덜 애매해지기 때문이다.

긴 DNA 가닥의 염기 서열을 결정하는 이 전략도 실행할 수 있는 방법은 매우 많다. 어떤 방법에서든 엄청난 양의 데이터의 계산 때문에 컴퓨터에 많이 의존하지만, 컴퓨터가 지시에 따라 하는 일을 관리하려면 상당한 수학적 사고가 필요하다. 그때 필요한 방법으로 간단한 예가 '탐욕 알고리즘(greedy algorithm)'이다. 분자 조각들 한 집합을 주었을 때, 그중 많은 것들이 겹친다면, 우선 가장 많이 겹치는 조각 한 쌍을 찾는다. 그 둘을 하나의 사슬로 이어 붙여 하나의 새로운 분자 조각으로 대체한다. 이 과정을 반복한다. 마침내 충분히 많이 겹치면 많은 조각들을 하나의 사슬로 이을 수 있다. 이 방법으로 언제나 모든 조각으로 구성된 가장 짧은 사슬이 나오는 것은 아니며, 조립이 올바르지 않을 수도 있다. 또한 단계마다 모든 조각 쌍에 대해 겹치는 길이를 모두 계산해야 한다는 점에서 비효율적이다. 숫자를 한결 작게 해서 만든 간단한 예를 보자. 다음과 같은 조각들이 있다.

TTAAGCGC CCCCTTAA GCTTTAAA TCCCCCCA

겹침이 가장 큰 쌍은 CCCCTTAA와 TTAAGCGC로, 이제 이 둘을 이어 만든 CCCCTTAAGCGC로 두 조각을 대체한다. 남은 조각들 중 가장 많이 겹치는 것은 CCCCTTAAGCGC와 GCTTTAAA로, 둘을 이으면 CCCCTTAAGCGCTTTAAA가 된다. 남은 네 번째 조각은 앞의 배열과 겹치는 부분이 없으므로 또 다른 데이터를 얻기 전까지 떨어진 채로 두어야 한다.

생화학 단계에 거의 모든 자금을 쏟아 부은 HGP는 먼저 유전체를 특정한 위치에서 잘라 약 15만 개의 염기 서열로 나누었다. 이 과정에 적합한 절단 효소를 찾기 위해 많은 노력을 했고, 헛수고를 한 적도 있었다. 이렇게 나눈 조각들은 모두 산탄총 기법으로 염기 서열을 결정했다. 수학 단계에 모든 자금을 쏟아부은 셀레라 사는 산탄총 기법을 인간 유전체 전체에 적용했다. 그 다음 엄청난 수의 염기 서열 결정 기계를 써서 잘라 낸 조각들의 DNA 염기 서열을 밝힌 다음 컴퓨터로 그 조각들을 재조립했다.

생명의 수학

수학을 간단히 하기 위해 기발하게 화학을 쓸 수도 있고, 화학을 간단히 하기 위해 기발하게 수학을 쓸 수도 있다. HGP는 전자를, 셀레라 사는 후자를 택했다. 결국 후자가 더 저렴하고 더 빠르다는 사실이 밝혀졌는데, 현대 컴퓨터의 엄청난 위력과 솜씨 좋은 수학 기법의 발전 덕이 컸다. 셀레라 사의 똑똑한 선택은 처음에는 잘 드러나지 않았는데, 재조합 과정에서 HGP의 자료를 사용했기 때문이다. 하지만 더 많은 유전체들의 염기 서열이 밝혀짐에 따라, 나아갈 길은 유전체 전체에 대한 산탄총 기법임이 확실해졌다. 적어도 더 나은 방법이 나오기 전까지는 말이다.

오늘날 유전체의 염기 서열 결정은 거의 일상이 되었다. 또 다른 생명체의 염기 서열이 밝혀졌다는 뉴스가 거의 매주마다 들려온다. 지금까지 모두 180종이 넘었다. 대부분은 세균이지만, 말라리아를 옮기는 모기나 꿀벌, 개와 닭, 쥐와 침팬지, 일본의 점박이푸른복어도 있다. 내가 글을 쓰는 지금 가장 최근 밝혀진 것은 해면동물로, 그 염기 서열은 진핵생물의 기원에 대한 실마리를 줄 수 있을지도 모른다.

영화로도 제작되었던 소설 『쥐라기 공원(Jurassic Park)』에서는, 호박 속에 보존되어 있던 흡혈 곤충이 빤 피에서 공룡의 DNA를 추출해 염기 서열을 결정함으로써 공룡을 되살려 냈다. 실제로는 고대 생물의 DNA가 매우 빨리 분해되기 때문에 소설 속의 이 기술은 소용이 없지만, 지난 몇 년 동안 학자들은 몇만 년 된 DNA를 가지고 비슷한 일을 시도했다. 오늘날 우리는 네안데르탈인의 유전체에 대해 더 많이 알아가고 있다. 네안데르탈인은 다소 강건한 현대의 인류 조상으로 13만 년 전부터 3만 년 전까지는 초기 현대 인류와 함께 있었다. 최근까지 어떤 분류학자들은 이들이 인류와 다른 종이라 생각해 호모 네안데르탈렌시스(*Homo neandethalensis*)로 분류했지만, 다른 학자들은 호모 사피엔스의 아종인 호모 사피엔스 네안데르탈렌시스(*H. sapiens neanderthalensis*)로 분류했다. 알려진 바에 따르면, 오늘날 약 4퍼센트의 사람들이 네안데르탈인의 유전체에서 나온 DNA 염기 서열의 일부를 가지고 있으며, 이것은 네안데르탈 남성과 현대 인류 여성의 조합에서 퍼져 나온 것이다. 그러므로 DNA는 네안데르탈인을 아종으로 분류하는 입장을 뒷받침한다.

'유전자'라는 낱말은 많은 사람들 입에 오르내린다. 마치 모든 사람이 그 뜻을 알고 있는 듯하다. 유전자는 우리를 만들고, 우리의 모든 것을 설명한다. 유전자 때문에 비만이 될 수도, 동성애자가 될 수도, 병에 걸릴 수도 있다. 유전자는 운명을 결정한다.

유전자는 마술이다. 기적을 일으킨다.

여기서 '유전자'라는 낱말의 두 가지 용도를 구분하는 것이 좋겠다. 한 용도는 매우 제한적이다. 유전자는 유전체를 이루는 한 부분(꼭 하나로 연결될 필요는 없다.)으로서, 한 가지 이상의 단백질을 만드는 암호로 쓰인다. 그리 오래지 않은 과거였다면, '한 가지 이상'이 아닌 '한 가지'라는 말을 썼겠지만, 인간 유전체 사업 덕분에 우리 몸에는 10만 개의 단백질이 있지만 2만 5000개밖에 안 되는 유전자로 모두 표현할 수 있다는 사실이 밝혀졌다. 유전자는 흔히 여럿이 함께 나타나며, 이들이 표현하는 아미노산 배열은 다양한 방법으로 접합할 수 있다. 그러므로 같은 유전자가 여러 단백질을 암호화할 수 있으며, 그렇게 하는 일이 많다.

'유전자'의 두 번째 용도는 매우 광범위하다. 이 용도는 다윈의 진화론을 DNA의 관점에서 재해석한 신다원주의자들의 활동에서 비롯되었다. DNA의 관점에서 진화를 본다는 것은 과학적 가치가 매우 크지만, 어떤 해석은 미심쩍다. 안타깝게도 이러한 설명이 널리 통용되고 있는데 전문가만이 그 과학적 기반을 이해할 수 있다. 도킨스는 걸작『눈 먼 시계공(The Blind Watchmaker)』에서 "X의 유전자"란, "X에 영향을 주는 모든 종류의 유전 변이"를 뜻한다고 정의했다. 여기서 X는 생명체의 어떤 특성이든 될 수 있다. 도킨스는 "신발끈 묶기"를 예로 든다.

신발끈 묶기에서는 도킨스의 정의가 성립하지만, X가 '어머니의 눈이 푸른' 특성이라면 문제가 된다. 'X에 영향을 준다.'는 것은 실제에서는 'X에 일어나는 변화와 유전자에 일어난 변화 사이에 상관관계가 있음'으로 해석된다. 원인과 결과를 밝히기 어려울 때가 많기 때문이다. 눈이 푸른 어머니에게서 태어난 아이는 정말로 어머니의 눈이 푸른 것과 상관관계가 있는 유전 변이를 드러내므로, 그런 점에서 이 아이는 '어머니의 눈이 푸른 유전자를 갖고 있다.' 하지만 더 엄격히 말하면 문제가 되는 유전자는 사실 어머니에게 있다. 그 유전자를 물려받을 때가 있기 때문에 자손에게서 유전 변이가 보이는 것이다.

이와 같은 예를 무시한다고 해도, '유전자'에 대한 이 추상적인 정의는 구체적인 첫 번째 정의와 혼동을 일으켜 문제가 될 수도 있다. 그리고 예상한대로, 바로 그 문제가 일어났다. 많은 사람들이 이제 사람의 별난 행동과 여러 질병에 대한 소인을 유전체의 특정 DNA 배열 속에서 찾을 수 있다고 생각한다. 유전학자들이 이런저런 것'의 유전자'를 찾아냈다는 신문 기사 때문에, 사람들은 그 어떤 것이 이제거나 우리(중 어떤 사람들의) 유전자 속에 새겨져 있다고 믿게 되었다. 푸른 눈, 낭포성 섬유증, 비만, 호기심, 헤로인 중독에 대한 취약성, 난독증, 정신 분열증, 감수성에 대한 유전자가 있(다고 한)다. 태어난 직후 따로 키운 일란성 쌍둥이에 대한 분석을 보면 심지어 미래에 어떤 사람과 결혼하고 어떤 종류의 차를 살 것인지조차 유전자로 결정되는 듯하다.

보아하니 내 유전자 어딘가에, '도요타'를 산다고 적혀 있나 보다. 정말 이상하다. 출생 증명서를 보면 내 유전자는 1945년부터 있었는데, 영국은 1970년대에 와서야 도요타 자동차를 수입했기 때문이다.

정신 분열증, 알코올 중독, 공격성'의 유전자'로 알려진 것들이 요란하게 발표되었지만, 그 뒤에 나온 증거들이 처음의 주장을 뒷받침하지 못하자 조용히 철회되었다. 유방암 유전자의 위치에 대한 주장이 여러 번 있었으나 언제나 정확하지는 않았다. 생명 공학 기업들은 특정 질병에 걸릴 위험을 높인다고 생각하는 유전자에 관한 특허권을 두고 법정 싸움을 벌여 왔다.

1999년 《가디언(Guardian)》은 "'게이 유전자' 이론, 혈액 검사 통과에 실패"라는 제목으로 기사를 냈다.[4] 이 이야기는 어머니에게서 유전되는 Xq28이라는 염색체 일부가 남성의 동성애와 관련이 있다고 밝혀진 1993년으로 거슬러 올라간다. 첫 증거는 게이인 남자 쌍둥이와 형제에 대한 연구에서 나왔다. 딘 해머(Dean Hamer)와 다른 연구원들은 게이 남성은 이성애자인 남성보다 외가 쪽에 게이인 친척들이 더 많은 편이라는 결론을 내렸다.[5] 뒤이은 여러 연구에서는 40쌍의 게이 형제들이 우연이라고 하기에는 매우 높은 확률로 Xq28 부분이 비슷하다는 사실이 밝혀졌다. 이 결과는 세계적인 돌풍을 일으켰고 '게이 유전자'는 과학적 근거가 분명한 사실처럼 보였지만, 어떤 과학자도 지금까지 게이 유전자가 정확히 어떤 유전자라고 밝혀내지 못했다.

숙명적인 염색체 조각 Xq28은 해머가 쓴『유전자와 함께 살아가기(*Living with Our Genes*)』에서 중요한 역할을 하지만, 책이 나오기 전에도 여러 중요한 의문이 제기되고 있었다. 특히 다른 연구에서는 해머의 연구와 동일한 결과가 나오지 않았다. 1999년《사이언스(*Science*)》에는 형제 52쌍의 혈액을 조사해 Xq28과 동성애 사이의 관련을 확인하려던 조지 라이스(George Rice)와 동료들의 실험에 관한 기사가 나온다. 그들은 발표했다. "우리의 실험 결과는 성적 취향에 큰 영향을 주는 유전자가 Xq28에 위치한다는 주장을 뒷받침하지 않는다."[6]

부정적인 결론은 지금도 유효하다. 실제로 제법 규모가 큰 사람의 특성 ─ 우리 인간의 수준에서 보는 특성들 ─ 을 결정할 때에는 유전자의 역할 비중이 매우 작은 듯하다. 머리카락이나 눈의 색과 같이 유전자와 직접 연관이 있는 몇몇 특성을 제외하면, 인간 수준의 특성과 특정 유전자 사이의 관련성은 없는 것이나 다름없다. 그 증거로, 키를 생각해 보자. 유전자가 키를 결정하는 데 주요한 일을 한다는 사실을 의심하는 사람은 별로 없다. 키가 큰 부모에게서는 키가 큰 자식이 나오고는 한다. 그래서 지금까지도 키 특성은 특정 유전자의 유무와 가장 밀접한 상관 관계가 있다고 여겨진다. 하지만 이 특정 유전자가 키에 미치는 영향은 놀라울 정도이다. 아주 놀랍게도, 이 특정 유전자가 사람 키 변인에 미치는 영향은 ……**2퍼센트**이다.

그리고 이 2퍼센트가 특정 유전자와 사람 특성 사이의 상관관계가 **가장 큰** 것이다.

어떻게 비슷한 방법을 적용한 뛰어난 두 연구에서 서로 모순된 결론이 나왔을까? 학자들이 연구를 제대로 수행하지 못해서라고 생각하지는 않는다. 연구가 정직하고 만족스럽게 수행되었더라도 어떤 기제의 문제로 이러한 식의 모순된 결과에 이를 수도 있다. 바로 통계 해석이 미묘하게 달랐기 때문이다.

통계적 기법은 두 자료 집합 사이의 상관관계를 가늠할 때 쓴다. 예를 들어 심장병과 비만은 서로 관련이 있는 편이다. 상관관계의 정도는 수학으로 계산할 수 있다. 통계에서 볼 때 그 계산 결과는 그 같은 상관관계가 얼마나 우연히 일어났을지 보여 주는 척도이다. 통계학의 용어를 써서 보면, 무작위로 선택된 자료 집합에서 상관관계 수준이 1퍼센트였다면, 그 상관관계는 99퍼센트 수준에서 의미 있다고 한다.

컴퓨터 소프트웨어가 널리 이용되면서, 얼마 전까지도 탁상용 계산기 앞에서 며칠을 일해야만 했던 과정을 사실상 힘들이지 않고 끝낼 수 있게 되었다. 유전자와 특성 사이의 중요한 상관관계를 찾는 이 소프트웨어를 가리켜 '산탄총' 기법이라고도 할 수 있겠다. 유전자들 집합(또는 DNA 조각이나 유전체의 부분들)과 사람 표본에 있는 특성들 집합이 있다고 하자. 상관관계 행렬이라는 큰 표를 그려서 가장 중요한 관련성을 찾는다. 간 질환은 서고트족(Visigoth) 유전자와 얼마나 자주 관련되는가? 축구를 잘하는 것과 구부린다람쥐5(BentSquirrel5) 유전자는 얼마나 자주 관련되는가? (유전자의 이름은 내가 지어낸 가짜이기를 희망한다. 실제로 이런 유전자가 있을지도 모르니까.) 관련성의 정도를 찾았다면 그중 가장 강한 관계를 골라 관련 자료를 통계 프로그램에 넣고 돌려서 그 관계가 얼마나 의미 있는지 알아낸다. 그 다음 이 관계가 계산한 값의 수준에서 통계적으로 유의하다고 선언하고 그 특정 결과를 발표한다. 이때 이전에 살펴본 다른 모든 변수 쌍은 무시하게 된다.

　무엇이 잘못되었을까? 왜 그 다음 연구에서는 이 연구에서 발견한 연관성을 찾지 못할까? 왜 이 연관성을 확인시켜 주는 다른 연구 결과를 **기대하지** 못할까? 지나치게 밀접한 상관관계가 있는 자료 집합들의 쌍을 선택하기 때문이다. 다시 말해 자료 집합들의 선택이 사실상 무작위인 것처럼 가장하기 때문이다. 카드 한 벌을 자세히 훑어본 뒤 스페이드 에이스를 골라 그것을 탁자 위에 탁 내려놓고 1/52의 확률로 이런 카드를 찾아냈다고 주장하는 것과 같다.

　10개의 유전자와 10개의 특성들을 살펴본다고 하자. 이때 모두 100쌍이 만들어진다. 변수 값이 무작위로 변할 때, 그 100개의 교차 상관관계들 중에서 하나가 평균적으로 '99퍼센트 수준에서 의미가 있기'를 기대한다. **심지어 인과 관계 같은 것이 전혀 없을지라도 말이다.** (사실 이 100개 사건은 완전 독립적이지는 않을 것이다. 이 점까지 고려한다면, 비판의 내용은 전과 비슷하더라도 수학적으로 좀 더 어려워진다.) 여기에 유의성 척도를 적용해 나머지 99쌍을 버리고, 통계 프로그램에서 얻은 유의성 수준을 고집한다면 오류가 생긴다. 다음에 똑같은 과정을 독립적으로 해 보면 의미 있는 관련성을 전혀 찾을 수 없는 것이 당연하다. 의미 있는 관련성이란 애초에 없었기 때문이다.

　올바른 방법은, 한 실험 대상 집단을 써서 있을 법한 연관성들을 선택한 다음, 첫 번째 집단과는 독립적인 두 번째 집단을 이용해 그 연관성들을 확인하는 것이다(첫 수행에서 나온 자료는 모두 무시하고, 거기서 선택했던 연관성만을 살펴본다.). 하지만 학회지와 매체에 발표되는 최초의 연구에서는 흔히 첫 번째 단계만 수행한다. 마침내 또 다른 연구팀이 두 번째 단계를 수행하게 되면…… 놀라워라, 그 결과는 같을 수가 없다. 안타깝게도 다른 누군가가 두 번째 단계를 수행해 잘못된 주장을 수정하기까지는 꽤 오랜 시간이 걸릴 수도 있다. 다른 사람이 한 실험을 되풀이하는 것으로는 과학적 명성을 얻기 어렵기 때문에, 하려는 사람이 별로 없어서 그렇다.

인간 유전체 속에 들어 있는 30억 개의 DNA 염기가 대단히 많아 보이겠지만, 컴퓨터 저장 장치의 입장에서 보면 825메가바이트의 미가공 자료밖에 되지 않는다. 음악 CD 한 장 정도밖에 안 되는 양이다. 그러니까 우리는 대충 비틀스의 음반 「서전트 페퍼스 론리 하츠 클럽 밴드(Sergeant Pepper's Lonely Hearts Club Band)」 정도만큼 복잡한 셈이다.

인간 유전체에 든 정보량이 그처럼 작기 때문에, 오늘날 5000~1만 5000달러면 한 사람의 유전체 염기 배열 순서를 알아낼 수 있으며 1~2년 안에는 그 비용이 1000달러로 떨어질 것이다. (정확한 비용은 유전체의 염기 서열을 어디까지 확인할 것인지와, 왜 그것을 확인하는지, 누가 하는지와 같은 요인에 따라 달라진다.) 이와 같은 '개인 유전체 분석'은 염기 서열 확인에 취해 HGP가 다소 소홀히 한 측면이다. **특정한** 인간 유전체란 것은 없다. 사람마다 특정 유전 위치(머리카락 색이나 눈동자 색이나 혈액형 등에 관련되는)에 놓이는 대립 형질(유전자 변종)이 다르며, 단백질 암호에 쓰지 않는 유전체 부분들, 예를 들어 똑같은 DNA 염기 서열이 계속 반복되는 이른바 긴 직렬 반복(variable tandem repeats) 같은 것도 다르다. 사실 긴 직렬 반복은 유전자 지문의 기초가 되는 것으로, 법의학자들이 DNA 흔적을 가지고 그 주인을 찾는 방법으로 처음 사용했다. 모든 사람의 유전체가 똑같다면 쓸모가 없었을 방법이다.

하지만 DNA의 기본 뼈대는 모든 사람이 똑같으며, 사실 인간 유

생명의 수학

전체 사업에서 다루었던 것도 이 뼈대이다. 밝혀진 바에 따르면, 셀레라 사는 실제로 개인의 유전체를 연구했다. 그중에는 설립자 크레이그 벤터의 DNA도 있었다.

HGP가 처음 자금을 구하던 한껏 고조된 시기에, 정부와 개인 투자자들은 HGP가 필수적인 기초 과학이라서가 아니라 질병 치료에 틀림없이 큰 발전이 되리라는 생각을 가지고 투자했다. 인간을 만드는 '그 정보'에 대해 안다면, 말할 것도 없이 인간에 대한 모든 것을 아는 것이라고 생각했다. 하지만 아니다. '정보'에는 서로 다른 두 뜻이 있기 때문이다. 하나는 DNA에 암호화된 정보이며, 다른 하나는 인간 존재를 맨 처음부터 만들기 위해 알아야 할 정보이다. 누군가와 연락을 해야 할 때, 연락에 필요한 '정보'는 전화번호부에 나와 있지만, 전화기가 없거나 연락해야 할 사람이 휴가를 떠났다면 그 정보는 소용없어진다. (요즘에는 휴대 전화가 있으니 마지막 문제는 덜하겠지만 그래도 요점이 무엇인지는 독자들도 알 것이다.) 지금까지 인간 유전체 사업에서 얻은 이득은 질병 치료의 기준에서 볼 때, 사실상 없는 것이나 마찬가지였다. 사실 크게 놀라운 일은 아니다. 예를 들어 낭포성 섬유증은 CFTR 유전자에서 비롯된다. CFTR 속에는 약 25만 개의 염기 쌍이 들어 있지만, 그것이 암호화하는 단백질(낭포성 섬유증 막투과 전도 조절자)은 1480개의 아미노산으로 이루어진 사슬이다. 이 사슬이 잘못되면 단백질은 제대로 기능하지 못한다. 낭포성 섬유증 환자의 70퍼센트에게서 CFTR 돌연변이가 발견되는데, 특정 세쌍둥이 염기가 사라져 있다. 이 세쌍둥이는 페닐알라닌을 가리키는 암호로, 단백질의 508 위치에 있다. 이 세쌍둥이가 생략되어 낭포성 섬유증이 일어난 것이다. 나머지 30퍼센트 환자들에게서는 약 1000가지의 CFTR 돌연변이가 나타난다.

이와 같은 사실은 1988년 이래 거의 모두 알려졌지만, 낭포성 섬유증에 대한 치료법은 아직 발견하지 못했다. 유전자 치료, 곧 필요한 염기 서열을 실은 세균을 살아 있는 인간에게 주입해 세포 속 DNA를 바꾸는 기술은, 여러 환자들이 사망하면서 심각한 문제가 되었다. 현재 일부 치료법은 여러 나라에서 불법이다. 하지만 이 기술은 'X-연관 중증 복합 면역 결핍증(X-linked severe combined immunodeficiency)'의 치료에서 어느 정도 성공을 거두었다. X-연관 중증 복합 면역 결핍증은 면역력이 거의 없는 환자가 평생을 주변 환경에서 격리되어 무균 상태의 풍선 속에서 살아야 하기 때문에 '풍선 소년 증후군'으로 더 잘 알려져 있다.

몇몇 대표적인 예외를 제외하면 유전자는 질병을 일으키지도, 심지어는 예측하지도 못한다는 사실이 널리 알려지고 있다. 미국 정부는 현재 유전자에 대한 대중의 부정확한 인식을 남용하지 못하도록 유전체 분석 기업들의 활동을 규제하는 긴급 조치를 마련하고 있다.

인간 유전체 사업은 기초 과학으로서 큰 발전이지만, 의학의 진보를 이끌어 나갈 주체로서는 아직 해야 할 일이 많다. 기초 과학으로서, 인간 유전체 사업은 사람의 유전자에 대한 생물학자들의 생각을 강제로 바꾸었다. 앞에서 말했듯이 인간 유전체의 염기 서열이 밝혀지기 전까지, 생물학자들은 '단백질의 암호열'인 유전자의 수가 10만 개라고 생각했다. 그 까닭은 간단했다. 인간의 몸은 10만 개의 단백질로 구성되었기 때문이다. 이미 말했던 대로, 유전자는 고작 2만 5000개 정도가 존재한다는 사실이 밝혀졌다. 그와 함께 유전자는 고립된 작은 조각으로 쪼개질 수 있으며, 쪼개진 조각들은 다양한 방법으로 재결합할 수 있기 때문에 같은 유전자로 여러 단백질을 암호화할 수 있음이 알려졌다. 개인의 DNA 염기 서열이 단백질 사전이라는 생각은 순진하고 단순했다.

이 모든 이유로 인간 유전체 사업은 훌륭한 과학이다. 우리의 관점을 바꾸었기 때문이다. 안타깝게도 그 결과로 나온 그림은 생물학자들이 기대했던 것보다 더 복잡했다. 또한 어떤 생명체의 DNA 염기 서열을 밝히는 것과 그 생물이 어떻게 기능하는지를 아는 것 사이의 공백은 대부분의 사람들이 희망했던 정도보다 훨씬 크다는 사실이 분명해졌다.

9

생명의 나뭇가지를
따라서

동물원에 가 본 사람들이라면 알겠지만 어떤 동물들은 분명히 다른 동물보다 더 닮았다. 사자, 호랑이, 표범, 치타는 모두 기본적으로 '고양이' 설계도에서 나온 변종이다. 북극곰, 불곰, 회색곰은 모두 곰이다. 늑대, 여우, 자칼은 모두 개처럼 생겼다. 다른 동물들도 이와 같은 식으로 묶을 수 있다. 다만 돌고래와 상어는 많은 사람들이 닮았다고 오해하지만 사실은 그렇지 않은 예외이다. 어쨌든 이러한 예외를 포함해, 생물 사이의 유사성을 가장 잘 설명하는 것은 진화론이다. 하지만 다윈의 진화론으로 설명하기 훨씬 전에, 지구 생명체들 사이의 유사성은 이미 체계적으로 분류되었다. 어떤 분야이건 과학이 발전하는 첫 단계는 자연에서 얻은 풍부한 관찰 내용을 조직하는 일인데, 엄청나게 다양한 생명을 다루는 생물학에서는 특히 이 단계가 필수이다.

앞에서 살펴보았듯이 이 첫 단계의 초석을 다진 사람은 린네였고, 그는 동물뿐만 아니라 식물과 광물까지도 분류하려는 야심찬 계획을 세웠다. 그는 자연의 대상에 질서를 주려던 최초의 사람이 아니었고, 용어도 일부분은 아리스토텔레스에게서 빌려 썼지만, 린네의 분류는 보편적으로 받아들여진 최초의 체계였다.

그림으로 분류학에서 쓰는 8단계를 표현할 수 있다. 모든 생물은 먼저 3개의 군으로 나누어진다. 군은 저마다 여러 계로 나누어지고, 같은 식으로 그 다음 단계들로 나눠진다. 수학적으로 이와 같은 연속적인 세분은 가지치기가 거듭되는 **나무**와 같은 구조를 갖는다 (그림 18). 나무의 줄기는 생명이다. 줄기에서 원핵생물, 진핵생물, 고세균류, 세 군이 갈라져 나온다. 그리고 군에서 저마다 계가 갈라져 나온다. 진핵생물 군은 동물, 식물, 균류, 아메바계, 크로말비올라타(chromalveolata), 리자리아(rhizaria), 엑스커버타(excavata)로 나누어진다. 처음 두 계는 동물과 식물이며, 세 번째 이후로는 쓰여진 그대로이니, 구체적으로 알고 싶다면 값비싼 생물학 전공 책을 찾아보기 바란다. 동물계는 수많은 문으로 나누어진다. 그 수가 너무 많아서 먼저 계를 아계(subkingdom)로 나누고, 아계를 상문(superphyla)으로 나눈 다음, 상문을 문으로 나누는 것이 일반적이다.

이렇게 더 많은 세분화가 일어난 까닭 중 하나는, 시간이 지나면서 린네가 처음 목록을 정리하기 시작할 때보다 훨씬 많은 종이 나타났기 때문이다. 명명법 체계도 더 복잡해지고, 그 과정에서 논쟁이 자주 일어나면서 과학이 정한 어떤 틀도 생명의 다양성과 일치하지 않는 것으로 드러났다. 많은 현대 생물학자들이 린네의 체계가 살아 있는

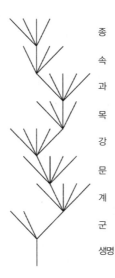

종
속
과
목
강
문
계
군
생명

그림 18 나무로 그린 분류 체계(가지 대부분은 생략되었다.)

생명체에서 발견되는 복잡한 상호 관련성을 나타내기에 더는 적합하지 않다고 생각한다. 그 생각은 아마도 옳겠지만, 린네의 분류는 **이름 붙이기**에 적합한데다가, 편리하며, 전통적이고 다른 대안에 비해 이해하기 쉽다.

린네의 분류 체계 덕분에 새로 발견한 생물이 정말로 새로운 종인지 아니면 이미 알려져 있는 종인지를 꽤 명확히 밝힐 수 있었다. 또한 린네의 체계는 오랫동안 진화의 상징이었던 생명의 나무 한 그루로 모든 지구 생명체를 구조화하는, 거부하기 힘든 매력도 있었다. 생명의 나무는, 그림의 형태로 오늘날의 종과 그들의 진화적 조상 사이의 관계를 보여 준다. 에른스트 하인리히 필리프 아우구스트 헤켈(Ernst Heinrich Philipp August Haeckel)은 아주 멋진 진화 나무를 많이 그렸는데, 그의 그림은 다소 바로크 양식을 따른 것 같다. 그 그림들의 원형은 다윈의 공책과 『종의 기원』에 있는 그림이다. 자신에게 자료가 충분하지 않다고 생각한 다윈은 모든 종의 기원이 하나의 생명이라는 말을 하지 않았다. 하지만 생물의 기원이 몇십 개라고 생각하지 않았음은 확실하다. 가지와 잔가지가 무수한 장엄한 한 그루의 나무는 모든 생물이 서로 관련이 있으며, 그 기원이 하나임을 비유로써 생생하게 보여준다(그림 19). 하나가 아닌 몇 개의 기원들이 독립적으로 존재할 수도 있는데, 그때는 서로 연결되지 않은 여러 그루의 나무가 될 것이다.

나무 그림이 매력적으로 느껴지는 까닭은 우리에게 친숙한 '가계도', 특히 왕실 가계도와 비슷하기 때문이기도 하다. 오늘날 족보 웹사이트에 가면 가족사를 살펴볼 수도 있고, 부모, 조부모, 형제자매와 가까운 친척들의 관계를 나무로 나타낼 수도 있다. 이러한 익숙함 덕분에 가계도를 이해할 수 있으며, 생명의 나무도 가계도와 비슷한 것으로 볼 수 있다. 하지만 나무 그림은 혼동을 줄 수도 있다. 나뭇가지는 종일까, 종 사이의 관계일까? 오늘날 존재하는 종일까, 아니면 한 때 존재한 적이 있지만 오늘날에는 화석으로 남은 종일까? 진화론이 유행하기 시작하면서, 그 구분은 아주 중요해졌지만 무시된 적이 많았다. 예를 들어 "다윈 씨, 어느 유인원이 당신의 할아버지입니까?"라는 모욕은 오늘날의 유인원이 과거 인류의 조상일 수도 있음을 가정한 것이다. 다윈은 유인원이 인류의 조상이라고 말한 적이 없으며, 어찌되었든 누군가 타임머신을 타고 가서 확인했다면 모를까 불가능한 가정이다.

나무는 진화론의 분기를 제대로 표현하는 비유일까?

종이 진화하며 갈라져 나오는, 종 분화의 과정을 거치면 하나의

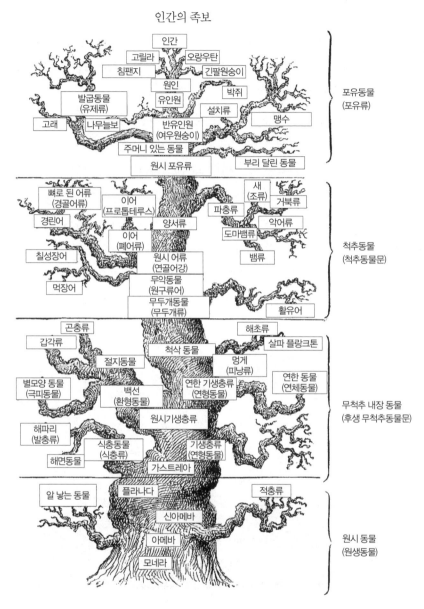

그림 19 헤켈이 그린 인간의 족보(1906년)

종은 보통 둘이 된다. 이 과정을 '분기'라고 말하지 않을 수 없는데, 마치 실제 나무에서 가지가 갈라져 나오듯 종이 거듭 갈라지기 때문이다. 나무는 언제나 사람의 일상에서 큰 비중을 차지하는 만큼 분기는 자연스러운 비유이다.

하지만 그 비유가 사실을 지나치게 왜곡할 수도 있다. 헤켈의 나무 그림은 미적인 양식이 더해지긴 했지만 실제 나무와 닮았다. 심지어 나무껍질과 뿌리까지 있다. 나무의 줄기는 가지보다 굵은데, 그림속 줄기나 가지의 굵기는 예상과 달리 해당하는 종의 다양성과 관계가 없다. 실제 생명의 나무는 가는 줄기에서 시작하며, 거기서 갈라져 자라난 많은 가지는 해당 종이 크게 번성해 개체수가 엄청날 경우 원줄기보다 굵어진다. 헤켈은 '위로 더 뻗어 나간' 가지가 '더 진화한' 종을 뜻하도록 그림을 그렸다. 표면적으로 '더 진화한' 종은 '더 최근의'

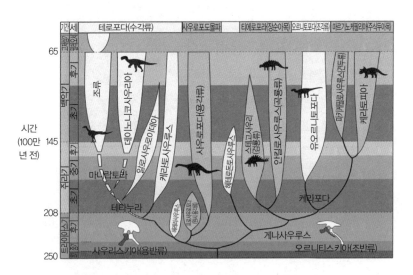

그림 20 공룡류에서 조류가 진화한 과정을 보여 주는 더 정확한 생명의 나무

생명의 수학

종과 상관관계가 있는데, 헤켈의 그림에서는 그렇지 않다. 오늘날까지 진화해 온 세균의 가지는 나무의 맨 꼭대기까지 닿아야 하는데 그림에서는 아니다. 이러한 이유로, 더 정확하게 표현한 그림에서는 가지 분기가 그대로 나타나기는 하지만 헤켈의 그림에 비해 실제 나무와 덜 닮았다(그림 20).

수학자에게도 소중히 간직하는 그들만의 '나무' 비유가 있다. 수학자들이 생각하는 나무(tree, 트리 또는 수형도라고도 한다. — 옮긴이) 개념은 점과 그 점을 연결하는 변, 그리고 다시 연결될 수 없는 가지로 이루어진다. 연결 지점이 분명할 때는 점이 생략되기도 한다. 여기서 가지들이 다시 연결될 수 없음은 어떤 변의 집합도 닫힌 고리를 만들 수 없다는 조건과 수학적으로 같다. 수학자들의 나무는 '나무' 비유를 더 현대적으로 표현한 것으로서, 생물학에서는 분기도(cladogram)라고 한다. 분기도는 분기점(branch point)과 분기 시기 정도로 구성된다.

　그림 21은 진화적으로 관련 있는 개의 동족들을 나타낸 분기도이다. 그림 19와 그림 20에서는 시간이 아래에서 위로 흘렀지만 여기서는 왼쪽에서 오른쪽으로 흐른다. 두 관례 모두 널리 쓰인다. 흑곰은 의도적으로 포함시킨 '외부군(outgroup)'으로, 분기도에 나온 다른 종에 비해 여러 면에서 개와 별로 관련이 없다. 외집단과 같은 기술적인 장치를 쓰면 믿을 만한 비교가 가능한데다가, 최종 결과를 빠르고 간편하게 테스트할 수 있다. 예를 들어 개가 자칼보다 곰과 더 가깝다고 밝혀진다면, 무언가 잘못되었다고 의심하고 데이터를 다시 조사할 수 있다. 외집단은 나무의 기반, 밑동을 결정하는 역할을 한다.

　분기도들을 모은 다음에는 컴퓨터로 종 사이의 유사점과 차이점

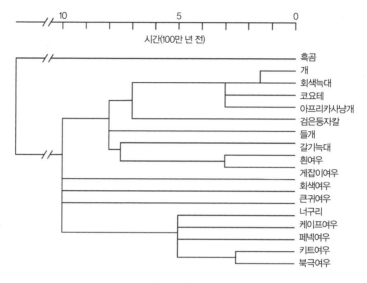

그림 21 개의 분기도

을 분석한다. 이 유사점이나 차이점에는 '네발 달림', '송곳니 있음'과 같은 특성들도 있다. 분기도에서 나타나는 분기 시점은 분기의 순서를 나타내는 정도로서, 아주 정확하지는 않다. 요즘은 점점 대립 형질(유전자 변종), 심지어 그 유전자와 관련된 DNA 염기 배열 순서 결정법을 사용하거나, 돌연변이가 나타나는 평균 비율인 '유전 시계(genetic clock)'를 사용해 분기 시점을 추론한다.

　이 모든 이야기는 훨씬 길게 할 수도 있겠지만, 전문적인 영역으로 빠지고 싶지는 않다. 100퍼센트 확실하게 보장된 것은 아무것도 없다는 정도만 말하면 충분하다. 특히 결과로 나온 나무는 다소 불가사의한 여러 가능성 척도에 따르면 데이터와 일치할 가능성이 가장 크다. 이 말은 진화의 가계도에서 나타나는 실제 패턴을 아주 정확하게 재구성했다는 뜻이 아니다. 물론 독립된 데이터를 더 많이 모았을 때도 나무 구조가 살아남는다면, 실제로 정확할 가능성은 커진다. 분기도는, '다음의 기준들에 따르면, 게잡이여우는 코요테보다 갈기늑대에 더 가깝다.'와 같은 긴 서술 목록을 암호화해 놓은 그림이다.

분기학은 곤충학자 빌리 헤니히(Willi Hennig)가 1966년 자신의 책 『계통 분류학(*Phylogenetic Systematics*)』에서 소개했다. 제목에서 알 수 있듯, 그는 생명체를 더 체계적으로 분류해 주관적인 결정이 많았던 전통 분류학에서 벗어나고자 했다. 헤니히는 어떤 공통 조상 생물과 그의 모든 후손들로 구성된 **계통군**(clade)을 분류의 기본 단위로 보았다. 나무 그림에서, 계통군은 하나의 가지와 거기에서 자라나는 모든 것을 가리킨다.

전통적인 분기학(분기도의 구성)은 우리가 찾고 있는 것이 나무라는 가정에서 시작한다. 그러므로 가계도의 실제 패턴이 나무 모양이 아니더라도, 분기학은 어떤 식으로든 나무를 찾아낼 것이다. 이 방법은 생각보다 나쁘지 않은데, 나무는 일반적으로 합리적인 후보이기 때문이다. 방법을 간단히 개조하면, 나무 구조 자체를 테스트할 수 있다.

가능한 나무의 수는 종의 수와 함께 가파르게 늘어난다. 예를 들어 종의 수가 5이면 105그루의 서로 다른 나무가 있으며, 종의 수가 10이면, 나무의 수는 3445만 9425그루다. 심지어 나무의 수를 알려 주는 공식도 있다. 종의 수가 n이면, 나무의 수는 $1 \times 3 \times 5 \times 7 \times \cdots \times (2n-3)$이다. 바로 초월 지수(superexpoenetial) 증가이다. 어떤 지수 증가보다도 빠르게 늘어나기 때문이다. 어떤 식으로든, 있을 수 있는 모든 나무 중에서 '가장 우수한' 나무를 선택해야 한다. 물론 '우수함'에 대한 정의는 많지만, 정의가 어떠하든 '가장 우수한' 나무를 찾는 수학 체계는 다양하다.

그 체계에 대한 내용은 매우 전문적으로 바뀌었다. 데이터의 양과 계산의 복잡도가 컴퓨터의 도움 없이 처리할 수 있는 정도를 뛰어넘기 때문에 반드시 컴퓨터를 써야 한다. 하지만 초기 분기학에서는 많은 일을 손으로 직접 했다. 그 과정을 간단히 이야기하면 세 단계로 이루어진다. 생명체 데이터 수집하기, 적절한 분기도 생각하기, 그중 가장 좋은 것 골라내기. 데이터는 일종의 특성 목록으로, 조류의 경우 부리의 너비, 부리의 길이, 깃털 색, 발의 크기 등이 될 수 있다. DNA 염기 서열 찾기가 실용화되면서(처음에는 미토콘드리아 DNA처럼 짧은 염기 서열에만 적용했지만), DNA를 자료로 수집하는 일이 흔해졌으며, 오늘날 많은 분기학 종사자들이 DNA만을 자료로 쓴다.

수학이 할 일은 이제 어떤 나무가 데이터에 가장 잘 맞는지 찾아내는 것이다. 이때 메트릭(metric)이라는 어떤 수를 정의해야 하는데, 바로 나무가 데이터와 얼마나 일치하는지를 나타내는 수이다. 비슷한 데이터를 가진 두 종은 나무에서 가까이 있어야 한다. 다시 말해 둘의 공통 조상은 수많은 가지를 거슬러가지 않아야 한다. 데이터가 덜 비슷한 종은 더 많이 떨어져 있어야 한다. 실제는 여기서 말한 개요보다 구체적이고 명확하다. 또한 오해를 일으킬 만한 특성, 즉 공통 조상과는 관련이 없지만 여러 생명체 안에서 공통으로 나타나는 특성 같은 것을 선택하지 않도록 하는 지침도 잘 세워져 있다. 상어와 돌고래에서 볼 수 있는 똑같은 꼬리 모양과 삼각형 등지느러미 등이 그러한 오해를 일으킬 만한 특성이다.

고양이, 표범, 호랑이 치타, 이렇게 고양이과 동물 넷 사이의 관계를 정리한다고 하자. 연구를 공정하게 하기 위해, 외부군에는 달팽이를 넣는다. 네 가지 특성을 고른 다음(진지하게 분석하기에는 종의 수가 너무 적지만 기법의 적용 방법을 알 수는 있을 것이다.) 다섯 종에 대한 표를 만드는데, 표 6처럼 '예'이면 1, '아니오'이면 0으로 표시한다.

서로 다른 종이 얼마나 가까운 사이인지를 재는 잣대로는(이 수단은 '거리'와 반대 개념이므로, 거리가 최소가 되면 근접성은 최대가 된다.), 표 6의 행렬에서 공통인 성분 숫자를 이용한다. 예를 들어 고양이와 표범은 똑같이 수염이 있고 가르랑거리지만, 반점이나 크기에서는 같지 않으므로 거리는 2이다. 데이터의 양이 적으므로 표 7처럼 모든 접근성을 표로 정리할 수 있다.

이제 발견술을 적용한다. 발견술이란 '정보에 근거한 추측'을 유식하게 말한 것이다. 어떤 두 종이 가장 가까울 때의 수가 3이고, 이것은 고양이과의 네 동물 모두에 적용되므로, 고양이과 동물 넷은 달팽이보다 서로 더 가까운 관계라고 추측한다. 그러므로 달팽이는 나무 아래에 놓는다. 그 다음 고양이는 호랑이와 치타와 가깝고(접근 3), 표범과는 그보다 덜 하지만 어쨌든 가까우므로(접근 2), 나무 꼭대기에는 고양이, 호랑이, 치타 중 하나가 있으리라고 생각할 수 있다. 그러므로 일단 제일 먼저 치타를 달팽이에서 멀리 가지쳐 놓는다. 고양이, 표범, 호랑이 중 고양이와 표범이 치타에 더 가까우므로, 호랑이를 나머지 둘보다 먼저 아래에 가지쳐 놓는다.

이때 그림 22처럼, 나무를 완성하는 방법에는 두 가지가 있다. 고양이와 표범 모두 치타 가지에서 분기한 뒤 둘이 서로 갈라지는 방법과, 표범 가지에서 치타와 고양이 가지가 분기하는 방법이다.

첫 번째 그림을 보면 고양이는 치타보다 표범에 가깝지만, 실제로는 두 번째 그림처럼 표범보다 치타에 가깝다. 그래서 두 번째 그림을

표 6 다섯 종과 네 특성

	수염	반점	가르랑거림	큰 몸집
고양이	1	0	1	0
표범	1	1	1	1
호랑이	1	0	1	1
치타	1	1	1	0
달팽이	0	0	0	0

표 7 다섯 종의 접근성

고양이/표범	2
고양이/호랑이	3
고양이/치타	3
고양이/달팽이	2
표범/호랑이	3
표범/치타	3
표범/달팽이	0
호랑이/치타	2
호랑이/달팽이	1
치타/달팽이	1

선택한다. 하지만 이 나무는 정답이 아니다. 정답을 찾는 첫 번째 단계일 뿐. 순서를 달리 해서 비교했다면 다른 나무에 도달했을지도 모른다. 가장 적합한 나무를 완성하려면, 나무 전체가 데이터와 얼마나 잘 맞는지 측정하는 수단이 필요하다. 그 다음에는 예를 들어 표범과 호랑이를 바꾼다든지 하는 식으로 후보 나무를 여러 가지로 변형해서

생명의 수학

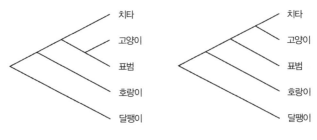

그림 22 두 분기도 후보

살펴본다. 또한 달팽이를 호랑이 등과 바꾸어 봄으로써 선택한 외부군이 정말로 외부군인지를 확인해야 한다. 그렇지 않다면 처음부터 포함시킬 필요가 없다.

최적의 나무를 찾기 위해, 모든 가능한 나무들의 총합을 내야 한다. 공식에 따라 가능한 나무는 모두 15그루이므로 여기서는 일일이 계산을 할 수 있지만, 실제에서는 특성의 수가 더 많아 다른 접근법이 필요한데, 이것에 대해서는 아래에 설명했다. 어쨌든 여기서 든 예는 지나치게 단순하므로 분석을 더 진행하지는 않겠지만 분기도 구성의 골자는 분명해졌으리라 본다.

종의 수가 늘어나면 가능한 나무의 수도 가파르게 늘어나기 때문에, 실제 상황에서는 가장 적합한 나무를 완벽하게 계산할 수 없다. 하지만 이론적으로 최적에 가까운 나무를 찾는 방법은 많다. 수학 분야에서 빌려온 최적화라는 방법들인데, 산업 공학과 경제학에서 흔히 쓴다.

이곤에 힙팅란 분기도는 다음과 같이 구성한다. 우선, 분기획지는 자신의 경험, 또는 발견술을 이용해 최적에 가깝다고 예상되는 나무를 몇 그루 그린다. 이 나무들을 컴퓨터에 입력해 적절한 소프트웨어에 돌리면 처음 추측에서 약간 수정된 나무들이 무작위로 생성된다. 그 다음에는 메트릭 — 데이터에 얼마나 맞는지 — 을 계산해 수정된 나무 중 가장 우수한 것이 무엇인지 찾는다. 이제 이 새로운 나무를 무작위로 변형시키는 과정을 반복하다가 무작위 수정이 나무를 더 적합하게 만들지 못하면 멈춘다.

비유를 들어 설명하면, 메트릭이 어떤 지형의 고도를 나타낸다고 하자. 최적의 나무는 전체 지형에서 가장 높은 지점에 해당한다. 하지만 여러 개의 언덕이 있을 수 있고, 언덕마다 가장 높은 지점이 존재한다. 그때는 그 지점들 각각이 근처에서 가장 높은 지점이 될 것이다. 그러므로 몇 개의 적절한 시작점을 골라서, 그 주변을 무작위로 탐색해 위로 올라가는 길이 없는지 확인한다. 있다면 그 길을 따라 위로 조금 올라가서 탐색을 반복한다. 이러한 방법에는 문제가 있는데, 처음의 추측이 적절하지 않으면 가장 높은 언덕이 아닌 곳에서 막혀 버릴 수도 있다. 근처를 탐색한다고 결과가 좋아지지는 않을 것이다. 언덕을 벗어나 더 멀리 찾아야 한다. 그렇게 할 수 있는 합리적인 방법들이 있긴 하지만, 어느 것도 그리 쉽지 않다.

이 방법으로 얻은 나무가 실제로 그 종들에 관한 정확한 진화 나무라는 보장 또한 없다. 그래도 나무에서 어떤 두 종이 아주 가까운 사이이거나, 아주 먼 사이라면 실제 진화에서도 분명히 마찬가지일 것이다. 다른 데이터를 다른 방법으로 분석했을 때에도 그 결과는 분명히 비슷하게 나올 것이다.

그런데 진화를 나무로 모형화하는 것은 얼마나 합리적일까?

스티븐 제이 굴드(Stephen Jay Gould)는 그의 책 『생명, 그 경이로움

생명의 수학

에 대해(*Wonderful Life*)』에서, 캐나다의 퇴적 암석층 버제스 혈암에서 발견된 다양한 연체 생물 화석에 대해 썼다. 이 퇴적층과 그 안에 있는 화석은 캄브리아기 폭발 때 생겨났다. 캄브리아기 폭발 당시, 어느 순간 다양한 생물이 폭발적으로 나타나 고도로 복잡한 수많은 생물로 진화했다. 일반적으로 화석에는 보통 썩어 없어졌을 부드러운 특성들이 많이 보존된다. 굴드의 해석으로는, 버제스 혈암의 화석에서 나타난 진화 가계도는 한 그루의 나무보다는 우거진 대초원에 더 가까웠다. 하지만 대초원을 이루는 종들은 모두 멸종되어 오늘날 존재하지 않기 때문에 현재 데이터로 재구성할 수 없다.

사실 굴드는 버제스 혈암에 나타난 동물상에는 현재 존재하는 것보다 더 많은 동물 문이 있다고 말했다. 문은 생명체를 분류하는 큰 단위 중 하나로, 예를 들어 인간은 배아 때 척삭이 발달하는 척삭동물 문에 속한다. 굴드는 계속해서 인류의 진화는 캄브리아기 폭발 때 일어난 우연한 '사건'과 관련이 있다고 추론한다. 피카이아(*Pikaia*)는 버제스 혈암 동물상 가운데 모든 척삭동물의 조상으로 가장 적합한 후보로서, 그 후손은 오늘까지 살아남아 있다. 아노말로카리스(*Anomalocaris*), 오파비니아(*Opabinia*), 넥토카리스(*Nectocaris*), 아미스퀴아(*Amiskwia*)와 기타 다양한 생명체는 저마다 다른 (그리고 지금은 멸종된) 생물 문을 대표하지만, 피카이아와 달리 그 후손은 오늘날 살아남지 못했다. 이들은 모두 행복하게 공존하고 있었다. 어느 하나만 살아남고 나머지는 모두 죽을 만한 충분한 이유가 없는 듯했다.

지금 보면 굴드는 자신이 연구한 화석들 사이의 차이를 무심코 과장한 듯하며, 실제로는 그가 생각했던 것과 달리 많은 생물이 지금 존재하는 생물과 관련을 맺고 있다. 하지만 수수께끼 같은 버제스 혈암 화석들 다수를 아직 분석하지 못했기에, 굴드의 이론은 분명히 다시 부활할 수도 있다. 어쨌든 나무를 찾고자 한다면 만들어 낼 수는 있기 때문에 어떤 경우에는 처음부터 나무의 존재를 가정하지 않는 것이 잘못된 진화 나무를 만들지 않는다는 점에서 합리적이다.

유전학적으로 생명의 나무는 유전자가 조상(인 생명체)에서 후손(인 생명체)으로 전해지는 과정이다. 하지만 유전자는 또 다른 방법으로도 생명체 사이를 이동한다. 그 방법은 1959년 항생 물질에 대한 내성이 한 세균 종에서 다른 세균 종으로 전해질 수 있음을 보인 한 일본 연구에서 밝혀졌다.[1] 이렇게 서로 다른 두 종 사이에서 이동하는 현상을 가리켜 수평 (또는 가로) 유전자 전달이라고 하는 반면, 후손에게 이어지는 전통적인 유전자의 이동은 수직 전달이라고 한다. 이 이름들은 시간의 흐름을 수직으로, 종의 유형을 수평으로 나타낸 일반적인 진화 나무 그림에서 따왔을 뿐, 다른 뜻은 없다.

　수평 유전자 전달이 세균 사이에서 널리 일어나며, 단세포 진핵생물에서도 빈번하게 나타난다는 사실이 곧 알려졌다. 이 현상은 유전자가 바뀌는 또 다른 방법이 될 수 있으므로, 그러한 생물의 진화 양식도 바뀌게 된다. 어떤 한 종의 생물에서 유전체의 돌연변이로 일어난 유전자 변형(유전자 삭제, 중복, 뒤바뀜, 점 돌연변이 포함)의 전통적인 정의는 전혀 다른 종의 DNA 조각 삽입도 포함해야 한다. 수평 전달은 주로 세 가지 과정으로 이루어진다. 세포가 자신의 노력으로 외계 유전 물질을 포획하거나, 바이러스를 통해 외계 DNA가 들어오거나, 두 세균이 유전 물질을 교환('세균의 성교')하는 방법이다.

　다세포 진핵생물이 진화 과정에서 수평 유전자 전달을 받았을지도 모른다는 증거도 있다. 균류 중 일부, 특히 효모균의 유전체에는 세균에서 유래된 DNA 염기 서열이 들어 있다. 갑충의 특정 종들도 월바키아(Wolbachia) 세균에게서 유전 물질을 얻는데, 이 세균은 갑충 속에서 공생 관계로 산다. 진딧물은 균류에게서 온 유전자를 가지고 카로티노이드를 생산한다. 인간 유전체에는 바이러스에서 유래된 염기 서열이 있다.

이러한 현상의 발견에 따라 진화 뒤에 숨은 원동력인 유전 변화의 작동 과정을 보는 시각이 달라졌다. 이것은 수많은 생명체의 유전적 조상이 눈에 보이는 진화 조상뿐만은 아니라는 뜻이다. 그렇기에 수많은 생물학자들이 생명의 나무 비유를 폐기해야 한다고 주장해 왔다. 과학적으로 이 주장은 그리 문제될 것은 없다. 생명의 나무는 신성하지 않기에, 그것이 틀리다는 증거가 나오면 버려야 마땅하다. 그때가 되면 진화를 보는 우리의 눈은 달라질 것이다. 적어도 그때까지 나무 비유가 지속된다면 말이다. 하지만 과학은 흔히 이전의 생각을 수정하면서 발전한다. 그렇다면 수평 유전자 전달은 생명의 나무라는 비유를 무너뜨릴까? 언뜻 보면 답은 '그렇다'인 것 같다. 수평 유전자 전달에서는 닫힌 회로, 즉 나무에서 두 가지가 연결된 모양이 있을 수 있다. 그렇게 되면 나무가 아니다.

하지만 헤켈의 생명의 나무와 분기도의 가지들은 시간적으로나 개념적으로 종이 어떻게 분기하는지 보여 준다. 나뭇가지는 생명체 하나하나를 나타내지 않는다 수평 유전자 전달은 DNA 한 토막이 한 생물에서 다른 생물로 이동하는 것이다. 그러므로 이 새로운 넌킬은 종을 표현하는 나무의 가지가 되지 못한다. 젖소는 외계 DNA가 조금 들어 있다 해도 젖소이다. 물론 그 외계 DNA가 영향을 주어 나중에 진화가 일어날 수도 있지만, 그렇다 하더라도 그건 나중 일이다.

DNA 변화로 생물이 어떻게 연결되는지 나뭇가지를 통해 보여 주는 나무 그림에서, 수평 유전자 전달이 추가하는 연결은 그 나무 구조를 망쳐 놓는다. 하지만 그렇다고 원래 있던 생명의 나무 비유가 틀린 것은 아니다. 다만 수평 유전자 전달은 전통적인 나무와 다른 비유를 이야기할 뿐이다.

짧게 말해, 수평 유전자 전달은 **종**을 위한 생명의 나무에 아무 영향도 주지 못한다. 개개의 생명체를 나타낸 나무라면 약간의 영향을 주고, DNA 나무라면 더 큰 영향을 준다. 단, 그 종이 세균이나 바이러스와 관련 있다면 예외가 될 것이다. 그들 사이에서는 수평 유전자 전달이 너무도 흔하게 일어나 종의 개념조차 의심스러워진다.

개체를 고려한 종 분화는 경계가 뒤섞이며, 아주 복잡하게 일어날 것이다. 그러한 종 분화 사건을 하나의 분기점으로 표현한다는 것은 확실히 지나친 단순화이므로, 적절하지 못한 질문(이를테면 "정확히 언제 두 종이 갈라져 나왔을까?"와 같은 질문)이나 구분을 하게 될지도 모른다. 토비 엘름허스트(Toby Elmhirst)가 버드심(BirdSym)이라는 이름으로 소개한 것과 같은 복잡한 종 분화 모형들을 보면 종 분화 사건이 일어날 때 표현형에서 일어난 변화가 매우 복잡하고 풍부해 보인다. 단순한 분기점이 아니라 강물이 꼬여 있는 듯하다.

생명의 나무가 하나가 아니라 여러 그루라면? 다윈은 『종의 기원』에서 그 가능성을 열어 놓았다. 그 답이 무엇이든 진화에 대한 일반적인 생각에는 크게 영향을 주지 않겠지만, 유일한 나무를 선호하는 진화론적인 이유가 있다. 일단 생명이 살아가게 되면 어떤 방법으로든 그것은 번식을 하고, 이 때문에 나중에 나타난 다른 기원은 크게 발전하기 어려워진다. 신참자는 이미 존재하는 생물과 경쟁을 해야 하는데, 먼저 있던 생물은 진화 게임에 꽤 익숙해진 만큼 생존에 더 유리하기 때문이다. 기원은 하나일 것이라고 추측하는 이유는 이 때문이며, 다수의 기원을 설명하려면 새로운 아이디어가 필요하다.

2010년 더글러스 시어벌드(Douglas Theobald)는 분기학적 기법을 써서 '보편 공통 가계'로 알려진 이 가설을 시험했고, 그 결과는 오늘날 모든 생명을 하나의 공통 가계로 나타낼 수 있다는 주장을 굳게 뒷받침했다.[2] '조상(ancestor)'이 아닌 '가계(ancestry)'라는 말을 쓴 데에는 타당한 이유가 있다. 시어벌드의 모형에서는 마지막 보편 공통 가계로 다른 시기에 살았던, 유전자가 다른 생물 개체군을 허용한다. 그의 방법은 3개의 군, 즉 고세균류, 원핵생물, 진핵생물에서 모두 나타나는 23개 단백질의 아미노산 배열과 관련이 있다. 그 배열은 생명체의 전 범위를 아우르며, 아득한 과거로 되돌아갈 수 있는 분자 탐색자이다. 단백질을 선택한 다음에는 한 그루의 진화 나무와 여러 그루의 진화 나무 집합을 대상으로 계산한다. 마지막 단계로, 데이터가 주어졌을

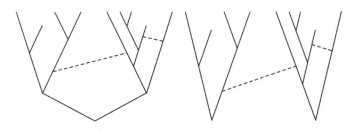

그림 23 왼쪽 그림과 같은 유일한 생명의 나무가 존재할 가능성은 오른쪽과 같은 다수의 나무가 존재할 가능성보다 10^{2860}배 더 크다. 점선은 수평 유전자 전달을 나타내는 것으로 나뭇가지가 아니다.

때 이 결과들이 얼마나 일치하는지 비교해 본다.

시어벌드는 필시 수평 유전자 전달이 추가되었을 나무 한 그루를, (예를 들어) 두 그루의 나무와 비교했다. 비교 대상인 두 나무는 수평 유전자 전달로 연결되었을 수도, 그렇지 않을 수도 있다. 결과는 극적이었다. 한 그루 나무가 존재할 가능성은 두 그루 혹은 그 이상의 나무 집합에 비해 약 10^{2860}배 더 컸다(그림 23). 이 결과는 카드 한 벌을 무작위로 섞었을 때, 에이스에서 킹까지 스페이드, 하트, 클럽, 다이아몬드의 완벽한 순서로 정렬되는 경우, 게다가 이 경우가 42번이나 거듭되는 경우와 같다.

10

4차원에서 온
바이러스

기하학은 그리스 철학자와 수학자들의 노력 덕분에 수학에서 잘 발달한 강력한 분야가 되었다. 가장 재능이 뛰어났다고 말할 수는 없더라도, 가장 유명했던 고대 그리스 기하학자는 알렉산드리아의 유클리드(Euclid)였다.[1] 그는 기원전 300년경에 지은 『원론(*Elements*)』으로 기하학을 체계적인 기초 위에 세워 논리적으로 발전시켰다. 『원론』은 지금까지 나온 가장 성공한 책으로, 1482년 베네치아에서 첫 판을 인쇄한 이래 오늘날까지 몇 차 판이 나왔다.

『원론』의 내용에서 절정은 다섯 가지 정다면체, 즉 정사면체, 정육면체, 정팔면체, 정십이면체, 정이십면체의 분류와 구성이다. 정다면체의 이름에서 입체를 이룬 면의 수가 4, 6, 8, 12, 20임을 알 수 있다.[2] 정

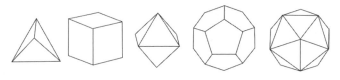

그림 24 정다면체. (왼쪽에서 오른쪽으로) 정사면체, 정육면체, 정팔면체, 정십이면체, 정이십면체.

육면체의 면은 정사각형이고, 정십이면체의 면은 정오각형이며, 나머지 세 정다면체의 면은 정삼각형이다(그림 24).

    오늘날 거의 모든 과학 분야에서, 2300년 전의 발견은 더 이상 큰 의의가 없다. 비록 그 무렵 아르키메데스가 발견한 부력의 원리나 지렛대의 법칙은 아직 쓰이고 있지만 말이다.[3] 하지만 수학에서는 이전의 발견 위에 새 발견을 쌓아 나가기 때문에 변두리에서 서성거릴지언정 일단 참으로 증명된 것은 계속 남아 있다. 새로운 엄밀함의 기준이 생겨나고 수학의 정의가 더욱 탄탄해지며 새로운 해석이 들어오면, 한때 최고 인기를 누렸던 주제도 아주 잊힐 수 있지만 근본적인 아이디어는 거의 영원히 남는다.

    정이십면체가 그 예이다. 정이십면체는 순수 수학에서 언제나 한 몫을 해 왔다. 19세기 프랑스 수학자 샤를 에르미트는 5차 대수 방정식 해법을 찾아냈다. (에르미트는 1858년 타원 함수를 이용한 5차 방정식의 해법을 제시한 바 있다. 독일의 수학자 펠릭스 클라인(Felix Klein)은 『정이십면체 강의와 5차 방정식의 해법(*Vorlesungen über das Ikosaeder und die Auflösung der Gleichungen vom 5ten Grade*)』(1884년)에서 일반적인 5차 방정식의 해를 초기하 급수로 표현했다. ― 옮긴이) 하지만 실제 세계에서는 20세기 전까지 크게 활용되지 못했는데, 정이십면체가 자연에서 관찰할 수 있는 형태라

그림 25 (왼쪽) 정이십면체. (가운데) 깎은 정이십면체와 축구공. (오른쪽) 풀러렌.

고 생각하지 않았기 때문이다. 1923년부터는 설계에서 쓰이기 시작했다. 공학자 발터 바우어스펠트(Walther Bauersfeld)는 정이십면체를 기초로 최초의 천체 투영관 영사기를 제작했으며, 건축가 버크민스터 풀러(Buckminster Fuller)는 그 아이디어를 재활용해 측지선 돔을 설계했다. 정이십면체는 오늘날 축구공과도 관계가 있다. 축구공은 정이십면체를 정교하게 깎은 것으로, 꼭짓점을 잘라 내 더욱 둥글게 만든 것이다. 같은 방법으로 정교하게 만든 것이 최근 발견한 풀러렌 구조로, 탄소 원자만 60개가 모여 이룬 이 분자는 공 모양의 새장처럼 생겼다(그림 25).

하지만 전자 현미경과 엑스선 회절 기법이 나오면서, 유클리드의 이십면체는 생물학에서 자주 등장하는 특징이 되었다. 그 무대는 바이러스였다. 바이러스는 구조가 아주 작아서 광학 현미경으로는 볼 수 없지만 더 성능이 좋은 전자 현미경에서는 볼 수 있었다. 바이러스는 인간과 동식물에 병을 일으키는 주된 원인이다. 라틴 어로 '비루스(virus)'는 '독(poison)'이라는 뜻이다. 바이러스는 내부 분의 생물 분자보다 조금 더 크기는 하지만 보통 일반 세균 크기의 100분의 1 정도이다. 부피는 길이의 세제곱에 비례하므로, 틈이 없도록 한다면 세균 한

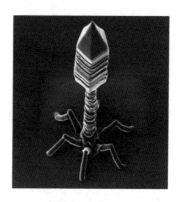

그림 26 대장균 바이러스 T4

마리에 100만(100×100×100) 마리의 바이러스를 꽉 채울 수 있다. 지구에는 약 5×10^{30} 마리의 세균이 있으며 바이러스는 이보다 열 배가량 더 많다. 두 수치 모두 아주 정확하지 않으며 실제보다 적게 잡았는지 몰라도, 대충 어느 정도인지 감은 얻을 수 있을 것이다. 바이러스는 한 사람당 10^{22} 마리가 넘게 들어 있다.

세균은 저마다의 유전적 과정을 따라 번식하기 때문에 분명 생명으로서의 자격이 있다. 바이러스는 생명으로서의 자격이 있기도 하고 없기도 하다. 유전자 — DNA 또는 RNA — 가 있지만 스스로의 유전자로 번식을 하지 못하기 때문이다. 이들은 세균의 생화학적 생식 조직을 무너뜨림으로써 폭발적으로 번식하는데, 마치 서류를 복사기라는 중간자를 통해 복제하는 것과 같다. (사실 몇몇 바이러스는 자신의 힘으로 번식할 수 있지만 이들은 예외이다.) 어떤 생물학자들은 생명의 정의가 바이러스를 포함하도록 확대되어야 한다고 주장한다.

1898년 마루티뉘스 베이에링크(Martinus Beijerinck)가 담배 모자이크 바이러스를 처음 발견한 이래, 지금까지 5000종이 넘는 바이러

생명의 수학

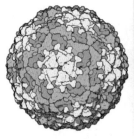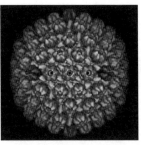

그림 27 두 바이러스에서 나타나는 정이십면체 구조. (왼쪽) 구제역 바이러스는 자신과 거울상이 다르며 60가지 대칭을 갖는다. (오른쪽) 단순 포진 바이러스는 거울 대칭이며 120가지 대칭을 갖는다.

스가 발견되었고, 간접적인 증거를 가지고 보면 틀림없이 몇백만 종이 더 있을 것이다. 대부분의 바이러스는 두 주요 부분, DNA 또는 RNA로 형성된 유전자와 그것을 둘러싼 캡시드(capsid)라는 단백질 껍질로 이루어진다. 캡시드는 보통 캡소머(capsomer)라고 하는 동일한 단위 단백질들로 이루어진다. 어떤 바이러스에는 여기에 더해 세포 밖에 있을 때 스스로를 보호하기 위한 지질(지방) 층이 있다.

1956년에는 바이러스의 대다수가 정이십면체이거나 나선형으로 되어 있다는 사실, 다시 말해 축구공처럼 생겼거나 소용돌이 계단처럼 생겼다는 사실이 알려졌다. 더 복잡한 구조를 가진 것도 있었다. 예를 들어 대장균 바이러스 T4는, 머리는 정십이면체, 줄기는 나선, 뿌리가 자라나는 밑판은 육각형이다. 마치 달착륙선같이 생겼다(그림 26). 하지만 대부분의 바이러스의 주요 형태인 정이십면체는, 2000년 이상 실제 활용된 적이 없었지만 바이러스를 만들기에 아주 알맞은 형태라는 사실이 드러났다(그림 27).

이에 대해서는 에너지의 최소화라는 그럴듯한 설명이 있는데, 다음과 같다. 바이러스 외투는 보통 공과 유사한 형태의 수많은 동일 단백질 분자로 구성된다. 그와 같은 분자들의 모임은 될 수 있는 한 구에 가까울수록 자연이 선호하는 최소 에너지를 가진다. 비눗방울은 구**이다.** 구는 부피가 일정할 때 표면적이 최소이므로, 표면 장력 에너지가 최소가 되기 때문이다. 바이러스의 외투는 완전한 구가 되지 못하는데, 구성 요소인 단위 단백질들이 울퉁불퉁한 혹을 만들기 때문이다(테니스 공 100개를 가져다 매끈한 구를 만들어 보라.). 그러므로 단위 단백질이 이룬 형태는 그 자체로 최적화된 상태이다. 유클리드의 모든 입체 가운데서 정이십면체는 구에 가장 가깝다. 깎은 정이십면체는 훨씬 더 구에 가깝기 때문에 축구공에 쓰인다. (게다가 보너스로, 축구공에 공기를 넣으면 공을 이루는 조각들은 더 둥그스름해진다.) 그래서 진화와 FIFA(국제 축구 연맹)는 구에 가장 가까워야 한다는 같은 이유로, 같은 형태를 떠올렸다. 2010 월드컵 전까지는 축구공을 다른 방법으로 만들었고, 모두들 그에 불평했던 것이다.

정이십면체의 중심에는, 사실 모든 정다면체의 중심에는 대칭이라는 개념이 있다. 1800년대 초 이래로 수학자들은 군론(group theory)이라는 매우 깊이 있는 대칭 이론을 발전시켜 왔고, 군론은 과학에 두루 쓰여 왔다. 나는 군론이 어떻게 생겨났는지에 대한 책을 쓸 기회가 있었다(그리고 완성했다.[4]). 핵심은 대상의 대칭이란, 어떤 사물을 가리키는 것이 아니라, **변환**, 그것도 변환 뒤 대상이 처음과 꼭 같은 모습이 되도록 만드는 변환이라는 점이다.

솔직히 말하면 이해할 수 없는 말투성이다. 대칭이 대상을 바꾸면서 보이는 모습 그대로 놔둔다니 말이다. 그렇다. 달 위에 초록 난쟁이가 사는데 그들은 투명하기 때문에 지금까지 누구도 발견하지 못했다는 소리와 다를 것이 없어 보인다. 맞다. 사실 윗 문단의 마지막 말은 제대로 해석한다면 이치에 맞는 이야기이다. 변환이란 사물을 재배열하거나 다른 위치로 이동시키는 것이다. 여기서 말하는 변환은 강체 운동으로, 특히 회전과 반사를 가리킨다. 이제 직관적으로 대칭이 꽤 많을 것 같은 정사각형을 생각해 보자. 정사각형의 네 귀퉁이는 똑같이 생겼다. 이 특징을 확인하는 하나의 방법으로 중심을 기준으로 직각만큼 회전시킨다. 결과는 아까와 똑같은 방향에 놓인 똑같은 정사각형이다. 정사각형을 회전시킬 동안 눈을 감았다면, 그리고 그 정사각형에 어떤 표시도 없다면, 다시 눈을 떴을 때 아무 일도 없었다고 생각할 것이다. 그러므로 '직각 회전'이라는 변환은 정사각형의 대칭이다. 정사각형에는 대칭이 모두 여덟 가지이다. 정사각형을 그대로 놓아두기, 90도 회전시키기, 180도 회전시키기, 270도 회전시키기, 두 대각선을 따라 반사하기, 마주보는 두 변의 중앙을 연결한 두 선을 따라 반사하기가 있다.

이 변환들의 모임은 '닫힘'이라는 기분 좋은 성질을 가진다. 다시 말해 어떤 두 변환이든 차례로 수행하면, 그 결과는 여덟 가지 대칭 중 어느 하나를 수행한 것과 같다. 그렇기에 이들은 군을 이룬다고 한다. 다른 대상의 대칭들도 마찬가지이다. 원은 정사각형보다 훨씬 많은 대칭을 가지고 있으며, 그 수는 무한히 많다. 어떤 각도만큼 돌려도 대칭이며, 어떤 지름을 따라 반사해도 대칭이다. 여기서도 어떤 두 대칭을 택해 차례로 수행하면 어느 한 대칭을 수행한 결과와 같다. 14도 회전시킨 다음 53도 회전시키면, 그 결과는 14도+53도인 67도를 한 번에 회전시킨 것과 같다.

유클리드의 정다면체는 아름다운 대칭들이 풍부한 군이다. 정사면체에는 24개의 대칭이 있으며, 정육면체와 정팔면체에는 48개의 대칭이 있고, 정십이면체와 정이십면체는 120이라는 어마어마한 수의 대칭이 있다. 현대 순수 수학에 이 입체들이 널리 퍼져 있는 까닭은 그들이 가진 대칭 특성 때문이다. 눈여겨볼 점으로, 정십이면체와 정이십면체처럼 두 입체가 가진 대칭의 수가 같을 때가 있다. 여기에는 그럴만한 까닭이 있다. 정이십면체의 각 면 가운데에 점을 하나 찍으면, 그 점들은 정십이면체의 20개 꼭짓점이 된다. 비슷하게 정십이면체의 각 면 가운데에 점을 찍으면, 정이십면체가 가진 12개의 꼭짓점이 된다. 입체 사이에 적절한 기하학적 관계가 있으면 그 입체들의 대칭군은 같아지기도 한다.

바이러스 캡시드의 구조는 생물학에서 볼 때 중요하다. 특히 바이러스의 이미지(엑스선 결정학에서 얻는 상 같은 것들)를 분석하고, 그들이 모이는 방식을 모형화할 때 도움이 된다. 바이러스의 정이십면체 구조는 단순히 전체적인 형체만을 결정하지 않는다. 그것은 단위 단백질들의 배열 속에도 들어 있다. 최근까지 캡시드 구조에 대한 주된 설명은 1962년 미국과 영국의 생물리학자 도널드 캐스퍼(Donald Caspar)와 에런 클루그(Aaron Klug)가 제시한 이론을 따랐다.[5]

정이십면체 모양의 바이러스 외투는 삼각형의 캡소머 배열이 마치 정이십면체의 면들처럼 서로 맞물리면서 만들어진다. 삼각형 각각은 수많은 캡소머 열들로 이루어지는데, 마치 스누커 게임이나 포켓볼을 시작할 때 공이 놓인 모양처럼 정렬되어 있다. 하지만 더 자세히 보면 그게 다가 아니다. 캡소머 열은 휘어질 수 있기 때문에, 어떤 열이 삼각형의 변과 부딪치면 그 변은 다음 삼각형 쪽으로 휘어지게 된다. 분명 자연스럽게 만들어진 형태이지만, 수학에서 볼 때는 조금 이상하다. 그 패턴들을 이해하려면 우선 수학적 위상을 알아낸 뒤 공통 특성을 찾아야 한다.

포켓볼의 당구공처럼, 대부분의 캡소머는 저마다 6개의 다른 캡소머에 둘러싸여 있다(6합체). 하지만 어떤 캡소머는 5개의 캡소머로만 둘러싸여 있다(5합체). 그 까닭은 기하에 있음이 밝혀졌다. 캡소머에 꼭짓점을 두고 서로 인접한 캡소머를 모서리로 연결하면 바이러스 캡시드를 정다면체로 표현할 수 있는데, 이때 6합체는 6개의 모서리 위에 놓인 꼭짓점들이고, 5합체는 5개의 모서리 위에 놓인 꼭짓점들로 나타난다. 이 사실 하나만으로 가능한 캡소머의 수에 수학적 조건이 더해진다. 시대를 초월한 위대한 수학자 레온하르트 오일러(Leonhard Euler)는 입체의 면과 모서리, 꼭짓점을 연결하는 공식을 찾아냈다. 즉 위상학적으로 구와 동치인 다면체의 경우,

$$F-E+V=2$$

F는 면의 수, E는 모서리 수, V는 꼭짓점 수이다. 예를 들어 정육면체는 $F=6$, $E=12$, $V=8$ 이므로, $6-12+8=2$이다. 이 일반 공식은 다면체의 오일러 공식이라고 한다. 공식을 이용한 간단한 계산으로, 순수하게 6합체와 5합체로 이루어진 모든 바이러스 껍질에는 정확히 12개의 5합체가 있어야 한다는 사실을 알 수 있다. (6합체의 개수를 a, 5합체의 개수를 b라고 하면, 면의 수 $F=a+b$, 모서리 수 $E=(6a+5b)/2$, 꼭짓점 수 $V=(6a+5b)/3$로, 방정식을 풀면 $b=12$가 나온다. ─옮긴이) 이 방법으로는 5합체

가 구체적으로 어디에 나타나는지 모르지만, 분명 있어야 한다는 사실만큼은 증명된다.

캐스퍼와 클루그는 이러한 위상학적 실마리를 따라갔다. 처음에는 나선형의 바이러스, 그 다음에는 정이십면체 바이러스를 살펴보았다. 여기서 근본적인 문제는 동일한 단위들을 모아서 구에 가까운 형태를 만들 수 있느냐였다. 각 단위와 인접한 단위들 사이의 관계는 화학 결합에 따라 제한될 수 있음을 생각해야 했다. 가장 간단한 경우는 그런 관계가 하나뿐일 때였다. 기하학에서 이 말은 각 단위가 이웃 단위들로 둘러싸이는데, 그 이웃 단위들의 배열이 모두 같다는 뜻이다. 이 말은 차례로 매우 높은 정도의 대칭, 앞으로 간단히 '완벽한 대칭'이라 말할 그런 대칭을 가진다는 뜻으로, 정다면체를 암시한다. 정다면체 중에서도 정이십면체는 가장 그럴 듯한 후보이다. 구에 가장 가까운 정다면체이기 때문이다. 또한 전자 현미경으로 본 여러 바이러스의 이미지는 정이십면체로 나타났다. 비록 캐스퍼와 클루그는 이를 가리켜 "분자 수준에서도 그 대칭이 반드시 정이십면체의 대칭이라는 뜻

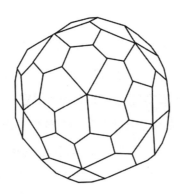

그림 28 각 단위가 이웃한 단위들과 같은 관계가 되도록 60개의 동일한 단위들이 맞물린 모양

생명의 수학

은 아니"라고 했지만 말이다.

완벽한 대칭의 조건과 함께, 정이십면체 배열은 12개 또는 20개 단위들을 충분히 수용한다. 단위가 꼭짓점에 있다면 12개, 면의 중앙에 있다면 20개이다. 각 단위가 똑같은 이웃에 둘러싸이도록 맞출 수 있는 단위의 최대 수는 60이다(그림 28). 거울상이 같다면 그 수는 120으로 늘어나겠지만, 생물 분자들은 특정한 '손(handedness)'을 갖는 경우가 많기 때문에 그럴 가능성은 낮다. 여기서도 대칭은 정이십면체의 대칭이다.

그러므로 바이러스에서 완벽한 대칭이 되는 단위 단백질의 수는 12, 20, 60이 되어야 한다. 하지만 캐스퍼와 클루그가 알고 있는 바이러스는 모두 이 수를 벗어났고, 대부분은 단위가 60개가 넘었다. 완벽한 대칭이라는 조건을 조금 느슨하게 한, 60의 배수가 되는 경우도 없었다. 빠져나갈 만한 방법은 조건을 더 느슨히 하는 것이었고, 캐스퍼와 클루그는 엉뚱한 곳, 건축가 풀러에게서 영감을 받았다. 풀러는 기하학 형태들을 좋아했고, 측지선 돔은 그가 생각해 낸 유명한 형태 중 하나였다. 측지선 돔은 매우 많은 삼각형 판들을 맞물려서 만든 공 모양의 울타리 같은 것이다. 1964년 뉴욕 세계 박람회에서는 중요한 임시 구조물이었고, 현재 영국 콘월에 있는 세계에서 가장 큰 온실 에덴 프로젝트에서는 그것의 반구 형태를 볼 수 있다.

정삼각형 6개가 한 꼭짓점에 모이도록 배열하면 평면을 이루기 때문에 그렇게 해서 측지선 돔을 만들 수는 없다. 여러 선배 건축가들처럼 풀러도 돔을 만들기 위해서는 정삼각형에 **가까운** 삼각형을 써야 함을 알았다. 그 배열은 완벽한 대칭을 이루지 않고, 각 삼각형은 두 종류의 이웃으로 둘러싸이게 된다. 오일러 공식이 보편적으로 참이라면 일부는 다섯 삼각형이 모여 한 꼭짓점을 이루도록 배열해야 하고, 나머지 부분에서는 여섯 삼각형이 모여 한 꼭짓점을 이루도록 배열해야 한다. 캐스퍼와 클루그가 알아낸 사실로, 이웃 단위들은 일반적으로 똑같은 배치의 화학 결합으로 묶여 있지만, 이들 결합은 조금 휘어질 수 있으므로 대칭적으로 관련되지 않은 단위들에서는 결합각이 약간 다를 수 있다. 노벨상을 받은 화학자 폴링의 실험에 따르면 결합각은 평균값에서 약 5도 달라질 수 있으므로 어느 정도 유연성이 있었다.

캐스퍼와 클루그는 가짜 정이십면체(pseudo-icosahedra)라는 특이한 입체들의 세계로 나아갔다. 이 입체들은 전문 기하학자들에게는 친숙하지만 대부분의 수학자들에게는 아니다. 입체들 중에는 정이십면체와 닮았지만 덜 규칙적인 것들이 있다. 이 입체들은 정삼각형으로 만든 면을 겹치지 않게 붙여서 만들 수 있다. 먼저 두 수 a와 b를 정한다(그림 29). 한 꼭짓점에서 시작해 a개의 단위를 오른쪽으로 옮기고 b개의 단위를 이 방향과 120도가 되도록 옮겨 두 번째 꼭짓점을 얻는다. 그 다음 원래 붙인 조각들의 꼭짓점들을 포함하는 큰 정삼각형이 만들어지도록 세 번째 꼭짓점을 정한다. 이러한 정삼각형 20개가 모이

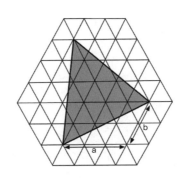

그림 29 가짜 정이십면체의 삼각형 면을 만드는 과정

표 8 가짜 정이십면체 바이러스와 관련된 숫자

{*a, b*}	캡소머의 수	바이러스
{1, 1}	32	순무황색모자이크(Turnip yellow mosaic)
{2, 0}	42	세균성 바이러스(Bacteriophage ΦR)
{2, 1}	72	토끼유두종(Rabbit papilloma)
{1, 2}	72	사람 사마귀(Human wart)
{3, 0}	92	레오(Reo)
{4, 0}	162	대상포진, 수두(Herpes, chickenpox)
{5, 0}	252	아데노바이러스 유형 12(Adenovirus type 12)
{6, 0}	362	개전염성간염(Infectious canine hepatitis)

면 꼭짓점이 $10(a^2+ab+b^2)+2$개인 정이십면체 같은 다면체를 만들 수 있다. 이때 꼭짓점 중 12개는 5합체이고 나머지는 6합체이다. 5합체는 언제나 정이십면체 대칭축 위('귀퉁이(the corners)')에 있다. 표 8에 가짜 정이십면체 구조의 예가 나온다.

캐스퍼-클루그 이론은 수많은 정이십면체 형태의 바이러스에 적용되지만 예외도 있다. 40년 전, 니컬러스 리글리(Nicholas Wrigley)는 어떤 정이십면체 바이러스에는 이러한 가짜 정이십면체 구조가 없음을 알았다. 대신 이들의 구조는 이른바 골드버그 다면체(Goldberg polyhedra)라고 할 수 있는데, 정이십면체 표면을 정육각형들이 덮은 형태이다.[6] 하지만 가짜 정이십면체나 골드버그 다면체 구조로도 정이십면체 바이러스의 캡소머 배열을 분류하기에는 충분하지 않다. 예를 들어 1991년 로버트 리닝턴(Robert Liddington)과 동료들은 폴리오마 바이러스의 5합체 수가 가짜 정이십면체와 골드버그 다면체에서 찾아낸

12개보다 더 많다고 밝혔다.[7] 좀 더 일반적인 수학적 설명이 필요해졌다.

그동안 생물학자들의 주의는 다른 곳으로 옮겨갔지만, 수학자들은 여전히 이 예외들에 혼란스러워하고 있었다. 2000년 즈음 독일 태생의 수학자 라이둔 트바로크(Reidun Twarock)가 이끄는 요크 대학교의 연구 팀은 바이러스의 기하에 대한 더 일반적인 이론을 발전시켰다. 그녀의 이론이 바탕으로 하는 대칭 원리는 정이십면체의 군론과 아주 비슷하다.[8]

그러나 둘 사이에는 한 가지 다른 점이 있었다. 그녀의 기하 이론은 3차원이 아니라, 4차원에서 이루어진다.

네 번째 차원이라……

공상 과학 소설에 나오는, 일상생활 속 숨겨진 영역, 온갖 이상한 생명체들이 도사리는 세계가 떠오른다. 실제로 네 번째 차원은 1895년 허버트 조지 웰스(Herbert George Wells)의 공상 과학 소설 『타임머신(The Time Machine)』에서 이런 식으로 그려졌다. 시간 여행자는 먼 미래로 날아가 인류가 가냘픈 엘로이 족과 괴물 같은 몰록 족으로 분화된 모습을 본다. 웰스는 당시 인기를 끌었던 실제 과학 주제를 바탕으로 소설을 썼다. 그는 자신의 아이디어가 "1880년대에 왕립 과학 대학의 토론 단체와 실험실에서 이루어진 학생 토론"에서 나왔다고 언급했다. 소설이 시작되면서, 시간 여행자는 타임머신이 가능한 이유를 설명하기 위해 네 번째 차원을 언급한다.

실제로는 4개의 차원이 있는데, 그중 셋은 우리가 공간의 세 평면이라 일컫는 그것이고, 다른 네 번째 차원은 시간이다. 하지만 전자의 세 차원과

생명의 수학

후자 사이에 비현실적인 구분을 지으려는 경향이 있는데, 이것은 삶이 시작되어 끝나기까지 우리의 의식이 후자를 따라 한 방향으로 간간이 움직이기 때문이다.…… 하지만 철학적인 어떤 사람들은 왜 굳이 3개의 **차원**인지, 세 차원 외에 그와 직각을 이루는 또 다른 방향이 있으면 안 되는지 물었고, 심지어는 제4차원 기하를 구성하기까지 했다. 사이먼 뉴컴 교수는 한 달쯤 전 뉴욕 수학회에 이를 자세히 설명했다.

당시 미국의 가장 탁월한 수학자의 한 사람이었던 사이먼 뉴컴 (Simon Newcomb)이 1877년부터 4차원 공간을 연구했는지, 그리고 1893년 그것을 뉴욕 수학회에 발표했는지는 역사 기록과 관련된 문제이다. 4개의(그리고 그 이상의) 차원은 수학과 물리학에서 중요한 연구 주제였다.

빅토리아 시대의 어떤 신학자들은 네 번째 차원이 신에게 가까운 장소로서, 바깥에 있지만 모든 점에서 우리 우주에 접하기 때문에 신이 한눈에 우주 전체를 샅샅이 볼 수 있는 곳이라고 생각했다. 그렇다면 다섯 번째 차원이 더 나을 것이고, 여섯 번째 차원은 더더욱 나을 것이고……. 결국 무한 차원이 아니면 어느 것도 전지전능한 절대자를 모시기에는 부족할 것이었다. 꼭 같은 시기에, 강신론자들은 네 번째 차원이 죽은 자들의 영혼이 자리할 집으로 적절하다고 생각했다. 귀신을 믿는 사람들도 비슷한 생각을 했다. 숨어 있는 네 번째 차원에 사는 존재들의 이름만 바꾸었을 뿐이다. 여러 사이비 종교 집단과 가짜 과학 단체들은 자신들의 믿음을 합리화하기 위한 효과적인 방법으로 네 번째 차원에 대한 과학 이론들을 덧붙였다. 사기꾼들은 위상학적 속임수를 써서 자신들이 네 번째 차원에 가 본 적이 있다고 '증명'해 사람들의 돈을 가로챘다.

사실은 이게 다 수학의 잘못이다. 수학자들이 먼저 일을 벌려 놓자, 물리학자들이 그것을 가지고 달아났다. 그 후 합리적인 추측을 할 필요가 없는 대중문화에서 그 생각을 극한으로 밀고 나갔다. 최근 사건에 빗대자면, 마치 생물학자들이 세포 하나를 복제하는 데에도 실패하고 있을 때, 매체에서 만든 완벽한 인간 복제의 이미지가 전 세계에 퍼져 있었던 것과 같다. 복제양 돌리에서 보듯, 사실이 소설을 따라잡기 시작했지만 복제 인간은 아직 존재하지 않는다.

제4차원의 상황은 이보다는 훨씬 나아서, 오히려 이제는 사실이 소설을 앞질렀다. 시간 여행을 제외하고 말이다. 한 세기가 넘도록 4차원은 수학과 물리학에서 큰 인정을 받았고, 오늘날 과학자들은 일상적으로 $4, 10, 100, 10^6$처럼 어떤 수의 차원이든 그에 관한 수학 개념을 가져다 쓴다. 심지어는 무한 차원도. 상상 속의 다차원 공간은 생물학과 경제학에서도 관련 수학 기술과 함께 퍼져 나갔다. 조금 기이하게 들릴지도 모르지만, 4차원은 사실 매우 자연스러운 것이다. 하지만 이 장에서는 4차원 기하와 관련해 특히 바이러스에 더 직접적으로 응용된 내용을 다룬다. 이상하게 보일지 몰라도, 4차원과 그 이상의 차원들은 바이러스에서 단백질 단위들이 결합하는 과정을 연구할 때 중요한 영감을 준다.

수학자들이 익숙한 낱말을 써서 이야기를 하는데 듣는 쪽에서는 무슨 말인지 이해할 수 없다면, 보통 둘 중 하나이다. 수학자들이 그 낱말을 도용해서 거기에 전혀 다른 뜻을 집어넣었든지, 아니면 일상에서 쓰는 의미를 확대시켜 더 넓은 맥락에서 썼든지. 수학자들이 말하는 군(group)은 단순히 비슷한 물체들의 모임이 아니며, 환(ring)은 반지, 심지어 원과도 아무런 관련이 없다. 그리고 수학의 들판(체, field)에서 풀을 뜯는 양을 볼 수는 없을 것이다. '차원', '공간', '기하'와 같은 낱말은 둘 중 후자에 속하며, 수학에서 쓰이는 확대된 뜻이 일상에서 쓰는 뜻과 크게 다르지 않기 때문에 잘못 이해하기가 더 쉽다.

어떤 낱말의 의미를 확장할 때는 원래의 상황에서 원래의 뜻이 유지되어야 한다는 것이 불문율이다. 예를 들어 '공간'의 새로운 개념을 도입할 때, 유클리드 기하에서 말하는 친숙한 공간(평면과 우리가 말하는 그 공간) 개념이 그대로 들어 있다면 문제가 없다. 이 관례를 따른다면 이전 맥락에 새 뜻을 적용해도 혼란스럽지 않을 것이다. 하지만 새로운 맥락에서 이전 맥락의 어떤 특징이 그대로 유지된다고 가정하면 혼란스러워진다. 예를 들어 '공간'을 사람이 살거나 살 수 있는 장소라고 생각할 때가 그렇다.

'차원'이 딱 적절한 예이다. 평면은 2개의 차원이 있고, 우리에게 익숙한 공간의 정의에는 3개의 차원이 있다. 차원을 다른 '공간'으로 어떻게 확장하든 이 사실은 보존되어야 한다. 하지만 전통적인 정의 — 서로 독립인 방향의 수 — 는 신성한 것이 아니다. 전통적인 맥락에서조차 그 정의는 신성하지 않다. 그러므로 전통적인 차원의 정의는 바뀔 수 있다. 다만 평면의 차원이 2, 공간의 차원이 3이라는 점은 유지되어야 하겠지만 말이다.

전통적으로 개개의 '차원들'을 이야기할 때가 있다. 길이는 하나의 차원이며, 폭도, 높이도 하나의 차원이다. 여기서 주의가 조금 필요한데, 차원이라는 같은 단어가 '크기'를 뜻할 때도 있기 때문이다. 예를 들어 어떤 상자의 가장 큰 차원('크기'의 뜻에서)은 가로, 세로, 높이

중 가장 길이가 긴 쪽을 말하는데, 사실 가장 긴 '차원'은 이 셋보다 더 긴 대각선이다. 수학과 과학은 차원의 더 일반적인 뜻을 세웠고, 이 뜻을 바탕으로 하면 어떤 공간이 10차원이라는 이야기를, 그 차원들이 무엇인지 말하지 **않고도** 할 수 있다. 차원을 정의하지 않고도 그것이 10개임을 헤아린다는 말이다. 10개로 셀 수 있는 것들은 분명 존재한다. 하지만 그 하나하나를 좌표라고 부를 뿐 차원이라 부르지는 않는다. 수학자들이 그저 심심하거나, 사람들에게 깊은 인상을 주려고 다차원 공간을 생각해 낸 것은 아니다. 필요했기 때문이다. 19세기 말, 순수 기하에서 천체 역학에 이르는 모든 분야의 다양한 발전은 모두 하나의 새로운 아이디어로 향하는 듯했다. 물리학자들은 수많은 핵심 발견들이 '시-공간'의 제4차원 안에서 형식화된다면 훨씬 이치에 맞는다는 사실을 깨닫기 시작했다. '시-공간' 4차원이란 전통적인 3차원 공간에 시간 차원이 추가된 것이다. 하지만 시간은 4차원이 아니었다. 단지 하나의 가능성일 뿐.

긴 이야기를 짧게 하자면, 공간의 차원은 그 안에 속한 대상을 구체적으로 나타낼 때 필요한 서로 독립인 좌표 수이다. 다차원 공간은 어떤 값이든 가질 수 있는 다변수 체계를 기술할 때 편리한 수단이다. 그 어떤 선택에 대해서든 '공간'의 구조는 자연스럽다. 2차원과 3차원의 익숙한 수학을 바로 일반화시켰기 때문이다. 특히 그와 같은 공간에서 두 '점'이 가깝다는 말이 무슨 뜻인지도 구체적으로 나타낼 수 있다. 즉 두 점을 표현하는 변수들 각각이 서로 가까운 값을 가진다는 뜻이다.

또한 '점'은 실제로 꼭 **점**일 필요는 없다. 평면은 점의 집합이지만, 이를테면 타원들의 집합이라고 생각할 수도 있다. 평면에 있는 모든

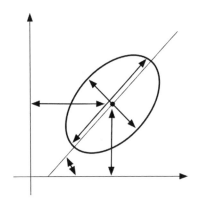

타원 집합은 그 자체로 재미난 수학적 대상이다. 타원을 구체적으로 어떻게 나타낼 수 있을까? 도형을 좀 더 익숙한 형태로 볼 수 있도록 유클리드 기하에서 해 보자. 타원을 그리기 위해 알아야 할 점들은 다음과 같다.

- ● 타원의 초점이 어디에 있는지(2개의 수)
- ● 타원이 세로로 얼마나 긴지(1개의 수)
- ● 가로로 얼마나 긴지(1개의 수)
- ● 얼마만큼 기울어져 있는지(1개의 수)

그러니까 타원을 나타내려면 모두 5개의 숫자가 필요하다(그림 30).

타원의 '공간'은 5차원이나. 그리고 타원 공간은 특정 타원의 숫자들을 조금만 바꾸었을 때 그 타원에 '이웃한' 타원이 나온다는 점에서 **실제로** 공간이다. 두 타원은 매우 비슷해 보인다. 그리고 숫자를 바꾼 정도가 적을수록 더 비슷하다.

　보통의 눈으로 보면 평면은 2차원이다. 다른 눈으로 보면 5차원이다. 이렇게 어떤 눈으로 보든 같은 평면이므로, 2차원 공간은 존재하지만 5차원 공간은 존재하지 않는다는 주장은 타당하지 않다. 바로 여기에 같은 대상을 보는 두 가지 관점이 있다. 익숙함과 전통을 제외한다면 수학적으로 점의 집합을 타원의 집합보다 선호해야 할 타당한 이유가 없다. 어떤 관점이 가장 좋은지는 무엇을 묻고 있는지에 달렸다. 이러한 이유에서 수학자들은 고차원 공간을 받아들였고 심지어는 그것이 없으면 허전함을 느끼게 되었다.

앞에서 이야기한 단순한 생각은 알고 보면 매우 쓸모가 많아 물리학에도 급격히 침투했다. 오늘날 입자 물리학은 거의 모든 차원의 공간을 사용할 수 없다면 제대로 성립하지 못한다. 공학자들도 가담했다. 100개의 철제 대들보로 짜인 격자가 받는 압력과 변형을 계산하려면, 100가지 힘을 다루어야 한다. 100가지 힘이 무엇인지 알아야 합력을 구할 수 있으므로, 원리상으로는 임의의 수 100개의 묶음들을 살펴보고 올바른 것을 선택하는 셈이다. 다시 말해 100차원 공간에서 어느 한 점을 찾고 있는 것이다.

　공학자들은 차원이라는 용어에 정이 안 가는지, 물리학에 더 가까운 용어인 '자유도(degrees of freedom)'를 선호한다. 자유도란 얼마나 많은 대상이 독립적으로 변할 수 있는가를 뜻한다. 하지만 결국은 공간과 같은 개념이다. 어떤 복잡한 체계의 가능한 모든 배열을, 가능한 모든 배열을 가질 수 있는 '공간' 속의 '점'으로 생각하면 훨씬 선명한 이미지를 얻고 개념적으로 사고를 발전시켜 나갈 수 있기 때문에, 과학의 모든 분야와 그밖의 분야에서도, 공간 개념을 널리 사용하게 되었다.

아주 적절한 예가 DNA-공간이다. DNA 염기 (단순한 설명을 위해 숫자를 줄여) 10개의 배열이 있을 때, 모든 위치에서는 저마다 (A, C, G, T) 네 염기 중 하나가 선택된다. 그러므로 'DNA-공간', 즉 **모든 가능한** 염기 배열의 (물리학자들이 말하는) 총체(ensemble), 또는 (수학자들이 말하는) 집합은 각 차원에서 4개의 값 A, C, G, T 중 하나를 택하는 10차원의 '공간'으로 생각할 수 있다. '10'을 다른 수, 이를테면 100만으로 바꿔도 같은 똑같은 이야기가 성립한다.

DNA-공간에는 자연스럽게 기하가 생긴다. 두 염기 배열이 가깝다면 염기가 다른 지점 수가 적을 것이다. 예를 들어 AAAAAAAAAA는 AAAAACAAAA와 매우 가깝고, AAAAACTAAA와는 그보다 멀고, AAGAACTAAA와는 더 멀다. 두 염기 배열 사이의 '거리'는 서로 다른 염기의 수이다. 이 거리 개념은 2차원 평면이나 일반적인 3차원 공간에서 말하는 거리와 많은 점에서 비슷하지만 다른 점도 있다. 진화의 유전적 바탕을 연구할 때, 진화의 가장 단순한 징후가 염기 하나가 변하는 '점 변이'라는 점에서 거리 개념은 이상적이다. 거리는 한 염기 서열을 다른 염기 서열로 바꿀 수 있는 최소한의 변이 수와 같다.

생물학자들은 DNA-공간, 다시 말해 염기 배열 공간의 개념이 매우 유익함을 알았다. 그 개념은 컴퓨터 과학의 정보 이론에서 디지털 메시지를 기술하는 방법과 매우 유사하다. 생물학자뿐만이 아니다. 경제학에서는 100만 가지 상품의 가격을 100만 차원의 가상 공간에 있는 한 점(또는 '벡터')으로 보며, 최적화를 비롯해 경제학자들이 사용하는 수학은 분명 이와 같은 관점에서 나왔다. 지구-달-태양계의 상태를 묘사하는 데 18가지 숫자가 필요하다는 사실을 안 천문학자들은 18차원 수학 공간을 사용하고 있다. 18차원 공간 기하를 통해 세 물체가 관련된 계의 행동 방식에 관해 많이 알 수 있다.

바이러스에서 곧장 돌연변이가 나타나는 경향도 이와 같이 다차원 공간을 사용함으로써 알 수 있다. 또한 DNA의 유사성을 이용한 진화 추론 방법을 형식화하고, 바이러스를 '종', 즉 유전 물질의 변이나 교환에 따라 일어나는 변종별로 분류하는 데에도 다차원 공간이 이용된다. 바이러스에 일어나는 변이들은 의학에서도 중요한데, 한 바이러스 종에 적합한 백신이 다른 종에서는 효과가 없을 때도 있기 때문이다.

2009년 멕시코에서의 떼죽음으로 신종 돼지 독감 바이러스의 출현이 알려졌던 것을 기억할 것이다. 염기 배열 확인 결과, H1N1이라는 이 변종은 이전의 독감 바이러스 네 종에 있는 유전 물질의 결합을 통해 진화했음이 밝혀졌다. 과거에 세 바이러스 종이 같은 방법으로 결합했던 적이 있었다. 한 종은 돼지, 한 종은 조류, 한 종은 사람에게서 나타난 바이러스였다. 이 종이 또 다른 돼지 독감 바이러스와 결합되면서 세상에 크게 알려진 것이다. 책임을 맡은 세계 보건 기구에서는 그 바이러스가 전 세계적인 전염성이 있다고 발표했다. 각국 정부에서 앞 다투어 새로운 바이러스 종에 맞춘 적절한 백신 공급을 지시했다. 그 과정에서 H1N1은 두려워했던 것보다 덜 위험하다고 밝혀졌다. 2010년 8월까지, 1만 5000명이 이 바이러스로 사망했을 뿐이다. 타블로이드 신문에서 떠들어 댔던 몇백만보다 훨씬 적었고, 보통의 계절 독감으로 사망하는 사람들의 수보다도 적었다. 그 후 바이러스에 대한 대응이 지나치게 과장되었다는 비판이 나왔다. 그래도 H1N1은 특이했다. 유사한 종에 이미 노출되어 면역이 된 나이 든 사람들보다는 나이 어린 사람들에게 더 치명적이었다. 정부가 정말 과잉 대응했는지, 아니면 우리 모두가 운이 좋았는지는 아직도 확실하지 않다.

염기 배열 공간에서는 기본적으로 다차원 기하를 사용해 기술하는데, 다차원 기하 언어가 아니더라도 비슷한 다른 개념을 쓸 수 있다. 바이러스에 관한 트바로크의 연구는 다차원 기하를 더 깊이 있게 응용했다. 그는 4차원 이상 공간의 복잡한 기하에 관한 구체적인 수학 이론을 적용해 바이러스의 구조를 알아냈다.

잇따라 발표한 논문들, 특히 2004년에 발표한 논문에서 트바로크는 폴리오마 바이러스와 다른 예외에 적용할 수 있도록 캐스퍼-클루그 이론을 일반화했다.[9] 바이러스 타일링 이론(viral tiling theory)이라고 하는 이와 같은 접근법에서, 캡소머들은 육각형 '당구공' 격자보다 더 일반적인 방법으로 배열된다. 특히 5합체들은 숨겨진 정이십면체의 꼭짓점에 있지 않아도 된다. 바이러스 타일링 이론은 쉽게 와 닿지 않는데, 정오각형을 붙여 평면을 만드는 것은 불가능할 뿐더러 ─ 정오각형들을 이어 붙여 평면을 덮으려고 하면, 도형들이 서로 겹치거나 틈이 생긴다 ─ 2차원과 3차원의 결정 격자들은 다섯 회전 대칭을 가질 수 없기 때문이다.

유명한 펜로즈 타일링(Penrose tilings)과 같은 준결정 패턴에서 간접적이지만 중요한 통찰을 얻을 수 있다(그림 31). 준결정 패턴에서 타일 조각들은 특수한 수학 규칙에 따라 맞물리지만, 격자, 즉 벽지 무늬처럼 똑같은 배열이 끊임없이 반복되는 패턴을 만들지 않는다. 펜로즈 타일링은 두 가지 유형의 타일로 겹침이나 틈 없이 무한한 평면을 덮는

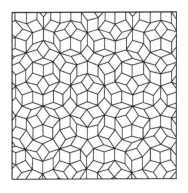

그림 31 펜로즈 타일링

다. 그 결과 나온 패턴 속에는 정오각형의 다섯 대칭이 들어 있다. 이들은 사실 격자 패턴이 아니지만, 수학적 기술을 사용해 이해할 수 있다. 펜로즈 타일링은 더 고차원 공간에 있는 격자 패턴에서 적당한 부분들을 2차원과 3차원에 표현한 것이다.

비유를 들면 이해하기 쉽다. 3차원에 있는 격자 패턴에서 2차원의 비격자 패턴을 구성하는 것이다. 2차원에 있는 격자 패턴들은 평행사변형 타일면에 기초하고 있다. 어떤 평행사변형 형태들은 다른 것에 비해 대칭이 더 많은 패턴을 이끌어 내는데, 정사각형과 정육각형 격자가 그 예이다. 그림 32에서는 두 가지 형태의 타일, 정삼각형과 정육각형으로 만든 평면(2차원) 타일면이 보인다. 한 가지 모양의 타일을 쓰는 격자 패턴이 아니지만, 매우 대칭적이고 규칙적이다.

3차원 공간으로 이동하면 격자에서 똑같은 타일면 패턴을 만들 수 있음이 밝혀졌다. 필요한 격자는 3차원 격자에서 가장 단순한 정육면체 격자이다. 전통적인 정사각형 대신에 정육면체가 놓인 3차원 체스판이라고 할 수 있다. 정육면체의 가장 뚜렷한 특징은 면이 정사각

생명의 수학

그림 32 2차원 비격자 패턴

형이라는 점이지만, 여기서 생각하고 있는 패턴은 정사각형과 관련이 없다. 패턴은 정삼각형과 정육각형으로 이루어진다. 정삼각형과 정육각형 패턴이 정육면체 격자에 감춰져 있는 것이다. 실제로 이 3차원 격자를 평면으로 자를 때, 평면이 격자를 구성하는 한 정육면체의 이웃한 세 모서리의 중심을 관통하도록 기울어져 있다면, 필요로 하는 정확한 2차원 패턴이 나온다.

　이것은 단순한 3차원 패턴을 자름으로써 복잡한 저차원 패턴을 얻는 것이다. 또 다른 전략을 쓸 수도 있다. 마치 필름에서 움직이는 상을 스크린 위에 투사하는 것처럼 3차원 패턴의 일부를 적절한 평면 위에 투사하는 것이다. 절단(section)과 투사(projection)를 같이 쓸 수 있다면 더욱 좋다. 여기서 구체적인 내용은 큰 문제가 아니다. 수학적인 이점은 복잡한 패턴을 더 단순한 패턴으로 이해할 수 있다는 것이다. 펜로즈 타일링의 복잡성도 같은 방식으로 단순하게 만들 수 있다. 대신 패턴을 높은 차원 공간으로 확장해야 하지만, 수학적인 이점은 복잡한 패턴을 더 단순한 패턴으로 이해할 수 있다는 점이다. 이 기술에 익숙하지 않은 독자들은 공간이 4차원이나 5차원과 관련된다면 매우 큰 문제처럼 보이겠지만, 대수적으로는 충분히 타당하며 덧셈 규칙도 규정할 수 있다.

트바로크는 3차원 공간의 비격자 패턴인 정이십면체 바이러스에 이 기술을 쓸 수 있을지 궁금했다. 그러기 위해서는 적어도 4차원, 어쩌면 그 이상의 높은 차원으로 가야 했다. 강력한 대칭군 수학을 써서 보면 정이십면체 대칭을 가진 격자의 차원은 최소한 4가 아니라 6이다.

6차원 공간은 생물학과 관련이 없어 보이지만, 수학적인 요소는 보통 물리적 사물에 직접 대응되지 않는다는 점을 기억해야 한다. 예를 들어 태양 주위의 지구와 달의 운동은 18차원의 역학 체계로 가장 자연스럽게 표현할 수 있다. 각 천체는 위치 3좌표와 속도 3좌표로 기술되기 때문이다. 비록 세 천체는 보통의 3차원 공간에 놓여 있지만 말이다. 그러므로 '비물리적인' 고차원 공간의 격자 기하는 물리 과정을 그대로 묘사한다기보다, 특수한 성질의 3차원 비격자 패턴을 결정하기 위해 쓴다고 보아야 한다.

정이십면체 군은 기하학자 해럴드 스콧 맥도널드 콕스터(Harold Scott McDonald Coxeter)[10]의 이름을 딴 콕스터 군이라는 중요한 대칭군 집합에 속하는데, 이 대칭군들은 고차원 만화경(kaleidoscope)과 같다. 톰 키이프(Tom Keef)와 함께 연구하면서, 트바로크는 정이십면체 대칭을 가진 6차원 격자 D_6와 관련해 콕스터 군 집합을 정이십면체 바이러스 구조에 적용했다. 그리고 펜로즈 타일링 기법을 적용해 6차원 격자 D_6를 3차원 공간에 투사한 것으로 정의되는, 가능한 바이러스 구조의 집합을 구성했다.

D_6 격자 전체를 투사하면 펜로즈 타일링에서 그러하듯 공간이 점

으로 빽빽해지므로, D_6의 어떤 부분 집합, 이를테면 두께가 0이 아닌 조각들의 모임을 생각해서 그 집합만을 투사한다. 이 '자르고 투사하기' 기법은 모든 가짜 정이십면체들을 만들어 낼 뿐만 아니라 5합체가 12개 이상인 추가 구조들을 만들어 낸다. 특히 폴리오마 바이러스, 유인원 바이러스 40, 세균바이러스 HK97의 구조는 이로써 설명되었다.

군론과 결정학의 잘 정립된 개념과 현대적인 콕스터 군, 펜로즈 타일링에서 영감을 받은 획기적인 최신 수학 기법들이 모두 바이러스 구조 탐구에 활용되었다. 그 결과로 나온 구조들은 생물학에서 볼 때 분명히 흥미롭다. 바이러스를 공격하는 한 가지 방법은 그 결합 과정을 방해하는 것인데, 완전히 결합된 바이러스의 기하를 알면 그 과정에서 생길 법한 약점의 실마리를 찾을 수 있다. 바이러스 타일링 이론은 캡소머들 사이의 다양한 결합을 허용한다는 점에서 캐스퍼-클루그 접근법을 뛰어 넘어 실제 분자 배치에 더욱 가깝다. 또한 관 기형, 즉 바이러스가 공 모양이 아닌 관의 형태로 결합한 모양에 대해 새로운 관점을 제시한다. 이를테면 결합 중인 바이러스의 화학적 환경이 바뀌어 전염성의 정이십면체가 아닌 (비전염성 형태의) 관이 형성된다면 — 매우 그럴듯한 이야기지만 — 바이러스 복제를 방해할 수 있다는 식이다.

타일링 이론이 적용된 또 다른 예로, 세균 바이러스 HK97에 존재하는 것과 같은 교차 결합 구조가 있는데, 이 구조에서는 이웃한 캡소머 사이에서 화학 결합이 추가로 일어난다. 캡시드의 물리적 성질은 바이러스를 파괴하는 새로운 방법을 보여 준다. 마지막으로 바이러스 안에서 유전체가 꾸려지는 방법도 타일링 이론의 응용이다. 이 흥미로운 분야에 대한 연구는 아직 진행 중이다. 하지만 오늘날까지 알려진 사실로 볼 때, 고차원의 추상 기하가 3차원에 사는 실제 바이러스에 대해 유용한 정보를 많이 주는 것은 분명하다.

11

숨겨진 배선도

다른 많은 동물과 비교해 사람의 뇌는 이상할 정도로 큰 편이다. 사람은 스스로의 뇌를 인간 지능의 원천으로서 매우 대단하게 여긴다. 그리고 지능을 어떻게 정의하든, 그 정의가 적절하다면 거의 모든 다른 생명체보다 사람의 지능이 높다. (돌고래와 비교하면 어떨지 모르겠지만 말이다.) 하지만 지능은 절대적으로나 상대적으로나 뇌의 크기에 좌우되는 문제가 아니다. 어떤 동물의 뇌는 사람보다 더 크고 무거우며, 몸집의 비율로 보았을 때 사람보다 뇌가 더 무거운 동물도 있다. 따라서 뇌의 절대적인 크기나 무게만으로 지능을 알기 어렵고 상대적인 크기나 무게 역시 지능과 별 관련이 없다(그림 33).

사실 인간 뇌의 크기는 과거에 예상했던 것보다 크지 않은 것일지

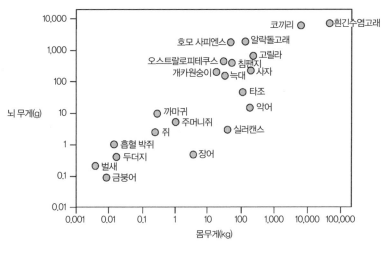

그림 33 뇌 무게와 몸무게의 관계

도 모른다. 수자나 에르쿨라누오젤(Suzana Herculano-Houzel)과 동료들은 리우데자네이루의 비교 신경 해부학 실험실에서 수많은 생물 종의 뇌 크기를 분석해 사람 뇌의 크기가 대략 거대 영장류에서 예상할 수 있는 크기라는 결론을 내렸다.[1] 뇌의 크기로만 보면 인간은 뇌의 크기가 확대된 원숭이에 지나지 않는다.

하지만 원숭이는 똑똑하다. 뇌가 같은 크기인 다른 많은 생물에 비하면 그것도 훨씬 똑똑하다. 많은 동물이 뇌가 크면 신경 세포도 크지만, 영장류는 뇌가 아무리 커도 신경 세포 크기는 똑같다. 그래서 원숭이 뇌는 그 물리적 크기가 비슷한 다른 생물, 이를테면 설치류보다 신경 세포가 훨씬 더 많다.

문제는 뇌가 얼마나 큰지가 아니라, 무엇을 할 수 있고, 어떻게 쓰이는가이다.

고대 사람들은 뇌가 어떤 기능을 하는지 전혀 알지 못했다. 파라오를 미라로 만들 때, 이집트 인들은 조심스럽게 간과 폐, 신장과 소장, 대장을 제거해 이른바 내장 단지에 담았다. 왕이 내세에서 중요 장기들을 쓸 수 있도록 하기 위해서였다. 하지만 뇌는 코의 뒤쪽으로 두개골에 구멍을 뚫어 죽이 될 때까지 휘저은 다음 빼내서 내다 버렸다. 그들이 생각할 때, 내세에서 뇌는 왕에게 필요하지 않았다. 겉보기에 아무 일도 하지 않았기 때문이다.

한편으로, 당시 다른 모든 문화권을 포함해 이집트에서도 전쟁터에서 곤봉 같은 것에 맞아 머리가 부서지면 죽는다는 것을 알고 있었다. 이집트 사원 벽에는 왕이 철퇴로 적을 내리치는 유명한 '강타 장면(smiting scene)'이 그려져 있다. 다시 말해 살기 위해서 머리를 보호해야 한다는 사실은 알았지만, 뇌는 별 쓸모가 없다고 무시한 셈이다. 뇌는 머릿속을 채워 넣기 위해 만들어진 것일 뿐이었다.

사람의 뇌는 신경 세포로 이루어진 매우 복잡한 기관이다. 특수한 유형의 세포들이 사슬과 망을 이루어 신호를 주고받는다. 사람의 뇌는 보통 약 1000억(10^{11}) 개의 신경 세포를 담고 있으며, 그들 사이의 연결은 1000조(10^{15}) 가지에 이른다. 최근에 제기된 일부 주장들이 옳다면, 신경 교세포(glial cell)라는 유형의 세포도 존재하며, 뇌의 정보 처리 활동에 참여하는데 그 수는 적어도 신경 세포만큼 — 어떤 이들은 10배라고 한다 — 된다.

신경 세포는 뇌에만 있는 것이 아니다. 몸 전체에 퍼져서 빽빽한 망을 이루고 있으며, 뇌의 신호를 근육과 다른 기관에 전달하고, 보고, 듣고, 만지는 등의 감각 신호를 수용한다. 신경 세포는 숨은 배선도로서 몸을 움직이게 한다. 곤충과 같은 하등 생물조차도 복잡한 신경 세포망을 갖는다. 선충의 한 종인 예쁜꼬마선충(*Caenorhabditis elegans*)은 설계도가 같으면 세포의 수가 언제나 같기 때문에 — 다 자란 자웅동체에서는 959개, 남성 성체는 1031개이다 — 많은 연구가 이루어졌다. 예쁜꼬마선충의 신경 세포는 세포 전체의 3분의 1을 차지한다.

신경 세포는 그 하나로도 복잡하다. 하지만 신호를 주고받고 데이터를 처리하는 데 강력한 수단이 된 까닭은 망을 형성하는 능력 덕분이다. 신경 세포의 세포체에는 가지 돌기라는 작은 돌기들이 많이 달려 있는데, 들어오는 신호를 받는 일을 한다(그림 34). 신경 세포에서는 신호를 내보내기도 하는데, 그 신호는 생물학적으로 전선이나 마찬가지인 신경 돌기를 따라 이동한다. 신경 돌기는 말단에서 가지를 치기 때문에 똑같은 신호를 많은 수용자에 줄 수 있다. 신호는 오늘날 통신이 그렇듯 전기적이며, 전압은 매우 낮다. 전압은 화학 반응을 통해 발생하고 여러 일을 분담한다. 신경 세포에서 가장 단순한 신호는 짧고 날카로운 전기적 맥박이지만, 진동하거나, 불쑥 터져 나오거나, 더 복잡한 움직임을 보이는 신호도 나타난다.

　신경 돌기를 가지 돌기에 연결함으로써, 신경 세포는 구조적인 연결망을 만든다. 나중에 살펴보겠지만, 그와 같은 연결망 수학에 따르면 망의 역학은 구성 요소인 신경 세포의 독자적인 모든 활동보다 훨씬 복잡해진다. 마치 컴퓨터가 구성 요소인 트랜지스터에게는 불가능한 일을 하는 것처럼. 하지만 수학적으로 모형화해서 기술하기에는 신경 세포 하나도 복잡한 대상이다.

　사람의 몸에는 특성화된 신경 세포망이 수없이 많이 흩어져 있는데, 이들은 근육을 수축시키거나 감각 자료를 감지해 처리한다. 고작

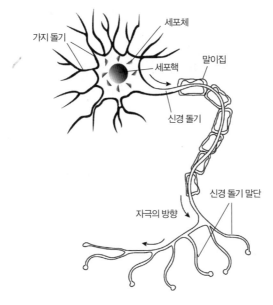

그림 34 신경 세포

몇 개의 신경 세포로 구성된 망도 정교한 일을 수행할 수 있다. 몇백 개의 신경 세포로 이루어진 커다란 망은 너무 복잡해서 자세히 알 수 없을 정도이며, 작은 망들이 할 수 없는 많은 일들을 한다. 1000억 개의 신경 세포가 모인 망 ― 뇌 ― 은 생물학자와 수학자 모두에게 어려운 도전 과제이다. 사실, 뇌를 완벽하게 이해할 가능성은 없다. 뇌는 너무 복잡하다. 그러나 뇌는 어느 정도 모듈 구조로 되어 있고 각각의 모듈은 모듈 구조보다 더 단순해 연구가 가능하기 때문에, 수많은 진척이 이루어지고 있다.

가장 단순한 모듈은 신경 세포 하나이다. 하나의 신경 세포가 어떻게 작동하는지 이해하지 못한 채 뇌 전체를 이해할 수는 없다. 수학이 생물학에 최초로 중요하게 응용된 곳 중 하나는 1952년, 신경계를 연구하는 분야인 신경 과학이었다. 문제는 한 신경 세포에서 다른 신경 세포로 신경 돌기를 따라 하나하나의 전기 맥박, 곧 신호의 기초가 전해지는 과정이었다. 케임브리지 대학교의 생물리학자 앨런 로이드 호지킨(Alan Lloyd Hodgkin)과 앤드루 필딩 헉슬리(Andrew Fielding Huxley)는 이 과정을 하나의 수학 모형으로 만들었는데, 오늘날 이를 호지킨-헉슬리 방정식이라고 한다.[2] 이들이 만든 모형은 신경 세포에 들어온 신호에 신경 돌기가 어떻게 반응하는지를 묘사한다. 이 연구로 호지킨과 헉슬리는 노벨상을 받았다.

그들은 물리학자의 모형에서 출발해 신경 돌기를 절연 처리가 형편없는 전선으로 다루었다. 절연 처리가 형편없는 까닭은 관련된 화학 반응이 일어날 때 참여하는 원자 일부가 새어 나갈 수 있기 때문이다. 더 정확히 말하면, 새어 나가는 것은 이온, 즉 전하를 띤 원자핵이다. 전압 누출은 주로 나트륨 이온과 칼륨 이온으로 일어나지만 다른 이온, 특히 칼슘도 한몫을 한다. 그래서 호지킨과 헉슬리는 전선을 따라 흐르는 전기에 관한 표준 방정식을 작성한 다음 세 가지 유형의 누출, 곧 나트륨 이온 손실, 칼륨 이온 손실, 그밖의 다른 모든(주로 칼슘) 이온의 손실을 고려해 방정식을 수정했다. 호지킨-헉슬리 방정식에는 전류가 전압의 변화율에 비례함을 나타내는 항이 있으며(이것은 전기 역학의 기본인 옴의 법칙이다.), 여기에 세 가지 누출을 고려한 항들이 추가되어 있다.[3]

실제 방정식은 누출 항의 형태가 복잡하므로 매우 지저분하며, 해의 공식이 존재하는 것도 아니었기 때문에, 호지킨과 헉슬리는 그러

생명의 수학

한 상황에서 모든 수학자와 과학자가 하는 일을 했다. 방정식을 수치적으로 푼 것이다. 다시 말해, 이들은 해에 아주 가까운 근사치를 구했다. 해의 근사를 구하는 방법으로, 그들은 정립되어 있던 수치 해석학이라는 탁월한 수학 분야를 도입했다. 호지킨과 헉슬리에게는 컴퓨터가 없었다. 당시 컴퓨터를 가진 사람은 거의 없었으며, 존재하는 컴퓨터는 작은 집 정도의 크기였다. 역학용 계산기를 가지고 손으로 직접 계산한 결과 전압뿔(voltage spike)이 신경 돌기를 따라 이동한다는 사실이 나타났다(그림 35). 실험에서 얻은 다양하고 구체적인 데이터 수치들을 가지고, 그들은 전압뿔이 얼마나 빨리 이동하는지 계산했다. 계산 결과 나온 초당 18.8미터는 관측 결과인 초당 21.2미터에 어느 정도 가까우므로, 이론적으로 계산한 전압뿔의 속도는 실험 결과와 잘 일치한다.

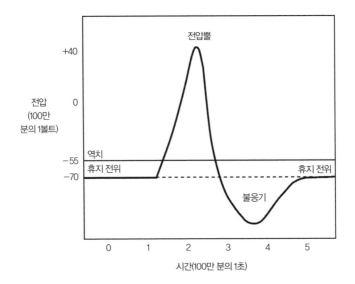

그림 35 호지킨–헉슬리 모형이 예측한 전압뿔

전압뿔에는 몇 가지 중요한 특징들이 있는데, 이 특징을 가지고 신경 세포가 작동하는 방식을 추론할 수 있다. 신경 세포에 불이 붙어 전압뿔이 일어나려면 들어오는 신호는 일정한 역치보다 커야 한다. 그렇기에 낮은 수준의 무작위 소음에 그럴듯한 신호가 나가는 일은 생기지 않는다. 들어오는 신호가 역치 아래면 신경 돌기 전압은 약간 올라가지만 다시 사그라든다. 역치 위라면, 신경 세포의 역학으로 전압이 갑자기 치솟고, 그 후 훨씬 더 급하게 잦아든다. 이 두 변화로 전압뿔이 생긴다. 그 뒤에는 짧은 '불응기(refractory period)'가 있는데 이때 신경 세포는 들어오는 어떤 신호에도 반응하지 않는다. 그래서 전압뿔은 다른 부분과 구분되는 (뾰족한) 상태를 유지한다. 그러고 나서 세포는 휴지 전위로 돌아와 다음 신호에 반응할 준비를 한다.

오늘날 신경 세포와 신경 돌기에 대한 수학적 모형은 많다. 어떤 모형은 단순함을 위해 실제를 희생한 결과, 심지어 호지킨-헉슬리 방정식보다 훨씬 단순하다. 사실적인 표현에 목표를 두는 모형들도 있는데, 당연히 더 복잡하다. 언제나 그렇듯 모든 일에는 대가가 있게 마련이다. 실제 세계의 특징을 모형에 더 많이 넣을수록, 모형을 연구하기가 어려워진다. 모형에서는, 언제나 그럴 수는 없을지라도, 중요한 특성을 유지하면서 관계없는 것은 모두 제거해야 한다.

가장 단순한 모형에서 귀중한 통찰이 나오기도 한다. 신경 돌기는 흥분하기 쉬운 매개체이기 때문에 작은 입력 신호에도 반응하며 그 신호를 확대시킨다. 그 다음 임시로 확대 과정을 중단해, 신호가 무한정 올라가지 않고 어떤 한정된 값에 머물도록 한다. 1960년대 초 메릴랜드 주 베네스다 국립 보건원에 있는 리처드 피츠휴(Richard Fitzhugh)

는 이와 관련된 모형을 만들었는데, 이것을 피츠휴-나그모 방정식이라고 한다.[4] 피츠휴는 의도적으로 호지킨-헉슬리 방정식의 이온 경로들을 결합시켜 하나의 변수로 단순화했다. 나머지 핵심 변수는 전압이다. 그러므로 피츠휴-나그모 방정식은 2변수 체계이고, 우리는 이 변수들을 평면의 두 좌표로 나타낼 수 있다. 간단히 말해 그래프를 그릴 수 있다.

그림 36은 피츠휴-나그모 방정식에 나타나는 중요한 특징인 흥분성을 보여 준다. 왼쪽 그림에서, 두 상태 변수 평면에 꾸불꾸불한 곡선이 있다. 이 곡선은 이온의 흐름을 고정시켰을 때 시간의 흐름에 따라 전압이 변하지 않는 경우에 나타난다. 화살표는 시간이 지날 때 전압이 바뀌는 방향을 보여 준다. 가운데 그림에는 들어오는 신호가 일으킨 작은 소동, 또는 '발차기(kick)'의 결과가 나와 있다. 휴지 전위는 깨지지만 점선을 건너지 못하므로 짧은 나들이를 하다가 재빨리 원래 휴지 전위로 돌아온다. 오른쪽 그림에는 발차기가 더 강할 때의 결과가 나와 있다. 여기서도 휴지 전위는 깨지지만 이번에는 점선을 건너 더 **큰** 나들이를 하다 결국 느리게 휴지 전위로 돌아온다. 이 성질을 흥

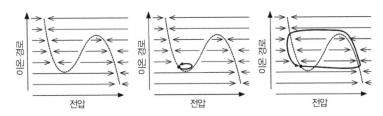

그림 36 피츠휴-나그모 방정식에서 나타난 흥분성. (왼쪽) 전압이 변하는 방향. (가운데) 작은 발차기가 일어났다 사그라지고 휴지 전위(검은 점)로 돌아온다. (오른쪽) 큰 발차기로 전압뿔이 일어나고 뒤이어 천천히 휴지 전위로 돌아온다.

분성이라고 하는데, 호지킨-헉슬리 모형과 피츠휴-나그모 모형 둘 다에서 중심이 되는 수학적 성질 중 하나이다. 흥분성은 **작은, 하지만 너무 작지 않은** 발차기를 받았을 때, 신경 세포가 큰 전압뿔을 생성하고 안전하게 휴지 전위로 돌아올 수 있게 한다. 심지어 나중에 들어온 신호가 그 과정에 끼어들더라도 말이다.

이렇게 차례로 일어난 사건들을 보면 피츠휴-나그모 방정식을 따르는 신경 세포들이 어떻게 하나의 고립된 전압뿔을 만들 수 있는지 알 수 있다. 실제 신경 세포들도 이 일을 하지만 길게 이어진 맥박인 진동도 만들어 낸다. 그림 36과 유사한 다른 그림들을 보면 피츠휴-나그모 모형에서도 진동이 발생할 수 있음을 알 수 있다.

피츠휴-나그모 모형은 신경 세포 역학을 가장 단순하게 모형화한 것이다. 다른 모형들도 많은데, 어느 모형이 적절한지는 질문에 따라 달라진다. 컴퓨터의 성능이 강할수록, 더 '실제적인' 방정식이 나올 수 있다. 하지만 모형이 지나치게 복잡하면, '이러 저러한 일이 일어나는데 컴퓨터에서 그렇게 보여 주기 때문이다.'라는 단순 묘사 이상의 통찰을 얻지 못한다. 질문에 따라서 덜 실제적이지만 더 단순한 모형이 나을 수도 있다. 이것은 수학적 모형화의 기술로 과학보다는 예술 (art)에 더 가깝다.

신경 세포가 서로 신호를 보낼 수 있는 까닭 중 하나는 흥분성 때문이다. 사실, 그것은 신호가 만들어져 시작될 수 있는 이유이기도 하다. 하지만 정말 흥미로운 행동은 여러 신경 세포들이 서로 신호를 보낼 때 일어난다. 동물의 신경 세포는 복잡한 망을 이루고 있다. 수리 생물학자들은 신경망의 놀라운 힘을 이제 막 알아가기 시작했다. 비교적 단순한 요소들로 이루어진 채, 잇따라 일어나는 전압뿔로만 정보를 교환하지만 놀라운 일들을 하는 것이다. 실제로 신경 세포망은 들어오는 감각 정보를 조작해 몸의 각 부분에 내보낸다는 점에서 어쩌면 뇌가 하는 모든 일을 할 수 있을 것이다. 뇌도 결국 매우 복잡한 신경 세포망이기 때문이다. 여러 가지 타당한 이유로, 뇌의 놀라운 능력은 거의 신경망 구조의 결과로 볼 수 있다.

신경 세포망의 훌륭한 예는, 내가 깊이 몰두했던 생물학적 주제에서 나왔다. 그 주제는 동물의 보행(locomotion), 즉 동물이 자신의 다리로 어떻게 움직이는지, 그때 어떤 패턴이 나타나는지, 패턴은 어떻게 생겨나는지와 관련된다. 동물의 이동은 그 자체로 범위가 넓은 주제이며, 매우 흥미로운 역사를 가지고 있지만 여기서는 간단히 보고 넘어가려 한다.

1985년 7월, 나는 수학자 둘, 물리학자 한 명과 미니(Mini)를 타고 캘리포니아 해변을 따라 펼쳐진 삼나무와 세쿼이아 숲을 지나고 있었다. 우리는 알카타에서 열린 학술 회의를 마치고 숙소로 돌아가는 중이었다. 알카타는 샌프란시스코에서 북쪽으로 약 320킬로미터 떨어진 작은 마을이다. 차 밖으로 뛰어나와 거인 같은 나무들을 보는 대신, 수학자인 마티 골루비츠키(Marty Goluitsky)와 나는 시간 때우기용으로 동일한 단위들을 몽땅 하나의 고리에 걸었을 때 만들어지는 패턴에 대해 생각하기 시작했다.

우리는 이미 이러한 질문에 접근하는 일반적인 방법을 정리해 놓았다. 정리를 통해 예측한 바에 따르면, 그러한 고리에서는 진행파가 발생하는데, 고리를 둘러싼 연속하는 단위들이 정확히 같은 일을, 시간차를 두고 한다. 가장 간단한 예를 들어 두 팔을 들어 옆으로 펼친 다음 팔꿈치 아래 부분이 팔꿈치에 매달려 있도록 아래로 떨어뜨린다. 이제 팔꿈치 아래 매달린 부분을 앞뒤로 흔든다. 보통 두 팔은 동조되어 똑같은 방향으로 움직이거나, 반동조되어 왼팔이 오른팔과 정확히 반대로 움직이거나 할 것이다.

구성 요소가 둘 이상일 때도 비슷한 패턴이 일어난다. 예를 들어 4개의 요소를 거는데, 한 요소가 다음 요소와 연결되도록 하면 네 요소 모두가 주기적으로 진동하는 패턴이 나온다. 하지만 이때 이웃한 두 요소 사이에는 주기의 4분의 1만큼 시간차가 있다. 마치 넷이 모두 똑같은 네 박자 소절을 반복해서 부르는데, 한 사람은 첫 음에서, 다음 사람은 둘째 음에서, 그 다음 사람은 셋째 음에서, 마지막 사람은 넷째 음에서 시작하는 것과 같다.

나중에 우리는 비슷한 패턴들이 동물의 보행에서도 나타남을 알았다. 동물은 다양한 걸음걸이(보행 방식, gait)로 움직이는데 똑같은 순서의 움직임을 일련의 '걸음걸이 주기'로 반복한다. 말은 보통 걸음으로 걷거나(평보), 종종걸음으로 걷거나(속보), 달리거나(구보), 전속력으로 달릴(습보) 수 있다. 이 네 걸음걸이는 저마다 고유의 패턴이 있다. 평보 시 말의 다리는 차례로 움직이는데, 네 다리가 저마다 걸음걸이 주기에서 4분의 1 간격으로 연달아 땅을 찬다. 그 순서는 왼쪽 뒤, 왼쪽 앞, 오른쪽 뒤, 오른쪽 앞이며, 똑같은 간격으로 반복된다. 속보에서도 비슷하지만, 대각선 방향의 두 다리가 먼저 땅을 차고, 나머지 두 다리는 주기의 반이 지난 뒤 땅을 찬다. 결국 두 걸음걸이에서 네 다리는 모두 기본적으로 같은 일을 하지만, 시간에서 차이가 있는 것이다.

동물 걸음걸이에는 10개 또는 12개의 공통 패턴이 있고 저마다 다른 패턴은 몇십 개가 있다. 말과 같은 동물은 걸음걸이가 여러 가지

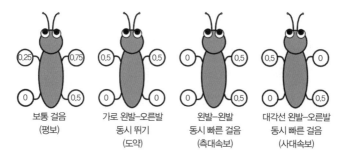

그림 37 네발동물의 공통적인 걸음걸이 네 가지. 원 안 숫자는 걸음걸이 주기 전체를 1로 보았을 때 해당 발이 땅을 차는 시점을 소수로 나타낸 것이다.

이다. 그렇지 않은 동물은 걸음걸이가 오직 하나뿐이거나 그렇지 않으면 제자리에 서 있다. 가장 흔히 나타나는 네 가지 걸음걸이가 그림 37에 나와 있다.

보스턴 대학교 의학 연구소의 생명 공학자(생물학, 특히 의학에 공학을 접목하는 사람) 짐 콜린스(Jim Collins)는 우리의 생각을 듣고는 걸음걸이가 중추 패턴 발생자(central pattern generator, CPG)라는, 동물 신경계의 비교적 단순한 회로에서 나온 것 같다고 말해 주었다. CPG는 뇌가 아닌 척추에 위치해, 근육이 움직이는 기본 리듬이나 패턴을 설정한다. 그러한 근육의 작용으로 동물이 걷거나 뛰거나 질주할 수 있다.

하지만 누구도 CPG를 실제로 보지 못했다. 그 존재는 간접적으로 추론되었으며, 한동안 어느 정도 논란이 일기도 했지만 그 증거는 매우 강력했다. 그래도 CPG 신경 세포 사이의 연결망이 정확히 무슨 일은 하는지는 알려지지 않았다. 우리는 가능한 한 가장 그럴듯한 패턴, 추측하건대 어느 정도 자연스러운 다양한 CPG 구조를 연구했다. 우선은 네발동물에서 시작해, 비슷한 생각을 다리가 6개 달린 생물인 곤충에 적용했다.

다리의 움직임에 대한 역학은 이미 많은 연구가 이루어졌다. 우리는 더 추상적으로 접근해, 다리에서 나타나는 패턴을 가지고 가설적인 CPG 구조를 추론하려 애썼다. 결과는 흥미로웠다. 똑같은 신경 세포망이 서로 다른 조건에서 작동하면서 가장 대칭적인 네발동물 걸음걸이를 모두 만들어 낼 수 있음이 드러났다. 그리고 더 미묘한 상황에서는, 구보와 습보 같은 덜 대칭적인 걸음걸이를 만든다.

우리가 제시한 신경 세포망은 여러 기술적인 이유로 어느 것도 아주 만족스럽지는 않다. 나는 온타리오 공과 대학교의 수학자 루치아노 부오노(Luciano Buono), 골루비츠키(오하이오 주립 대학교의 수학자 — 옮긴이)와 논의하면서 네발동물의 CPG라면 적어도 다리 하나마다 두 단위들을 가져야 한다는 통찰에 이르렀다. 한 단위는 다리를 수축시키는 근육을 다루고 다른 한 단위는 확장시키는 근육을 다룰 것이다. 그래서 가장 자연스러운 네발동물의 CPG는 여덟 단위를 가져야 한다(그림 38).[5]

여덟 개의 단위를 가진 이 망은 네발동물의 기본적인 모든 걸음걸이를 만들어 낼 수 있다. 연구에서는 표준적인 걸음걸이 패턴과 함께, 이전까지는 접하지 못했던 걸음걸이도 예측했다. 뜀뛰기(점프)라고 이름붙인 그 걸음걸이에서는, 두 뒷발이 먼저 함께 땅을 찬 다음 걸음걸이 주기의 4분의 1이 지나고 두 앞발이 함께 땅을 찬다. 만약 2분의 1주기가 지난 다음 찬다면 표준 걸음걸이인 도약(bound)이다. 예를 들어 개는 빨리 달릴 때 도약을 한다. 그런데 4분의 1주기는 완전히 수수께끼였다. 더구나 2분의 1주기나 4분의 3주기에는 어떤 발도 땅을 차지 않기에 더욱 그랬다. 마치 동물이 공중에 어떻게든 떠 있는 것 같았다.

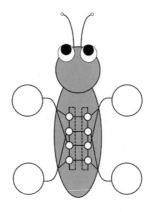

그림 38 네발동물 CPG로 예측하는 구조. 동일한 4개의 모듈을 잇는 왼쪽과 오른쪽의 두 고리가 서로 연결되어 있다. 다리마다 2개의 모듈이 이어져 있어서 두 근육 집단이 움직일 시점을 정한다. 이 그림은 개략도로, 실제 CPG는 더 복잡하게 연결되어 있지만 똑같은 대칭을 가진다.

우리가 이런 결론을 내린 때는 어느 늦은 오후였다. 마을에서는 휴스턴 라이브스탁 쇼와 로데오 경기가 열리고 있었기 때문에 그날 저녁 자리를 예약했다. 그래서 우리는 휴스턴 시 초대형 옥내 경기장인 애스트러돔에 가서 올가미로 소를 잡고 4륜 경마차로 경주하는 광경을 보았다. 그 다음에 야생마가 나왔다. 말은 탄 사람을 등에서 떼어 내려고 애썼고 탄 사람은 있는 힘껏 오래 머물러 있으려 애썼다. 그래 봤자 대부분이 고작 몇 초였지만. 그 순간, 골루비츠키와 나는 서로를 쳐다보고 숫자를 세기 시작했다.…… 우리가 관찰하던 말은 두 뒷발이 땅을 차고 차례로 두 앞발이 땅을 차서 공중에 머물러 있는 점프를 하고 있었던 것이다.……

시간 차는 거의 걸음걸이 주기의 4분의 1인 것 같았다. 엑손 리플레이(Exxon Replay)로 그 말이 움직이는 영상을 천천히 돌려 보자 그 사실이 확실해졌다. 우리는 예측했던 걸음걸이를 찾아냈다.

그 뒤 생쥐와 작은 아시아 황무지쥐에게도 이 특이한 걸음걸이가 있다는 사실이 알려졌다. 우리는 앞서 말한 여덟 단위 CPG, 또는 그 것을 자연스럽게 일반화시킨 것에서 예측한 걸음걸이의 특성들을 실 제로 찾아냈으며, 그중에는 지네의 걸음걸이에서 나타나는 특성도 있 었다. 물론 이것만으로 우리의 이론이 완벽하게 옳다고 증명하지는 못 하지만, 몇 가지 테스트는 통과했다고 볼 수 있다.

더 최근에, 골루비츠키와 포르투갈 수학자 칼라 핀토(Carla Pinto) 는 같은 아이디어를 사람과 같은 두발동물의 걸음걸이와 관련된 단 위 망 넷에 적용했다.[6] 그는 10가지 걸음걸이 패턴을 찾아냈는데, 그중 8개는 이미 알려진 두발동물 걸음걸이에 해당했다. 걷기(walk), 달리기 (run), 한발로 뛰기(hop), 두발로 동시 뛰기(skip)도 거기에 포함된다.

또 다른 흥미로운 신경 세포망이 수학자의 공상이 아닌 실제 동물 에서 나타났다. 바로 의료용 거머리인 히루도 메디시날리스(*Hirudo medicinalis*)의 심장 박동 CPG이다.

거머리는 민달팽이처럼 생긴, 피를 빨아먹는 생물이다. 고대 의학 에서는 피가 과다하다고 생각될 때 '체액의 균형을 맞추는' 목적으로 거머리를 널리 사용했다. 거머리를 썼다는 가장 최초의 기록은 기원 전 200년으로 거슬러 올라간다. 거머리의 사용은 19세기에 사라졌다 가 21세기 초에 더 과학적인 이유로, 더 제한된 영역에서 다시 유행했 다. 거머리의 침에 함유된 히루딘이라는 분자는 거머리가 동물의 피를 빨 때 피가 막힘없이 흐르도록 해 준다. 이런 이유에서 미세 수술에서 는 환자의 피가 응고되는 것을 막는 데 거머리의 침을 쓴다.

의료용 거머리는 신경 세포망에 관심을 가진 수학자들에게 흥미

생명의 수학

로운 문제이다. 거머리의 심장 박동이 매우 이상한 패턴을 따르기 때문이다. 거머리의 심장은 두 줄의 심방들로 구성되는데, 종마다 한 줄에 약 10개에서 15개의 방이 있다. 심장 박동의 패턴은 이렇다. 한동안 왼쪽 줄에 있는 심방들이 동시에 뛴다. 그동안 오른쪽 줄에 있는 심방들은 차례로, 뒤에서 앞으로 하나씩 뛴다. 20번과 40번의 박동 사이에, 좌우 심방들은 역할을 바꾼다. 그 뒤로도 역할 바꿈은 계속된다.

아무도 **왜** 거머리의 심장이 이렇게 뛰는지 진짜 이유를 모른다. 하지만 심방이 차례로 뛸 때는 혈압이 높고, 동시에 뛸 때는 훨씬 낮아지는 것으로 보아, 고혈압이 지속되는 것을 피하기 위함(또는 저혈압을 지속시키기 위함)일 수도 있다. **어떻게** 그렇게 되는지를 설명하려면 훨씬 더 복잡해진다. 두 이상한 패턴의 교환은 거머리 신경계의 명령으로 일어나는, 신경망 역학의 자연스러운 특징이다(그림 39).

조지아 주 애틀랜타의 에모리 대학교의 로널드 캘러브레스(Ronald Calabrese)와 동료들은 거머리의 심장 박동에 대해 연구한 내용으로 일련의 방대한 논문을 냈다.[7] 이들은 심장 박동의 역학을 추적해 거머리의 21개 마디 대부분에 위치한 신경 세포망 CPG를 찾아냈다.

마디마다 한 쌍의 운동 신경 세포가 있는데 하나는 왼쪽에, 다른 하나는 오른쪽에 위치해 심장 근육을 수축시킨다(그림 40). 한 쌍의 '연합 신경 세포'도 있는데, 심장 박동을 통제하는 데 필요한 신경 자극 패턴을 일으킨다. 세 번째와 네 번째 마디에 있는 연합 신경 세포는 서로 연결되어 규칙적으로 움직이는 시간 패턴을 만들어 낸다. 이들은 사실상 시계와 같은 역학을 하며, 그 규칙적인 똑딱거림은 다른 신경 세포들이 하는 일에 영향을 준다. 다섯 번째, 여섯 번째, 일곱 번째 마디의 신경망은 이 신호를 거머리의 양쪽 심장 운동 신경 세포에 직

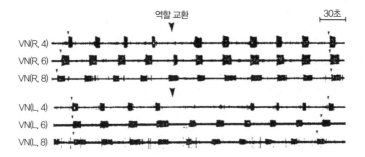

그림 39 거머리의 혈관 신경 기록들을 보면 짧은 전기 파열이 나타난다. 여기서 거머리의 오른쪽에 있는 4번째, 6번째, 8번째 신경 세포들(맨 위부터 첫 세 신호열)은 화살표로 표시한 시간 전까지는 차례로 파열하다가 그 후에는 동시에 파열한다. 그에 대응하는 거머리의 왼쪽 신경 세포들(아래 세 신호열)은 처음에는 동시에 파열하지만, 뒤에는 순서대로 파열한다.

접 보내는데, 이때 한쪽에서는 근육 수축이 순차적인 파동으로, 다른 한쪽에서는 동시에 일어나도록 신호를 수정한다. 이 세 마디들이 하는 일은 일정 시간이 지나면 반대로 바뀐다.

초기에 캘러브레스 연구팀은 주로 시간 회로에 집중하고, 시간 신호가 어떻게 다른 마디들로 전달되는지에 대해서는 자세히 연구하지 않았다. 2004년, 샌디에이고 주립 대학교의 비선형 동역학 체계 연구팀에 있던 부오노와 안토니오 팔라시오스(Antonio Palacios)는 대칭적인 역학 체계의 기법을 적용해 신호 전달 과정을 모형화했다.[8] 이들은 신호 전달망을 끝이 서로 이어져 닫힌 고리 모양의 신경 세포 사슬로 모형화했다. 대칭 역학에 따르면 닫힌 고리에서 일어나는 주기적인 진동들에는 두 가지 공통적인 패턴인 '순차(sequential) 패턴'과 '동시(synchronous) 패턴'이 있다. 두 패턴 사이의 관계는 이른바 모드 상호작용(mode interaction)에서 나타나는데, 이때 신경망 연결의 매개 변수

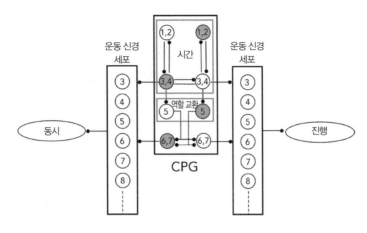

그림 40 거머리 심장 박동의 CPG

들로 인해 두 패턴이 일제히 일어나게 된다.

부오노와 골루비츠키는 초기 연구에서, 네발동물의 덜 대칭적인 걸음걸이, 이를테면 말의 구보나 질주를 설명할 때 이 모드 상호 작용들을 사용했다. 그러므로 말의 구보나 거머리의 심장 박동은 수학적으로나 생물학적으로나 같은 현상에 속한다.

최근에 캘러브레스는 더 정교한 모형을 개발했는데, 이 모형은 짧은 파열이 일어날 때 신경 세포 사이에 전달되는 신호의 구조에 중점을 두었다(그림 39). 파열의 역할은 이뿐만 아니라 비슷한 여러 신경 과학적 문제에서도 중요하므로, 수학자들은 신경 세포 파열에 관한 방정식을 개발했다.

신경 세포망은 움직임뿐만 아니라 지각과도 관련이 있다.

1913년 뉴욕 신경학자 알륀 크나워(Alwyn Knauer)와 윌리엄 맬로니(William Maloney)는 《불안과 정신 질환 저널(*Journal of Nervous and Mental Disease*)》에 메스칼린(mescaline)이라는 약물의 효과에 관한 보고서를 발표했다. 메스칼린은 선인장, 그중에서도 중앙아메리카 사막에서 자라는 페요테 선인장에서 나오는 환각성 알칼로이드이다. 크나워와 멜로니 실험의 피험자들이 보고한 시각적 환각들은 놀라웠다.

> 바로 코앞에서 겉보기에 아주 고운 철선으로 만든 엄청나게 많은 고리들이 끊임없이 시계 방향으로 돌고 있었다. 이 고리들은 동심원으로 배열되어 있는데, 가장 안쪽에 있는 원은 무한히 작아 거의 점에 가깝고, 가장 바깥에 있는 원은 지름이 1.5미터 반 정도 된다. 철선들 사이 공간은 철선 자체보다 더 환하게 보인다.…… 중심은 공간 깊숙이 사라져가는 듯 하고, 주변부는 정지한 채 전체적으로 철선들로 만든 깊숙한 터널 꼴이 된다.…… 철선들은 이제 기다란 띠나 끈으로 펴져 가로줄무늬를 이루고, 색은 아주 멋진 군청색, 군데군데 강렬한 바다녹색이다. 띠들은 율동적으로 움직이는데 마치 위로 올라가는 물결이나, 1렬 종대로 벽을 오르는 작은 모자이크들의 끝없는 행진 같다.…… 어느 순간, 저 높은 곳에 가장 아름다운 모자이크 돔이 있다.…… 원이 그 위에서 생겨나고 있다. 그 원은 납작해지고 길게 늘어난다.…… 온갖 이상한 각들이 생겨나고 수학적인 도형들이 돔 위에서 서로를 미친 듯이 뒤쫓는다.

눈을 감고 엄지손가락으로 눈알을 눌러도 비슷한 모습을 볼 수 있기 때문에, 처음에는 약물이 눈에 영향을 준다고 추측할 수도 있었다. 하지만 사실은 뇌에 영향을 주어, 뇌의 시각 체계가 눈으로 본 이미지라고 **해석하도록** 신호를 만든다(그림 41). 실험과 그 결과의 수학적 분

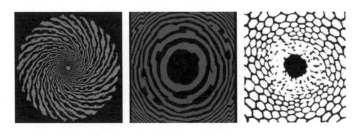

그림 41 환각 무늬. (왼쪽) 소용돌이. (가운데) 터널. (오른쪽) 벌집.

석으로 얻은 패턴들은 시각 체계의 구조를 이해하는 데 중요한 단서가 된다.

　뇌에서 시각 체계를 담당하는 영역은 매우 넓다. 시각 신경학을 몇 년 동안 연구한 결과, 생물학자들은 많은 것을 알게 되었다. 하지만 모르는 것 역시 많다. 언뜻 보면 별로 어려운 문제가 아닌 것 같다. 눈은 결국 하나의 핀홀 카메라, 눈동자가 바늘구멍 역할을 하고, 수정체가 초점을 개선하며, 망막은 상을 받아들이는 카메라 아닌가? 문제는 뇌가 바깥에 있는 사물을 '사진 찍듯' 수동적으로 받아들이지 않는다는 점이다. 뇌는 눈이 보고 있는 것을 무의식적으로 해석한다. 뇌의 시각 체계는 그 상을 처리해, 우리가 어떤 사물을 보고 있는지, 그것이 다른 사물과 비교해 어디에 있는지 알아내고, 심지어는 거기에 인간이 지각하는 선명한 색을 입히기까지 한다. 창 너머에서 어떤 남자가 개와 함께 지나가는 것이 즉각 '보인다.' 개는 가로등 뒤로 지나가고, 남자의 모습은 울타리에 반이나 가려졌다. 남자는 외투로 몸을 감쌌고, 얼굴은 외투에 달린 모자 때문에 알아보기 어렵다. 게다가 그 상은 3차원이다. 그러나 우리는 생각하지 않아도 저절로 어디가 앞이고 뒤인지 안다.

증명된 바에 따르면 컴퓨터는 그와 같은 장면을 분석하고, 거기서 주요한 대상이 무엇인지 가려낼 수 없다. 대상이 무엇을 하고 있는지는 말할 것도 없고 말이다. 하지만 사람의 시각 체계는 이러한 일들을 할 수 있으며, 더 나아가 움직이는 상에 대해서도 같은 일을 한다. 적절한 생화학 지식과 난해한 실험을 통해, 수리 생물학자들은 시각 체계의 구조와 기능을 이해하기 시작했다. 그 결과 현재, 진화는 정말로 똑똑하게 이루어졌다.

두 눈의 망막에서 받아들인 상은 해당하는 시신경(엄청나게 큰 신경 섬유 다발)을 따라 시각 피질(visual cortex)이라는 뇌의 한 부분에 이르게 된다. 시각 피질은 두개골 바로 아래, 뇌의 표면에 있는데, 두개골을 위에서 내려다봤을 때 꽃양배추처럼 복잡하게 주름진 낯익은 형태로 보이는 것이 시각 피질이다. 그 주름을 펴면, 시각 피질은 아주 많은 신경 세포들이 겹겹이 쌓인 층으로 이루어졌다. 가장 꼭대기 층은 V1이라고 하며, 일을 시작할 때 먼저 상을 해당 신경 세포가 내는 온/오프 신호의 배열로 나타낸다. 고양이를 이용한 실험에서 증명된 바로, 전압에 민감한 염료를 사용해 온/오프 패턴을 보게 하면 무엇을 보고 있는지 알아낼 수 있었다. 예를 들어 고양이가 정사각형을 보고 있었다면 V1층에 일그러진 정사각형이 나타났다.

시각 피질을 이루는 층 하나하나는 위아래가 서로 연결되어 있으며, 이 연결이 이루어진 방식에 따라 잇따른 층에서는 꼭대기 층이 만든 기본 상으로부터 서로 다른 정보를 뽑아낸다. 이를테면 맨꼭대기 바로 다음 층은 상을 이루는 여러 특징들 사이의 경계를 정리한다. 가로등 기둥 모서리에 개의 몸이 어디에서 잘리는지, 남자의 외투 두건이 어디에서 끝나는지, 그 뒤에 있는 집이 어디에서 시작되는지 등이 이때 결정된다. 이 층에서는 또한 경계선의 방향도 알아낸다. 그 다음 층에서는 방향을 비교하고 개의 눈과 같이 점처럼 생긴 사물의 위치를 정하면서, 모서리의 방향이 매우 급격하게 바뀐다. 추측하건대 계속해서 층을 내려가면서 신경 세포나 혹은 그들로 이루어진 망에서 그 사물이 '개'라는 결론을 내릴 것이다. 그 다음에는 그 개가 래브라도 리트리버이고, 좀 더 내려가면 브라운 씨가 애완견 본조를 데리고 저녁 산책을 나왔음을 인식하게 된다.

이 과정 중 처음 몇 단계와 관련된 유용한 수학 모형들이 있는데, 아주 기하학적인 느낌이 난다. 이 모형들을 보면 정보가 층을 따라 아래로 깊이 내려가고, 또 거꾸로 거슬러 오기도 하면서, 시각 체계가 적극적으로 일정한 특성들을 찾을 수 있게 준비하는 과정을 알 수 있다. 개의 일부분이 가로등 뒤로 사라졌다가 다시 나타나는 동안 우리의 눈은 이러한 과정을 거치며 개를 뒤쫓는다. 우리의 눈은 그 부분들이 다시 나타날 것을 '알고 있으며', 그렇게 되리라 예상한다. 무엇을 보게 될지 예측하는 시각 체계의 능력을 이용하면, 실제와 다른 것을 보도록 눈을 속이는 실험을 꾸밀 수 있다. 또한 약물을 사용해서 뇌가 다른 것을 지각하게 만드는 일도 가능하다. 시각 피질의 V1층과 관련해 최근 밝혀진 내용들의 일부는, 피험자들이 자원해서 LSD 같은 환각 약물을 복용했을 때 나타난 환각 패턴들에서 발견한 것이다.

합법적이든 불법적이든 이 약물을 복용한 사람들은 모두 기하학적으로 이상하고 다양한 무늬들을 본다고 한다. 비록 눈이 받아들인 상의 일부로 '보이더라도', 그 무늬들은 눈에서 시작된 것이 아니다. 그 무늬들은 대뇌 피질의 신경 세포가 기능하는 방식이 변화하면서 일어난 인위적인 대상이다. 뇌의 신경망이 인지하는 모든 것은 자동적으로 마치 외부의 상에서 생겨난 **것처럼** 해석된다. 그 해석의 과정을 멈출 방법은 없다. 그게 우리가 보는 방식이기 때문이다. 어리석게도 외부 세계라고 생각하는 것은 사실 자신의 머릿속에서 통제하는 대리 표현일 뿐이다. 시각 체계를 속여 존재하지 않는 것을 보게 할 수 있는 주된 까닭도 여기에 있다. 그러나 시각 체계는 밖에 **있는** 것을 지각하게끔 진화했기 때문에 전체적으로는 믿어도 좋다. 환상을 만들어 내도록 교묘하게 꾸며진 상을 보거나, 환각을 일으키는 약물을 복용했을 때를 제외한다면 말이다.

1970년경, 수리 생물학자 잭 카원(Jack Cowan)은 환각 패턴을 사용해 V1의 구조를 풀기 시작했다. 최초의 발견은 환각 패턴이 눈이 아닌 뇌에서 일어남을 강력히 뒷받침했다. 알려진 환각 패턴의 범위는 어마어마했지만, 대부분은 기본 형태인 소용돌이의 변형이었다. 그중 하나로 동심원이 있는데, 원 자체는 소용돌이가 아주 단단하게 감겨서 연이은 회전 사이의 간격이 0이 될 때 나타나는 현상이다. 방사형 바퀴살(radial spoke)도 또 다른 특수한 꼴로, 소용돌이의 회전이 급격하게 커져서 그 사이의 간격이 사실상 무한대가 될 때 나타난다. 때로 소용돌이 패턴은 육각형으로 장식된 벌집 무늬로 나타나기도 하고, 엘리자베스 여왕 시대의 창유리처럼 마름모꼴의 바둑판으로 뒤덮이기도 한다. 때로는 적절하게 묘사하기도 어려울 정도로 기괴하게 나타난다. 하지만 두드러지게 나타나는 무늬는 소용돌이로, 수학자들은 이것을 로그 유형의 나선이라고 한다. 환각 패턴에 나타나는 소용돌이와 바퀴살은 회전하는 경우가 많고, 동심원은 연못에 조약돌을 떨어뜨릴 때처럼 퍼져 나간다.

로그 나선을 그릴 때는, 일정한 속력으로 회전하는 바퀴살과 그

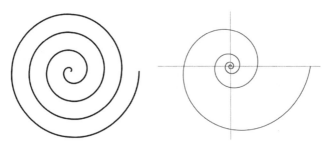

그림 42 (왼쪽) 아르키메데스 나선. (오른쪽) 로그 나선.

바퀴살을 따라 바깥쪽으로 움직이는 한 점을 상상한다. 이 두 움직임의 조합이 나선을 만드는데, 이때 정확한 나선 모양은 점이 바퀴살을 따라 어떻게 움직이는지에 따라 달라진다. 예를 들어 점이 고정된 속력으로 움직이면 아르키메데스 나선(Archimedean spiral), 즉 연이은 회전 사이의 간격이 일정한 소용돌이가 나온다. 점의 속력이 지수 증가해, (이를테면) 예를 들어 회전의 크기가 전보다 두 배씩 커지면 로그 나선이 나온다(그림 42).

1972년, 카원과 공동 연구자 휴 윌슨(Hugh Wilson)은 오늘날 윌슨-카원 방정식이라고 부르는 방정식을 써서 서로 연결된 수많은 신경 세포들이 상호 작용하는 과정을 묘사했다.[9] 1979년 카원과 바드 에르멘트라우트(Bard Ermentrout)는 이 방정식을 이용해 시각 피질에서 일어나는 파동이 전파되는 모형을 만들었고, 피험자들이 이야기한 복잡한 소용돌이 패턴을 피질 꼭대기 층에서 일어나는 훨씬 단순한 전기력, 최하저 활동 패턴으로 석명할 수 있다는 결론을 내렸다.

환각에서 두드러지게 나타나는 소용돌이 특성은 유용한 실마리로, 생화학자들은 망막이 피질에 전달한 상과 피질이 실제로 받아들

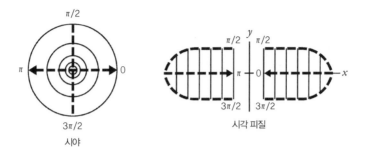

그림 43 망막-피질 지도

인 상이 어떻게 다른지 알아냈다. 망막은 원 모양이지만, V1층은 펼쳤을 때 직사각형에 가깝다. 따라서 피질이 받은 상은 망막의 상이 일그러진 형태이다. 상이 일그러지는 과정은 수학 공식으로 기술할 수 있다. 망막 위에 있는 방사형의 선(radial line)을 피질 위에서 평행선으로 바꾸고, 망막 위의 동심원을 처음 평행선과 직각으로 만나는 또 다른 평행선 집합으로 바꾸는 수학 공식을 쓰면 된다. 하지만 만일에 대비하기 위해 이와 같은 일은 피질의 두 영역에서 일어난다. 실제에서 이들은 그림 44처럼 모래시계 모양으로 연결되지만, 수학에서는 흔히 그림 43처럼 두 끝을 마주보게 바꿔 타원 모양으로 만드는 것이 편리하다.

이른바 '망막-피질 지도(retino-cortical map)'에서 가장 중요한 특징은 망막의 로그 나선이 이 지도를 거치면 피질의 평행선으로 바뀐다는 점이다. 시각 체계에 따라 우리는 피질에서 감지하는 것이면 무엇이든 자동적으로 '보게' 된다. 그것이 눈에서 비롯되었는지와는 상관없이. 그러므로 무언가가 피질에 평행 줄무늬를 만들면 우리는 소용돌이를 '보게' 될 것이다. 향정신성 약물은 전기 파동을 만들며, 그중 가장 단순한 파동이 줄무늬이다.

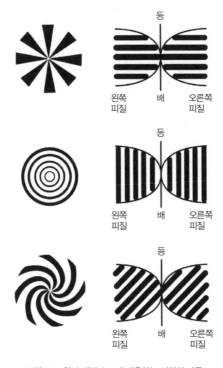

등

왼쪽
피질
배
오른쪽
피질

등

왼쪽
피질
배
오른쪽
피질

등

왼쪽
피질
배
오른쪽
피질

그림 44   환각 패턴과 그에 대응하는 피질의 파동

줄무늬가 움직여 마치 해안으로 밀려오는 파도와 같은 진행파를
만들면 망막-피질 지도의 기하에 따라 소용돌이가 회전하는 것처럼
나타난다. 방사 형태의 바퀴살도 소용돌이의 한 형태로, 피질의 가로
줄무늬(관례적으로 정한 피질의 방향에 평행한)에 대응된다. 파동이 피질
위로 진행하는 동안, 바퀴살은 회전한다. 동심원도 이와 비슷하게 세
로 줄무늬에 대응된다. 이때는 세로 줄무늬가 피질 위를 진행할 때 원
들이 중심에서 퍼져 나가는 것처럼 보인다(그림 44).

이것만 해도 벌써 환각 패턴에 대해 큰 실마리를 얻었다. 단순한 줄무늬 파동이 피질 위를 움직일 때 앞에서 설명한 패턴이 나타난다는 것은 상당히 이치에 맞는 이야기이다. 줄무늬 파동은 약물로 일어나는 전기적, 화학적 활동의 패턴이다. 더 정교한 다른 패턴이 보고될 때도 있지만 피질 위에서 일어나는 파동의 행동과 관련지어 비슷하게 설명된다. 예를 들어 벌집 소용돌이(spiral honeycomb)는 피질의 단순한 벌집 무늬에 대응된다.

카원과 에르멘트라우트가 만든 방정식은 수학자들이 말하는 연속체 모형이다. 다시 말해 실제 신경 세포망은 매우 촘촘하지만 불연속적인데, 모형에서는 무한히 작은 신경 세포들이 연속으로 분포된 것처럼 표현한다. 이 모형에서 피질은 평면이 되고 신경 세포는 점이 된다. 이산적인 실재를 연속적인 모형으로 바꾸는 이러한 변환은 수학을 현실 세계에 적용할 때 표준적으로 쓰는 전략이 되었다. 그 까닭은 연속 모형에서 매우 강력한 도구인 미분 방정식을 쓸 수 있기 때문이다. 역사적으로, 연속 모형과 미분 방정식이 최초로 적용된 과학 영역은 유체 운동, 열 전달, 탄성 물질의 휘어짐이었다. 이 세 경우 모두 실제 체계는 매우 작지만 그 이상 쪼개질 수 없는 이산적인 원자로 구성되어 있는데, 그 체계를 다루는 수학 모형은 무한히 나눌 수 있다. 경험상 연속체 모형은 이산적인 구성 요소들이 그것을 기술하는 도구보다 훨씬 크기만 하다면 매우 효과적이다. 신경 세포는 원자보다 훨씬 크지만 피질에 있는 전자파 파장보다는 상당히 작기 때문에 연속체 모형은 탐구할 가치가 있다고 생각해도 된다.

평평해진 피질의 타원 모양을 더 단순화하면 무한 평면이 된다. 이때 피질의 경계는 피질 내부의 파동에 큰 영향을 주지 않는다고 가정한다. 이렇게 단순화한 가정들을 모두 갖춰 놓으면, 패턴 형성을 연

생명의 수학

구할 때 쓰는 표준 기법으로 피질의 파동 무늬와 환각 패턴들까지 분류할 수 있다.

이와 같은 방법을 이용해 피질 위의 진행 파동을 분석하려는 초기의 시도들은 어느 정도 성공했지만, 구체적인 부분까지 언제나 정확하게 알아낸 것은 아니었다. 새로운 실험 기법으로 피질 신경 세포의 '배선 도면'이 밝혀지자, 구체적인 부분이 분명해지면서 약간 다른 모형이 제시되었다.

V1에 있는 세포들은 TV 화면의 화소 모임들처럼 이미지를 정밀하게 표시하는 데 그치지 않고, 이미지 경계선의 방향까지 감지한다. 그러므로 세포 하나의 상태는 그에 대응하는 이미지를 이루는 한 점의 밝기뿐만 아니라(여기서는 색상을 고려하지 않으며 한쪽 눈에 대해서만 생각한다.) 이미지의 모든 선에 대해 국소적 **방향**(local orientation)도 나타낸다. 수학적으로 평면의 한 점은 방향원(circle of orientation)으로 바꿀 수 있다. 그렇게 바꾼 형태는 익숙한 3차원 공간 속의 형태가 아니지만, 꼭 눈에 보여야 계산을 할 수 있는 것은 아니다.

실험에서 보인 것처럼 V1에 있는 신경 세포는 작은 조각들 속에 배열되고, 조각 속에 배열된 그 속의 신경 세포들은 특정한 방향에 특히 민감하게 반응한다. 이웃한 조각들은 이웃한 방향에 민감한데, 예를 들면 어떤 조각이 수직선에 민감하다면 이웃한 조각은 수직에서 오른쪽으로 30도 기울어진 방향에 대응되는 식이다. 이들 신경 세포 사이의 연결 관세 내부분은 두 가지 중 하나이다. 들어오는 신호기 신경 세포의 활동을 촉진하지 않고 억제하는 단거리 억제성 연결(short-range inhibitory connections)과 활동을 촉진하는 장거리 자극성 연결(long-range excitatory connections)이 있다. 이 두 가지 연결은 모든 조각

안에서 찾을 수 있다. 자극성 연결은 피질 안에서 특정 방향을 따라 놓인다. 그 방향은 조각 자체가 선호하는 방향과 같다.

이 연결 패턴은 대응하는 연속체 모형을 점으로 이루어진 평면이 아닌 원으로 이루어진 평면으로 변화시킨다. 원으로 이루어진 평면에서 진행파의 병진과 반사는 점 평면에서와 같은 방식으로 이루어진다. 하지만 회전이 일어나면 모든 원이 회전해야 하는데, 그렇게 하지 않으면 배선도가 제대로 작동하지 않기 때문이다. 일단 실험을 통해 정확한 모형이 알려지자, 연구자들은 패턴 형성의 수학이라는 중장비에 모든 노력을 쏟을 수 있었다.[10] 마침내 이번에는 피질의 파동 패턴과 그에 대응하는 환각 패턴의 분류를 제대로 수행했다.

새로운 수학 모형에서는 확실한 환각 패턴의 목록이 나오고, 피질의 V1층의 배선도가 진화한 까닭도 암시된다. 어떤 조각이 있는데 그 조각이 수평선의 한 부분을 '본다'고 하자. 그 조각의 국소 억제성 연결은 그 선에서 사실상 가장 그럴듯한 방향을 지지한다. 그렇게 가장 강한 신호를 받는 방향이 우위에 서면 나머지 방향은 억제된다. 이제 그 조각은 그와 똑같은 방향에 민감한 조각들에 자극성 신호를 보내는데, 사실상 그 신호들은 똑같은 방향으로 치우치게 된다. 또한 신호를 보내는 조각은 가장 강한 신호를 받은 방향의 연장선상에 놓인 조각들에만 신호를 전한다. 종합하면 이 조각으로 보이는 선의 방향은 피질 위에서 임시로 연장된다. 이 연장이 옳다면, 다음 조각은 그 방향의 선택을 강화할 것이다. 하지만 다음 조각이 다른 방향에서 강한 신호를 감지한다면, 선을 연장하려는 신호를 저지할 것이다.

간단히 말해서, 신경 세포는 이미지의 경계선 조각들을 맞추어 가장 타당한 방식으로 경계선을 이어나가도록 연결되어 있다. 경계선

생명의 수학

에 작은 틈새가 있다면 자극성 신호에 따라 '채워질 것이다.' 하지만 선의 방향이 바뀐다면, 국소 억제성 신호가 그것을 확인하고는 새로운 선택을 할 것이다. 최종 결과로 V1은 일련의 등고선, 다시 말해 사물의 이미지가 가진 주요 특징들을 드러내는 윤곽선을 만든다. 2000년, 메릴랜드 대학교의 수학자 존 즈웩(John Zweck)과 뉴멕시코 대학교의 전산학자 랜스 윌리엄스(Lance Williams)는 컴퓨터 시각 장치에 관한 연구에서 똑같은 수학 기법을 이용해 효율적인 알고리즘을 개발했다.[11] 그것은 등고선 완성에 관한 것이었다. 다시 말해 어떤 사물의 부분이 다른 사물 뒤에 가려졌을 때 이미지의 경계선에서 빠진 부분을 채워 넣는 것이었다.

마치 개의 몸 일부가 가로등 기둥에 가려졌을 때처럼 말이다.

신경 과학은 수리 생물학 영역에서 가장 활발한 영역에 속한다. 연구자들은 엄청나게 다양한 주제들을 연구하고 있다. 신경 세포가 어떻게 일하는지, 발달 과정에서 어떻게 연결되는지, 뇌가 어떻게 배우는지, 기억 장치가 어떻게 일하는지, 감각 기관에서 온 정보가 어떻게 해석되는지 등이 그 주제들이다. 사람의 뇌와 관련된 훨씬 더 어려운 주제들, 이를테면 뇌와 마음의 관계, 의식과 자유 의지 들도 연구 중이다. 이러한 연구들에서는 동역학, 통신망, 통계학 등을 활용한다.

이론의 발전과 더불어, 생물학자들은 뇌 실험 기법에서도 큰 진보를 이루었다. 오늘날에는 니머 빙법을 사용해 뇌의 활동을 실시간 영상으로 만들 수 있다. 사실상 뇌의 어느 부분이 활동하는지, 그리고 그 활동이 한 영역에서 다른 영역으로 어떻게 옮겨가는지 관찰하는 것이다. 하지만 뇌는 어마어마하게 복잡하므로, 지금으로서는 전체를 한 번에 이해하려 하기보다 신경계의 특정 부분에 초점을 맞추는 것이 나을 것이다. 역설적으로 우리 인간의 뇌는 스스로 자신을 이해하기에 너무 복잡한지도 모른다.

12

매듭과 접기

유전 암호의 발견, 그러니까 단백질의 아미노산이 세쌍둥이의 DNA 염기로 표현된다는 사실의 발견은 DNA를 암호로 간주해 이루어진 최초의 혁신이었다. 하지만 DNA 분자의 물리적 형태 또한 중요한 주제이며, DNA 분자가 암호화한 분자의 형태도 마찬가지이다.

단백질도 똑같은 이야기를 할 수 있다. 생명을 만들려면 구성 단백질 목록만으로는 부족하다. 적절한 시간과 적절한 장소에 적절한 단백질이 있어야 한다. 모든 재료를 한데 섞어 오븐에 집어넣는다고 빵이 만들어지지 않는 것처럼 10만 개의 단백질을 만들어 놓고 그것들이 스스로 어떤 식으로든 아메바나 사람으로 자라날 것이라고 기대해서는 생명이 탄생하지 않는다.

유전체의 아주 작은 부분만이 유전자 — 단백질 암호 — 로 이루어진다. 그밖의 나머지 부분은 오랫동안 '쓰레기 DNA', 다시 말해 제거될 가치도 없었기에 그저 진화 과정을 거치며 따라왔을 뿐 현재로서는 아무 기능도 하지 못하는 진화의 유물로 낙인찍혔다. 오늘날 그 쓰레기 DNA 중 적어도 일부가 생명체를 결합하는 과정을 규제하는 데 관계한다는 사실이 밝혀졌다. 그 나머지는 정말 쓰레기일지도 모른다. 하지만 역사를 돌이켜 보면 그조차 확신할 수 없다.

그 일부 쓰레기 DNA는 어떻게 체제를 통제할 수 있을까? 그 답을 알려면 또 다른 암호를 풀어야 할지도 모른다. 원료가 아닌 지시의 암호 말이다. 하지만 이 일도 그리 간단하지 않다. 생명체의 발생을 관리하는 체계에서는 유전자(더 정확하게는 유전자가 암호화한 단백질)를 이용해 다른 유전자의 스위치를 켜거나 끈다. 여기서 문제는 유전자 스위치 망(genetic switching network)의 역학이다. 역학은 수학의 문제로, DNA 암호에서 바로 읽어 낼 수 없다. 어떤 유전자가 어떤 유전자에 영향을 미치는지는 읽어 낼 수 있을지 모른다. 하지만 그 정보만으로는 모든 것이 동시에 일어날 때 전체적으로 어떤 일이 이루어지는지 알 수 없을 것이다. 대기의 온도와 습도가 서로 어떤 영향을 미치는지 안다고 해서 다음 주 날씨를 알 수 없는 것과 같은 이치이다.

분자의 형태는 적어도 배열 순서만큼이나 중요하다고 밝혀졌다. DNA의 이중 나선 형태로 수많은 기본 특성들이 나타나기 때문이다. 특히 세포와 생명체 전체가 번식에서 사용하는 DNA 복제 체계는 엄청난 위상학적 장애를 극복하고 이루어진다. DNA 두 가닥이 마치 밧줄처럼 서로 꼬인다. 밧줄을 풀 때 힘껏 당겨서 떼어 내려 하면 절망적으로 뒤엉켜 버릴 뿐이다.

단백질의 형태도 중요하다. 많은 단백질이 다른 단백질과 결합해 일을 한다. 그 결합에서 단백질들은 서로 들러붙지만 보통은 임시적이며 조절이 가능하다. 헤모글로빈 단백질은 산소 분자를 집어 들거나 풀어 놓을 때마다 형태가 바뀐다. 단백질 형태는 아미노산이 줄줄이 달린 긴 사슬이 여러 번 접혀서 빽빽하게 엉킨 것이다. 원리적으로는 이 사슬 뭉치의 생김새는 아미노산의 배열 순서에 따라 결정된다. 하지만 배열 순서에서 생김새를 계산하는 것은 사실상 불가능하다. 똑같은 순서의 배열이라도 엄청나게 다양한 방법으로 접을 수 있기 때문인데, 일반적으로는 최소 에너지를 가진 형태가 선택된다고 본다. 참으로 어마어마한 가능성 중에서 이 최소 에너지를 가진 형태 찾기란, 마치 몇천 개의 알파벳 글자들을 재배열해서 셰익스피어 작품의 한 단락이 나오기를 기대하는 것과 같다. 그 모든 가능성들을 하나하나 돌아가며 확인한다면 너무도 비효율적이다. 그렇게 하기에는 우주가 지금껏 살아온 시간으로도 너무나 부족하다.

DNA 형태에 담긴 수수께끼를 푸는 열쇠 중 하나는 위상학이라는 수학이다. 위상학은 잘 발달된 수학의 한 분야로 역사는 100년 조금 지난 정도이지만, 지금 와서 보면 위상학의 시초라고 부를 수 있는 것을 많이 찾을 수 있다. 1950년대에 이르면서 스타덤에 오른 위상학은 순수 수학의 중요한 기둥으로 자리 잡았지만, 그때까지도 중요한 분야에 응용되지는 못했다 태양계의 역학에 관련된 몇 가지 이론적 문제들을 명확하게 해 주는 정도였다. 위상학이 순수 수학에서 중요한 까닭은 **연속성**(continuity)과 관련된 모든 문제를 해결하는 개념적 도구이기 때문이다. 그리고 연속성, 즉 형태나 구조를 찢거나 조각조각 깨뜨리지 않고 변형하는 것은 수많은 수학 분야에서 공통으로 다루는 주제이다. 수학의 응용에서도 마찬가지이다. 대부분의 물리 과정이 연속임을 떠올려 보라. 하지만 연속성이라는 특성이 어디에 유용한지를 추려 내는 것은 간단하지 않기에, 위상학이 응용 과학에서 제 역할을 찾기까지는 매우 오랜 시간이 걸렸다.

고등학교까지의 수학에서는, 귀엽기는 하지만 결론이 없는 몇 가지 트릭을 제외하면 위상학을 다루지 않는다. 이러한 트릭의 가장 대표적인 예가 뫼비우스 띠이다. 뫼비우스 띠는 아우구스트 페르디난트 뫼비우스(August Ferdinand Mobius)와 요한 베네딕트 리스팅(Johann Benedict Listing)이 1858년 각자 독립적으로 발명했다. 긴 종이끈을 개목걸이처럼 둥글게 구부려 끝을 잇는데, 이때 한 끝을 반 바퀴 비틀어 붙여야 한다. 그 결과 나온 뫼비우스 띠의 표면에는 우리의 직관에 반하는 몇 가지 특징이 있다. 안과 겉의 구분이 없으며 모서리도 하나뿐인 데다가 띠의 중간을 따라 자르면 두 조각으로 떨어지지도 않는다. 뫼비우스 띠를 실제적으로 응용한 예가 있다. 마모되기까지 일반적인 것보다 두 배의 시간을 견디는 컨베이어 벨트를 만들 때와, 전선을 회전하는 물체에 연결할 때 쓴다. 둘 다 그다지 흥미로운 분야는 아니다.

위상학에는 훨씬 많은 것이 들어 있지만 그 개념은 너무 추상적이어서 전문 지식의 배경이 없는 독자에게 쉽고 정확하게 설명하기 어렵다. 하지만 중요한 아이디어를 알아보는 순수 수학자들의 눈은 탁월했고, 위상 수학 기법은 생물학에서 양자론까지 더 폭넓게 현실 문제에 쓰이고 있다. 여기서 설명할 위상 수학적 응용은 DNA의 기능에 대해 몇 가지 중요한 통찰을 주었다. 그리고 이 응용에 쓰이는 도구는 대부분의 다른 응용 수학 분야와 달리 덜 전문적인데다가, 우리 모두가 생활 속에서 거의 언제나 접하는 것이다.

바로 매듭이다.

매듭이라고 하면 소포를 묶는 것, 보이 스카우트, 항해와 등산 등을 떠올리는 경향이 있다. 매듭에 대한 이해는 몇 세기의 시행착오를 거치면서 자리 잡았다. 이런 상황에서는 이런 매듭을 써야 한다는 것들 말이다. 예를 들어 돼지를 감아 매기(clove hitch)로 사각 기둥에 묶으려고 하면 문제가 생긴다. 돼지가 오른쪽으로 기둥 주위를 돌면 매듭은 어려움 없이 풀리고, 그날 저녁 삼겹살이 날아가기 때문이다.

매듭에 관한 위상 수학은 일반적으로 두 가지 문제를 다룬다. 우선 두 매듭이 위상학적으로 같은지, 다시 말해 한 매듭이 연속 변환을 거쳐 다른 매듭으로 변할 수 있는지를 알아내는 것이다. 끈 한 가닥을 가지고 둘 중 하나의 매듭으로 묶었을 때, 그 끈을 비틀어서 나머지 다른 매듭이 나오게 할 수 있을까? 겉보기에 복잡한 매듭이 사실은 매듭이 아님을 알아내는 것도 이러한 문제에 속한다(그림 45). 일반적인 두 번째 위상 문제는 훨씬 더 야심차다. 바로 가능한 모든 매듭을 분류할 수 있는가라는 문제이다. 매듭은 무한히 많으며, 그중 단순한 것조차도 몇 개의 교차점이 생기면 풍부하고 다양한 종류의 매듭이 나온다.

한 가닥의 끈으로 묶은 모든 매듭은 그 과정을 거꾸로 해서 풀 수 있다. 그 다음에는 원하는 어떤 매듭이든 다시 묶을 수 있다. 그러므로 제대로 질문을 하기 위해서는 매듭이 끈의 양 끝에서 빠져나가지 못하도록 조치를 해야 한다. 전통적으로 위상학에서는 끈의 양 끝을 붙여서 닫힌 고리를 만들어서 해결한다. 그러므로 위상학자가 말하는 매듭이란, 매듭지어진 곡선이 아니라 매듭지어진 원이다. 예를 들어 그림

45에 있는 두 매듭의 양 끝을 붙이면 그림 46처럼 된다.

이제 우리는 그림 45에 나온 질문을 매듭 이론의 용어로 다시 말할 수 있다. 두 '매듭' 중 하나는 사실 매듭이 아니다(unknotted). 다시 말해 그 매듭은 어떤 교차(crossing) 없이 하나의 원으로 연속적으로 변환할 수 있다. 다른 하나는 위상학자들이 말하는 진짜 매듭으로, 끈을 자르지 않고 풀 수 없다. 그러므로 질문을 다시 하면, 어느 쪽이 매듭이고, 어느 쪽이 매듭이 아닐까? 더 복잡해 보이는 오른쪽 매듭이 묶여 있지 않은 매듭이다. 왼쪽은 참매듭(reef knot)으로, 보이 스카우트 세대라면 알 것이다. 하지만 이는 수학적 증명이 아니며, 보이 스카우트에서 말하는 "묶여 있지 않다."라는 표현에는 수학과 달리 끈의 끝이 자유로워 매듭이 빠져나갈 가능성도 포함되어 있다. 그래서 위상 수학자들은 더 주의 깊게, 명백해 보이는 사물에 대해서도 견고한 논리적 증명을 찾아야 한다.

매듭 이론은 때때로 사이비 수학으로 조롱을 받았다. 수학을 잘 모르고 '매듭'이라는 일반 의미에 기초한 생각이라면 이해할 수 있는 태도이지만, 수학적 개념에서 보면 조금 어리석은 생각이다. 마치 양자 마당 이론이 닭과 관련된 것이라고 생각하는 것과 같다. 매듭에 관한

그림 45 끈의 한 쪽 끝을 잡아당겨 보자. 어떤 매듭이 풀릴까?

생명의 수학

그림 46 매듭이 빠져나가지 못하도록 끈의 양 끝을 붙인다.

수학은 매우 깊고 어려운 것으로, 위상 수학 발전에 원동력이 되었다.

매듭 이론이 생물학에서 유용한 까닭은 DNA 자체가 매듭으로 묶여 있기 때문이다. 그 매듭은 이중 나선이라는 비틀린 위상이 남긴 유물이다. DNA를 일정한 길이만큼 잘라서 그 끝을 연결할 때 두 가지 일이 일어날 수 있다. 잘라서 생긴 두 나선 가닥의 양 끝을 연결할 때 각각 같은 가닥끼리 연결하면 한 가닥의 DNA로 만들어진 닫힌 고리 2개가 나타난다. 보통 두 고리는 서로 연결되어 있다. 그래서 자르지 않고 분리할 수 없다. 다른 경우로, 개별 가닥을 서로 다른 가닥에 연결할 수도 있다. 이때 하나의 닫힌 고리, 특히 매듭이 있는 닫힌 고리가 만들어진다.

이 매듭과 고리(link)를 이해할 수 있다면, 생물학적인 절단 과정의 특징을 알아낼 수 있다. DNA를 자르고 재결합하는 일은 자연에서 기본적으로 늘 반복되므로 이 사실은 중요하다. 이중 나선이라는 복잡한 위상 때문에 절단과 재결합은 어쩔 수 없이 일어난다. DNA 가닥을 복제하려면 DNA를 잘라서 두 가닥을 서로 푼 다음, 새 복제본을 만들고, 잘라 낸 가닥을 원래 있던 자리에 가져가 재결합시켜야 하기 때문이다(그림 17 참고). 이 과정은 분자 수준에서는 아주 복잡하지만 덕분에 생명이 있을 수 있는 것이다. 그리고 분자 수준에 있기 때문에 과정을 관찰하기가 쉽지 않다. 그렇기에 추론을 할 수밖에 없다.

DNA의 이중 나선 구조를 밝혀낸 방법은 그 추론에는 거의 쓸모가 없다. 이중 나선 구조를 밝히는 방법은 DNA를 결정으로 만들어 엑스선을 비춘 다음 거기서 나온 회절 패턴을 관찰하는 것이다. 하지만 세포 DNA는 결정이 아니다. 액체에 용해되는, 자유로이 움직이는 분자이다. DNA의 구조가 아닌 기능을 이해하려면 새로운 접근 방법이 필요하다.

세포 조직은 여기서는 그저 수수께끼가 아니라, 해답의 일부이다. 특별한 단백질인 토포이소머라아제(topoisomerases)라는 효소가 DNA를 조각조각 잘라 낸다. 매우 강력한 전자 현미경을 써서 절단 DNA 가닥의 이미지를 보면 무슨 일이 일어나는지 알 수 있다. 그 이미지는, DNA 가닥을 특수한 단백질로 덮어서 두껍게 만드는 새로운 기술을 써서 만든다. 이제 DNA 가닥의 위상을 보면 토포이소머라아제의 작용에 대해 유용한 정보를 얻을 수 있다. 이것은 다시 DNA에 관한 정보를 알려 준다. 그러므로 토포이소머라아제로 DNA 일부를 잘라 어떤 형태가 나오는지 보면, 그 효소가 어떻게 일을 하는지, 그 결과 DNA에 어떤 일이 일어나는지 알게 되는 것이다.

생물학자들은 적절한 통제 속에서 효과적으로 조사할 방법을 찾아냈다. 닫힌 DNA 고리를 절단하면 되는데, 이때 표준 유전 공학 기술과 적절한 효소, 그리고 그 효소가 암호 배열 순서를 인식해 작업할 수 있는 DNA의 특정 부분이 필요하다. 그렇게 하면 DNA 매듭이나 서로 연결된 DNA 고리가 나타나게 된다. 가닥들이 서로 포개지는 방식은 전자 현미경으로 관찰할 수 있다. 그런데 문제가 생긴다. 매듭(그림 47과 비슷한)과 고리 중 어느 쪽인가? 보통은 꼬이고 뒤틀려 있으므로 한눈에 알아내기가 매우 어렵다. 하지만 위상학이라면 이 문제를 해결할 수 있다.

매듭은 흔히 보아 왔고 또 단순해 보이기 때문에 이해하기 쉬울 것 같다. 하지만 유명한 『애슐리의 매듭 책(*Ashley Book of Knots*)』에는 대충 훑어봐도 몇천 개의 매듭이 나와 있으며, 게다가 그 매듭들은 항해나 장식, 파티 마술에 쓸 수 있는 것들이다. 매듭을 분류하고, 다양한 변환을 했을 때 결과를 알아내는 것은 위상학에서 연구하는 주제이다. 그리고 그 일은 **어렵다.**

예를 들어 매듭지은 한 가닥 끈이 매듭 없는 끈과 다르다는 사실은 실험적으로는 이미 몇천 년 전에 분명해졌지만, 매듭의 존재에 대

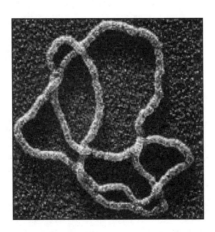

그림 47 DNA 가닥이 비틀어져 화이트헤드 링크를 만든 모습

한 논리적 증명은 1920년대 와서야 나타났다. 위상 매듭 이론에서는 닫힌 고리에 박혀 있는 일반적인 옭매듭을 풀 수 없음을 엄밀히 증명해 최초로 큰 성과를 거두었다. 다시 말해서, 그와 같은 매듭은 어떤 연속 변환으로도 일반적인 원형 고리로 바꿀 수 없다.

왜 이 문제가 그토록 어려울까? 아무리 복잡하고 교활한 변환도 소용이 없음을 보여야 하기 때문이다. 어떤 특정 변환을 분석해 그 결과를 보이는 방법이 훨씬 쉽겠지만, 이 문제는 그런 방법으로 풀 수 없다. 원리상으로는 이 문제를 풀려면 가능한 모든 변환을 생각해서 그 무엇도 매듭을 풀 수 없음을 보여야 한다. 실제로는 이 방법은 불가능하다. 하지만 무한히 많고, 너무나 복잡한 경우를 생각하지 않고도 같은 결과에 이를 수 있는 기발한 방법이 있다. 불변량(invariant)을 찾는 것이다. 여기서 불변량은 모든 매듭과 관련된 특정한 양이나 구조로, 매듭이 변환을 거쳐도 똑같이 유지된다. 불변량은 계산할 수 있는 것이어야 한다. 그렇지 않다면 빛 좋은 개살구일 뿐이다.

불변량이 하는 일은 다음과 같다. 예를 들어 꾀 많은 어떤 위상학자가 불변량을 고안했는데, 계산해 보니 옭매듭은 3, '매듭 없음 (unknot)', 곧 매듭이 없는 고리는 0이었다고 하자. 그렇다면 완전하고 엄밀한 논리로 얼마만큼 비틀고 돌리고 구부리고 펼치든, 옭매듭을 매듭 없음으로 바꿀 수 없음을 증명할 수 있다. 왜? 그와 같은 변환으로 나온 매듭의 불변량은 3이 되기 때문이다. 매듭 없음의 불변량은 3이 아니므로, 어떤 변환으로도 절대 만들어지지 않는다.

이런 식의 증명은 직접적이고 널리 쓰이지만, 주의해야 할 점이 있다. 우선 불변량이라 생각하는 대상은 실제로 불변이어야 하는데, 그와 같은 것은 찾기가 쉽지 않을 수도 있으며, 혹은 찾는다 해도 그 불변성을 증명하기가 쉽지 않다. 둘째, 불변량은 이를테면 변환 전 시작 매듭인 옭매듭과 끝 매듭인 매듭 없음에 대해 계산할 수 있는 대상이어야 한다. 셋째, 시작매듭과 끝매듭(이 경우 옭매듭과 매듭 없음)의 불변량이 달라야 한다.

이러한 장애에도, 위상학자들은 꽤 멋진 매듭 불변량을 발명해 냈고, 그것을 사용해 기본적인 문제들을 풀었다. 옭매듭이 진짜 매듭인지 증명하라. 옭매듭을 자신의 거울상으로 변환할 수 없음을 증명하라. 참매듭과 세로매듭(granny knot)이 다르고, 두 매듭이 옭매듭과 다름을 증명하라. 등등.

더 최근에 발명된 매듭 불변량은 다항식이라는 대수식으로 표현한 것이 많다. 이러한 불변량의 고전적인 예로, 발명자 제임스 워델 알렉산더(James Waddell Alexander)의 이름을 딴 알렉산더 다항식이 있다. 어떤 매듭의 그림이 주어지면 그에 대한 알렉산더 다항식을 계산할 수 있다. 예를 들어 옭매듭의 알렉산더 다항식은 $x^{-1}-1+x$이고, 8자 매듭(figure-of-eight knot)은 $-x^{-1}+3-x$이다. 두 불변량 다항식이 다르게 보이는 것처럼, 그에 해당하는 매듭도 다르다.

어떤 문제들은 알렉산더 다항식으로 해결되지만 그렇지 않은 문제들도 있다. 알렉산더 다항식으로는 참매듭과 세로매듭을 구분하지 못하며, 옭매듭과 그 거울상의 차이도 알 수 없다. 그래서 위상학자들은 더 나은 불변량을 찾았다. 수학자들이 바라는 것은 위상학적으로 다른 매듭을 모두 구분할 수 있는 불변량이다. 다시 말해, 위상학적으로 다른 매듭이 있다면 그 불변량도 달라야 한다. 하지만 그런 불변량은 찾기 힘들다고 판명되었다. 그래도 수학자 본 존스(Vaughan Johnes)는 1983년 꽤 좋은 불변량을 발명했다. 존스 다항식은 참매듭과 세로

매듭, 옭매듭과 그 거울상을 구분한다. 다른 수학자들이 존스의 아이디어를 일반화한 결과, 오늘날 여러 가지 강력한 매듭 불변량이 쓰이고 있다.

불변량 외에도 매듭에 관한 의문에 접근하는 방법이 있다. 더 단순한 구성 요소들을 가지고 매듭을 구성해, 구성 요소들이 어떤 과정으로 작동하고 결합했는지 연구하려는 아이디어도 있었다. 이 기법은 효소의 활동을 이해하는 데 쓸모가 있다. 기존 질서에 얽매이지 않고, 상상력이 풍부하며, 재치 있는 접근으로 유명한 영국의 수학자 존 호턴 콘웨이(John Horton Conway)는 그와 같은 구성 요소로 **꼬임**(tangle)이라는 구조를 생각해 냈다. 콘웨이가 생각한 꼬임이란, 한 조각의 매듭으로서 양 끝이 스스로를 둘러싼 상자에 붙어 있는 것이다. 그 조각은 상자속에 그대로 있는 한 모든 연속적인 방식으로 변환시킬 수 있지만 양끝은 상자 표면에 그대로 붙어 있어야 한다. 꼬임의 기본 유형은 양 끝이 있는 두 가닥이 있고, 4개의 각 끝은 상자에 붙어 있으며, 각 가닥은 스스로 매듭지어진 채 두 가닥이 상자 내부에서 고리를 만든 것이다. 그림 48에서 상자는 정사각형으로 보이지만 사실은 3차원이다.

　자명한 꼬임은 두 가닥의 끈이 평행하게 놓여 연결되지도 꼬이지도 않은 상태를 말한다. 두 꼬임의 결합은 이들을 서로 '더해서' 만든다. 즉 두 꼬임을 나란히 놓고 인접한 두 끝을 연결한 다음 각 꼬임이 든 두 상자를 없애고 두 꼬임을 동시에 포함하는 더 큰 하나의 상자로 바꾼다. 이렇게 덧셈을 거듭하다 마침내 마지막으로 남는 두 끝을 연결해서 닫힌 고리를 만들면 매듭이 탄생한다. 이러한 의미에서 꼬임은 매듭의 구성 요소이다. 자명한 꼬임은 덧셈에서 0이나 마찬가지이다.

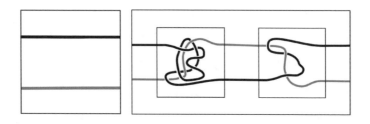

그림 48 (왼쪽) 자명한 꼬임. (오른쪽) 2개의 꼬임(작은 정사각형 속)과 그 둘을 더하는 방법(바깥 직사각형). 두 끈의 색이 다른 것은 구분을 위해서일 뿐 다른 뜻은 없다.

다른 꼬임에 그것을 더해 봤자 그 꼬임의 끈 길이가 늘어난 것밖에 되지 않으므로 위상학적으로 달라진 점은 없다.

1985년 캘리포니아 대학 버클리 분교의 분자 세포 생물학자 니콜라스 로버트 코자렐리(Nicholas Robert Cozzarelli)와 동료들은 위치 특이성 재조합(site-specific recombination)이라는 DNA 문제에 꼬임을 적용했다.[1] 여기서 위치란 길이가 짧은 두 가닥의 DNA 조각으로서, 그 염기 배열 순서를 인식할 수 있는 효소가 존재하는 것이다.

그와 같은 2개의 위치는 재조합될 수 있다. 두 DNA 사슬 사이에 놓인 효소가 해당하는 조각들을 잘라 특정 방식으로 그 끝을 서로 바꾼 다음 모든 것을 재조합하면 된다. 상자가 없다는 점을 빼면 이러한 방식의 재결합은 이전에는 자명한 꼬임이었던 것에 새로운 꼬임을 더한 결과와 기하학적으로 같다.

이러한 사실들을 알았으니, 이제 진짜 생물학의 문제를 공략할 수 있다. 바로 Tn3 리졸바제(resolvase)라는 인상적인 이름을 가진 효소의 작용이다. 이 효소는 위치 특이성 재조합 촉진 효소이다. 이 재조합 촉진 효소는 DNA 가닥을 잘라서 다른 방식으로 조합하는 효소이다.

위치 특이성이라는 이름이 붙은 까닭은 특정한 짧은 DNA 염기 서열에 대해서만 이러한 변화를 일으키기 때문이다. Tn3 리졸바제가 두 가닥의 DNA에서 일으키는 변화는 연달아 여러 번 일어나며, 여기서 풀어야 할 문제는 정확히 어떻게 DNA 가닥을 자르고 재조합하는가이다. 위상학적 실마리를 따라가면 처음에 다소 혼란스럽더라도 효소가 어떻게 작용하는지를 재구성할 수 있다.

두 가닥짜리 DNA의 원형 고리에서 출발하자. 이 원형 고리는 위상학적으로 매듭이 아니다. 효소가 여기에 한 번 작용하면 이른바 호프 고리(Hopf link)가 만들어진다. 20번 정도에 한 번은 제2반응이 일어나 8자 매듭이 된다. 제3반응은 훨씬 더 드물지만 일어나기는 하는데 이때 이른바 화이트헤드 고리를 만든다(그림 49).

첫 단계 반응은 그림 50에 그려 놓았다. 매듭 없는 DNA 고리를 비틀어 자연스럽게 세 영역으로 나누었는데 각 영역이 하나의 꼬임이 된다. 영역은 효소(색칠한 원) 속의 평행한 가닥들, 그 왼쪽에 있는 이중 비틀림, 그리고 나머지 DNA 부분이다. 여기서 가장 관심을 갖는 부분은 첫 번째 영역, 곧 효소가 DNA 가닥을 재배열하는 부분인데, 재배열의 방식은 그림 50에 두 가닥의 교차로 간단히 나타냈다. 하지만 이 것도 효소의 작용 방식에 대한 하나의 추측일 뿐이며 다른 가능성도 많다. 문제는 이 개략적인 그림을 자연에서 실제 일어나는 그림으로 바꿔야 한다는 점이다. 화학 반응에서 만들어진 매듭과 고리의 범위를 단지 관찰하는 것만으로 바꿔야 하는 것이다.

코자렐리는 이 문제에 접근할 때, 효소가 작용할 때마다 꼬임 위상에 똑같은 식의 변화가 일어날 것이라고 가정했다. 이 변화는 앞서 이야기한 꼬임 덧셈으로 볼 수 있다. 다만 매번 똑같은 꼬임을 더해 나

그림 49 (왼쪽에서 오른쪽으로) 호프 고리, 8자 매듭, 화이트헤드 고리, 6*₂ 매듭.

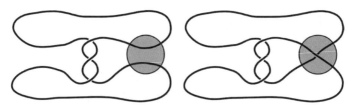

그림 50 DNA 고리에 작용하는 효소 Tn3 리졸바제(회색 원). (왼쪽) 작용 전. (오른쪽) 작용 후

갈 뿐이다. 그러므로 U를 매듭이 없는 출발점으로 놓고 효소의 작용을 나타내는 꼬임 X를 연달아 더해 나가면, 다음과 같은 3개의 꼬임 방정식을 만들 수 있다.

$U+X$= 호프 고리

$U+X+X$= 8자 매듭

$U+X+X+X$= 화이트헤드 고리

이제 X에 관해 풀어 보자. 놀랍게도 해는 존재하며 유일하다. 꼬임 X는 개략적인 그림에서 나타난 바로 그 방식대로 작용해야 한다. 이것은 더 이상 단순한 추측이 아니라, 효소 작용에 대한 생물학적 가정의 결과가 실험으로 증명된 것이다.

　새로운 실험으로 그 이론의 정확성을 검증할 만한 또 다른 예측은 없을까? 있다. 훨씬 더 드물겠지만 제4반응이 있을 것이며, 그 결과는 $U+X+X+X+X$가 될 것이다. 앞에서 X를 알아냈으므로 이 식의 결과가 어떤 고리 또는 매듭이 될지 알아낼 수 있다. 계산한 답은 바로 6^*_2라는, 전혀 낯선 이름의 매듭이다(그림 49). 그러므로 제3반응보다도 훨씬 드물게 우리는 6^*_2 매듭을 관찰하게 될 것이다. 그리고 실험에서는 예측한 빈도에 가깝게 정확히 이 매듭이 나타난다.

매듭에서 나타난 이야기와 매우 비슷하지만 수학적으로는 전혀 다른 이야기가 분자 생물학과 관련된 분야에서 나타난다. 바로 단백질 접기 (protein folding)이다. 단백질이란 개념적으로 아미노산 사슬이지만 실제에서는 그 사슬이 분자의 힘으로 복잡하게 접혀 있다. 기본적으로 아미노산이 암호화된 DNA에는 단백질을 어떻게 접어야 하는지에 대한 '정보가 없다.' 단백질은 주변의 화학적 매질, 단백질을 특정한 배열로 이끄는 샤페로닌(chaperonin) 분자의 활동, 온도와 기타 다른 요인들에 반응해 자동적으로 접힌다.

생물학자들은 흔히 물리학과 화학 법칙을 수동적으로 따르는 모든 것은 생물학이 작동하는 배경의 일부일 뿐이라고 생각한다. 그와 같은 관점에서 보면 중요한 사실은 물리학이 하는 일은 뭐든지 물리학의 영역이라는 점이다. 이것은 어찌 보면 너무나 당연해서 심지어는 무시되기도 한다. 코끼리를 절벽에서 밀면 떨어질 것이다. 하지만 그건 중력의 작용이지 생물학이 아니다. 생물학자들의 생각처럼 단백질 접힘을 물리 법칙의 배경 작용으로 볼 수는 없는데, 원리상 단백질은 엄청나게 다양한 방법으로 접을 수 있기 때문이다. 실제에서는 한 가지 방식으로만 접힌다 할지라도, 그 결과 어떤 형태가 나오는지는 알아야 한다. 단백질 분자의 형태는 그것의 생물학적 기능(혹은 기능들)을 결정하는 주요한 특징 중 하나이기 때문이다. 헤모글로빈은 마치 분자 집게처럼 산소 분자를 집어 올리고 내려놓는 일을 한다. 헤모글로빈의 형태가 올바르지 않다면, 그와 같은 일을 할 수 없다. 그림 51은 헤모글로빈이 접히는 과정과, 배열이 조금 다른 헤모글로빈의 두 가지 형태를 보여 준다.[2]

그런데 여기서 헤모글로빈이 산소를 운반할 수 있는 유일한 형태를 가진 분자라고 이야기하려는 것은 아니다.[3] 집게는 손잡이 형태가 달라져도 무언가를 집는 제기능을 할 수 있다. 마찬가지로 원리상으로는 수많은 단백질이 산소를 운반할 수 있다. 하지만 그 일을 하려면 산소 집게처럼 행동할 수 있도록 형태를 갖춰야 한다. 내가 이 사실을 말하는 이유는 간혹 헤모글로빈이 일반적인 진화를 거쳐 왔다고 보기에는 지나치게 복잡하다는 주장이 제기되기 때문이다. 헤모글로빈의 분자 형태는 마치 진화가 의도했던 목적지인 것 같다. 하지만 진화는 기회주의적이기에, 효과가 있다면 무엇이 그 결과가 되든 만족할 것이다.

형태의 역할은 이론이 아닌 실제에서도 중요하다. 인간 광우병이

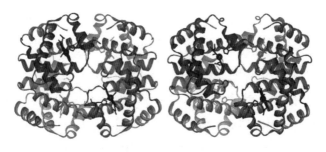

그림 51 헤모글로빈의 두 가지 형태. (왼쪽) 산소가 어두운 부분으로 표시된 영역에 달라붙는다. (오른쪽) 산소가 방출된다.

라고도 하는 크로이츠펠트-야콥 병(Creutzfeldt-Jakob disease)과 광우병 (BSE) 그리고 어쩌면 알츠하이머 병을 포함한 수많은 질병이 잘못 접힌 단백질로 일어날 수 있다. 아미노산 배열 순서에서 단백질의 형태를 추론할 수 있다면 생물학에서 큰 진보를 이룰 것이다. DNA 염기 서열을 결정하는 일은 이제 값싸고 쉬운 일이 되었지만(다소 값비싼 장비와 필요한 기술이 있다면), 단백질의 복잡한 형태를 알아내는 일은 아직도 매우 어렵기 때문이다.

그동안 아미노산 서열에서 단백질의 형태를 추론하는 과정은 매우 어려운 과제였으나, 1990년경 일리노이 대학교의 조지프 브린젤슨 (Joseph Bryngelson)과 피터 울린스(Peter Wolynes)가 '에너지 지형(energy landscape)'을 이용한 수학 공식을 만들어 내면서 진전이 이루어졌다. 한 분자 안에 있는 원자와 전자 사이에 작용하는 힘에 따라 아미노산 사슬의 배열에는 일정한 에너지가 있다(이 점은 아미노산 사슬뿐만 아니라 다른 분자도 마찬가지이다.). 역학계를 다루는 수학과 물리학에 따르면 분자는 자신이 가진 에너지를 가능한 작게 하는 쪽으로 행동할 것이다. 고무 밴드를 책상 위에 떨어뜨려 보자. 책상 위 고무 밴드는 늘어나지 않은 형태로 있으려 한다. 손가락으로 필요한 부분을 잡아당긴다면 어떤 형태로든 밴드를 늘릴 수 있다. 하지만 밴드가 늘어나는 그때, 일정한 저항을 느끼게 될 것이다. 더 많이 늘어나게 하려면, 더 큰 힘으로 잡아당겨야 한다. 이때 밴드를 늘어나게 하려면 그 밴드의 탄성 에너지를 증가시켜야 한다. 밴드가 어떤 형태로든 늘어나면, 늘어나지 않은 원래 형태였을 때보다 밴드는 더 많은 에너지를 갖게 된다. 증가한 에너지는 밴드를 잡아당기는 일을 통해 얻은 것이다. 따라서 늘어나지 않은 형태는 가장 작은 에너지를 가진 형태이다.

단백질 분자도 탄성 밴드와 마찬가지이지만, 분자를 이루는 아미노산의 종류가 여러 가지이므로 울퉁불퉁한 탄성 밴드라고 할 수 있다. 쫙 펼쳐진 형태를 갖는 데에는 엄청난 에너지가 들기 때문에, 단백질 분자는 에너지가 더 낮은 형태로 수축하려 한다. 이와 같이 자연은 유전자의 지시에 따라 아미노산을 차례로 꿰맨 다음, 그 아미노산 사슬이 스스로 알아서 필요한 형태로 접히게끔 놓아둠으로써 특정 형태의 분자를 만들어 낸다. 에너지를 최소화하려는 경향으로 아미노산 사슬을 접는 복잡한 일이 저절로 해결되므로, 유전자는 단백질에게 어떻게 접혀야 할지 지시할 필요가 없다.

에너지 지형이란 비유에서, 있을 수 있는 모든 배치가 갖는 다양한 에너지는 언덕이나 골짜기로 볼 수 있으며, 이렇게 개념적으로 만들어 낸 지형에서 언덕의 위치는 아미노산의 배치이고, 그 위치에서의 언덕의 높이는 배치가 갖는 에너지의 양이다.

그러나 가능한 모든 형태를 생각하고 그 에너지를 하나하나 계산해 가장 작은 값을 찾아냄으로써 실제 단백질의 형태를 결정하는 것은 비효율적이다. 가능한 형태의 범위가 그야말로 거대하기 때문이다. 마치 탄성 밴드의 형태를 예측하려고 말도 안 되는 형태까지 모두 고려해 각 형태의 에너지를 계산한 다음 어떤 형태의 에너지가 가장 작은지 살펴보는 것과 같다. 어려움은 여기서 끝나지 않는다. 앞에서 분자는 언제나 "자신이 가진 에너지를 가능한 한 적게 만들려고 애쓴다."라고 했지만, 이것은 지나치게 단순하게 말한 것이다. 사실은 "**근처의 배치와 비교해** 가능한 한 적게"라고 말했어야 한다. 주변 지리와 비교해서 국소적으로 오목한 곳이 있다 해도 그곳이 전체 에너지 지형에서 최저점이 아닐 수도 있으며 실제 최저점은 그보다 훨씬 밑에 있을지도 모른다.

이 문제에서 어려움을 겪는 사람은 수학자만이 아니다. 분자는 그 스스로 탄성 밴드에 매우 가깝다. 분자는 에너지 지형의 최저점이 어디에 있는지 알지 못하므로, 그저 아래를 향해 내려가다가 오목한 곳에 이르게 된다. 그 오목한 곳이 국소 오목점이라면 분자는 잘못된 배치에 갇히고 단백질은 제대로 일을 하지 못한다. 1960년대 후반, 당시 콜럼비아 대학교의 분자 생물학자 사이러스 레빈탈(Cyrus Levinthal)은 특정 아미노산 사슬의 에너지 지형에는 국소 오목점이 엄청나게 많이 있을 수 있음을 알아냈다.[4] 그 아미노산 사슬이 300개의 아미노산 — 이 정도면 적은 수에 속한다 — 으로 이루어졌으며 이웃한 두 아미노산을 연결하는 화학 결합이 세 가지 안정각(stable angles) 중에서 하나를 선택할 수 있다고 하자. 이 세 안정각들은 어느 정도 독립적이므로, 가능한 결합의 수는 3^{300}, 즉 대략 10^{143}이다. 여기서 레빈탈 역설이 나온다. 실제 단백질 분자가 접힐 때는 가능한 모든 배치를 차례로 탐색해 '올바른' 배치에 이르는 것이 아니다. 우주는 그 정도로 오래 살지 못할 것이다.

단백질 사슬이 기적을 일으킨다는 것보다는 그런 방식으로 배치를 찾지 않는다는 추론이 더 타당하다. 널리 통용되는 한 이론에서는 단백질 분자의 탐색 과정이 진화를 거치면서 쉬워졌다고 본다. 생물학적으로 중요한 단백질들에서 나타나는 사슬들은 일반적인 것과 다른 방식으로 언제나 올바르게 단백질을 접을 수 있다. 그 분자들의 에너지 지형은 봉우리와 작은 언덕이 많은 거친 모습이 아니라 좁고 가파른 깔때기로 나타난다. 에너지 깔때기에는 올바른 배치가 있는, 가장 깊숙한 지점으로 가는 길이 분명하게 나 있다(그림 52). 더 정확히 말하

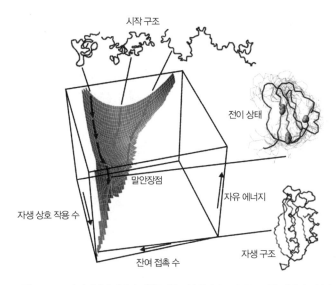

시작 구조

전이 상태

말안장점

자유 에너지

자생 상호 작용 수

잔여 접촉 수

자생 구조

그림 52 조그만 단백질의 에너지 지형을 매우 단순화시킨 그림. 좁고 깊은 깔때기 모양이다.

면 에너지 지형은 그와 같은 여러 깔때기들이 줄줄이 모여 이루어지며, 각 깔때기에서는 특정 경로를 따라 올바른 단백질 배치를 다음 깔때기에 이어 준다.[5] 깔때기들은 말안장 점 ― 어떤 방향에서 보면 국소 에너지 최고점이고 다른 방향에서 보면 국소 에너지 최저점인 지점. 산 경관에서 보이는 산골짜기와 비슷하다 ― 에서 연결된다. 산골짜기는 산등성이를 탈 때 지나치는 가장 낮은 지점으로서, 깔때기의 경로는 산골짜기를 향해 올라가다가 그 지점을 지나면 내려가지만 산등성이 자체는 고개를 지나면서 위도 올라간다.

핵심은 자연 선택은 이처럼 에너지 지형이 단순한 단백질을 선호한다는 것이다. 지형이 어떻게 생겼는지 알고 그렇게 하는 것이 아니라, 분자가 일을 못하는 형태로 접히기 쉽다면 주인 생명체의 생존이 어려워지기 때문이다.

이 이론이 옳다고 해도, 여러 가지 면에서 단백질 접기에 관한 수학이 단순하고 간단해지는 일은 없을 것이다. 하지만 적어도 단백질 분자가 스스로 올바르게 접히는 과정은 이해할 수 있을 것이다.

수많은 컴퓨터 프로그램에서는 수학적 원리와 정보에 기초한 추측을 통해 단백질이 어떻게 접히는지 추측하려 애쓰고 있다. 그중에서 유명한 로제타(Rosetta)는 로제타앳홈(Rosetta@home) 프로젝트를 통해 전 세계의 쉬고 있는 컴퓨터들을 활용한다. 로제타앳홈 프로젝트에서는 버클리의 열린 기반 컴퓨팅 네트워크(BOINC), 즉 8만 명 이상의 자원자가 자신의 컴퓨터를 제공해 만들어 낸 망에서, 엄청난 계산을 수행한다. 하지만 2008년 세스 쿠퍼(Seth Cooper)와 동료들은 한 발 더 나아가 단백질 접기를 폴딧(Foldit)이라는, 여럿이 동시에 할 수 있는 온라인 컴퓨터 게임으로 만들었다. 게임은 경기자들끼리 서로 경쟁하면서 난이도가 높아지는 방식으로, 제시된 단백질을 올바르게 접는 방법을 찾아야 한다.

컴퓨터 게임으로 과학을 한다는 것은 대중문화를 따르는 터무니없는 수단처럼 보일 수도 있지만, 게임은 사람에게 풍부하지만 컴퓨터에는 없는 직관을 활용하는 데 아주 효과적이다. 사람의 뇌는 패턴을 감지하는 데에 뛰어나서, 자신이 의식적으로 알지 못하는 패턴도 인식할 정도이다. 2010년 쿠퍼가 이끄는 팀은 "폴딧 게임에서 최상위를 차지한 경기자들은 난이도가 높은 구조 개선 문제(structural refinement problems)를 푸는 데 뛰어나다."라고 보고했다.[6] 게임의 협동 요소는 뇌가 3차원 형태를 직관적으로 인지하는 능력에 힘을 더했고, 경쟁 요소는 동기를 부여했다. 게임이 아닌 과학에서도 마찬가지지만.

폴딧 게임은 전문 게임 개발자들에게서 조언을 얻었다. 경기자는 잇따른 문제를 해결하면서 나아가는데, 구조가 알려졌지만 공개되지 않은 단백질을 기초로 시작한다. 게임을 하면서 경기자는 로제타에서 쓰는 수많은 전문 용어와 기술을 알아가는데, '조합적 곁사슬 회전 이성질체 쌓기(combinatorial side-chain rotamer packing)'와 같은 말은 더 친근한 용어인 '흔들기(shake)'로 바뀌었다. 난이도가 더 높아지면 풀지 못한 구조들이 나타나면서 경기자들이 어려운 과학 문제에 기여할 기회가 생긴다.

폴딧 게임은 과학에서 점점 자라나는 어떤 경향, 곧 인터넷상에서 분산 컴퓨팅(distributed computing)을 활용해 일반 대중이 과학 연구에 참여하도록 유도하는 경향을 보여 주는 흥미로운 예이다. 연구 문제는 매우 쉽게 접근할 수 있도록 설치되어야 한다. 일단 그렇게 하고 나면 엄청난 컴퓨터의 계산 능력과 사람의 지적 능력을 활용할 수 있게 된다. 아주 적은 비용으로 말이다. 이러한 경향은 오래 지속될 것이다. 프로젝트 구성원인 조런 포포빅(Zoran Popović)은 말했다. "우리의 최종 목표는 평범한 사람이 게임을 통해 노벨상 수상자 후보가 되는 것이다."

폴딧 게임은 분명 GTA(Grand Theft Auto)보다 생산적으로 시간을 보낼 수 있다. 게임을 하며 느끼는 흥분은 그보다야 못하겠지만.[7] (GTA는 록스타 게임스 사가 만든 컴퓨터 게임 시리즈로 여러 주인공이 밑바닥의 범죄 소식에서 나타 범죄를 지지그며 성공히는 내용이다. 게임의 제목은 자동차 절도 범죄를 일컫는 말이기도 하다. ─옮긴이)

13

반점과 줄무늬

오랫동안 화가, 시인, 소설가 들은 야생 동물의 뛰어난 아름다움에 매료되었다. 그 누가 시베리아호랑이의 힘과 우아함, 코끼리의 엄청난 육중함, 기린의 뽐내는 자세, 얼룩말의 팝아트적인 줄무늬에 감동하지 않을 수 있겠는가?

이 모든 동물은 저마다 정자와 난자가 합쳐진 하나의 세포에서 시작되었다. 어떻게 코끼리가 세포 하나에 들어 있을 수 있을까?

DNA를 정보로 보는 패러다임이 절정에 있을 때, 답은 단순했다. 들어 있을 수 없다. 수정란에 들어 있는 것은 코끼리를 만드는 데 필요한 **정보**일 뿐이다. 그 정보가 분자 형태이므로, 어마어마한 양을 세포 하나에 가두어 둘 수 있는 셈이다.

하지만 계산을 해 보면 그리 간단하지 않다. 코끼리의 몸을 이루는 세포는 그것의 DNA가 가진 염기의 수보다 훨씬 더 많다. 세포의 종류는 매우 다양하다. 그리고 그 다양한 세포들을 올바른 방식으로 결합해야 한다.…… 코끼리를 이루는 정확한 세포 지도가 얼마나 복잡할지 상상해 본 적이 있는가? 그 세포 하나하나의 복잡한 소기관들과 골격을 생각하지 않더라도 말이다.

그 답은 어느 정도 물리학적, 화학적 배경과 관련이 있다. 이 법칙들은 스스로 작동한다. 사실상 작동을 멈출 수는 없다. 호랑이 DNA에는 화학 결합이 어떻게 이루어져야 하는지, 끈적끈적한 세포들이 서로 어떻게 붙어야 하는지, 전기 자극이 신경 세포를 따라 어떻게 전파되는지에 관한 정보가 없어도 된다. 이 모든 일들은 자연의 법칙 안에 들어 있다.

그래도 답의 일부일 뿐, 답은 아니다. DNA에서 찾지 못하는 것을 무조건 물리 법칙의 작용으로 돌려서는 중요한 문제들에 답할 수 없다. 온갖 가능성으로 넘치는 수정란이 결국에는 호랑이라는, 몸집 큰 줄무늬 고양이로 변하는 복잡한 화학 과정이 DNA로 규제되는 과정은 어떻게 설명할 것인가?

바로 여기에서 수학이 위대한 과학적 성취에 한몫을 하게 된다. 아직은 수정란이 호랑이로 변하는 과정에 대한 정확한 수학적 모형은 없지만, 그 과정의 다양한 단계들을 통찰할 수 있도록 도와주는 모형은 있다. 작은 세포들로 이루어진 공 모양의 덩어리가 안으로 들어가 동물의 안쪽과 바깥쪽이 형성되는 첫 단계인 낭배 형성처럼, 배아 발생의 간단한 특징들을 수학의 도움으로 이해할 수 있다. 수학은 생물학적 발생에서 많이 응용되지만, 나는 몇 단계 건너뛰어 많은 동물에게서 보이는 가장 분명한 특징인, 반점(marking)을 살펴보고자 한다.

처음으로 이 주제를 수학적으로 다룬 사람은 영국의 앨런 매시선 튜링(Alan Mathison Turing)이었다. 튜링은 제2차 세계 대전 때 블레츨리 파크에서 이니그마 암호를 해독하고, 인공 지능에 대한 튜링 검사를 개발하였으며, 튜링 기계의 정지 문제 결정 불가능성을 제기한 것으로 유명하다. (정지 문제 결정 불가능성이란 어떤 컴퓨터 프로그램이 있을 때 그 프로그램이 어떤 답을 주고 종료될지 아니면 똑같은 지시를 끝없이 반복하는 식으로 영원히 계속될지 체계적인 방법으로 결정할 수 없다는 것이다.) 이러한 활동들을 볼 때, 튜링은 컴퓨터 과학과 암호학의 선구자이자, 그 분야를 전공했던 것 같다. 하지만 앞의 이야기는 맞고 뒤의 이야기는 아니다. 그가 관심을 가졌던 또 다른 수학적 주제는 동물의 반점이었다. 반점과 줄무늬, 얼룩 무늬 등…….

반세기 동안, 수리 생물학자들은 튜링의 아이디어를 발전시켜 나갔다. 튜링이 만든 특정 모형과 그 모형의 동기가 된 생물학의 패턴 형성 이론은 동물의 반점에 관한 수많은 사항을 자세하게 설명하기에는 지나치게 단순했다. 그러나 단순한 맥락 속에서 수많은 중요한 특징들을 잘 잡아냈으며 생물학적으로 더 실제적인 모형을 만드는 길을 제시했다(그림 53).

이 모든 일은 1950년대 초반, 튜링이 동물의 형태와 반점의 기하학에 혼란을 느끼면서 시작되었다. 사자와 얼룩말의 줄무늬, 표범의 반점들, 젖소의 얼룩…… 이러한 패턴에서는 흔히 수학에서 기대하는 정확한 규칙성이 나타나지 않지만, 그래도 수학적인 '느낌'은 확실히 있다. 오늘날에는 패턴 형성의 수학이 규칙적인 패턴은 물론이고 불규

그림 53 (왼쪽) 코거북복. (오른쪽) 계산 결과로 나온 튜링 패턴.

칙적인 패턴도 만들어 낼 수 있다는 사실이 알려졌기에, 불규칙성은
동물의 패턴을 모형화한 수학이 틀렸다는 증거가 되지 못한다.

　　튜링은 패턴 형성에 관한 자신의 이론을 「형태 발생에 관한 화학
의 기초(The chemical basis of morphogenesis)」라는 제목의 유명한 논문
에 제시해 1952년 발표했다.[1] 그는 발생하는 배아에서 '예비 패턴(pre-
pattern)'이 생기는 과정으로 반점 형성을 모형화했다. 배아가 자라면
서, 이 예비 패턴은 색소 단백질의 패턴으로 표현된다. 그래서 튜링은
예비 패턴을 모형화하는 데 집중했다. 그의 모형은 크게 두 가지, 반응
과 확산으로 구성된다. 튜링은 어떤 화학 물질 체계를 생각했는데, 그
는 이것을 모르포겐(morphogen), 즉 "형태 발생자"라고 했다. 배아에서
결국 피부가 되는 부분 — 사실상 배아의 표면 — 의 모든 점에서, 몰포
겐은 서로 반응해 또 다른 화학 분자를 만들어 낸다. 그리고 화학 물질
과 그들의 반응은 피부를 따라 모든 방향으로 퍼져 나간다.

　　화학 반응을 기술하려면 비선형 방정식이 필요하다. 비선형 방정
식은 투입을 두 배로 한다고 해서 산출이 두 배가 되지 않는 꼴의 방정
식이다. 확산(diffusion)은 더 단순한 선형 방정식으로 적절히 모형화할
수 있다. 즉 어떤 위치에서 확산되는 분자 수가 두 배라면 모든 곳에 두

그림 54 (위) 규칙적인 튜링 패턴인 반점과 줄무늬. (아래) 덜 규칙적인 튜링 패턴.

배로 이르게 된다. 튜링의 '반응-확산' 방정식에서 도출되는 가장 중요한 결과는 지역적인 비선형성에 전체적인 확산이 더해져 놀라우면서 복잡한 패턴이 창조된다는 것이다(그림 54). 비슷한 많은 방정식들이 튜링이 제안한 특정 패턴 외에 다른 패턴을 만들어 낼 수 있다. 그 방정식들은 어떤 패턴이 어떤 상황에서 나타났는가에 따라 구분된다.

튀빙겐에 있는 막스 플랑크 발생 생물학 연구소의 한스 마인하르트 (Hans Meinhardt)는 변형된 수많은 튜링 방정식에 대해 광범위하게 연구했다. 그가 쓴 아름다운 책『조가비에 나타난 알고리즘의 아름다움 (The Algorithmic Beauty of Seashells)』에서, 마인하르트는 다양한 종류의 화학 과정을 조사해 특정 반응 유형이 특정 패턴을 만든다는 사실을 보였다. 예를 들어 화학 물질 중에는 다른 화학 물질의 생성을 억제하는 것이 있고 촉진하는 것이 있다. 억제자와 촉진자가 결합하면 화학적 진동이 일어나 줄무늬와 반점 같은 규칙적인 패턴을 만들 수 있다. 마인하르트가 이론적으로 만들어 낸 패턴은 실제 조가비에서 나타나는 패턴과 일치한다.

'패턴'이라는 낱말은 규칙성을 뜻하지 않는다. 조개껍데기에 뚜렷하게 나타나는 패턴들은 많은 경우 복잡하고 불규칙하다. 어떤 나사조개의 껍데기에는 크기가 제각각인 삼각형들을 마구잡이로 모아놓은 것 같은 무늬가 있다(그림 55). 수학적으로 이러한 패턴은 튜링의 것과 비슷한 방정식으로 만들 수 있다. 그 방정식들이 만들어 내는 패턴을 프랙털(fractal)이라고 한다. 프랙털은 복잡한 기하 구조의 한 종류로서 1960년대 예일 대학교에서 연구한 프랑스계 미국 수학자 브누아 망델브로(Benoît Mandelbrot) 덕분에 많은 사람들에게 알려졌다. 프랙털은 카오스 역학, 즉 결정론적인 수학계에서 보이는 불규칙적인 행동과 밀접한 관련이 있다. 그러므로 나사조개의 무늬에는 질서와 카오스라

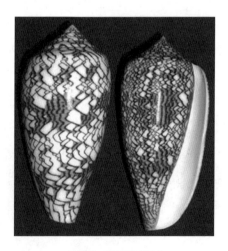

그림 55 나사조개의 무늬

생명의 수학

는 두 수학적 특징이 결합해 있는 셈이다.

워싱턴 대학교와 옥스퍼드 대학교에 있었던 스코틀랜드 수학자 제임스 머리(James Murray)는 튜링의 생각을 적절히 수정하고 발전시켜, 몸집이 큰 고양이과 동물, 기린, 얼룩말, 기타 관련 동물의 반점에 적용했다.[2] 여기서 두 가지 고전적인 패턴인 줄무늬(호랑이, 얼룩말)와 반점(치타, 표범)이 나타난다. 두 패턴 모두 화학에서 나오는 파동 구조에서 만들어진다. 깊고 평행한 파는 줄무늬를 만든다. 두 번째로 나타나는 파동계가 첫 번째 파동계와 일정한 각을 이루면 줄무늬가 깨지면서 반점이 줄줄이 나타난다. 수학적으로 보면, 줄무늬는 평행파의 줄무늬 패턴이 불안정해질 때 반점으로 바뀐다. 머리는 이를 연구하다가 흥미로운 이론을 만들었다. 즉 점박이 동물은 꼬리가 줄무늬일 수 있지만, 줄무늬 동물은 꼬리가 점박이일 수 없다는 것이다. 꼬리의 지름이 작을수록 줄무늬가 불안정해질 만한 공간이 줄어들기 때문인데, 지름이 큰 몸통에서는 반대로 줄무늬가 불안정해질 가능성이 크다.

1995년 일본 과학자 곤도 시게루(近藤滋, Kondo Shigeru, 교토 대학교의 분자 생물학과 유전학 센터)와 아사이 리히토(浅井理人, Asai Rihito, 교토 대학교 세토 해양 생물학 연구소)는 튜링 방정식을 이용해 색색의 열대어인 에인절피시(Pomacanthus imperator)에 관한 아주 놀라운 발견을 했다. 에인절피시 몸통의 3분의 2는 노란색과 보라색의 평행한 줄무늬가 차지한다. 줄무늬는 튜링 패턴의 전형이지만, 기술적으로 만들기는 분명히 어렵다. 특히 이 열대어의 경우, 튜링 패턴의 수학에서는 놀라운 사실을 예측한다. 바로 에인절피시의 줄무늬는 **움직여야 한다.** 고정적이고 안정된 패턴이 수학적 형식과 맞지 않기 때문이다.

움직이는 줄무늬라고? 너무나 기이했다. 하지만 곤도와 아사이는

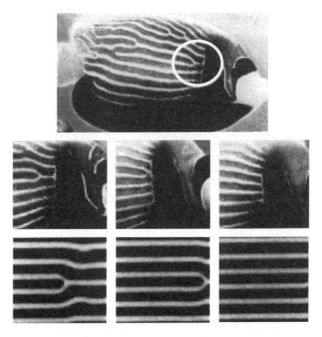

그림 56 에인절피시의 줄무늬 이동. (위) Y자 모양으로 갈라진 줄무늬(동그라미 친 부분). (가운데) 6주의 간격을 두고 관찰한 모습. 갈라진 부분이 움직인 모습. (아래) 튜링의 모형에 따른 이론상의 움직임.

편견 없이 사실을 받아들이기로 했다. 에인절피시의 줄무늬가 **정말** 움직일 수도 있지 않은가. 사실을 확인하려고 그들은 몇 달 동안 에인절피시 여러 종의 사진을 찍었다. 줄무늬는 실제로 물고기의 표면 위에서 이동했다(그림 56).[3] 줄무늬의 이동으로, 규칙적이어야 했을 줄무늬 패턴에 생긴 결함, 또는 이른바 전위(dislocation)가 튜링 방정식에서 예측한 그대로 분해되고 재형성된다.

다양한 수학 모형에서 패턴 형성을 예측하지만, 그중 많은 모형이 만

생명의 수학

드는 목록을 보면 가능한 패턴들, 즉 바다의 파도나 호랑이, 에인절피시에서 나타나는 줄무늬와 같은 자연의 패턴들이 모두 같다. 그렇기에 이들 유사성(사실은 패턴 자체)에는 더 깊고, 보편적인 이유가 있어야할 것이다. 실제로 그 원인은 존재하며, 그것을 대칭 붕괴라고 한다.

일상 대화에서 무언가가 대칭적이라 함은 그 형태가 우아하고 균형 있다는 뜻이다. 더 구체적으로 말해서 어떤 대상이 거울에 반사된 모습과 원래 모습이 똑같다면 양쪽(bilateral) 대칭, 또는 거울 대칭을 가졌다고 한다. 인간의 몸은 거울 대칭에 매우 가깝지만, 사소하게 다른 부분들이 있으며 내장 기관의 배치는 아주 다를 때도 있다.

더 복잡한 종류의 대칭도 있다. 내가 흔히 드는 예는 불가사리이다. 영국 제도에서 가장 흔히 나타나는 불가사리는 팔이 5개인데 모두 거의 같은 형태로 다섯 꼭지의 별처럼 배열되어 있다. 불가사리는 거울 대칭이기도 하지만 가장 분명하게 보이는 대칭은 반사가 아니라 회전이다. 불가사리의 팔은 저마다 5분의 1바퀴인 72도씩 떨어져 있다.

대칭은 형태 안의 서로 닮은 부분들에 관한 성질이 아니다. 그보다는 전체 형태에 어떤 변환을 가했을 때의 결과에 관한 성질이다. 반사를 시켰을 때 그 형태가 그대로인가? 만약 그렇다면 그 형태는 거울 대칭이다. 회전을 시켰을 때 그 형태가 전과 똑같은가? 그렇다면 회전 대칭이다. 앞에서 보았지만 이러한 생각은 형식적인 수학 이론으로 발전했다. 그 이론이 바로 군론인데, 군이라는 이름이 붙은 까닭은 어떤 두 대칭을 결합해도 또 다른 대칭이 나오기 때문이다. 어떤 대상의 모든 대칭들을 모아 놓은 집합을 대칭군이라고 한다.

방정식에서 나오는 해만 대칭은 아니다. 방정식 **스스로**가 대칭일 때도 있다. 대수식 $x+y$는 두 문자 x와 y에 대해 대칭이다. 다시 말해, 두 문자를 교환해도 그 합은 같다. 더 일반적으로 생각해서, 식의 기호에 어떤 변환을 가해도 그 식이 그대로라면 그 식은 대칭이다. 1905년, 알베르트 아인슈타인(Albert Einstein)은 이미 물리 법칙, 곧 시간과 공간, 에너지와 물질에 대한 기본 방정식에 나타난 대칭의 중요성에 주목했다. 그는 이 물리 법칙들이 모든 공간과 시간에서 같아야 한다고 주장했다.

방정식의 해가 방정식 자체보다 덜 대칭적일 수도 있다면 놀랄지도 모르겠다. 아인슈타인보다 몇 년 전에, 파리에서 연구를 하고 있던 피에르 퀴리(Pierre Curie)는 단순한 물리적 원리에 따라 방정식이 해보다 더 많은 대칭을 갖는 것이 불가능하다고 생각했다. 그 물리적 원리란 대칭적 원인은 똑같이 대칭적인 결과를 만들어 낸다는 것이다. 퀴리의 원리는 방정식('원인')에서 그 해('결과')에 이르는 대칭적 변화에 어긋나는 것처럼 보인다. 하지만 우주 자체가 그만큼 대칭적이라면, 즉 어느 지점에서 어느 순간 보더라도 똑같다면, 그 우주는 온통 커스터드 소스로 만들어진 것처럼 균일하고 아무 변화도 일어나지 않을 것이다. 그렇기에 예외 규정이라는 것이 있어야 한다. 실제로 대칭 붕괴는 예외 규정이며, 그에 따른 결과는 아름다운 동시에 큰 영향을 미쳤다.

대칭은 어떻게 붕괴될까? 더 정확히 말해, 어떤 방정식의 해가 어떻게 방정식 자체보다 덜 대칭적이 될까? 방정식이 대칭적이라면 그 식의 기호에 어떤 변환을 가하더라도 똑같은 방정식이 나온다. 그러므로 그 변환을 방정식의 해에 적용해도 그 결과는 방정식의 해가 된다.

하지만 두 해가 언제나 **같지는 않다.** 이것이 대칭 붕괴가 일어날 수 있는 구멍이다.

앞에서 예로 들었던 대수식 $x+y$에서, 두 수의 합 $x+y$는 x와 y에 대

생명의 수학

해 대칭이다. x와 y를 바꾸면 $y+x$가 된다. 형식적으로 두 식은 다르지만, 식의 결과는 언제나 같다. x와 y에 특정한 수, 17과 36을 넣어도 마찬가지이다. 숫자를 넣어 계산한 결과 17+36=36+17이므로. 하지만 그렇다고 17과 36을 서로 바꾸어도 두 수가 전과 똑같다는 뜻은 아니다. 17은 36으로 변하고 36은 17로 변한다. 바뀌기 전과 후가 다른 수이다. 그러므로 x=36, y=17라는 해는 x=17, y=36라는 해와 다르다. 해가 하나뿐인 방정식이라면 퀴리의 원리는 옳다. 하지만 흔히 그렇듯 해가 여러 개라면 퀴리가 애초에 말한 그 원리는 성립하지 않는다. 다만 방정식에 어떤 해가 있을 때 대칭 변환을 적용하면 또 다른 해가 나올 수 있다는 이야기를 할 수 있을 뿐이다.

앞에서 보았듯 대칭은 자연 세계를 기술한 수학 모형에서 매우 흔히 나타나기 때문에, 대칭 붕괴 또한 흔하게 나타날 것이다. 실제로도 그렇고. 사실 대칭 붕괴는 자연의 패턴이 형성되는 매우 보편적인 기제를 보여 준다. 자연의 패턴은 특정한 물리계의 법칙 안에 들어 있는 추상적인 대칭이 그 물리계에서 눈에 보이게 구체적으로 드러난 결과이다.

여러 개의 해는 대칭 붕괴의 가능성을 연다. 그 가능성이 현실화되게끔 떠미는 것은 불안정성이다.

그림 57 왼쪽은 사우디아라비아의 룹알할리 사막, 또는 잘 알려진 대로 공허한 4분의 1이란 뜻의 영문 이름인 엠티 쿼터의 일부를 찍은 위성 사진이다. 사진에서 보이는 줄무늬는 거대한 모래 언덕이다. 불규칙성이 있기는 하지만 그 줄무늬들은 매우 평행하게 놓여 있으며 간격도 일정하다. 이 패턴은 강하고 일정하게 부는 무역풍으로 인해

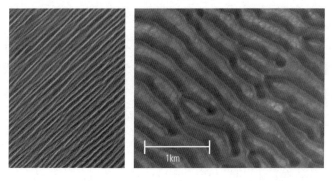

그림 57 (왼쪽) 엠티 쿼터의 세로줄 언덕들(너비는 대략 40킬로미터). (오른쪽) 화성의 가로줄 언덕들.

생겨나는데, 사진과 같은 경우 바람은 줄무늬와 같은 방향으로 분다. 그래서 이 모래 언덕들은 세로줄 언덕으로 알려져 있다. 줄무늬 언덕은 바람이 줄무늬에 직각으로 불 때도 생긴다. 결과는 세로줄 언덕과 매우 비슷하지만, 패턴 형성의 양식을 구분하기 위해 가로줄 언덕이라고 한다. 그림 57 오른쪽 사진에 화성의 가로줄 언덕이 보인다.

모래 언덕이 이루는 패턴은 이밖에도 많은데, 초승달 형태나 별 형태는 아주 멋지다. 하지만 가장 단순한 패턴은 줄무늬 모래 언덕이다. 지금까지 내용을 보면, 모래 언덕에 강한 패턴이 나타나기 위해서는 그곳에서 부는 바람에도 강한 패턴이 있어야 한다고 생각할지도 모르겠다. 하지만 세로줄 언덕과 가로줄 언덕은 보통 바람이 안정적일 때 형성된다. 사실, 바람이 안정적일수록 언덕의 패턴도 더 규칙적이다.

물론 언덕이 일단 형성되면 그곳에 부는 바람에 영향을 준다. 그렇다 해도 줄무늬 언덕을 만들기 위해 줄무늬 바람이 불어야 하는 것은 아니다.

왜?

생명의 수학

혼란을 피하기 위해 가로줄 언덕에 초점을 맞추려 한다. 세로줄 언덕도 이와 비슷하거나 어쩌면 더 간단히 설명할 수 있겠지만 가로줄이 나중에 더 도움이 되기 때문이다.

완벽하게 평평한 사막이 있고 그 위로 바람이 안정적으로, 모든 곳에서 속력과 방향이 똑같게 분다고 하자. 물론 실제로 그런 사막은 없지만, 이와 같이 이상적인 상황에서는 문제의 핵심, 즉 줄무늬 사막이 어떻게 균일한 바람으로 형성되는지를 바로 볼 수 있다. 핵심은 대칭, 그리고 그것의 붕괴 과정이다. 내가 가정한 이상적인 사막은 매우 대칭적이다. 사실 대칭적인 수학적 평면에서 유일하게 이탈하는 것은 바람이 먼저 일어난 방향이다. 그러므로 이 계를 보존하는 변환에는 회전이 포함되지 않으며, 바람의 방향에 나란한 거울에 대한 반사 대칭뿐이다. 하지만 사막 전체를 동쪽, 서쪽, 남쪽, 북쪽으로 움직이는 변환을 생각하면, 계 전체는 — 그리고 그것을 수학적으로 표현한 것도 — 처음과 그대로일 것이다.

바람에 반응한 모래의 행동이 계 자체만큼이나 대칭적이었다면 패턴은 없었을 것이다. 모래의 상태, 그리고 특히 사막 표면의 높이는 모든 점에서 같았을 것이다. 그렇게 모래는 평평한 상태로 유지되고 계의 대칭도 붕괴되지 않았을 것이다.

하지만 현실의 요소 하나만 더해도, 상황은 극적으로 변하게 된다. 모래는 매끄럽지 않다. 작은 알갱이로 이루어졌기 때문이다. 그 알갱이들은 표면 곳곳에서 쑥 올라오고 그 사이에는 틈이 생긴다. 표면은 완벽한 평면성에서 아주 조금 벗어난다. 그리고 그 벗어난 정도는 매우 무질서하다. 그와 같은 계는 전혀 대칭적이지 않다. 사막을 어떻게 변환해도 모래 알갱이는 정확히 똑같은 패턴을 반복해 만들지 못할 것이다.

그 차이는 매우 작지만, (상당히) 일정한 바람이 부는 (상당히) 평평한 사막에서 일어나는 결과는 거대하고 극적이다. 거대한, 처음에 엄밀한 대칭 상태에서 벗어나게 한 모래 알갱이들보다 몇천 배나 더 큰 규모의 언덕들이 나타난다. 그리고 거의 모든 모래 언덕들에서 대규모의 패턴이 나타난다. 가로줄 언덕들이라면 바닷가의 파도처럼 간격이 규칙적인 평행 줄무늬의 배열을 이룬다. 바닷가의 파도가 움직이듯, 가로줄 언덕도 줄무늬에 직각으로 움직인다. 하지만 그 이동은 언덕 마루의 모래들이 바람에 날려 마루 앞 어딘가에 쌓이면서 이루어지므로 매우 천천히 일어난다.

평행하게 줄지은 언덕들에는 대칭이 상당히 많다. 이들은 평면에 줄무늬 패턴을 만들고, 이 패턴은 줄무늬의 방향을 따라 옆으로 움직여도 달라지지 않는다. 또한 줄무늬에 수직으로 움직일 때 움직인 거리가 이웃한 줄 사이 거리의 정수배 — 즉 줄 간격만큼, 그 간격의 두 배, 세 배만큼의 식으로 움직이면 — 라면 패턴은 바뀌지 않는다.

이것은 매우 놀라운 일이다. 특정한 움직임의 패턴에서 나오는 대칭은, 모든 병진 운동에 대칭인 완벽하게 이상적인 모형과도, 작지만 전체적으로 비대칭인 실제 모래 알갱이와도 다르며, 그 중간 어딘가에 있다. 그리고 이상적인 모형도 아주 약간만 수정해서 모래의 오돌토돌한 성질에 따른 무작위적이고 미세한 이탈을 따라함으로써 완벽함에서 벗어나면 정확히 같은 종류의 패턴을 재생할 수 있다는 사실이 밝혀졌다. 그렇게 수정된 모형에서는 바람의 속력이 충분히 작다면, 어떤 모래 알갱이도 건드리지 않을 정도로 속력이 충분히 작다면 모래는 완벽한 평면 상태와 거의 다르지 않게 된다. 하지만 풍속이 커지면 어떤 방해도 받지 않았던 상태는 안정을 잃게 된다. 그때는 아무리 작은 불완전함일지라도 커진다. 모래 알갱이 단 하나라도 근처에 비해 위로 올라와 있다면, 바람은 그것을 집어 들어 어딘가로 날려 보낸다. 그렇게 생긴 구멍으로 높이 차가 더 커지면서, 양쪽에 있던 모래 알갱이들은 더 노출되고, 마찬가지로 바람에 날린다. 구멍은 커지고 추방된 모래가 쌓인다.

하지만 추방된 모래는 아무렇게나 쌓이지 않는다. 사막 표면의 형태와 바람의 움직임 사이의 피드백으로 곧 안정된 패턴, 모래의 파동과 바람의 파동이 형성된다. 풍속이 적절한 범위에 있다면 이 패턴은 가로줄 언덕이 된다.

그렇다면 계의 대칭은 어디로 **사라진** 것일까?

이 질문은 어리석은 것일 수도 있다. 대칭은 다른 무언가를 창조하고 소멸할 수 있는 그런 물리적 실재가 아니다. 대칭은 개념이자 성질이다. 하지만 이 경우에 위 질문은 어리석은 것이 아니다. 사라진 대칭이 실제로 어딘가로 갔기 때문이다. 이때 대칭은 아직 구체화되지 않은 가능성으로 존재한다. 다시 말해, 줄무늬 패턴은 어떤 지점에서도 생겨날 수 있었다. 그것이 실제 나타난 지점은 최초로 움직이기 시작한 모래 알갱이에 따라 결정되었을 뿐이다. 그리고 모래 알갱이는 사막의 어느 곳에서든 최초로 움직일 수 있다. 만약 다른 곳에서 움직였다면 전체 과정은 멀리 떨어진 어딘가에서 일어났을 것이다. 상황에 따라 파동의 골에서 마루가 나타날 수도 있었다. 계의 대칭은 붕괴되다기보다는 오히려 있을 수 있는 해의 집합 전체가 **공유**하는 것이다.

가로줄 언덕의 형태를 예측하는 모형에서는 그 가로줄 파동의 마루와 언덕이 정확히 어느 지점에 있는지 예측할 수 없다. 패턴 전체를

10미터 앞으로 이동해도 모형의 방정식을 만족할 것이다. 바람이 그 패턴을 실제로 10미터 앞으로 옮길 때까지 충분히 오래 기다린다면 말이다. 어떤 시점에서든, 마루와 골의 위치는 모래 언덕의 과거사에 따라 달라진다.

현재의 수학적 기법은 계의 안정성을 계산하고 완벽한 대칭 상태가 불안정해질 때 어떤 패턴들이 나타나는지 알아낼 수 있다. 그 기법들은 매우 전문적이지만, 전체적으로 자연이 대칭을 깨야 하는 상황보다 대칭이 깨지지 않는 것을 훨씬 더 선호함을 보여 준다. 대칭적인 계에서 보통 자발적인 대칭 붕괴로 나타나는 패턴은 대칭성이 풍부한 편이다. 이 이야기는 상황에 따라 정확하게 수정되어야 한다. 너무 말 그대로 받아들이면 틀리기 때문이다. 전체적으로 보면 아주 틀리지는 않더라도.[4] 만약 틀렸다면 수학으로 그 예측을 수정하면 된다.

패턴은 그렇다 해도, 동물의 **형태**는 어떨까? 형태와 패턴은 똑같은 형태학(morphology)에서 나온 두 얼굴이다. 형태와 패턴 모두 패턴 발생자인 모르포겐이 만드는 화학적 예비 패턴에 따라 배아에서 시작되는 듯하다. 예비 패턴은 그 자리에서 생명체가 적절한 발생 단계에 이를 때까지 기다렸다가, 때가 되면 화학적 농도가 변하면서 단백질 색소를 생성해 눈에 보이는 패턴을 만들거나, 아니면 세포 변화를 일으켜 형태를 만든다.

예비 패턴을 만드는 정확한 기제, 그리고 그 예비 패턴을 눈에 보이는 패턴이나 형태로 만드는 정확한 기제에 대해서는 의견이 일치하지 않는다. 그와 관련된 많은 화학 변화에는 분명 유전자가 관련된다. 그 특정 유전자들은 세포 덩어리에서 동시에 '켜지'면서, 특정 색소의

생명의 수학

생성을 촉진하거나 아니면 세포의 역학적, 화학적 성질들을 수정하게 끔 한다. 예비 패턴 하나만 가지고는 형태학을 설명할 수 없다. 예비 패턴과 유전자와의 상호 작용이라면 아마 가능할지도 모른다.

마인하르트는 척추동물 배아의 발생에서 체절이 형성되는 과정에 튜링 방정식과 유전자 '스위치'라는 단순한 아이디어를 적용했다.[5] 체절은 척추의 기초를 이루는 분화된 조직 덩어리들이 쌍을 이루어 똑같은 간격으로 배열된 것이다. 이 덩어리들은 동물의 머리 부분이 끝나는 곳에서 한 번에 한 쌍씩 생겨난다. 하지만 마인하르트는 수학적 토대 위에서 반직관적인 수학적 예측을 했다. 체절 형성을 일으키는 화학적 파동이 동물의 앞쪽이 아니라 뒤쪽에서 시작되어 퍼져 나가야 한다는 것이다.

왜 그럴까? 파도가 바다에 떠다니는 잡다한 찌꺼기들을 실어 썰물 때 해안에 놓고 가는 모습을 상상해 보자. 한 파도가 해안에 최대한 들어와 떠다니던 목재나 해초를 죽 늘어놓는다. 그 다음에 치는 파도는 썰물 덕분에 이전 파도만큼 해안에 깊이 들어오지 못하고 그보다 아래에 잔해들을 남겨 둔다. 차례로 해안으로 올라오는 파도들을 따라 해안 아래에 잔해물이 쌓이면서 잔해물 띠들이 죽 늘어선다. 그렇게 파도와 잔해물 사이의 해안은 기존 잔해물이 없는 깨끗한 상태이므로 파도는 정확히 똑같은 과정을 따라 차례로 잔해물들을 두고 갈 수 있다. 그 과정에서 이미 존재하는 잔해물은 방해가 되지 않는다.

체절의 경우, 파도는 모르포겐의 농도와 관련된 파동이고, 해안에 쌓이는 잔해물은 관련 세포의 상태를 바꾸는 유전 '스위치'들이다. 여기서도 마찬가지로 이미 형성된 체절은 파동이 거꾸로 오지 않는 한 다가오는 파동에 영향을 주지 않을 것이다. 마인하르트는 15년도 더 전에 튜링 방정식에서 이러한 추측을 이끌어 냈다. 최근 유전자 스위치를 눈으로 확인하는 새로운 방법이 발견되면서 그의 추측은 기본적으로 옳다고 밝혀졌다.

이러한 놀라운 성취들에도, 동물의 반점에 관한 튜링 방정식은—그 분야의 선구적인 연구였음을 생각하면 그리 놀라운 일은 아니지만—완전한 성공을 거두지는 못했다. 온도가 다른 곳에서 성장한 생명체에게 일어나는 현상처럼 구체적인 실험 결과들을 예측하는 데 자주 실패했다. 튜링은 이러한 모형을 처음으로 시도한 사람이었고, 그렇기 때문에 아주 과감하게 모형을 단순화했다. 그 시절에는 방정식을 손으로 직접 풀어야 했기 때문이다. 오늘날 그의 이론에서 훨씬 더 정교한 수많은 이론들이 탄생했고, 그 이론들은 저마다 앞서 말한 결함들을 수정하기 위해 애쓰고 있다.

하지만 세세한 내용이 무엇이건, 유전자 활동에 따른 시공간의 패턴은 사실상 고스란히 튜링의 패턴 수학책에 담겨 있다. 그러므로 DNA가 특정 과정에 따라 형태 발생을 지휘하는 것 같아도, 실제 일어나는 일은 물리와 화학 법칙, 즉 **배경**에 따라 크게 달라진다.

우리는 DNA에서 단백질을 만드는 과정은 잘 알지만, 그에 비해 단백질이 어떻게 배열되어 생명체가 나타나는지에 대해서는 거의 모른다. 생물학의 발생과 관련된 문제는 가장 중요한 과학적 난제의 하나가 되어 가고 있다. 생명체는 자신의 성장 패턴을 어떻게 통제할까? 동물의 몸 설계는 무엇으로 결정될까? 동물 몸의 형태는 DNA 설계도에서 발생 조립 공정으로 전달될까? 그 답에는 화학, 생물학, 물리학, 수학이 관련되어 있을 것이다. 그리고 절대 유전 지시들을 단순히 그저 따르는 식으로 간단하지는 않을 것이다.

강력한 컴퓨터가 등장하면서 튜링의 모형과 같은 연속체 모형에 대한 대안이 나타났다. 동물의 조직을 무한히 나눌 수 있는 공간 영역으로 근사하지 않고, 세포 단위로 모형화할 수 있게 된 것이다. 이에 따라 우리는 세포들이 자신의 주변에 어떻게 영향을 주는지, 세포 안의 역학과 유전적 규제 체계가 어떻게 외부 세계와 상호 작용하며 스스로의 운명을 결정하는지 연구할 수 있다.

이 장을 시작할 때 낭배 형성, 즉 배아의 발달에서 자라나는 세포 덩어리들이 스스로 안팎을 거의 뒤집는 단계에 대해 간단히 말했다. 이 과정은 수학적으로 볼 수 있다. 보통은 세포로 이루어진 속이 빈 공의 표면에서 원호가 나타면서 시작된다. 이 원호는 공 표면에서 안으로 접혀 들어가는 부분의 입구가 된다. 많은 사람들이 그동안 낭배 형성에 관한 수학 모형을 세웠지만, 생물학자들은 전체 과정이 몇 개의 유전자에 따라 통제된다는 사실을 알고 있기 때문에, 이제 유전자와 낭배 기하의 상호 작용이 어떻게 이루어지는지 알고자 한다.

1990년대, 스위스 취리히의 인공 지능 연구소에서 근무하던 페터 에겐베르거 호츠(Peter Eggenberger Hotz)는 유전자의 역할을 통합한 수학 모형들을 줄줄이 개발했다.[6] 모형은 전반적으로 세포들로 구성된 격자에서 시작되며, 이때 세포는 서로 붙어 있는 공으로 표현된다. 그 다음 세포 속 유전자들이 이웃한 세포와 어떻게 상호 작용하는지를 기술한 역학적 규칙들을 작성한다. 유전자는 들어오는 신호 분자들의 총 농도가 문턱 수준을 넘을 때에만 촉진(또는 억제)된다. 그러고 나서 세포는 이 유전자의 활동에 반응해, 자신의 신호 분자를 보내고 세포 부착 분자(cell adhesion molecule)를 만들어 근처 세포에 접촉하거나, 아니면 근처 세포에 수용기를 제공해 들어오는 신호 분자에 반응할 수 있게 한다. 덧붙여 세포는 반응할 때 분열되거나 죽기도 한다.

이제 그 모형을 역학적 규칙에 따라 컴퓨터에서 가상으로 작동시켜 어떤 일이 일어나는지 관찰한다. 역학적 선택에 따라 세포들의 모임은 흥미로운 방식으로 성장할 수 있다. 세포들의 덩어리가 취하는 형태는 끈적함과 탄성을 가진, 상호 작용하는 대상들을 다루는 방정식으로 알아낸다. 이 방정식은 실제 일어나는 현상에 가까우며, 끈적함과 탄성은 실제 세포의 두 가지 핵심 특성이다.

가상 세포 덩어리가 성장하는 동안, 세포는 유전 신호에 따라 공간 속의 위치를 바꾼다. 이러한 변화는 다시 유전자의 활동과 그들이 만드는 신호에 영향을 준다. 유전자와 형태 사이의 피드백 고리에 따라 세포 덩어리의 최종 형태가 결정된다. 이러한 모형은 이밖에도 많은 목적에 쓸 수 있는데, 형태학에서 형태 발생자가 하는 일 등도 탐구할 수 있다. 세포들로 이루어진 빈 공에서 일어나는 낭배 형성을 모방한 모형도 있다.

모형 전체가 컴퓨터 안에 존재하므로, 실제 배아 발생에서 관찰하기 어렵거나 불가능한 특성들도 조사할 수 있다. 위치에 따른 신호 분자들의 농도 등이 그러한 특성이라고 할 수 있다. 이 점은 **모든** 모형이 가진 주요한 장점이다. 그에 따르는 단점이라면 그들이 실제 체계가 아니라는 점이다. 에겐베르거가 말했듯이, "기제를 이해할 수 있는 확고한 기반 위에서 진화 기법을 적용하는 것 자체가 그와 같은 모형의 가능성을 탐구하는 중요한 이유이다."

14

도마뱀 게임

수컷 도마뱀이 암컷 도마뱀을 만났고, 둘은 곧 짝을 지을 것이다. 암컷은 수컷의 파란색 목에 반했는지, 둘은 종종 같이 다닌다. 하지만 갑작스러운 불청객의 등장으로 신혼의 단꿈이 산산조각난다. 그 불청객은 파란색 목의 도마뱀보다 덩치가 크고 목은 주황색이다. 불청객은 파란 목의 도마뱀을 위협하면서 그를 쫓아내고 암컷을 차지하려 한다. 파란색 목 도마뱀이 저항하지 주황색 목 도마뱀이 공격한다.

두 도마뱀의 싸움은 결국 헛수고로 끝나는데, 둘이 싸우는 동안 더 작은 노란색 목 도마뱀이 몰래 암컷에게 접근해 그녀와 짝을 지었기 때문이다.

이 도마뱀 드라마는 북아메리카 서해안에 점점이 박힌 수많은 섬들 어딘가에서 언제나 반복된다. 똑같은 암컷을 두고 경쟁하기 때문에 그 수컷들은 설사 색이 다르더라도, 모두 똑같은 종에 속한다고 생각할 수 있다. 그 수컷들은 서로 다른 '형태(morph)' — 종류 — 의 목무늬도마뱀(side-blotched lizard)으로, 학명은 우타 스탄스부리아나(*Uta stansburiana*)이다.

연예계 가십 같은 이들의 짝짓기에 대해서 놀라운 사실이 밝혀졌다. 캘리포니아 대학교 산타크루스 캠퍼스의 생태학과 진화 생물학부 연구실에 있는 배리 시너보(Barry Sinervo)는 1989년부터 한 목무늬도마뱀 개체군의 유전 패턴을 연구했다. 그 도마뱀들은 같은 섬에 살고 서로 짝짓기를 하기 때문에 어느 정도 신뢰성을 가지고 하나의 종으로 분류할 수 있다. 방금 본 대로 이 종의 수컷은 세 가지 형태로 나타나는데, 그 형태를 구분하는 주요한 특징은 목의 색깔로 파란색, 주황색, 노란색이다. 종류에 따라 크기도 다른데, 주황색 목의 도마뱀이 가장 크고, 노란색 목의 도마뱀이 가장 작은 편이다.

도마뱀의 색깔은 다윈이 말한 성 선택(sexual selection)의 예를 보여주는 듯하다. 색깔은 일반적인 생존 특성과 관련이 없지만 짝을 선택하는 암컷의 선호도와는 관련이 있다. 암컷이 좋아하는 색은 그것이 어떤 색이든 자손에게 전달되기 때문에 더 흔하게 나타나는 편이다. 수컷 공작의 거대하고 환한 빛깔의 꼬리, 극락조의 화려하고 특이한 장식 깃털이 흔히 볼 수 있는 그러한 예이다.

해마다 도마뱀들은 형태별로 자신의 짝짓기 전략을 따른다. 파란색 수컷은 암컷과 강한 결합을 이룬다. 주황색 수컷과 노란색 수컷은 그렇게 하지 않는다. 셋 중 가장 강한 주황색 수컷은 파란색 수컷과 싸우고 암컷을 뺏는다. 노란색 수컷은 색이 암컷과 매우 비슷한데, 이 위

생명의 수학

장 도구 덕분에 다른 두 도마뱀이 싸우는 틈을 타 몰래 암컷에게 접근해 짝짓기를 할 수 있다. 거의 모든 파란색 도마뱀은 암컷과 맺은 결합 강도에 의지하며, 주황색 도마뱀과 싸우면 지는 편이지만 노란색 도마뱀은 이길 수 있다. 간단히 정리하면 다음과 같다.

- 주황색은 파란색을 이긴다.
- 파란색은 노란색을 이긴다.
- 노란색은 주황색을 이긴다.

그래서 주황색은 파란색보다 경쟁에 더 적합하고, 파란색은 노란색보다 적합하며, 노란색은……주황색보다 적합하다. '적자생존(survival of the fittest)'이라는 말이 무색하다.

여기서는 대체 무슨 일이 일어나고 있는 것일까? 도마뱀의 진화 경쟁은 어떻게 진행되고, 그 경쟁의 어떤 점이 다윈의 진화론과 일치할까?

진화론의 가장 큰 문제 중 하나는 모든 이가 자신이 진화론을 알고 있다고 생각한다는 점이다. 하지만 누구도, 심지어 진화 생물학자들조차도 제대로 이해하지 못한다고 말하는 편이 훨씬 더 타당할 것이다. 진화는 아주 복잡하고 아주 미묘하다. 그저 '가장 우수'하거나 '가장 적합한' 생명체가 생존 싸움에서 이기는 문제가 아니다. 만약 그렇다고 한다면 어느 한 색깔의 목무늬도마뱀이 오래전에 나머지 두 색의 도마뱀들을 쫓아냈을 것이다.

그렇다면 이 도마뱀들에게는 진화가 적용되지 않는다는 뜻일까?

'적자생존'이라는 문구를 문자 그대로 받아들이고 순진하게 해석한다면 분명 그런 식으로 보인다. 설사 목무늬도마뱀들의 이상한 짝짓기 습성이 실제로 진화한 것이라 해도, 이 문구는 분명히 그들의 진화를 제대로 설명하지 못한다. 이러한 이유 때문에, 생물학자들은 이 문구를 기피한다.

적자생존에서 말하는 생존은 자연 선택이 작동하는 주요 기준이 아니다. 중요한 것은 생명체가 어떻게든 번식할 수 있는가이다. 번식을 할 수 있는 성체가 될 때까지 살아 있어야만 어떤 식으로든 번식을 할 수 있지만, 그때까지 살아남는다 해도 번식에는 실패할 수 있다. 목무늬도마뱀들은 이 점을 아주 훌륭하게 증명한다. 셀 수 없이 많은 종에서도, 고작 몇 마리의 수컷이 번식을 하며, 그마저도 대부분의 시간을 자신들의 부부 동거권을 지키기 위해 다른 도마뱀과 싸우는 데 보낸다.

게다가 진화에서 '적합성'이라는 개념은 분명하게 파악하기 어렵다. 생명체마다 일정한 양의 적합성을 배정하고, 그 수치를 비교해 어느 생명체가 나머지를 제치고 경쟁에서 이길지 가려내는 문제가 아니기 때문이다. 적합성이 그렇게 단순한 개념이라면 지구에는 결국 가장 적합한 하나의 생물 종만이 남게 될 것이다. 하지만 지구의 생명은 그렇지 않다. 자연 선택도 그런 식으로 이루어지지 않으며, 생물학적 적합성도 그런 식으로 따지지 않는다. 진화 생물학자들은 적합성과 애증의 관계에 있다. 그들은 적합성의 단점을 알고 있지만, 일부에서는 그 단점들을 잘 피해 갈 수 있다면 진화론에 예측이라는 장점을 더해 주리라고 본다. 그러한 생각을 따라가면 분명해지는 점은, 어떤 생명체의 적합성은 생명체 스스로에게만 달려 있지 않다는 것이다. 적합성은 상황에 따라서도 달라진다. 골프 경기에는 타이거 우즈가 나보다 더 적합(그것도 훨씬)하겠지만, 수학에는 내가 타이거 우즈보다 더 적합할 것이다. 마라톤이라면 폴라 래드클리프가 타이거 우즈와 나보다 더 적합할 것이다. 생명체의 '적합성'은 어떤 생명체가 경기를 하고 있는가뿐만 아니라, 어떤 경기 또는 어떤 게임을 하고 있는가에도 좌우된다.

세 도마뱀의 행동을, 그들이 하는 게임에 맞춘 적합성의 개념에서 이해해야 한다면, 적합성의 정의는 도마뱀들이 하고 있는 게임에 따라 달라져야 한다. 노란색 목의 수컷은 일대일 싸움에서는 주황색 목 수컷에게 지겠지만, 주황색 목 수컷이 다른 싸움으로 주의가 분산된다면 이길 수 있다. 짝에게 헌신하는 파란색 목의 도마뱀은 노란색 목무늬도마뱀을 이기겠지만, 주황색 목무늬도마뱀은 이길 수 없다. 그리고 주황색 목무늬도마뱀은 싸움에서 파란색 목무늬도마뱀을 이길 수 있지만 얍삽한 노란색 목무늬도마뱀을 주시하기가 어렵다.

도마뱀 드라마를 하나의 게임이라고 말했는데, 실제로 두 가지 점에서 그렇다. 우선 아이들이 좋아하는 게임과 닮은 점이 매우 많다. 그 다음으로, 도마뱀 게임과 아이들의 게임 모두 특정한 수학적 과정으로 모형화할 수 있는데, 이 수학적 모형 역시 어쩌다가 게임이라고 하게 되었다. 이와 관련된 수학의 영역을 게임 이론이라고 한다.

아이들이 좋아하는 그 게임은 가위-바위-보이다. 경기자는 한 손을 등 뒤에 두고 손가락을 적절히 두어 가위, 바위, 보 중 하나를 선택한다. 두 손가락만 펴서 벌리면 가위고, 모든 손가락을 편 상태는 보이며, 꽉 쥔 주먹은 바위이다. 보수(payoff, 승패)는 가위가 보를 자르고(이기고), 보는 바위를 감싸고(이기고), 바위는 가위를 둔하게 만든다(이긴다.)는 규칙에 따라 결정된다. 앨리스와 밥이 가위바위보 게임을 하는

데, 앨리스가 첫 번째 경기자라고 하자. 점수는 이기면 1점, 지면 −1점, 비기면 0점으로, 앨리스의 보수를 적은 표(수학적으로는 보수 행렬이라 부른다.)는 그림 58과 같다. 두 번째 경기자 밥의 경우도 앨리스와 같지만 1과 −1이 바뀌었다는 점만 다르다. 다시 말해 앨리스가 이기면 밥이 지고, 앨리스가 지면 밥이 이긴다.

직관적으로 가위바위보는 공평하다. 어느 경기자에게도 뚜렷한 이점이 없다. 하지만 이 공평함이 깨질 때가 있는데, 극단적인 예를 들어 앨리스가 언제나 이겨서 보수가 모든 곳에서 1이 될 때 그렇다. 사실 가위바위보는 대칭적이다. 모든 참가자가 공평하게 대우받기 때문이다. 여기서 말하는 대칭의 개념을 형식화하지는 않겠지만 — 할 수는 있지만 전문적인 내용인데다가 별 의미도 없다 — , 앨리스가 어떤 수를 두건, 밥은 이기는 수, 지는 수, 비기는 수 중에서 하나를 선택할 수 있다. 그러므로 밥에게는 유리함이나 불리함의 치우침이 없다. 그러므로 장기적으로 보면 어떤 경기자도 아주 큰 이득을 얻지 못할 것이라고 생각할 수 있다. 이 예측은 경기자들이 '나쁜' 선택을 함으로써 치우침을 도입하지 않는 한 사실이다.

예를 들어 앨리스가 가위를 보에 비해 뚜렷하게 더 자주 낸다고 하자. 그러면 밥은 그것을 눈치챌 것이다. 눈치챈 밥이 경기마다 바위를 선택해 결국에는 승리할 수 있는데, 앨리스가 보를 낼 때는 지고 바위를 낼 때는 비기지만, 가위를 낸다면 언제나 이기기 때문이다. 그래서 밥은 멀리 보면 이기게 될 것이다. 실제에서는 만약 밥의 전략이 그 정도로 분명하다면 앨리스는 그의 전략을 눈치채고 매번 보를 내기 시작할 것이다. 하지만 밥이 아무렇게나 내되, 바위 쪽으로 치우침을 조금 준다면 추리를 그대로 적용할 수 있다. 앨리스가 그대로 가위를

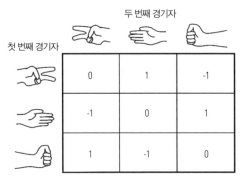

그림 58 가위바위보 게임에서 첫 번째 경기자의 승(1), 패(–1), 무승부(0)를 나타낸 표

선호한다면 밥은 결국 이길 것이다.

이와 같은 분석을 따라가다 보면 합리적인 (비대칭의 결과이기도 한) 결론에 이른다. 앨리스는 매번 승률이 1/3인 마구잡이의 수를 두어야 한다. 그리고 밥도 그렇게 해야 한다. 실제로 만약 어느 경기자가 그와 같은 전략에서 벗어나, 보와 가위를 번갈아 내는 규칙적인 패턴을 도입한다든가 1/3과 다른 확률을 쓴다거나 한다면 다른 경기자가 그에 대응해 장기적으로 이기는 방법을 찾을 수 있다.

가위는 보를 이기고 보는 바위를 이기고 바위는 가위를 이기고…… 어디서 본 듯한가?

그렇다. 주황색은 파란색을 이기고 파란색은 노란색을 이기고 노란색은 주황색을 이기고.

묵 ￦ᄂᄃ까뱀이 짜짓기 게임이 어떤 식으로든 가위바위보와 닮은 점이 있을까? 만약 있다면 그 유사성에서 무엇을 알 수 있을까?

위대한 헝가리 태생의 미국 수학자 요한 루트비히 폰 노이만(Johann

Ludwig von Neumann)은 컴퓨터의 아버지이자 수학의 다양한 분야를 섭렵한 박식가였다. 유대계 가문에서 태어난 신동이었던 그는 4년 동안 베를린 대학교의 교수로 있다가 미국의 프린스턴 대학교로 옮겼다. 1933년 프린스턴 고등 과학 연구소를 세울 때, 그는 설립 교수 중 한 사람이었다. 또 다른 설립 교수로는 아인슈타인이 있었다. 1927년, 경제학으로 눈을 돌린 노이만은 게임 이론이라는 새로운 수학 분야를 만들었다. 한 해 뒤에 노이만은 '최대 손실의 최소화 정리(minimax theorem)'라는 중요한 발견을 했다. 그리고 자신의 이론을 더 발전시켜 1944년 오스카어 모르겐슈테른(Oskar Morgenstern)과 함께 《뉴욕 타임스(*New York Times*)》의 1면을 장식한 『게임 이론과 경제적 행동(*Theory of Games and Economic Behaviour*)』이라는 책을 냈다.

노이만에게, 게임이란 두 명(혹은 그 이상의)의 경기자가 서로 경쟁하는 간단한 수학적 모형이다. 각 경기자는 여러 선택을 해야 하고, 그들에게 돌아가는 보수는 경기자들의 선택의 조합에 따라 달라진다. 경기자는 보수를 기록한 표를 알고 있다고 가정하는데, 상대편이 어떤 선택을 할지는 모른다. 게임은 한 번만 할 수도 있고 여러 번 할 수도 있는데, 한 번만 할 경우 승패 확률을 분석하고 여러 번 할 경우 예상되는 승패의 빈도(그리고 그때까지 이기거나 졌던 횟수도)를 분석하면 된다. 확률론에서 나오는 기본 이론인 큰 수의 법칙에 따르면, 장기적으로 빈도는 '거의 언제나' 확률로 나오기 때문에, 위의 두 가지 사고 방식은 수학적으로 같다. 보통은 게임이 여러 번 진행될 때의 상황을 고려하는데, 단 한 번의 확률에 대한 직관보다는 이 경우의 직관이 더 잘 맞기 때문이다.

가위바위보는 게임의 전형이지만 한 가지 예외 특성이 있다. 바로

생명의 수학

세 겹 대칭이다. 대부분의 경우 경기자의 조합이 달라지면 게임의 방식도 달라진다. 예를 들어 매-비둘기 게임에서 경기자들은 어떤 자원을 놓고 그것을 차지하기 위해 경쟁한다. 매는 언제나 싸움을 선택하기 때문에 자신이 다치거나 다른 경기자가 교전을 중단할 때까지 싸움이 커진다. 비둘기는 언제나 매에게서 도망간다. 보수 행렬의 성분에 따라, 매에서 비둘기로 무질서하게 전환했다가 일정한 확률로 다시 매로 돌아오는 혼합 전략이 가장 좋은 수가 될 때도 있다.

게임 이론은 1928년, 노이만이 최대 손실의 최소화 정리를 증명하면서 급격히 유명해졌다. 게임 이론에 따르면, 매우 단순한 구조의 2인 게임의 경우, 두 경기자가 동시에 최대 손실을 가능한 한 작게 만들 수 있는 혼합 전략이 언제나 존재한다. 하지만 이러한 발견은 시작에 불과했다. 『뷰티풀 마인드(*A Beautiful Mind*)』라는 책과 동명의 영화의 주인공 존 내시(John Nash)가 또 다른 중요한 발견을 하면서 여러 경기자가 참여하는 게임 이론에 근본적인 진전이 이루어졌다. 그는 내시 균형(Nash equilibrium)이라는 개념을 정의하고, 내시 균형이 언제나 존재함을 증명했다. 어떤 한 경기자 집단이 있을 때, 그 집단을 이루는 각 구성원이 다른 사람들의 결정에 비추어 집단에 가장 좋은 선택을 하고 있다면 내시 균형이 이루어졌다고 한다. 내시 균형은 합리적인 전략으로서 타당한 후보이다.

게임 이론을 진화 생물학에 체계적으로 적용하는 데 가장 중요한 역할을 한 사람은 존 메이너드 스미스(John Maynard Smith)이다. 1973년, 스미스는 런던에 거주하는 미국의 집단 유전학자 조지 프라이스(George Price)와 함께 그 분야에서 가장 중요한 개념 하나를 제시했다. 바로 '진화적 안정 전략(evolutionarily stable strategy)'이다. 진화적 안정 전략은 내시 균형을 수정한 것으로, 어떤 돌연변이도 개체군에 성공적으로 침입할 수 없는 상황, 즉 일종의 진화적 안정성을 정확하게 설명해 준다.

어떤 생명체의 개체군을 상상해 보자. 모든 개체들은 특정한 생존 전략을 채택해 발전시켜 왔다. 유전적으로 해석하면, 이 전략은 많은 세대가 자연 선택을 거친 결과로 그들의 유전자에 들어 있다. 그래서 이들은 자신들이 전략을 채택하고 있는지도 의식하지 못할 것이다. 그 전략은 그저 그들이 자연스럽게 실행하는 것으로, 효과가 있기 때문에 진화해 온 것이다. 이제 어떤 유전적 돌연변이, 비슷한 생명체이지만 다른 전략을 쓰는 개체가 갑자기 나타났다고 하자. 그 돌연변이는 성공적으로 살아남아 한 계통을 이룰 것인가, 아니면 자연 선택으로 사라질 것인가?

예를 들어 매-비둘기 게임에서 개체가 모두 비둘기로 구성된 경우를 생각해 보자. 이 상태는 매 돌연변이가 성공적으로 침입할 수 있기 때문에 — 매는 언제나 비둘기를 이긴다 — 진화적 안정 전략이 아니다. 다시 말해, 매의 보수는 양의 값이 되고 비둘기의 보수는 0이 된다.

메이너드 스미스는 진화적 안정 전략을 수학적으로 정의했다. 가능한 전략의 수가 유한하다고 하자. 전략 B를 채택한 상대에 대해 원래의 전략 A를 채택한 개체의 보수를 $E(A, B)$라고 하자. 이 값은 보수 행렬에서 행 A와 열 B가 교차하는 성분의 값이다.

돌연변이가 나타나기 전, 개체군 안에서는 게임이 한 가지밖에 없었다. 개체군 전체가 똑같이 **오래된**(Old) 전략을 쓰고, 그렇기 때문에 각 개체의 보수가 $E(Old, Old)$인 경우이다. 돌연변이가 나타난 경우, 그 돌연변이는 **새로운**(New) 전략을 채택한다. 이때 그 돌연변이의 보수

생명의 수학

는 $E(New, Old)$이다. $E(Old, Old)$가 $E(New, Old)$보다 크다면, 그 돌연변이는 원래 개체군에 속한 모든 개체와의 경쟁에서 지기 때문에 그 돌연변이 계통은 사라질 것이다. 두 가지 경우가 더 남아 있다. $E(New, Old)$가 $E(Old, Old)$보다 큰 경우와, 두 값이 같은 경우이다. 앞의 경우라면 돌연변이는 경쟁에서 이기고 그의 계통도 살아남는다. 개체군에 성공적으로 침입한 것이다. 뒤의 경우, 만약 원래의 **오래된** 전략이 **새로운** 전략에 대응할 때의 보수가 **새로운** 전략이 **새로운** 전략에 대응하는 보수보다 크다면, 다시 말해 $E(Old, New)$가 $E(New, New)$보다 크다면 돌연변이는 지게 된다.

어떤 돌연변이도 성공적으로 침입하지 못할 때, 그 **오래된** 전략을 진화적으로 안정하다고 한다.

게임마다 진화적 안정 전략이 있는 것도 있고, 없는 것도 있다. 오래된 전략과 새로운 전략의 두 가지 전략이 있을 때 보수 행렬은 일반적으로 다음과 같이 나타난다.

	(Old) 오래된	(New) 새로운
(Old) 오래된	a	b
(New) 새로운	c	d

진화적으로 안정한 전략은 a가 c보다 크고 d가 b보다 작아야 존재한다. ($E(Old, Old) > E(New, Old)$일 때 돌연변이가 개체군에 성공적으로 침입하지 못하기 때문에 $a > c$이다. — 옮긴이) 위와 같은 보수 행렬에서 **오래된** 전략을 채택할 확률은 $(b-d)/(b+c-a-d)$이고, **새로운** 전략을 채택할 확률

은 $(c-a)/(b+c-a-d)$이다.[1]

　이와 같은 수학 모형을 실제 예에 적용할 때, 가장 큰 어려움은 보수 행렬의 성분들을 계산하기 어렵다는 점이다. 원리적으로 보수 행렬의 성분은 한 전략을 다른 전략에 대응해 여러 번 시행한 뒤 평균 결과를 가지고 계산한다. 하지만 현실에서는 이러한 방법이 가능하지 않을 수도 있다. 예를 들어 공룡의 진화 과정 중 어떤 단계에 대해 알고 싶다고 하자. 어떤 공룡이 살아남는지 보기 위해 공룡들이 경쟁하는 상황을 실제로 만들 수는 없다. 그러므로 보수 행렬의 성분은 다른 요소를 기반으로 알아내야 한다.

　게임 이론은 새로운 종의 진화를 이해하는 실마리가 되었다. 새로운 종은 환경의 변화로 단일 종의 전략이 진화적으로 불안정해질 때 나타날 수 있었다. 전략이 진화적으로 불안정해지는 때라면 돌연변이가 성공적으로 침입할 수 있다. 그리고 충분한 시간이 있다면, 적절한 무작위 돌연변이가 나타날 것이다. 이것은 종의 분화를 설명하지는 못하지만, 종의 변화가 있어날 수도 있거나 없는 상황을 결정한다.

다윈은 자신이 쓴 책의 제목을 『종의 기원』이라고 지었다. 그 후 생물학자들은 그 책의 주요한 아이디어를 발전시켜 왔다. 그렇다면 오늘날 진화 생물학의 가장 큰 난제 중 하나가 무엇일 것 같은가?

　그렇다. 바로 종의 기원이다.

　하지만 그렇다고 다윈이 말도 안 되는 이야기를 했다거나 종이 진화하지 않았다는 뜻은 아니다. 몇백만 년 혹은 몇십억 년 전에 일어났던 과정들과 오늘날 생태계의 복잡하고 다양한 모습을 세세하고 정확하게 재구성하기가 그만큼 어렵다는 뜻이다. 이 사실은 별로 놀랍지도 않다. 정말 놀라운 것은 진화의 증거가 얼마나 강력한가, 생물학자들이 이미 그 증거들에 대해 얼마나 알고 있는가이다.

많은 부분을 자세히 알지도 못하면서 과학자들은 어떻게 진화가 일어났다고 확신하는 것인지 궁금할지도 모르겠다. 그러나 우리는 이와 아주 똑같은 상황을 일상 생활에서 접하고 있다. 자녀가 학교에 갔다 왔다는 것을 알지만, 우리가 실제로 학교에 있었던 것은 아니다. 아이가 말하는 법을 배웠다는 것을 알지만, 뇌에 변화를 일으키는 그 과정을 거쳤음을 증명하려고 학습 전과 후의 뇌를 고해상도로 스캔하지는 않는다. 부엌 바닥에 놓인 섬뜩한 증거물로, 키우는 고양이가 지난 밤에 쥐를 잡아왔다는 것을 알지만 실제로 고양이가 그렇게 하는 것을 보지는 못했다. 과학은 직접적 관찰이 아니라, 거의 언제나 간접적 추론이다.

지구 생태계 역사 내내 진화가 일어났음을 아는 까닭은 서로 독립적인 계통의 수많은 증거들이 진화 과정의 일반적인 성질을 증명하기 때문이다. 어떤 증거들은 몇백만 년 동안 생존해 왔다. 우리는 말 화석의 크기를 재고, 그 크기를 화석이 발견된 지질층으로 결정되는 나이와 연결지을 수 있으며, 그렇게 해서 느리지만 꾸준히 더 큰 동물로 가는 과정을 관찰한다. 하지만 어느 특정 순간, 이를테면 기원전 18735331년 4월 16일 10시 34분에 있었던 어느 두 말의 경쟁에 관한 증거를 바란다면, 타임머신이 있지 않는 한 그 싸움을 직접 관찰할 수 없을 것이다. 대신 일반적인 관점에서, 당시에는 말들이 경쟁을 **피할** 수 없었을 것이므로 서로 다투고 있었으리라고 추론할 뿐이다. 개체수가 어떤 제재도 없이 늘어났다면 말은 곧 지구 전체에 퍼졌을 것이다. 그래서 무언가가 개체수를 제재해야했고, 사실상 그와 같은 제제 과정은 경쟁의 형태가 된다.

그들은 암컷에 대한 접근을 두고 경쟁했을까? 먹이를 두고? 어떤 종류의 먹이를 두고? 왜 그 두 종의 말 모두에게 충분한 먹이가 없었을까? 어느 쪽이 이겼을까? 이와 같이 지나치게 세세한 이해가 필요한 질문에 이르면 대답할 수 있는 가능성은 별로 없다.

종의 진화에 대한 수많은 내용들을 확실히 알지도 못하지만, 더 나아가 종이 무엇인지에 대한 정의도 제대로 세우지 못했다. 그렇다고 찌르레기를 고래와 구분할 수 없다는 것은 아니다. 다만 어떤 세세한 구분들을 정확하게 밝히기 어렵다는 뜻이다. 역설적이게도 이러한 어려움이 진화론을 뒷받침한다. 종이 언제나 분명하게 구분할 수 있는 집단이 아니라면, 자연 선택으로 새로운 종이 어떻게 오래된 종에서 뻗어나올 수 있었는지 알기가 더 쉽다.

'종'의 정의가 단순명쾌해야 한다고 생각할지 모르겠다. 어쨌든 분류학자들이 생명체를 분류할 때는 그들이 어느 종에 속하는가에 따르기 때문이다. 린네의 분류 체계에서 나와 여러분은 호모 사피엔스 종에 속하고, 내가 키우는 고양이는 펠리스 카투스라는 종에 속하며, 정원에 있는 백자작나무는 베툴라 벤둘라라는 종에 속한다. 이렇게 보면 특정한 종이 무엇이라고 말할 수는 있지만, 도요타 아벤시스, 포드 몬데오, 폭스바겐 골프의 목록이 차종을 알려 줄 뿐이듯, 종이 무엇인지에 대해서는 알 수 없다.

가장 널리 쓰이는 종의 정의 중 하나를 주장한 사람은 독일계 미국 조류학자 에른스트 마이어(Ernst Mayr)였다. 그가 세운 정의에서 종이란, 개체 사이에 서로 교배가 가능한 한 무리의 생물로서 다른 생물

군과는 생식적으로 격리된 것이다. 이 정의는 유성 생물에게만 적용되는데, '상호 교배'에 성이 관련되기 때문이다. 현장에서 쓰는 정의 — 대부분의 경우에 잘 적용되는 지침 — 로는 매우 좋다. 그러나 말 그대로 받아들이고 모든 경우에 적용하기에는 몇 가지 흠이 있다.

예를 들어…… 영국에서 시작해 오른쪽으로 전 세계를 한 바퀴 돌아 시작 지점 근처에서 끝나는, 어느 정도 연속적인 갈매기 계통이 있다. 한 쪽 끝에는 재갈매기가 있고 다른 쪽 끝에는 검은등갈매기가 있다. 이 두 종류의 갈매기는 마이어의 정의에 맞는다. 둘은 상호 교배하지 않으므로 '생식적으로 고립'되었다. 생김새가 다른 것처럼 실제로도 다르다. 그들은 모두 영국에 (상호 교배하지 않고) 공존한다. 브리스틀, 글로스터, 애버딘에서 혼합된 도시 군집들이 나타났다. 하지만 비둘기 계통에 있는 각 비둘기 개체군은 이웃한 개체군과 상호 교배할 수 있고, 상호 교배한다. 따라서 마이어의 정의에 따르면 비둘기의 모든 이웃한 개체군은 서로 같은 종에 속한다. 그러므로 재갈매기와 검은등갈매기도 같은 종에 속해야 한다. 하지만 실제로는 아니다. 마치 구슬목걸이에서 구슬 하나하나는 바로 옆에 있는 구슬과 색이 같은데 한쪽 끝의 구슬은 검은색이고 다른 쪽 끝의 구슬은 흰색인 경우와 같다.

몇 년 동안 엄청나게 다양한 '종'의 정의가 대안으로 제시되었다. 마이어의 정의는 여전히 널리 쓰이지만, 그 정의가 적절하지 않은 듯한 상황이 있다. 에이는 갈매기뿐만이 아니다. 상호 교배 기준에 대한 대안으로는 유전 물질을 교환할 가능성, 유전적 유사성, 형태적 유사성, 생태학적 유사성, 공통 조상과 기타 분기학의 전문적인 아이디어들이 있다.

뉴욕에 있는 레먼 대학의 생물학자 마시모 피글리우치(Massimo Pigliucci)는 유전학, 식물학, 생태학, 그리고 — 드물게도 — 철학을 공부한 사람이다. 문헌에 나온 종 분화에 대한 여러 정의들을 분석한 그는 그 정의들이 모두 부족하다고 판단했다. 마이어의 정의가 갈매기에게는 적합하지 않았듯, 다른 정의들도 풍부하고 복잡한 생물학의 실제에서 일치하지 않는 부분들이 있었다. 반면 제한된 영역과 특정한 목적에서는 매우 잘 적용되었다. 현장에서는 충분히 적절한 정의라고 생각할 수도 있다. 이러한 경험적 관점에서는 '종'이 생명체를 구분하는 편리한 방법이며, 특정 정의에 관한 비판은 모두 언어 표현에 대한 사소한 흠잡기일 뿐이라고 본다. 하지만 경험적 관점은 기본적인 의문에 답하지 못한다. 즉 '종'은 생물학의 세계에서 가장 기초적인 수준의 조직인가, 아니면 실제 생명체에는 그다지 의미가 없는, 분류학자들이 만들어 낸 인위적인 분류 체계인가? 피글리우치는 다음과 같이 말한다.[2]

> 이른바 '종 문제'는 다윈이 적절하게 지은 제목인 『종의 기원』이 출판되기 전부터 진화 생물학자들이 논의해 온 주제들 중 하나로(다윈 스스로는 그 문제가 이미 해묵은 것이라고 이야기했지만), 아마 앞으로도 결코 완전히 해결되지 못할 것이다.…… (생물학자들은) 한 편으로 동료들의 연구나, 논문, 학술 회의의 주제로 종의 개념이 나오면 넌더리를 치며 외면한다. 다른 한 편으로는 대학원 세미나의 주제로 꺼내거나, 그 주제로 발표된 읽을거리들을 열심히 읽지 않고는 못 배긴다.

많은 생물학자들이 이러한 문제 전체가 고작해야 의미론의 문제라고 생각한다. 다시 말해, 실제적인 목적에 맞추어 받아들일 수 있고, 경험적인 관측과 일치하는 정의를 찾는 문제라는 것이다. 피글리우치는 문제의 깊이가 생각보다 깊으며, "철학적인 면이 강하게 함축"되어 있다고 주장한다. 피글리우치는 종의 문제를 다룬 철학적 문헌에서 두드러지게 나타나는 세 가지 주요한 주제에 대해 이야기한다. 생물학자들이 제시하는 정의에 대한 비평, 종이 어떤 것인지에 대한 분석(개체? 군? 자연적인 형태?), 상황이나 목적에 따라 종의 개념이 두 가지 이상 필요할 가능성이다. 그가 제시하는 해답은 철학자 루트비히 요제프 요한 비트겐슈타인(Ludwig Josef Johann Wittgenstein)의 '가족 유사성(family resemblence)'이라는 개념을 바탕으로 한다. 가족 유사성은, 피글리우치의 말에 따르면, 실제로 존재한다. 생물학적으로도 의미가 있으며, 단순히 생명체의 유형을 깔끔하게 정리하기 위해 인간이 만든 발명품이 아니다. 하지만 가족 유사성의 성질상 그 개념을 특징짓는 단순하고 깔끔한 정의를 세우기 어렵다.

이제 피글리우치의 중요한 결론을 수리 생물학자들에게 친숙한 용어로 말하고자 한다. 우선 다차원 공간을 활용해 표현형 (또는 유전형, 아니면 유전형도 같이) 데이터 목록을 여러 차원을 가진 개념상의 공간 위에 한 점으로 나타내야 한다. 이 다차원 공간을 표현형 공간(phenotypic space)이라고 한다. 이제 조사하고 있는 각 생명체에 해당하는 점을 찍는다. 여기서 두 생명체가 얼마나 멀리 떨어져 있는지 혹은 얼마나 가까운지를 나타내는 개념이 필요하다. 그와 같은 거리 측정 도구인 '메트릭'을 만드는 방법은 여러 가지이다. 날개의 폭이나 부리 크기 등의 차이를 측정하거나, 염기 배열 순서를 비교하거나, 무엇을 먹는지와 같은 행동 패턴을 살펴보는 방법들이 있다. 그렇게 만든 메트릭을 써서 표현형 공간에 있는 점들의 거리를 재 보면 다른 것보다 서로 더 가까운 점들이 있는데 그들을 묶는 것이 '점다발(cluster)'이다. 이와 같은 방법의 관점에서 보면 종에 대한 만족스러운 정의는, 점다발의 정의가 명확하지 않기 때문에 불분명하다. 점다발은 메트릭이 무엇인가에 따라서도 달라지기 때문이다. 이 불명확함이 바로 피글리우치 주장의 핵심이다. 표현형 공간의 생명체 분포는 정해진 약속이 아니다. 그것은 실제로 존재하며, 관찰할 수 있는 것이다. 문제는 분포된 점들을 어떻게 점다발로 자를 것인가이며, 그렇게 나온 결과가 어떤 의미를 갖는가이다. 전체적으로 답은 꽤 명확하게 나오는데, 전통적인 모든 정의가 대부분 잘 적용되는 것은 이 때문이다. 답이 명확하지 않다면 두 가지 방법이 있다. 메트릭을 손보거나, 점다발의 정의를 수정하면 된다.

피글리우치에 따르면 이러한 해법의 중요한 특징은 생물학자들이 "새로운 데이터를 모아 봤자 해결되지 않는 철학적 요소를 포함한 문제를 경험적으로 해결하려 애쓰다가 시간을 낭비하는 것"을 막는다는 것이다. 논란이 되었던, 북아메리카 서해안을 따라 위치한 섬에 사는 도마뱀의 분류에 대해 어마어마한 양의 정보를 모은다 해도, 실제로는 메트릭의 선택과 그에 따른 점다발과 관련된 분류학 문제를 해결할 수 없을 것이다. 하지만 그렇게 모은 정보는 메트릭과 점다발의 개념을 선택할 때 도움이 될 수 있으며, 더 나아가 선택의 지침이 될 수도 있을 것이다.

데이터에서 다발을 찾는 것이 잘 이해가 되지 않고 모호하게 보일 수도 있겠지만, 통계학에는 이 주제에 완전히 할애된 분야가 있다. 바로

생명의 수학

군집 분석이다. 잘 정립된 수학 분야가 그렇듯, 군집 분석은 크게 보아 같은 종류의 문제에 다양한 방법으로 적용할 수 있으며, 어느 방법이 가장 좋을지는 문제에 따라 달라진다. 여기에서는 가장 단순한 방법에 집중할 것이다. 실제에서는 수치 데이터에 대수 계산을 하는 식으로 쓰지만, 그 밑에 깔린 아이디어는 시각적인 형태를 통해서 살펴보는 것이 더 이해하기 쉽다.

한 현장 조류학자들이 어느 이국적인 섬에서 새를 관찰하고 있다고 하자. 그들은 새를 잡아서 다양한 특성을 측정하고 그 측정값을 기록한다. 일의 효율성을 위해, 그들은 몇십 가지 특성들을 기록하겠지만, 여기서는 간단한 설명과 그림을 위해 날개폭(wingspan, 펼친 양 날개 한쪽 끝에서 끝까지의 길이 — 옮긴이)과 부리 크기라는 두 가지 특성만 생각한다. 사실 그 특성들이 무엇이든 상관없다. 새 한 마리마다 조류학자가 두 숫자를 얻기만 하면 된다. 데이터를 모은 조류학자는 도표에 점을 찍는데, 그 형태는 그림 59와 같을 것이다. 그림 59에서는 보여 주기 목적으로 만들어 낸 데이터를 사용했으며 축의 눈금도 생략했다.

왼쪽 그래프에 수집한 데이터에 따라 점을 찍었다. 점들을 두 형태의 다발로 어렵지 않게 분리할 수 있다. 두 다발은 서로 다른 두 생물종에 대응할 수도 있고, 한 종 안에 있는 2개의 아종에 대응할 수도 있다. 어느 쪽인지는 구체적인 수준, 곧 데이터를 구성하는 수들에 비해 사각형의 폭이 얼마나 넓은지에 따라 달라진다. 사각형이 크면, 한 다발에 있는 새는 다른 다발의 새와 뚜렷하게 다르며, 다발은 아종이 아닌 종을 나타내게 된다. 데이터 차이가 고작 몇 퍼센트라면 다발은 아종일 수 있다.

오른쪽 아래에 점 1개가 두 다발 바깥에 홀로 떨어져 있는데, 이

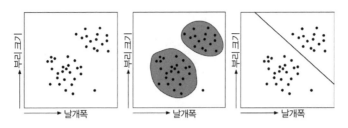

그림 59 (왼쪽) 데이터. (가운데) 2개의 점다발과 1개의 이상값. (오른쪽) 점다발 분리하기.

점이 왼쪽 다발에 속할지, 아니면 제3의 다발에 속할지는 분명하지 않다. 이와 같은 점들을 이상값이라고 하는데 전체적인 패턴에서 벗어난 희귀한 예이기 때문이다. 데이터 분석에 이상값이 미치는 영향은 매우 작기 때문에 빼 버려도 결과에는 별 차이가 없다. 하지만 이 점은 희귀한 신종을 나타낼 수도 있기 때문에 실제에서는 데이터를 더 수집해 보는 편이 좋다.

눈으로는 데이터들을 두 다발로 쉽게 구분할 수 있지만, 컴퓨터 프로그램이 그렇게 하기는 쉽지 않다. 가장 기초적인 다발 분석에서는 데이터에 사실상 선을 하나 그려서 두 부분 집합으로 분리하는 방법을 쓴다. 더 정확히 말해, 우선 두 변수를 다음과 같은 꼴로 결합한 식을 만든다.

0.5×(날개폭)+7.3×(부리 크기)

다음으로 역치를 이를테면 15로 준다. 식의 두 상수와 역치, 이 세 숫자를 무엇으로 하든, 데이터는 두 부분 집합으로 분리된다. 그중 한 집합은 식의 값이 역치보다 큰 데이터로 구성되고, 나머지 집합은 문턱

값보다 적은 데이터로 구성된다. 세 숫자를 잘 선택하면 두 부분 집합은 크게 분리되면서 각 부분 집합 안의 데이터 숫자들은 서로 훨씬 더 가까워진다. 이 모든 과정은 수치 계산으로 정밀하게 수행할 수 있다.

학명 온토파구스 니그리벤트리스(*Onthophagus nigriventris*)인 하늘소에 대한 실제 데이터가 그림 60에 나와 있다. 그래프에 표시된 두 변수는 몸 크기(가로축)와 뿔 길이(세로축)이다. 흰색 원은 수컷이고 검은색 원은 암컷이다. 원의 색깔을 무시하면 가장 분명하게 보이는 점다발은 암컷 전부와 수컷 일부가 묶인 다발과 나머지 수컷으로 묶인 다발이다. 이 두 다발은 분명하게 구분된다. 뿔 길이 7밀리미터에서 그은 수평선을 기준으로 보면 찾기가 좀 더 쉬울 것이다.

제3의 변수인 성을 도입해 3차원에 점을 찍으면 수컷과 암컷이 바

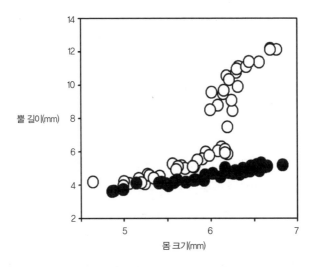

그림 60 하늘소의 뿔이 변해 온 모양. 학명 온토파구스 니그리벤트리스인 하늘소 수컷의 몸 크기와 뿔 길이의 관계(흰색 원)와 암컷의 몸 크기와 뿔 길이의 관계(검은색 원)

로 분리되는데, 이렇게 새로운 표현형 변수가 데이터에 추가되면 점다발이 극적으로 바뀔 수 있다. 수컷과 암컷의 구분은 일반적이고, 두 성의 표현형 차이도 보통은 뚜렷하므로, 우리는 반사적으로 데이터를 성에 따라 분리, 곧 두 가지 색깔의 원으로 구분하게 된다.

여기서 수컷은 비록 두 다발로 분리되기는 하지만 모두 같은 종에 속한다. 특히나 이들은 모두 똑같은 암컷과 상호 교배하며, 그 암컷들은 하나의 다발로 묶인다. 하지만 수컷은 두 다발로 분명히 갈라지며, 추가 변수를 기록하지 않는 한 더 분리시킬 수 없다. 두 다발은 두 형태(morph) — 동일한 개체군 안에서 두 전략에 따라 진화해 온 표현형들 — 를 나타낸다. 큰 것들(majors)이라고 하는 수컷들은 큰 뿔을 선호하며 성향이 공격적이다. 이들은 암컷에게 접근하기 위해 큰 뿔을 사용해 다른 수컷과 싸운다. 진화적으로 볼 때 이 전략의 이점은 분명하다. 뿔이 클수록, 전투에 더 강하다. 작은 것들(minors)이라고 하는 수컷은 뿔이 제대로 발달하지 못했으며 싸움을 피한다. 실험에서 나타난 이 전략의 한 가지 이점은 굴 속에서 방향 전환이 쉽다는 것이었다. 또한 작은 것들은 큰 것들보다 생김새가 암컷과 매우 비슷하기 때문에 큰 것들이 싸움을 하는 동안 몰래 암컷에게 접근할 수 있다는 것도 또 다른 이점이다.

이와 같이 짝짓기 전략의 분리는 다른 많은 종의 수컷에게서 나타난다. 그 예는 앞에서 도마뱀을 통해 이미 살펴보았다. 하지만 하늘소의 경우는 특히 극단적이다. 어쩌면 종의 분화를 나타내는 암시일 수도 있다.

직선, 또는 변수가 많을 때 그에 대응하는 수단을 이용하면 데이터를 모형화할 때 매우 복잡한 공식을 쓰는 함정을 피할 수 있다. 복잡한 공식을 쓰면 데이터와 거의 완벽하게 맞겠지만 완전히 의미 없는 모형을 만들 수도 있다. 그래도 어떤 직선으로도 분리할 수 없는 다발들이 실제로 존재할 때가 있다. 빽빽한 원 모양의 다발과 그 원 다발을 둘러싼 말굽 모양의 다발이 그렇다. 이러한 다발들은 대수식에 비선형항 — 이를테면 부리 크기를 제곱한 항이라거나 부리 크기와 날개폭을 곱한 항 — 을 추가하면 알아낼 수 있다.

하나의 종이 두 가지(혹은 그 이상의) 종으로 갈라지는 것을 '종 분화'라고 했음을 기억하자. 진화 생물학에는 수많은 유형의 종 분화가 있지만, 크게 두 가지로 나눌 수 있다. '이지역성(allopatric) 종 분화'와 '동지역성(sympatric) 종 분화'가 그것이다. allopatric과 sympatric은 그리스어에서 유래한 낱말로 allos는 '다른', sym은 '같은', patra는 '태어난 지역'이라는 뜻이다. 이지역성 종 분화는 서로 다른 지역에서 일어나는데, 그 구체적인 뜻은 곧 설명할 것이다. 동지역성 종 분화는 같은 장소에서 일어나는 종 분화로서 마찬가지로 구체적인 의미가 있다.

　어느 정도 동일한 개체군, 즉 서로 잘 교배하는 생명체 집단이 갈라질 수 있느냐는 종 분화에서 중요한 문제가 아니다. 다윈보다 훨씬 이전에, 가축을 기르던 사람들은 자손이 조상과 동일하지 않음을, 조상의 품종이 같아도 매우 다른 자손이 나올 수 있음을 알고 있었다. 예를 들어 털이 짧은 품종의 양에게서 때때로 털이 길거나 털 색이 다른 자손이 나올 수 있다. 사람이 개입해 인위적으로 양을 교배시키면 이러한 가능성이 현실화될 수 있지만 이때 태어난 새로운 양은 새로운 종이 아니라 같은 종의 새 품종일 뿐이다. 그럼에도 종이 갈라질 가능성은 틀림없이 나타났을 것이다. 인위적이든 자연스럽든, 진정한 종 분화가 일어나려면 새로운 품종이 분리되어 있어야 한다. 분리되지 않으면 기존 개체와 새로운 품종 사이에 교배가 일어나 원래의 개체군 전체를 재구성할 수 있다.

갈라져 나가는 두 집단은 어떻게든 **생식적으로 고립**되어야 한다.

가축을 기를 때 생식적으로 고립시키는 전통적인 방법은 직접 개입이다. 사육자는 어느 동물을 어느 동물과 짝짓기할지 결정한다. 개의 혈통은 이런 식으로 유지되며, 혈통 있는 개가 비싼 이유 중 하나도 이 때문이다. 품종이 구별된 개들을 그냥 내버려 두면 몇 세대 안에 잡종으로 구성된 무리로 돌아갈 것이다.

이지역성 종 분화는 지질학적으로 고립된('태어난 지역이 다른') 상태에서 같은 결과를 낳는다. 어떤 자연적 특성, 이를테면 강이나 산맥이나 육교에 따라 처음에는 하나였던 개체군이 두 개체군으로 분리된다는 뜻이다. 일단 분리되고 나면 두 개체군은 변화할 것이며, 그 변화는 교류가 중단되었기 때문에 다른 방식으로 진행될 것이다. 이 과정이 충분히 오랫동안 계속되면 두 집단의 구성원들은 교배할 수 없게 되기도 한다. 그때가 되면 두 개체군은 서로 다른 종이 된다.

이에 대한 고전적인 예가 있다. 파나마 지협을 기준으로 북쪽의 카리브 해와 남쪽의 태평양에는 서로 매우 가까운 사이이지만 종이 다른 수많은 생물이 산다. 샌디에이고에 있는 스크립스 해양 대학교의 해양 생물학자 낸시 놀턴(Nancy Knowlton)은 딱총새우(snapping shrimp)를 연구했다.[3] 파나마 지협의 양쪽에서는 딱총새우와 매우 비슷한 — 육안으로 보면 거의 같은 — 종들이 나타나는데, 이들은 한데 놓아도 교배하지 않는다. 딱총새우의 일곱 가지 계통(그림 61에서 1~7까지 숫자로 나타낸 것)은 각각 카리브 해에 사는 종과 태평양에 사는 종의 2개

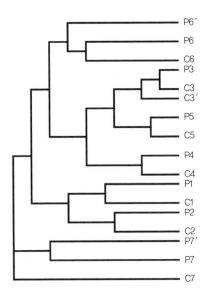

그림 61 딱총새우의 가계도. 일곱 가지 계통, 4쌍의 종과 3쌍의 세쌍둥이 종(아종 포함). P=태평양, C= 카리브해. 각 쌍에서 한 종은 태평양에 살고, 한 종은 카리브 해에 산다.

종으로 갈라진다(세쌍둥이 종의 경우에는 제3의 아종이 있다.)(그림 61).

　　이것은 어느 한 진화 이론으로 쉽게 설명할 수 있으며, 다른 이론으로는 이 놀라운 패턴을 제대로 설명할 수 없다. 독립적인 지질학적 증거에 따르면 300만 년 전, 해수면이 낮아지고 땅이 솟아오르면서 생겨난 파나마 지협으로 떨어져 있던 북아메리카와 남아메리카 대륙이 연결되고, 태평양과 카리브 해와 나머지 대서양에 구분이 생겼다. 지협이 생겨나기 전에는 모든 딱총새우 계통은 하나의 종에 속했다. 지협이 생겨난 뒤에 이지역성 종 분화가 일어나면서 각 계통은 오늘날 나타나는 두 개의 (또는 그 이상의) 종으로 갈라졌다. 각 계통에 속하는 오늘날의 딱총새우 종들은 모두 같은 조상에서 나온 후손이지만, 건

널 수 없는 땅의 장벽에 교배가 중단되자 유전적으로 '사이가 멀어졌다.'

이러한 진화론의 가설에 따라 양적인 예측을 할 수 있다. 딱총새우 종이 언제 갈라지기 시작했는지 지질학과 별개로 알아냈을 때, 그 결과는 300만 년 전이어야 한다. 계산은 DNA가 나타나면서 가능해졌는데, 돌연변이가 대략 일정한 비율로 나타나기 때문이다.[4] 지질학과 진화론에서 계산한 시간이 서로 다르다면 무언가가 잘못된 것이다. 마침 둘은 일치한다.[5] 진화론의 특정 예측이 실험으로 확인된 셈이다.

꽃양배추를 보면서 그것이 눈앞에서 바로 고양이로 변해야 한다고 주장하는 것이 진화론을 검증하는 방법의 전부는 아니다.

이지역성 종 분화 기제는 단순하고 직접적이다. 컴퓨터 과학자들이라면 위지위그(WYSIWYG, 보는 그대로이다(what you see is what you get)의 머리글자를 딴 것)라고 부를 것이다. 붙어 있으려고 하는 무언가를 둘로 분리할 때 보통은 둘 사이에 쐐기를 박는다. 아마도 이러한 까닭에서, 거의 모든 생물학자들이 종 분화가 대부분 이지역성이라고 믿으며 곳곳에서 그 예를 발견했다. 아프리카코끼리와 아시아코끼리, 그랜드캐니언을 기준으로 양 쪽에 사는 다람쥐, 페로 제도의 생쥐 등……

수학자로서 나는 위지위그식 설명을 의심하는 편이다. 나오길 바라는 것을 끼워 넣는 순환 논리의 낌새가 보이기 때문이다. 세상은 보통 덜 직접적이다. 동지역성 종 분화는 분명 덜 직접적이지만 더 난해하기도 하다. 오랫동안 동지역성 종 분화는 일어나더라도 아주 드물 것이라고 생각했다. 처음에 하나의 종이 있어 어느 정도 동일한(성이 있는 종이라면 성에 대한 동일성은 제외한다.) 생명체들이 군집을 이룬다. 군집 안에 있는 생명체들은 모두 서로 교배할 수 있으며 자손들도 생식력이 있다. 편의를 위해 이들은 모두 같은 장소에 살기 때문에 교배 기회는 언제나 있다. 이제 어떤 이유로 이 하나의 개체군이 둘 혹은 그 이상의 유전적으로 다른 종류로 갈라지기 시작한다고 하자. 그 경우 이러한 분화가 발전해 서로 완전히 구분되는, 교배하지 않는 집단으로 나누어지지 못하는 직접적인 이유 두 가지를 생각할 수 있다. 번식 능력이 있는 자손과 교배할 **수 없는** 두 집단, 즉 서로 다른 두 종으로 분화되는 경우까지는 생각하지 않더라도 말이다.

한 가지는 유전적인 이유이다. 분화의 초기 단계에서, 새로운 두 종류는 교배할 수 있으며 그 교배를 막을 만한 지질학적 장벽이 없다. 새로운 종류의 수는 적지만 주류 집단의 수는 많기 때문에 새로운 종류의 짝은 거의 언제나 주류 집단의 구성원이 된다. 하지만 그때, 새로운 유전자는 이미 있는 유전자에 휩쓸릴 것이다. 그래서 어떤 군집에 유전적 차이가 생겨나자마자 그 차이는 바로 사라지고 — 주류 유전자 풀이 삼켜 버려 — 결과적으로 원래 있던 종의 유전자 구성이 되살아날 것이다.

이것이 바로 '유전자 흐름(gene flow)' 문제이다. 유전자 흐름은 동지역성 종 분화를 감소시키는 안정력이다.

또 한 가지는 진화론적인 이유이다. 적어도 새로운 종류 하나는 원래 집단과 다르다고 하자. 이 새로운 종류가 진화하려면, 원래 집단보다 더 적합해야 한다. 하지만 이 새로운 종에 속하는 것이 생명체를 더 적합하게 한다면 같은 논리가 다른 모든 생명체에 적용된다. 그렇다면 모든 생명체가 똑같이 변해서, 그대로 하나의 종에 머물러 있어도 되지 않을까? 종은 전체적으로 이동할 수는 있겠지만, **분리**되지는 않는다.

앞에서 '적합성'이라는 개념은 주의해서 다루어야 한다고 설명했지만, 방금 대략적으로 설명한 논증에서는 그 개념의 구체적 의미가 무엇이든 관계없다. 이 논증의 논리는 빈틈이 없어 보인다. 그렇기에 동지역성 종 분화도 불가능한 것처럼 보인다. 대부분의 생물학자들은 10년 전쯤까지도 그렇게 생각했다. 그러다가 이론적 모형과 관찰이 대부분은 실험실에서, 가끔은 야생에서 잇따라 나타나면서 일부 생물학자들은 문제 전체를 다시 생각하게 되었다. 그리고 동지역성 종 분화가 일어나지 않을 것이라는 논증은 겉보기만큼 강하지 않다는 사실이 밝혀졌다. 그렇다면 유전자 흐름이 분화 초기의 갈라짐을 붙여 원래대로 돌려놓지 못하도록 막는, 그래서 동지역성 종 분화가 일어나도록 하는 **무언가**가 있어야 한다. 하지만 이지역성 종 분화의 경우처럼 지질학적 고립만이 그 역할을 하는 것은 아니다. 꼭 물리적으로 생명체의 교배를 막지 않아도 된다. 어떤 이유이든 그 생명체들이 교배를 하지 않으면 되는 것이다.

아프리카코끼리가 바로 적절한 예이다(곧 보겠지만 아프리카코끼리는 한 종이 아니다.). 내가 학생일 때는 코끼리에는 아프리카코끼리와 아시아코끼리 두 종이 있다고 배웠다. 거의 모든 분류학자는 이 사실에 만족했지만, 몇몇 독립적인 학자들은 약 한 세기 동안 아프리카의 숲코끼리와 초원코끼리에 대해 의문을 품어 왔다. 코끼리를 요정 같다고 말할 수는 없겠지만, 숲코끼리는 초원코끼리보다 확실히 더 날씬했고 형태나 행동에서도 달랐기 때문에, 이들 분류학자들은 아프리카코끼리가 사실은 숲코끼리와 초원코끼리 **두** 종으로 나누어지는 것이 틀림없다고 주장했다. 다른 분류학자들은 말도 안 된다고 했다. 숲은 초원에 접해 있으므로 숲에 사는 코끼리는 초원에 사는 코끼리와 교배할 수 있고, 나머지는 유전자 흐름의 논리에 따라 불가능하다는 것이었다. 둘은 어쩌면 서로 다른 아종일 수는 있어도, 서로 다른 종은 아니라는 것이다.

논쟁은 한 세기 동안 격렬하게 계속되었지만 결론이 나지 않았다. 그러다가 2001년, 《사이언스》가 밀렵한 상아를 추적하기 위해 만든 DNA 감식 체계로 확인한 결과 아프리카코끼리에는 두 종이 있다는 사실을 보도했다.[6] 학자들은 아종이라는 주장에 걸맞게 숲코끼리와 초원코끼리의 유전자 차이가 아주 작을 것이라고 예상했지만, 감식 결과 그 차이는 예상보다 훨씬 컸다. DNA로 확인한 결과, 종 분화는 약 250만 년 전에 일어났다. 아프리카 숲코끼리와 초원코끼리의 유전적 차이는 그 둘 중 어느 한 코끼리와 아시아코끼리의 유전적 차이의 58퍼센트였다. 이제 대부분의 분류학자들은 아프리카코끼리에 두 종이 있다는 사실을 받아들인다. 숲코끼리 록소돈타 시클로티스 (*Loxodonta cyclotis*)와 초원코끼리 록소돈타 아프리카나(*L. africana*).

그렇다면 유전자 흐름이 개체군들을 하나의 종으로 재결합시킬 수는 없을까? 숲은 실제로 초원과 인접하고 숲코끼리와 초원코끼리가 짝짓기를 할 수 있다는 것도 사실이지만, 이들은 거의 짝짓기를 하지 않는다. 한 가지 분명한 이유가 있다. 그럴 기회가 별로 없다는 것이다. 암컷과 수컷이 둘 다 짝짓기를 할 준비가 된 상태 ─ 코끼리의 전체 삶에서 보면 그 기간은 매우 짧다 ─ 에서 우연히 숲 경계에서 마주쳐야 한다. 그리고 그렇게 마주쳤다 해도, 암컷이 수컷에게 끌려야 하는데 그런 일은 드물다. 그러므로 지질학적인 범위가 겹친다 해도, 아니면 적어도 인접하더라도 유전자 흐름은 두 종을 다시 붙여 놓지 못한다.

　어떤 분류학자들은 아직도 아프리카코끼리의 이야기가 이지역성 종 분화 과정이라고 주장한다. 숲의 경계가 사실상 지질학적 경계의 역할을 한다는 것이다. 하지만 그들이 동지역성 종 분화를 방해하는 유전자 흐름 때문에 종은 하나뿐이어야 한다고 주장하고 있었을 때, 이 '경계'는 그 주장에서 한 번도 중요한 부분이었던 적이 없었다. 야니어 바 얌(Yaneer Bar-Yam)은 유전자 확산에 기초한 수학 모형을 개발해 유전자 흐름이 뚫기 불가능한 장벽 없이도 막힐 수 있음을 보여 주었다.[7] 잇따라 띄엄띄엄 놓인 방해물로도 충분했다.

　아프리카코끼리가 두 종으로 분화된 정확한 과정은 알지 못한다. 하지만 이지역성 종 분화와 동지역성 종 분화의 구분이 꼭 필요하다면 (동지역성 종 분화가 불가능하다고 믿었던 학자들이라면 분명히 그 구분에 의미가 있다고 생각했을 것이다.) 아프리카코끼리는 동지역성 분화가 맞다. 종이 갈라지기 시작할 때마다, 한 군집은 다른 군집과 **어떤** 점에서든 달라야 할 것이다. 그렇지 않으면 분화란 없다. 그 차이는 당연히 두 군집 구성원들의 짝짓기 가능성에 영향을 줄 것이다. 두 군집의 구성원들이 짝짓기를 **할 수** 있는가가 아니라, 얼마나 그렇게 **하려고 할** 것인가 말이다. 다른 한편으로, 종이 갈라지기 시작할 때마다 처음에 그들은 거의 같은 장소에 있을 것이다. 그러므로 아주 작은 차이에 달려들어 그것이 이지역성 종 분화라고 주장하는 것은 사실 동지역성 종 분화를 다른 이름으로 말하는 것일 뿐이다. 종의 분화는 전체적으로 가계 군집(family group)과 개체군에 관련이 있지만, 개체와 그 후손의 운명과도 관련이 있다. 전날 밤까지 하나의 종이었던 코끼리들이 다음 날 아침 두 집단으로 깔끔하게 분리되는 일은 없다. 피글리우치는 '종'을 표현

　　　　　　　　　　　　　　　　　　　　　생명의 수학

형 공간에 있는 특정 규모의 다발로서 가장 적절하게 정의했다. 같은 식으로 '종 분화'는 비슷한 규모로 다발이 갈라진 것이다. 하나의 다발로 시작해서 두 다발로 끝나는 과정은 매우 복잡하고 어지러울 수도 있다. 수학 모형에 따르면 아프리카코끼리의 경우는 분명히 그렇다.

그러므로 동지역성과 이지역성 종 분화는 편의를 위한 넓은 범주일 뿐, 서로 배타적인 대안은 아니다. 범주로서의 이들은 핵심적인 차이를 잡아낸다는 점에서 쓸모가 있다. 즉 동물은 종 분화 과정에서 어떻게 상호 작용을 하는가, 혹은 하지 않는가? 그들은 모두 한 장소에 있을까, 그렇지 않을까? 현재의 관점으로 동물들은 충분히 같은 장소에 있을 수 있으며 유전자 흐름이 수많은 영향을 받아 막히면서 표현형의 분화가 심해지면 종 분화는 동지역성이 된다. 미국의 유전학자이자 복잡성 과학자 스튜어트 카우프만(Stuart Kaufman)은 몇 년 전 스웨덴에서 열린 한 학회에서 이렇게 말했다. "종 분화에서 핵심 단계는 문에 발을 끼워 넣는 것이다. 발을 끼워 넣는 데 성공했다면, 문은 열린 채로 유지되며, 그 틈은 언젠가 더 벌어질지 모른다."

진화에 관해 다윈은 순수하게 언어로만 이야기했다. 작은 규모의 가지치기들이 어떻게 큰 규모의 분화로 결합되는지 보여 주는 수학적인 사이비 나무 그림을 제외하고 말이다. 하지만 진화는 복잡하고 정교한 과정이기에 말만으로는 그것을 기술하거나 논의하기가 어렵다. 이제 수학 모형을 이용해 진화를 연구하는 생물학자들이 점점 늘어나고 있다. 수학 모형의 장점은 주제와 관련된 이론들을 분명하게 보여 준다는 것이다. 단점이라면 어떤 모형도 거의 40억 년 동안 지구 곳곳에서 평행하게 진행되고 있는 진화의 엄청난 규모와 복잡성을 모두 잡아낼 수 없다는 것이다.

전통적으로 생물학자들은 진화의 그러한 복잡성을 이유로 수학을 버리고 언어에 의지했다. 하지만 언어적 기술은 오히려 수학 모형보다 진화의 복잡한 면을 잡아낼 수 없다. 게다가 언어는 부정확하기에 모호할 수도 있고 오해를 살 수도 있다. 수학 모형은 개념과, 가설과 그 둘 사이의 관계를 깔끔하게 정리한다. 모형이 그래서 좋은 것이다. 모든 세부 사항을 있는 그대로 정확하게 묘사하는 모형이 있다면 세계와 같은 크기의 세계 지도와 다를 바가 없다.

동지역성 종 분화의 가능성에 반대하는 논증에 있는 결함은 앞에서 본 것 말고도 더 있다. 특히 어떤 기본 가설은 잘못된 것으로 밝혀졌다. 이 사실은 동지역성 종 분화에 관한 특정 모형을 세우고, 그 모형에서 나오는 결과를 조사하면 알아낼 수 있다. 조사는 이미 다각도에서 이루어졌다.

대표적인 예로는 알렉세이 콘드라쇼프(Alexey Kondrashov)와 표도르 콘드라쇼프(Fyodor Kondrashov)가 1999년 《네이처》에 발표한 논문이 있다. 이 논문은 동지역성 종 분화를 촉진하는 시나리오에 관한 것이었다.[8] 이들은 단 하나의 유전자(더 적확하게는 염색체에서 유전자가 있는 자리인, 유전자 자리 중 단 한 곳)에서 돌연변이가 일어날 때의 종 분화 모형을 관찰하는 데서 출발한다. 관찰 결과 이 모형은 실제에 비해 지나치게 단순하기 때문에 '그 성질이 매우 이상하다.' 그러므로 비슷한 시점에 둘 또는 그 이상의 유전자 자리에서 돌연변이가 일어나는 경우, 즉 복합 위치 모형(multi-locus model)이라는 모형을 생각해야 한다. 그들이 생각하기에 종 분화에 어느 정도 직접적으로 이르는 시나리오는 한 유전자가 새로운 성질을 부여할 때, 그리고 다른 유전자가 동류 교배(assortative mating)라는 과정으로 그 특정 성질이 강화되는 짝짓기 패턴을 촉진할 때 일어난다. 예를 들어 7장에 나온 풀잠자리의 경우 한 유전자에 돌연변이가 일어나면 연초록색에서 진초록색으로 바뀔 수 있다. 포식자의 영향이 더해지면, 잎이 진초록색인 침엽수 환경에서는 진초록색 풀잠자리들이 더 많이 나타나고 연초록색의 풀밭에서는 연초록색 풀잠자리들이 더 많이 나타난다. 그래도 여기까지는 종 분화가 아니다. 연초록색과 진초록색의 두 변종은 서로 교배가 가능하기 때문에 유전자 흐름이 돌연변이를 제거할 수 있기 때문이다. 하지만 두 번째 돌연변이가 있어서 연초록색 암컷이 연초록색 수컷을 선호하고 진초록색 암컷도 자신처럼 진초록색 수컷을 선호하게 된다고 하자. 이제 두 변종은 서로 교배할 수 있지만, 그렇게 하지 않는다. 이것을 기반으로 더 많은 돌연변이가 두 변종에서 각각 독립적으로 나타나고, 그렇게 둘 사이는 유전적으로 더욱 멀어진다. 결국에는 두 변종이 어쩌다가 교배할 수 있게 되어도, 그 사이에서 나온 잡종은 생존이 어려워질 수도 있다. 종은 분리되었다.

이 예는 새로운 성질이 두 가지 일을 한 번에 한다는 점에서 약간 인위적이다. 풀잠자리를 특정 환경에서 더 적합하게 만들기도 하면서 암컷이 선호하는 성질이 되기도 하기 때문이다. 알렉세이와 표도르 콘드라쇼프는 더 실제적인 모형을 분석했다. 그 모형에서는 생명체의 적합성에 영향을 주는 성질과, 짝 선택에 영향을 주는 성질이 다르다. 그 결과에서도 마찬가지로 동지역성 종 분화를 일으키는 상황이 나타났다. 콘드라쇼프의 모형은 확률론적인 것으로, 특정 돌연변이가 일어날 확률이 그에 해당하는 표현형의 출현 빈도에 어떤 영향을 주는지를 분석한다.

《네이처》의 같은 호에서 울프 딕먼(Ulf Dieckmann, 오스트리아 국제
응용 시스템 분석 연구소)과 마이클 도벨리(Michael Doebeli, 브리티시 컬럼
비아 대학교)는 동지역성 종 분화를 일으키는 또 다른 유전자 돌연변이
들의 조합을 찾아냈다.[9] 그중 하나는 환경 적합성에 영향을 주는 특성
이었지만, 다른 하나는 선호하는 짝 특성이 아닌 '생태적' 특성이었다.
즉 환경에 따라 짝짓기가 일어날 가능성에 간접적으로 영향을 주는
특성이었다. 풀잠자리를 가지고 보면, 암컷은 특정한 유전자를 선호하
지 않아도 된다. 다만 수컷과 암컷이 같은 색일 때 짝짓기의 기회가 주
어질 뿐이다.

밝은 색 풀잠자리는 풀밭에서 더 흔하기 때문에 밝은 색 암컷은

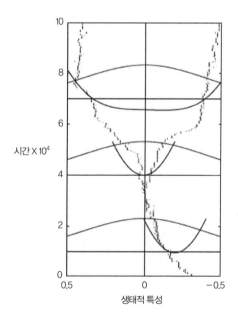

그림 62 딕먼–도벨리 모형에서 하나의 종이 둘로 갈라지는 과정. 세 곡선 집합은 적합성 함수이다.
눈금의 단위는 모의 실험에서 임의로 사용한 것이다.

생명의 수학

밝은 색 수컷을 더 많이 마주치게 된다. 침엽수에 사는 어두운 색 풀잠자리의 경우도 이와 비슷하다. 그러므로 여기서 중요한 것은 누구를 선호하느냐가 아니라 누구를 자주 만나느냐이다.

마지막 결과는 같다. 동류 교배가 일어나고, 동지역성 종 분화로 가는 문이 열린다.

딕먼과 도벨리의 수학 모형은 콘드라쇼프 모형과 다르다. 이들의 모형은 확률론이 아닌 '적응 동역학(adaptive dynamics)'이라는 모형에 속한다. 다시 말해 원래 개체수와 돌연변이 개체수의 크기 변화율에 관한 방정식을 기술하고, 그 결과로 나오는 체계의 역학을 알아내는 것이다. 그림 62는 종 분화 모형을 수치 모의 실험한 예이다.

더 일반적인 방법을 써서 동지역성 종 분화가 불가능하다는 주장의 결함을 짚어 낼 수도 있다. 종 분화를 대칭 붕괴의 한 예로 보는 것이다. 대칭 붕괴에 대한 내용은 앞 장에서 동물의 반점과 관련해 살펴보았다. 대칭 붕괴가 종 분화와 어떤 관련이 있을까? 생물 종들은 대칭적일까? 글쎄…… 그렇다. 하지만 호랑이의 줄무늬가 대칭적이라는 말과 같은 맥락은 아니다.

똑같은 수학 개념이라 할지라도 실제에서는 다양한 방식으로 나타날 수 있다. 대칭도 반점과 종 분화 어디에 적용되는지에 따라 해석이 아주 달라진다. 반점의 경우, 그와 관련된 대칭은 강체 운동이다. 종 분화의 경우, 대칭은 생명체를 마치 한 벌의 카드처럼 '섞는다.' 반점과 종 분화는 추상 세계에서만 같은 바탕의 수학을 공유한다. 사실 여기서 수학의 힘이 드러난다. 다른 상황에 같은 개념을 사용할 때 말이다.

앞서 대칭은 구조를 보존하는 변환임을 보았다. 종 분화에서 그 변환은 치환(permutation)이다. 즉 모형 안에서 생물 개체들을 구별하기 위해 붙이는 꼬리표를 섞는 것이다. 똑같은 방울새 10마리에 어떤 순서에 따라 1부터 10까지 번호를 붙였을 때, 그 방울새들의 상호 작용을 다루는 수학 모형은 번호를 매기는 순서에 따라 달라져서는 안된다. 숫자 1부터 10을 어떻게 치환하든 모형은 모두 같아야 한다. 이것은 수학적 형태에 가하는 매우 강력한 조건이다. 다른 한편으로, 부리가 짧은 다섯 마리 방울새에 1부터 5까지 번호를 붙이고, 부리가 긴 방울새 다섯 마리에는 6부터 10까지 번호를 붙인 경우라면 각 집단 안에서는 번호를 바꿀 수 있다. 그러나 5번 꼬리표를 6번 꼬리표와 바꾸는 식의 치환은 할 수 없다.

이와 같은 관점에서 보면, 동지역성 종 분화는 대칭 붕괴의 한 꼴이다. 명목상으로 같은 동일한 조류 개체군이 서로 다른 두 집단으로 진화한다면, 결과적으로 그 체계는 일부 대칭을 잃는다(예를 들면 5번과 6번을 바꾸는 변환의 대칭). 몇십 년 동안, 수학자와 물리학자는 대칭 붕괴에 대한 일반적인 이론을 발전시켜 왔고, 이제 그 이론은 종 분화 모형에 적용되고 있다. 대칭 붕괴 이론의 가장 두드러진 특징 중 하나는, 세세한 특정 사항에 좌우되지 않고, 대칭의 종류와 그중 어느 것이 붕괴되는지에만 관련된 수많은 '보편적' 현상들이 있다는 점이다. 대칭 붕괴 이론은 이상적인 종 분화 모형에 적용할 수 있는데, 그 결과 적어도 세 가지 보편적인 현상들이 나타난다.

첫 번째는 종 분화가 이루어질 때, 보통은 정확히 두 종으로 갈라진다(그림 63)는 것이다. 셋이나 그 이상의 종으로 갈라지는 경우는 드물며, 그마저도 주로 일시적인 현상이다. 두 번째로, 종 분화는 매우 급격하게 일어난다.

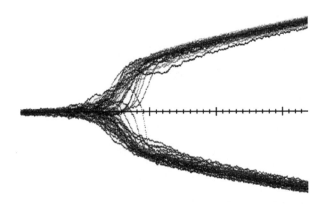

그림 63 생명체 50마리를 대상으로 한 모형에서 동지역성 종 분화를 모의 실험한 것. 수평축은 시간이고 수직축은 표현형을 나타낸다. 시간이 지나면서 하나의 종이 둘로 갈라진다.

게다가 동지역성 종 분화의 속도는 개체군에서 표현형 변화가 일어나는 일반적인 속도보다 훨씬 더 빠르다. 세 번째는 두 집단이 반대 방향으로 진화할 것이라는 점이다. 한 집단이 더 큰 부리를 가진 쪽으로 진화하면 다른 집단은 더 작은 부리를 가진 쪽으로 진화한다.

대칭 붕괴 모형을 보면 불안정성의 시작이 동지역성 종 분화의 핵심 단계이다. 이 불안정성의 시작은 앞에서 이야기한 게임 이론 모형에서와 정확히 같다. 환경이나 개체수가 변하면, 단일종 상태는 안정을 유지하지 못할 수 있는데, 이때 임의로 일어나는 작은 교란이 큰 변화를 일으킬 수 있다. 마치 유연한 어떤 막대가 점점 더 큰 힘에 구부러지다가, 갑작스러운 변화에 툭 하고 둘로 부러지는 것과 같다. 왜? 둘로 부러진 상태가 과도한 긴장을 받는 하나의 막대보다 안정적이기 때문이다.

형태나 행동에서 일어난 작은 변화가 가라앉는 편이라면 개체군은 안정적이지만 그 변화가 폭발적으로 자라면 불안정해진다. 이론적으로 환경이나 개체수의 압력이 점진적으로 변하면 어느 순간 안정 상태에서 불안정 상태로 바뀔 수 있다.

개체군에 작용하는 주요한 힘은 두 가지이다. 교배에서 일어나는 유전자 흐름은 개체들을 하나의 종으로 묶어 유지시키는 경향이 있다. 이에 반해 자연 선택은 이중적이다. 동일한 집단 전략을 사용해 환경에 더 잘 적응할 수 있을 때는 하나로 묶는다. 이와 달리 서로 다른 생존 전략이 동일한 전략보다 환경을 더 효과적으로 이용할 수 있을 때는 개체들을 떨어뜨려 놓는다. 후자의 경우, 생명체의 운명은 어떤 힘이 더 센지에 따라 달라진다. 유전자 흐름이 이기면 단일종이다. 자연 선택이 이긴다면 종은 둘로 분리된다. 환경이 변하면 힘들의 균형도 변하면서 극적인 결과가 나올 수 있다.

이와 같은 전개는 콘드라쇼프 모형이나 딕먼-도벨리 모형과 같은 구체적인 수학 모형들이 뒷받침한다. 이들 모형에서는 단일 종 상태를 불안정하게 만들고 대칭을 붕괴시키는 다양한 생물학적 기제가 나와 있다. 직관적으로 우리는 그와 같은 모형들의 공통 특성을 간단한 생물학적 용어로 이해하고, 유전적인 해석을 할 수 있다.

예를 들어 부리의 크기가 중간쯤 되는 방울새류 한 종이 있는데 모두 같은 식물의 씨앗을 먹는다고 하자. 명목상으로 이들은 모두 동일하다. 즉 어떤 차이도 사소하며 집단의 행동을 바꿀 정도는 아니다. 이 개체군은 먹이인 특정 씨앗의 공급이 제한될 때까지 팽창한다.

이 개체들 안에서 이를테면 부리 크기의 유전적인 변종은 다양하게 나타날 것이다. 자연 선택에 따라 선호되는 크기가 중간이라면 유전자 흐름이 환경의 단절에 우세해 방울새는 하나의 종으로 남을 것이다. 개체군의 크기는 먹이 공급에 잘 적응해 별다른 변화는 일어나지 않는다. 하지만 이제 이를테면 기후의 변화로 먹이가 줄어들었다고 하자. 그때부터는 중간 크기의 부리가 아닌 다른 씨앗에 적합한 크기의 부리가 유리해진다.

종은 표현형 공간의 점다발이기 때문에, 하나의 점으로서가 아니라 공간에 펼쳐진 채로 존재한다. 그래서 어떤 방울새는 평균보다 부리가 좀 더 클 것이고, 어떤 방울새는 좀 더 작을 것이다. 이것은 어쩔 수 없다. 그리고 평균은 그 중간에 있다. 부리가 조금 더 큰 방울새는 더 큰 씨를 먹을 수 있기 때문에 부리가 조금 더 작은 방울새와 경쟁을 하지 않게 된다. 균형이 일단 중간 위치를 피하는 쪽으로 움직인다면 집단 역학은 급격하게 방울새들을 두 종류로 분리한다. 두 방울새 종은 먹이를 놓고 직접적으로 경쟁하지 않는다. 서로 다른 크기의 씨앗을 먹으며 경쟁을 피하기 때문이다.

카우프만이 말했듯, 일단 생물의 다양성이 진화의 문턱에 발을 끼워 놓으면, 그 틈을 벌리는 방법은 많이 있다. 이와 같이 분화를 증폭시키는 가장 뚜렷한 요소를 우리는 앞에서 보았다. 바로 동류 교배이다. 한 집단에 사는 생명체들은 비슷한 습성이 있고, 비슷한 먹이를 먹으며 그래서 다른 집단 구성원보다는 더 자주 마주치게 된다. 그러므로 가장 중요한 수수께끼는 최초의 분열이며, 이 분열은 특별히 크거나 극적일 필요도 없다. 나중에 환경의 변화가 이어지면서 자원의 이용 가능성이 변하면 이 개체들은 또 다시 갈라질 수도 있다. 이렇게 계단 폭포 식 분화들이 일어난 뒤에는 생물학자들이 말하는 '적응 방산(adaptive radiation)'이 나타난다. 적응 방산이란 비교적 짧은 기간 동안 하나의 조상 종에서 수많은 종들이 새로 생겨나는 현상을 말한다.

지금 이런 모형화는 갓 태어난 단계이다. 수학적 모형 덕분에 동지역성 종 분화는 타당하고 자연스러운 것으로 여기게 되었고, 종 다양성을 일으키는 기제에서 불안정성이 하는 역할에 주목하게 되었다. 생물학적 사실성이 더해진다면 이러한 불안정성의 본질도 더 잘 이해할 수 있을 것이다.

　　그동안 대칭 붕괴 이론 덕분에 새로운 시각에서 종 분화를 보게 되었다. 막대가 부러지는 까닭은 작용하는 거대한 규모의 힘이 막대 본래의 구조와 나란하지 않기 때문이다. 막대가 부러지는 정확한 과정은 어느 섬유 조직이 먼저 부서지는지, 차례로 다음 단계가 어떻게 일어나는지와 같은 아주 정밀한 세부 사항에 따라 달라진다. 하지만 고정된 방식으로 일어나지 않기에 특정 과정으로 부러지지 않았다 해도 어떻게든 다른 방법으로 부러져야만 한다. **세부 사항이야 어찌되었건**, 막대는 부러질 것이다. 이와 비슷하게, 종이 분화하는 까닭은 어쩔 수 없이 안정성이 사라졌기 때문이다. 사건의 실제 진행은 — 어떤 유전자가, 어떤 순서로 무엇을 하는지 — 사건들이 일어나는 상황에 비하면 중요하지 않다. 과도한 긴장을 받는 막대는 부러져야 한다. 과도한 긴장 상태의 생명체 집단은 소멸하거나, 분화해야 한다. 이러한 전개를 뒷받침하는 증거는 없을까? 새로운 종이 진화하는 시간 척도가 너무도 거대하기 때문에 직접적인 증거는 없다. 하지만 대칭 붕괴 과정에 매우 가까운, 과거의 종 분화 사건의 잔해는 남아 있는 듯하다. 그중 특히 유용하고 역사적으로도 중요하며, 동지역성 종 분화 모형과 특성이 일치하는 예는 갈라파고스 제도에 있는 이른바 다윈의 방울새들(Darwin's finches)이다.

갈라파고스 제도는 섬들이 모여 있는 태평양의 군도이다. 이 군도는 에콰도르 해안에서 1000킬로미터 떨어진 적도에 위치한다. 그 이름이 '거북이'를 뜻하는 스페인 어에서 왔다는 사실로, 유명한 거대 거북이들이 존재함을 알 수 있다. 갈라파고스 제도가 발견된 1535년에는 거북이의 수가 25만이었으나 오늘날에는 1만 5000마리 정도이다. 군도는 10개의 큰 섬과 수십 개의 작은 섬들로 이루어져 있으며, 섬들은 모두 화산 폭발로 생겨났다.

갈라파고스 제도의 지질은 매우 특이해서 그곳에 사는 생명체에 깊은 영향을 주었다. 몇억 년 동안 제도에서는 놀라운 순환 과정이 일어났다. 대양저에서 솟아오른 섬들은 군도의 서쪽 끝에서 모습을 드러내고, 천천히 동쪽으로 이동하다가, 파도 밑으로 가라앉아 결국은 중앙아메리카 서해안선 밑으로 사라진다. 그러므로 어떤 시점에서든 가장 오래되고 가장 많이 침식된 섬들은 군도의 동쪽에 있고, 가장 최근에 나타나 화산 활동이 활발한 섬들은 서쪽에 있다.

오늘날 우리는 대륙이 이동할 수 있다는 생각에 익숙하지만, 이러한 생각은 50년 전에는 논란거리였고, 60년 전에는 미친 소리였다. 1912년 베를린의 기상학자 알프레트 로타르 베게너(Alfred Lothar Wegener)는 다수의 사람들이 이미 발견했을 유사성에 대해 진지하게 생각했다. 남아메리카 동쪽 해안과 아프리카 서쪽 해안은 지그소 퍼즐에서 이웃한 퍼즐 조각처럼 들어맞았다. 그는 이것이 "대륙 이동"의 증거라고 주장했다. 지질학적 시간으로 보면 대륙은 붙박혀 있지 않고, 아주 천천히, 지구 표면 위에서 이동한다.

응용 수학자 해럴드 제프리스(Harold Jeffreys)는 대양저 속에서 대륙을 이동시키는 데 필요한 엄청난 힘을 일으킬 만한 물리적 기제가 없다는 의견에 반대했다. 그의 생각은 전적으로 옳았다. 그럼에도 베게너의 주장은 1960년대가 되어서야 인정받을 수 있었다. 대양저는 마치 거대한 컨베이어 벨트처럼 대륙과 함께 움직인다. 맨틀 층에서 솟아오른 마그마의 온도가 내려가고 옆으로 퍼져 나가면서 새로운 해저층이 중앙 해령 지구를 따라 생성된다. 오래된 해저층은 대륙 가장자리에 있는 맨틀층 속으로 미끄러져 들어가면서 '제거된다.' 사실 때로는 **허물어지기도** 한다. 그 결과, 지구의 표면은 8개의 주요 '지질 구조판(tectonic plate)'과 그보다 작은 수많은 판들로 나누어진다. 이 판들은 사실상 단단하지만, 암석이 융해된 맨틀 층의 거대한 대류 때문에 일어나는 복잡한 방식으로 이동할 수 있다. 판들은 공통 경계를 따라 상호 작용한다.

　갈라파고스 제도는 3개의 판, 즉 코코스판, 나스카판, 태평양판이 접하는 지점에서 균형을 이루고 있다. 갈라파고스 삼정점(Galapagos Triple Junction)이라는 이 교점은 지질학적으로 특이한데, 그 까닭은 판들이 단순한 Y자 모양으로 만나지 않기 때문이다. 3개의 판 중에서 훨씬 작은 두 '극소판(microplate)'이 그 정점에 갇힌 듯한 상태에서 서로 이웃한 두 톱니바퀴처럼 동시에 회전한다. 캐나다 지질학자 존 투조 윌슨(John Tuzo Wilson)은 1963년 두 판의 이상한 행동을 설명할 때 군도 밑에 있는 "열점(hot spot)"을 이야기했다. 맨틀 속에 있는 이 열점에서는 거대한 마그마 기둥이 해양 지각을 뚫고 솟아올라 화구구(volcanic cone)를 형성한다. 이와 비슷한 열점이 하와이 제도를 만들었다고 하는데, 그 섬들은 판 경계에 있지 않다. 적어도 2000만 년 동안, 갈라파고스 열점은 약간 흔들리기는 했지만 거의 같은 자리에 남아 있었다. 대양저는 판 구조의 움직임을 따라 열점을 지나쳐 동쪽으로 이동했다. 현재 나스카판은 100만 년에 60킬로미터의 속력으로, 코코스판은 100만 년에 80킬로미터의 속력으로 움직인다. 이 속력이 지나치게 느려 보일지 모르지만, 대륙 이동은 갈라파고스 군도를 고작 1200만 년 동안 남아메리카 본토로 옮겨놓을 것이다. 1200만 년은 지질학적 기준으로 보면 매우 짧은 시간이다.

하와이 제도의 섬들은 한 번에 하나씩 생겨났으며, 각 섬이 열점에서 이동하는 동안 화산 활동은 멈춘 듯하다. 하지만 갈라파고스 제도는 이보다 복잡하다. 그 섬들 거의 대부분이 지질학에서 눈 깜짝할 순간인 지난 몇백 년 동안 화산 활동을 하고 있으며, 형성된 기간도 상당 부분이 겹친다. 오늘날 갈라파고스 군도에서 가장 새로 생긴 섬은 페르난디나이다.

섬들의 고립과 끊임없는 판 구조의 순환으로 갈라파고스 제도의 모습은 아버지가 아들에게 주는 것과 같은 흔히 보는 도끼와 약간 비슷하지만, 3개의 머리와 4개의 손잡이가 추가된 형태가 되었다. 땅의 급격한 순환은 지구상 어디에도 없는 갈라파고스의 동식물을 만들어 냈다. 다윈은 갈라파고스에서 5주 머물렀다. 다윈은 새까만 용암으로 된 울퉁불퉁한 들판을 걷다가, 그곳이 새로 생긴 땅이며 이국적인 생명체들도 갓 도착했음을 갑자기 깨달았다. 한참 뒤, 자신이 발견했던 것들이 가라앉기 시작하는 모습에서 그는 큰 영향을 받았다. 이중 어느 것도 종의 기원에 나오지 않지만(오늘날 나오는 2판에서 포괄적으로 언급한 몇몇 부분을 빼면) 편지와 노트를 보면 갈라파고스 제도가 그에게 얼마나 중요했는지 나온다.

다윈은 강박적인 수집가였기에 죽은 조류 수집품을 갈라파고스에서 가지고 왔다. 그는 이 새들이 찌르레기, 방울새류, '큰 부리 방울새류(gross-beaks)'의 변종들이라고 생각했다. 조류학자 존 굴드는 표본을 보고 나서 그 새들이 모두 12가지 종쯤 되는 방울새류라고 알려 주었다. 새들은 몸의 크기와 색, 특히 부리의 형태와 크기가 다 달랐다. 차이는 크지 않았지만 다른 종이라고 생각할 만했다. 1936년부터 이들을 다윈의 방울새라고 불렀으며, 그중 13종은 갈라파고스 제도[10]에서, 나머지는 코코스 제도에서 나타난다.

다윈은 『비글호 항해기(*The Voyage of the Beagle*)』에서 자신의 일기를 바탕으로 다음과 같이 썼다.

> 남아 있는 육지 새들은 거의 단일 방울새 군집을 형성하는데, 이들은 부리와 짧은 꼬리, 몸의 형태, 깃털 같은 구조에서 서로 관련이 있다. 이들은 모두 13종인데, 굴드는 다시 4개의 하위 군집으로 나누었다. 이 모든 종은 갈라파고스 군도에서만 발견된다. 하나의 종을 제외하면 전체 군집 역시 그러하다.…… 수컷은 전부, 또는 전부가 아니라면 확실히 대다수가 새까맣고 암컷은 (한두 가지 예외가 있을 수 있지만) 갈색이다. 가장 신기한 사실은 게오스피자(Geospiza) 종들의 부리 크기에서 완벽한 단계적 변화가 나타난다는 점이다. 그 크기는 콩새 부리만 한 것에서 푸른머리방울새의 부리…… 심지어 휘파람새의 부리만 한 것까지 다양하다. 작고, 긴밀하게 연결된 한 조류 군집에서 구조의 다양성과 단계적 변화를 보고 있으면 누구든 본래 이 군도에서 소수였던 새들 중 한 종이 어딘가로 가서 다른 목적에 맞게 변화했으리라고 생각할 수 있다.

다윈은 그답지 않게 군도의 어느 섬에서 어떤 표본을 수집했는지를 기

생명의 수학

록하지 않았고, 그래서 자연 선택에 대한 결정적 증거를 놓쳤다. 방울새 종은 섬에 따라 다른 경우가 많다. 그래도 다윈의 직관이 옳았다. 다윈의 방울새들 속 유전자가 서로 가깝게 연결되어 있다는 사실에서 그들이 하나의 조상 군집에서 약 500만 년 전에 분화했음을 알 수 있다. (어쩌면 몇몇 조상은 중앙아메리카 본토에서 태풍에 실려 왔을지도 모르지만, 어디까지나 추측이다.)

다윈의 방울새들에서 그들의 행동과 유전을 체계적으로 처음 연구한 사람은 데이비드 램버트 랙(David Lambert Lack)이다. 데번에서는 교사로, 옥스퍼드에서는 현장 조류학자로 일했던 랙은 『다윈의 방울새들(Darwin's Finches)』이라는 제목으로 두 권의 책을 썼다. 한 권은 학술용으로 1945년에 나왔고, 더 대중적으로 설명한 다른 한 권은 1961년에 나왔다.[11] 랙은 1938년 갈라파고스를 찾아갔고, 여러 새들의 부리 크기를 측정했다. 첫 번째 책에서 랙은 부리 크기의 차이가 서로를 인식하는 신호라는 제안을 했다. 새들은 부리를 보고 자신과 같은 종인지 구분할 수 있다는 것이다. 그래서 그는 부리 크기를 하나의 격리 기제(isolation mechanism), 즉 유전 흐름을 막는 무언가로 보았는데 이 기제는 심지어 그것이 없어도 유전 흐름을 막을 수 있을 때조차 작동한다. 하지만 1961년이 되어서 랙은 자신의 견해를 수정했고, 오늘날 부리 크기의 차이는 서로 다른 먹이 자원에 적응한 진화 결과로 보게 되었다. 뒤에 나온 연구들도 이러한 생각을 입증한다.

랙의 연구는 프린스턴 대학교의 명예 교수인 피터 그랜트(Peter Grant)와 로즈메리 그랜트(Rosemary Grant) 부부가 이어갔다. 1973년 이래로 그들은 매해 1년의 반을 갈라파고스 군도의 한 작은 섬인 다픈 메이저에서 보내면서 새들을 잡았다가 풀어 주고, 꼬리표를 붙이고,

크기와 형태를 측정하고 혈액을 채취한다. 그들의 노력으로 우리는 현재 다윈의 방울새들의 행동, 형태, 유전 등을 상당히 많이 알게 되었다. 동지역성 종 분화를 설명하는 대칭 붕괴 모형에는 주목할 만한 주요한 결과가 있다. 오래된 표현형에서 나온 새로운 두 표현형은 정반대의 방향으로 나아간다는 것이다.[12] 예를 들어 부리의 크기가 중간인 방울새 종에서 부리 크기가 다른 두 종이 갈라져 나온다면, 그중 하나는 부리가 더 크고 다른 하나는 부리가 더 작을 것이다.

　그와 같은 분화는 직접 관측한 적이 없는데, 진화가 아주 오랜 시간에 걸쳐서 일어나기 때문이다. 그래서 우리는 진화 과정이 남긴 현대의 자취를 찾고자 한다. 다윈의 방울새들이 화석을 남겼다면 아주 좋겠지만, 갈라파고스 제도는 화산섬이고 화산 지층에서는 화석이 만들어지기가 어렵다. 하지만 다른 종류의 '화석'이 있다. 바로 현대의 방울새 종들이다. 이들에게서는 형질 치환(character displacement)이 나타난다. 형질 치환이란 서로 다른 종들이 어떤 환경에 같이 나타나면 표현형이 **바뀌는** 현상을 말한다. 상상력을 조금 가미하면 두 종이 겪었을 진화의 과정을 현대적으로 재구성한 것이라고 볼 수 있다.

　위에서 말한 두 종의 예로 중간 크기의 땅방울새인 게오스피자 포티스(*Geospiza fortis*)와 작은 땅방울새 게오스피자 풀리기노사(*G. fuliginosa*)를 들 수 있는데, 이제부터는 중간 새와 작은 새로 부르려 한다. 형질은 부리의 깊이, 즉 부리가 시작되는 뿌리의 폭이다. 중간 새는 로스 에르마노스(크로스만) 섬에서 나타나는데, 작은 새는 이 섬에서 나타나지 않는다. 반대로 작은 새는 다픈 섬에서 나타나지만 중간 새는 아니다. 하지만 이사벨라(앨버말) 섬에서는 두 종이 모두 같이 발견된다.

한 종만 나타나는 상황이라면, 두 새의 부리 깊이는 모두 같다. 로스 에르마노스 섬에 있는 중간 새의 부리 깊이 평균은 10밀리미터인데, 다른 섬에 있는 작은 새도 이와 같다. 하지만 이들이 같이 나타날 때는 강제적으로 달라진다. 이사벨라 섬에서 중간새의 부리 깊이는 평균은 거의 12밀리미터에 가깝지만 작은 새는 8밀리미터이다. 8과 12의 평균은 10으로, 동지역성 종 분화의 대칭 붕괴 모형이 예측한 바와 깔끔하게 일치한다. 콘드라쇼프 모형과 딕먼-도벨리 모형 같은 다른 모형에서도 이러한 '일정한 평균값'의 특성이 존재한다.

형질 치환이 종 분화는 아니다. 하지만 두 종이 같은 환경에 놓인다면 본래의 진화 경쟁을 재구성해 그 결과를 알아낼 수 있다고 주장할 수는 있다. 이러한 관측이 하나의 실마리 이상으로 중요하다고 주장하는 것은 아니며, 실마리를 따라가는 것도 언제나 추천할 만한 일은 아니다. 하지만 가장 유명한 종 분화 사례를 통해, 다윈은 코앞에서 놓쳤지만 수학 모형은 정확히 예측한 현상을 접한다는 것은 아주 흥미롭다.

15

정보망 형성

뇌에 대한 내용을 다룬 11장에서 살펴본 대로, 망은 생물학과 수학의 관심이 집중된 뜨거운 영역이다. 물리학과 공학에서도 망은 뜨거운 영역이며, 산업계에서는 널리 쓰는 전문 용어이기도 하다. 과학이나 상업에 종사한다면 망을 접하지 않을 수 없다. 인터넷은 흔히 볼 수 있는 예로, 서로 정보를 교환하는 컴퓨터들의 망으로 정의된다.

망은 생물학에서도 넘쳐난다. 망을 형성하는 신경 세포의 능력에 따라 비교적 단순한 구성 요소들이 어떻게 미묘하고 풍부한 행동 유형들을 만들어 내는지는 이미 앞에서 살펴보았다. 인간의 마음에 대해 '망 이론가'가 말하는 내용이 진실에 가깝다면, 우리가 지적으로 행동하는 능력과, 의식적인 지각, 자유의지가 있다는 느낌(그 느낌이 옳든 그르든)들은 모두 두 가지에서 비롯된 결과이다. 하나는 뇌를 구성하는 복잡한 신경 세포망이며, 다른 하나는 그 신경 세포망이 스스로가 속해 있는 몸과 외부 세계에서 일으키는 상호 작용이다.

　인간 신경계의 경우, 신경망은 하나의 물리적 실재이다. 신경 세포들은 신경 돌기와 가지 돌기에 따라 서로 연결되어 신체에 숨겨진 배선도를 이룬다. 생물학에서 나오는 다른 대부분의 망은 실재라기보다는 하나의 비유이다. 생태학자들은 생태계의 먹이 그물, 즉 어떤 생명체가 어떤 생명체를 먹는지에 관해 연구한다. 먹이 그물은 실제 생명체들이 먹고 먹히는 관계에 따라 개념적으로 '연결된' 망이다. 질병의 전파는 개개인이 전염을 통해 연결된 하나의 망으로 생각할 수 있다. 종은 여러 생명체들이 먹이나 짝에 대한 경쟁, 사회적 행동과 같은 일상적 상호 작용으로 연결된 망이라고 생각할 수 있다.

　가장 중요하지만 가장 덜 알려진 망은 분자 수준에서 나타난다. 현재 알려진 생물학적 발생, 즉 수정된 난자가 하나의 생명체로 변하는 그 과정은 단지 DNA에서 정보를 읽어 내는 문제가 아니다. 유전자의 어떤 부분들, 즉 엄밀한 의미에서 유전자들은 단백질을 만드는 지침들을 가지고 있다. 더 정확히 말해서, 유전자에는 단백질의 구성 요소인 아미노산이 배열되는 올바른 순서가 암호화되어 있다. DNA는 아미노산을 직접 결합시키지 않는다. 하지만 생물은 단순한 단백질 덩어리가 아니다. 적절한 단백질이 적절한 위치에 놓이고, 모든 체계가 하나의 살아 있는 생명체로서 기능해야 한다. 단백질을 적절한 위치에 놓는 방법으로 단백질을 그 위치에 직접 만드는 방법이 있다. 이 방법에는 유전자의 활동을 스위치로 켜거나 끄는 과정이 포함되는데 이 과정은 그 유전자가 어떤 세포에 위치하는지, 그 세포는 생명체의 어

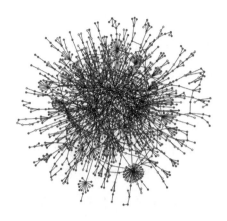

그림 64　효모균에서 단백질의 상호 작용으로 이루어진 망

느 부분에 위치하는지에 따라 달라진다. 스위치의 작동은 저절로 조절되는데, 어느 정도 다른 유전자가 관여를 하기도 한다. 그리고 이 유전자들의 활동도 또 다른 유전자에 따라 조절되기도 한다. 유전자 집단은 서로 결합해 유전자 조절망(genetic regulatory networks)을 만드는데, DNA가 발생에 미치는 영향과, 그에 관련된 몸의 일상적인 활동에 대해 알고자 한다면 이 조절망이 어떤 일을 어떻게 하는지 알아내야 한다(그림 64).

사회적 연결망은 페이스북과 트위터 같은 사이트들 덕분에 인간들 사이에서 유행이 되었다. 실제로 하나의 관계망인 인터넷은 이러한 사회적 연결을 만들고 유지하는 데 도움을 주지만, 사회 관계망은 실제가 아닌 비유이다. 어떤 생명체는 100만 년 전에 인간보다 앞서 자연스러운 사회적 행동을 통해 실제로 관계망을 만들어 냈다.

　인간이 철도 체계 설계와 관련해 황색망사점균이라는 피사룸 폴리케팔룸(*Physarum polycephalum*)과 계약을 맺을 일은 없을 것이다. 우선 이들은 읽지도 쓰지도 못한다. 이들은 점균 종이다. 학명의 뜻은 '머리가 많이 달린 점액 물질'이며, 이 뜻으로 일컫는 경우도 많다. 점균은 인간이나 돌고래, 낙지, 심지어는 갯가재와도 지적인 내기를 할 수 없다. 점균은 바보이다.

하지만 이들은 실제로 철도 시스템을 설계할 수 있다. 어느 정도 설득이 필요하겠지만 상당히 잘 해 낸다. 실제로 홋카이도 대학교의 데로 아쓰시(手老篤史, Tero Atsushi)와 다른 여덟 명으로 이루어진 팀이 2010년 초에 연구한 결과 피사룸 폴리케팔룸은 공학자들이 만든 도쿄의 철도 시스템과 거의 똑같은 설계를 했다.[1] 그들은 점균에게 주요 도시가 어디에 있는지만 '말해 주었고', 나머지는 점균이 다 알아서 했다.

다른 몇몇 과학자들은 점균을 설득해 다른 종류의 망 형성 문제, 이를테면 미로에서 빠져나가는 길 찾기 같은 것을 해결했다. 한 문장 쓰는 데 우주가 살아온 시간의 절반이 걸리겠지만. 원리상으로는 점균 컴퓨터를 만들어 그 위에 문서를 작성할 수도 있다. 점균의 재능은 사실 디지털 정보를 처리하는 데 맞지 않다. 하지만 망이라면 이야기가 달라진다. 망에서 점균은 물 만난 물고기가 된다.

점균을 이용해 철도 시스템을 설계한다는 이야기는 헛소리가 아니다. 환경 조건이 갖추어지면 점균은 자신들의 군집을 마치 혈관처럼 관들이 얽힌 망으로 구조화해서 그 관을 따라 생명에 필요한 액체를 실어 나르기 때문이다. 철도 시스템에서는 철로를 따라 사람을 실어 나른다. 점균의 망 형성과 철도 시스템은 사실 아주 비슷한 문제이다. 점균을 이용해 망에 대한 문제를 해결한 일본 연구팀은 망과 관련한 수학을 이용해 점균이 어떻게 개념상의 원을 깔끔하게 마무리했는지

362

도 알아냈다. 그 결과는 설계자들에게도 유용할 것이다. 점균을 이용할 필요 없이 그들이 쓰는 전략을 성능 좋은 컴퓨터에서 모의 실험하면 실제 설계 문제를 해결할 수 있다.

피사룸 폴리케팔룸은 단세포 생물로, 아메바와 어느 정도 비슷하지만 한 세포 안에 들어 있는 세포핵의 수가 많다는 점이 다르다. 아메바처럼 돌기를 확장시킬 수 있고, 그렇게 해서 주변을 탐색하고, 먹이를 사냥한다. 점균은 죽은 통나무나 썩은 잎 위에 끈끈한 노란색 카펫처럼 퍼져 있고 사냥은 카펫의 가장자리를 따라 일어난다. 가장자리에서는 하나의 핵을 포함하는 영역인 '변형체들(plasmodia)'이 저마다 먹이를 찾는다. 탐색을 하는 가장자리의 안쪽에는 사람 손등의 혈관을 연상시키듯 관들이 망을 이루고 있다. 혈관과 마찬가지로 관은 체액을 운반하는데, 이 체액은 세포의 안을 이루는 원형질이다. 흐르는 원형질은 먹이 알갱이와 생명에 필수적인 분자들을 같이 나르면서 생명체 전체에 선물을 베푼다.

살아가는 방식이 기이해 보여도, 생계를 유지하는 데에는 효과적이다. 점균들은 매우 흔하게 볼 수 있다. 이들의 망 형성 능력을 이용하려면, 계산 결과를 그들에게 구미가 당기는 형태로 보여 주어야 한다. 점균의 구미를 당기는 것은 **먹이**이다.

일본 연구팀은 평평한 표면 위에서 그 지역의 36개 주요 도시에 대응하는 지점에 먹이를 놓았다. 도쿄 주변 지도라고 한다면, 먹이 방울은 도시를 나타내고 그 도시들을 연결하는 도로나 철로는 절차에 대한 선입견을 갖지 않도록 하기 위해 표시하지 않은 상태이다. 그 상태에서 연구팀은 점균을 풀어 놓았고, 변형체들은 도쿄를 출발점으로 사냥을 시작했다.

처음에 변형체들은 먹이에 대한 단서가 없어 지도 전체에 퍼져 나가 평평한 층을 만들었다. 하지만 시간이 지나면서 그 층은 먹이 자원을 잇는 관들의 망으로 수축했다. 도쿄를 출발점으로 한 편향을 피하기 위해 연구팀은 또 다른 실험을 했고, 이번에는 점균이 지도 전체에 퍼진 상태에서 시작했다. 결과는 먼저 실험과 아주 비슷했다. 점균이 퍼진 상태 그대로가 아닌 망을 형성했음을 확인하기 위해 연구팀은 거대한 먹이 자원을 향해 지도 영역 바깥으로 벗어나는 모든 경우를 허용했다.

그 결과 만들어진 망은 도시를 잇는 실제 철로망과 아주 비슷했다(그림 65). 실제 산악 지대에 해당하는 부분에서 빛을 비추어 점균이 통과하지 못하도록 하면 실제 철로망과 더욱 비슷해졌다(피사룸 폴리케 팔룸은 빛을 피한다.). 연구팀은 사실상 빛의 세기를 이용해 지형을 모방한 것이다. 빛을 이용한 조정이 있든 없든, 점균의 망과 실제 철로망은 비용 대비 수익과 같은 수많은 효율성 척도에서도 매우 비슷했다.

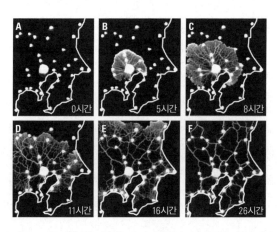

그림 65 점균이 철로를 건설하는 과정: 생물학적 망이 진화하는 여섯 단계

점균의 이러한 행동이 전적으로 놀랍다고 할 수는 없지만 그래도 무언가 흥미로운 일이 일어나고 있다는 느낌은 든다. 점균은 단순히 모든 이웃한 도시들 사이에 관을 만듦으로써 모든 지역을 '삼각형으로 나누고 있는 것만'은 아니다. 철로망도 마찬가지이다. 점균망과 철로망 둘 다 가능한 다른 연결 방식을, 그것도 거의 똑같은 연결 방식들을 배제한다.

두 망 사이의 이러한 유사성은 겉보기의 우연일까, 아니면 어떤 공통된 근원에 대한 암시일까? 둘 다 어느 정도 맞다. 도쿄망은 '계획'된 반면, 점균망은 진화했을 것이다. 공학자들은 철로 선을 어디에 놓아야 할지 계산했고, 점균은 관을 확장하거나 수축 또는 제거함으로써 망을 수정했다. 하지만 실제 철로망도 진화하지 않은 것은 아니다. 도시가 나타나고 자라면서, 철로 체계도 그와 함께 자라나 새로운 연결을 추가했다. 승객의 수가 증가할수록 더 많은 노선과 열차를 만들면서 망 사이의 연결도 '강화되었다.' 승객들을 끌지 못하는 철로는 버려졌다.

공학자들이 처음부터, 즉 도시가 곳곳에 있지만 철로망이 없는 상황에서 시작했다면, 더욱 합리적이고 포괄적인 접근법을 택해 최적화된 망을 설계했을 수도 있다. 전체적으로 모든 양이 적절해 보이는, 다시 말해 저렴하면서도 빨리 일정한 수의 사람을 수송할 수 있는 망말이다. 점균은 이런 방법으로 만들지는 못했을 것이다. 그래도 점균은 아직 공학자들이 배울 만한 유용한 기술을 가지고 있으며, 일본 연구팀은 점균이 실제로 하는 일에 대한 수학 모형을 고안하면서 그 기술이 무엇인지 알아냈다.

연구팀이 만든 모형은 점균이 처음 지도 전체에 퍼져 있을 때의 층과 닮은, 가는 관이 무질서하게 얽힌 아주 정교한 그물망에서 시작된다. 이들은 유체 역학의 기본 개념에 기초해 각 관에서 퍼낼 수 있는 유체의 양을 계산하는 단순한 방정식을 세웠다. 이들 방정식에 따르면 관마다 그 속을 흐르는 유체의 양은 양 끝의 압력 차이와 '전도율(관이 얼마나 큰지를 재는 기준. 관 반지름의 네제곱에 비례한다.)'에 비례하고 관 길이에 반비례한다.

관의 크기를 수정하는 방식은 다음과 같다. 우선, 아무렇게나 두 도시를 선택한다. 둘 중 한 도시에서 추가로 유체를 주입하고 다른 도시에서 그 유체를 뽑아내어 유체의 총량이 일정하게 유지되도록 한다. 방정식을 써서 각 관을 따라 흐르는 유체의 양을 계산한다. 관의 지름에 약간의 변화를 주어 유체가 많이 흐르는 관은 지름을 늘리고, 유체가 적게 흐르는 관은 지름을 줄인다. 이러한 변화가 망의 효율성을 개선시켰는지 알아본다. 만약 그렇다면 그대로 둔다. 그렇지 않다면 관 지름의 크기를 다르게 변화시킨다. 이 방법을 엄밀하게 적용하면 관이 완전히 수축해 지름이 0이 되는 경우도 생긴다. 그렇게 되면 그 관은 망에서 사라진다. 두 도시를 임의로 뽑아 같은 절차를 끊임없이 반복하다가, 어느 순간 다음 단계로 넘어가도 구조가 거의 바뀌지 않고 정착하는 때가 되면 멈춘다.

효율성은 수많은 방식으로 측정할 수 있다. 물질을 얼마나 많이 수송할 수 있는가, 얼마나 빨리 수송할 수 있는가, 일정한 비용이 주어졌을 때 이득이 얼마나 많을 것인가 등등. 필요한 효율성 척도를 높이기 위해 앞서와 같은 진화적 과정을 의도적으로 변경할 수 있다. 수송하는 유체의 양에 맞추어 관을 얼마나 빨리 바꿀 것인지에 대한 규칙을 적절하게 선택하면 된다. 연구팀은 이러한 식으로 변형시켜 본 결과

생명의 수학

어떤 면에서는 점균과 실제 도쿄 철로망 모두를 능가하는 연결망을 알아냈다. 수송 효율성은 같지만 비용 대비 수익은 더 높았다. 하지만 이 연결망은 더 깨지기 쉬웠다. 부분적으로 손상을 입거나 사라지면 유체(또는 사람)를 수송하는 능력이 크게 떨어졌는데, 점균망이나 철로 망은 이보다는 더 튼튼하다.

연결망에서 도시를 연결하는 다른 수학적 기법들이 더 있는데, 연구팀은 그 기법들을 적용한 결과도 비교했다. 비용의 측면에서만 따졌을 때 가장 효율적인 연결망은 '스타이너 스패닝 트리(Steiner spanning tree)'이다. 스타이너 스패닝 트리에서는 닫힌 고리가 없이 가지가 나 있는데, 가지가 분기점에서 Y자 모양으로 갈라져 있을 때, Y자 사이의 각들이 모두 120도이다. 이 망에서는 철로의 길이를 가장 짧게 사용한다. 하지만 사람이나 점균의 원형질을 수송하기에는 썩 좋지 않다. 두 점 사이의 연결이 아주 복잡해질 수 있기 때문이다. 멀리 떨어진 도시에서 중심지 도쿄로 들어오고 다시 나가는 경우가 그렇다. 철로망이나 점균망 모두 스타이너 스패닝 트리와 조금도 비슷하지 않다.

데로와 그 동료들은 실험 결과를 다음과 같이 정리했다.

생물학에서 영감을 얻은 우리의 수학 모형은 국소적인 규칙들을 거듭 실행해 망 적응성(network adaptability)의 기본 역학을 잡아내고, 현실 세계에 있는 사회적 자본망의 그것과 같거나 더 나은 성질을 가진 해법을 제시할 수 있다. 더 나아가 우리의 수학 모형은 수익/비용 비율을 조절하는 수많은 조정 가능한 매개 변수를 가지고, 저비용을 유지하면서 내고장성이나 수송 효율성과 같은 특정 성질을 증가시킨다. 이와 같은 모형은 라우팅 프로토콜(routing protocols)과 원격 측정기 배열

(remote sensor arrays), 이동 즉석 망(mobile ad hoc networks), 무선 망사형 망(wireless mesh networks)과 같은 자기 조직 망의 위상 제어(topology control for self-organized networks)를 향상시키는 출발점이 될 수 있다.

망은 퍼즐을 통해 수학 속으로 들어왔다. 1735년 다방면에서 풍부한 업적을 남긴 수학자 오일러는 오늘날 러시아의 칼리닌그라드인 당시 프로이센의 한 도시 쾨니히스베르크에서 평범한 시민들이 나누던 대화 주제에 관심을 갖게 되었다. 프레겔 강의 양 강가에 위치했던 그 도시에는 자랑거리인 7개의 다리가 있었다. 다리는 두 섬을 강둑에 연결하고, 섬끼리도 연결했다(그림 66). 뜨겁게 일어난 대화의 주제는 다음과 같았다. 산책을 할 때 모든 다리를 단 한 번만 지날 수 있을까?

오일러는 답을 찾지 않았다. 대신 좀 더 어려운 것, **답이 존재하지 않음**을 증명했다. 그는 통찰력 있게 불필요한 부분을 벗겨 문제의 알맹이를 잡아냈다. 중요한 것은 땅 덩어리가 연결된 방식이다. 땅 덩어리의 크기나 모양은 불필요하며, 문제에 대해 생각할 때 방해가 될 수도 있다. 오일러는 실제로 땅 덩어리와 다리에 기호를 붙이는 대수적 방법을 써서 논증했으나, 곧 그래프로 재해석해 훨씬 더 생생한 방법으

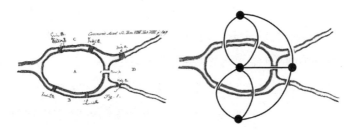

그림 66 쾨니히스베르크 다리 문제. (왼쪽) 오일러가 낸 원래 문제. (오른쪽) 문제를 망으로 바꾼 것

생명의 수학

로 문제를 표현했다. 이로써 문제는 점과 그 점들을 연결하는 선으로 구성된 그림으로 바뀌었는데, 그림 66의 지도 오른쪽에 이 그림을 첨부했다.

그림에서 땅 덩어리들 — 북쪽 강둑, 남쪽 강둑, 두 섬 — 은 저마다 하나의 점에 대응하고, 땅 덩어리가 다리와 연결되어 있을 때는 그에 해당하는 점을 선으로 잇는다. 모두 합해 점은 4개이고 선은 7개이다. 이제 수수께끼는 간단한 질문으로 바뀐다. 각 선을 정확히 한 번씩만 지나는 경로가 있을까? 오일러는 시작점과 끝점이 다른 열린 경로와, 시작점과 끝점이 같은 닫힌 경로에 대해 이야기했다. 그 다음 그는 쾨니히스베르크 다리 그림에는 이중 어떤 경로도 없음을 증명했다. 더 나아가 오일러는 그와 같은 경로가 존재하는가 존재하지 않는가에 따라 그림들을 분류했다.[2]

이와 같은 그림들은 처음에는 '그래프(graph)'라고 했지만, 오늘날에는 좀 더 적절하고 덜 모호한 **망**(network)이라는 이름을 널리 쓰고 있다. 수수께끼와 관련된 오일러의 간단한 정리는 더 포괄적인 원리로 진화하는 과정의 첫 흔적이었다. 그 원리란 어떤 망의 구조(위상)는 그 망이 하는 일에 아주 큰 영향을 준다는 것이었다.

수학적으로 망은 마디(점, 꼭짓점)와 그 마디를 잇는 모서리(선, 연결, 고리, 화살표)로 이루어진다. 마디는 어떤 구성 요소, 또는 중개자(agent)를 나타내며, 두 마디는 상호 작용을 할 때, 오직 그때만 모서리로 연결된다. 모서리는 양방향(양쪽으로 모두 상호 작용)이거나 단일 방향(한 쪽이 다른 한 쪽에 영향을 주지만 반대 방향으로는 영향을 주지 못함)이다. 단일 방향의 경우 망에는 방향성이 생기므로, 모서리를 화살표로 그린다. 모서리에는 상호 작용의 강도를 나타내는 '중량(weight)'이 붙을 때도 있다. 상호 작용의 종류는 다를 수도 있고(여우가 토끼를 잡아먹는 것은 토끼가 풀을 먹는 것과 다르다.) 명목상으로 동일할 수도 있다(여우 A가 토끼 X를 잡아먹는 것은 여우 B가 토끼 Y를 잡아먹는 것과 거의 같다.).

두 그래프의 구조(위상)가 같다고 하려면, 어느 한 그래프의 마디와 모서리의 위치를 재배열해서 다른 그래프를 얻을 수 있어야 한다. 이때 똑같은 연결과 화살표 방향은 유지한다(중량이나 모서리 유형 같은 것도 추가하지 않는다.). 중요한 구조로는 그림 67에 보인 것처럼 사슬(chain), 환(ring), 완전 그래프(complete graph), 무질서 그래프(random graph)가 있다.

망은 추상적으로도, 마디와 모서리에 구조를 추가한 수학 모형으로도, 실제 중개자와 상호 작용이 있는 실제 망으로도 연구할 수 있다. 이 세 가지 상황은 긴밀한 관련이 있지만 서로 구분된다는 점을 잘 알아 두어야 한다. 그 차이점을 기억한다면 모든 상황에 같은 용어를 안전하게 사용할 수 있다. 토끼를 먹이 그물에 있는 하나의 마디로 이야기하며 점으로 표시하는 경우가 그렇다.

여러 사람들이 여러 가지 목적으로 망을 이용하면서 여러 가지 질문을 한다. 초기 개척자 카우프만은 이진 스위치 회로(binary switching circuits)를 적용해(각 마디의 스위치를 켜거나 끌 수 있는 회로) 한

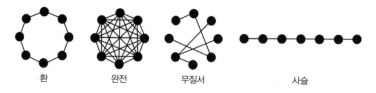

| 환 | 완전 | 무질서 | 사슬 |

그림 67 망의 네 가지 유형. 여기에서 모든 모서리는 양방향이다.

생명의 수학

세포 안에서 일어나는 유전자의 상호 작용을 모형화했다. 그는 망의 역학이 각 마디에 연결된 모서리의 평균값에 따라 결정적으로 달라진다는 사실을 알았다. 셀 수도 없이 많은 유형의 망이 연구되었다. 이산적인 망(세포 자동 장치), 연속적인 망(미분 방정식), 확률론적 망(마르코프 사슬), 프랙털 망(함수 반복 체계) 등. 수많은 복잡계가 결국 망이다. 최근 급격하게 관심을 모으는 새로운 망 구조는 **작은 세계(small world)**이다. 작은 세계는 유사 이웃(near-neighbour) 연결이 있는 규칙적인 망으로, 모서리 중 일부가 무작위로 교체되어 장거리(long-range) 연결이 되거나, 마디 중 일부가 '중추(hubs)'가 되어 일반적인 것 이상으로 매우 많은 마디들과 연결되기도 한다.

망 구조와 행동에 대해서는 여러 가지 일반적인 이론이 있다. 무질서 망의 통계적 특성을 집중적으로 연구한 결과, 임의의 주어진 모서리를 포함할 확률이 커지면 대부분의 마디가 갑자기 하나의 거대한 요소로 연결되는 전환이 일어났다. 이 결과는 적어도 비유로나마 전염병의 확산 과정에 적용되는데, 이때 마디는 사람이고 모서리는 전염을 나타낸다. 거대한 요소의 존재는, 만일 질병의 전염 확률이 충분히 커지면 거의 모든 사람이 병에 노출될 것임을 뜻한다. 또한 급격한 문턱값이 존재하는데, 그보다 낮은 값에서는 병의 전염이 고립된 작은 '웅덩이(pool)' 상태로 머물러 있지만, 문턱값을 넘어서면 거의 모든 사람들이 노출된다는 사실도 간접적으로 알 수 있다.

일본 물리학자 구라모토 요시키(蔵本由紀, Kuramoto Yoshiki)가 소개한 또 다른 망 역학 분석 방법에서는 각 마디가 연결된 다른 마디들에 미치는 영향이 작다.[3] 질병이라면 전염성이 거의 없는 경우와 같다. 이러한 가정들이 있으면 망의 행동과 그 안정성에 관해 유용한 양적 예측을 할 수 있다. 더 최근에는 더 강력한 연결과 더 색다른 행동을 통합하는 카오스 역학 같은 이론이 나오고 있다.

1996년 조앤 콜리어(Joanne Collier), 니컬러스 멍크(Nicholas Monk), 필립 마이니(Philip Maini), 줄리언 루이스(Julian Lewis)로 구성된 옥스퍼드의 수리 물리학자 집단은 수학 모형을 이용해 곤충, 선충, 닭, 개구리에서 관찰된 수수께끼 같은 패턴 형성 과정을 탐구했다.[4] 세포는 적절한 규제 유전자와 신호의 영향을 받아 분화할 수 있다. 다시 말해 본래 여러 유형의 세포로 변할 수 있는 가능성을 가진 세포는 한 가지 유형을 선택해 모습을 바꾼다. 마치 유전 신호가 세포의 운명을 결정하는 것과 같은데, 실제로 많은 생물학자들이 이렇게 말하고는 한다. 발생 중인 조직에서는 동일한 세포들이 모인 집단이 특정 과정을 거쳐 수많은 유형으로 분화한다. 겉보기에는 무질서한 세포 집단이 똑같은 운명을 겪는 동안, 그 집단 옆에 있는 세포들은 다른 운명을 겪기도 한다. 결과로 나온 (두 가지 이상일 수도 있는) 세포 유형들은 긴밀하게 뒤섞인다.

이러한 과정의 기제는 초기에 나타나 진화해 왔으며, 매우 강하게 보존된 듯하다. 몇억 년 동안의 자연 선택에도 크게 변하지 않았으니 말이다. 다시 말해 이 기제는 생물학적으로 매우 중요해서 관련된 DNA 암호에 일어나는 모든 돌연변이가 제거되었다는 뜻이다. 그러므로 사실은 자연 선택에 따라 보존된 것이다.

언뜻 보면 긴밀하게 섞인 운명들이 복잡해 보이지만 그러한 결과는 비교적 쉽게 만들 수 있다. 각 세포에 '너의 이웃과 달라져라.'라는 지시를 내리면 된다. 이 기제는 측면 억제(lateral inhibition)라고 한다. 신경계가 그 예이다. 신경 세포는 가늘고 긴 연결망을 형성하고, 기능의 수행 능력은 이 망의 기하에 달려 있기 때문에, 신경 세포에 이웃한 세포 역시 신경 세포가 되는 것은 좋지 않다. 실험에서 입증된 바에 따르면 어떤 세포가 신경 세포로 발전하면, 자신과 똑같이 되지 말라는 신호를 주변 세포에 보낸다.

측면 억제는 유전자가 일으킬 수도 있다. 유전자가 돌연변이를 겪으면 측면 억제 과정이 잘못되어 혼합 패턴이 생겨나지 못하기 때문이다. 이런 현상은 유전학자들이 애용하는 생물인 초파리 드로소필라(Drosophila)에서 나타났다. 하지만 설사 유전자가 측면 억제에 책임이 있다고 해도 한 가지 수수께끼가 더 남아 있다. 어떤 세포가 측면 억제 과정을 시작하는가? 이웃을 억제하려면 세포는 이미 활발히 분화하고 있어야 한다. 시작점 또한 유전자로 결정되는 것일까, 아니면 측면 억제만으로도 세포 유형의 혼합이 생겨나는 것일까? 네 명의 수리 물리학자들이 씨름한 문제이다.

실험에서 얻은 결과에 따르면 측면 억제에 주요한 책임이 있는 유전자는 **노치**(Notch)라는 유전자로서, 노치는 또 다른 유전자 **델타**(Delta)와 협력해 신경 세포의 생성을 일으킨다. 두 유전자는 모두 단백질의 형태로 분자 신호를 보내는데, 이 신호는 세포에서 세포로 전달된다. 그러므로 수학 모형은 두 유전자와, 그들이 상호 작용하는 과정과, 그 과정이 세포에서 세포로 전달되는 과정을 설명해야 한다. 연구팀은 세포들이 공간에서 배열되는 두 가지 방식, 다시 말해 한 줄로 늘어선 직선과, 벌집처럼 육각형 배열로 이루어진 평면을 살펴보았다(그림 68). 두 배열 모두 실제 조직과 비교하면 이상적이지만 간단한 방식으로 주요한 특성을 잡아낸다. 두 배열은 모두 망이다. 각 세포에 점을 하나씩 찍고 그 세포와 바로 이웃한 세포를 모서리로 이으면 망이 되기 때문

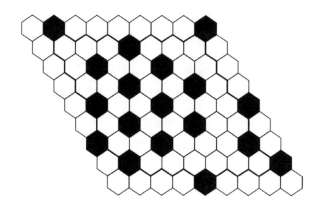

그림 68 1차 운명(primary-fate) 세포(검은색: 노치의 활동성이 높음)와 2차 운명(secondary-fate) 세포(흰색: 노치의 활동성이 낮음)가 육각형 격자에서 이루는 패턴

이다.

연구팀은 적절한 방정식을 세우고 컴퓨터를 이용해 수치 계산을 했다. 그 결과 체계에 충분히 강한 피드백이 있다면 이웃한 세포들과 처음에 생긴 차이는 저절로 증폭된다는 것을 확인했다. 사실 이것은 대칭 붕괴의 또 다른 예로, 평평한 사막에 있었던 사소한 높이 차이가 바람에 따라 증폭되어 거대한 모래 언덕이 만들어진 과정과 비슷하다. 여기서 모래 언덕의 패턴은 유전자 활동이다. **델타** 활동성이 높고 **노치** 활성화가 낮은 세포들은 **델타** 활동성이 낮고 **노치** 활성화가 높은 세포들 사이에 흩어져 있다. 본래 동질적이었던 세포 집합이 서로 다른 두 운명을 겪는다.

모의 실험에서는 불규칙한 패턴이 흔하게 나타나는데, 모두 **노치** 활동성이 높은 두 세포가 이웃해 있다. 노치 활동성이 낮은 두 세포가 이웃한 경우는 나타난 적이 없다. 실험에서는 모두 똑같은 결과가 나

생명의 수학

온다. 측면 억제로 인해 1차 운명의 세포들은 적어도 하나의 2차 운명 세포에 의해 서로 분리되어야 하지만, 2차 운명 세포들은 모두 서로 인접해 있을 수 있다.

실험에서 나온 주요한 결론은 앞에서 제기한 질문에 대한 답이 된다. 패턴 형성을 개시하는 세포가 무엇인지는 구체적으로 알 필요가 없다. 무작위한 변동에 따라 최초의 미세한 차이가 증폭되어 대규모의 패턴을 만들 뿐이다. 사막에서 어떤 모래 알갱이가 모래 언덕의 형성을 일으키는지 알 필요가 없는 것과 마찬가지이다.

16

플랑크톤 역설

바다의 가장 위층은 현미경으로 봐야 보이는 생명체에서 작은 해파리에 이르는 생명체들과 플랑크톤으로 가득 차 있다. 많은 수가 훨씬 더 큰 성체가 되기 전 단계의 어린 생물이다. 이들은 같은 유형의 서식지를 차지하고 거의 같은 자원을 두고 경쟁하기 때문에 모두 포괄적인 하나의 이름으로 분류된다. 생물학에는 오래된 법칙이 하나 있는데 1932년 러시아 생물학자 게오르기 프란체비치 가우스(Georgii Frantsevich Gause)가 도입한 '경쟁 배타의 원리(the principle of competitive exclusion)'이다. 이 법칙에 따르면 어떤 환경에서든 그 속에 사는 종의 수는 들어갈 수 있는 '자리(niche)' — 생존을 유지하는 방법 — 의 수보다 많아서는 안 된다. 두 생물 종이 똑같은 자리를 두고 경쟁한다면 자연 선택에 따라 한 종만이 살아남을 것이라는 추론에서이다.

여기서 바로 플랑크톤 역설이 나타난다. 플랑크톤을 위한 자리는 얼마 없는데, 종은 엄청나게 다양하기 때문이다.

플랑크톤 역설은 생태학, 즉 공존하는 생명체들의 체계를 다루는 학문에 관련된 문제이다. 생물학자들에게는 고립된 상황, 즉 그 생명체 말고는 다른 생명체는 아무것도 존재하지 않는 것으로 보고 주어진 생명체를 연구하는 쪽이 편하지만 실제 세계는 그렇지 않다. 생명체들은 다른 생명체들로 둘러싸여 있고, 다른 생명체 속에서 살 때도 많다. 사람의 몸에는 세포보다 더 많은 박테리아 ― 이를테면 음식을 소화하는 일 등에 반드시 필요한 사람 몸에 유용한 박테리아 ― 가 살고 있다. 토끼는 여우와 부엉이와 풀과 함께 산다. 이 생명체들은 상호 작용을, 그것도 종종 강하게 한다. 토끼는 풀을 먹고, 여우와 부엉이는 토끼를 먹는다. 간접적인 상호 작용도 일어난다. 부엉이는 여우를 먹지 않지만(아주 어린 새끼 여우라면 몰라도), 여우가 다음 끼니로 정해 놓은 토끼를 먹는다. 그래서 부엉이의 존재는 여우 군집에 간접적으로 영향을 준다.

1930년 영국 식물학자 아서 로이 클래펌(Arthur Roy Clapham)은 생명체들이 서로 관련을 맺는 현상을 인식하고 "생태계(ecosystem)"라는 말을 만들었다. 생태계란 비교적 잘 정의된 환경과 그 안에 서식하는 생명체 모두를 가리킨다. 삼림 지대와 산호초는 모두 생태계이다. 어떤 점에서는 지구 전체가 하나의 생태계이다. 이것이 바로 제임스 러브록(James Lovelock)의 유명한 가이아 가설의 핵심으로, 흔히 "지구는 하나의 생명체다."라는 말로 표현한다. 최근에 와서, 지구 생태계와 그 하위 생태계의 지속적인 건강을 보장하기 위해서는 생태계가 어떻게 작

생명의 수학

동하는지 이해해야 한다는 생각이 자라났다. 무엇이 생태계를 안정시키고, 어떤 요소가 다양성을 창조하거나 또는 파괴하는가? 수많은 어류 종을 멸종시키지 않고도 바다를 이용할 수 있을까? 살충제와 제초제는 그것이 필요한 대상뿐만 아니라 그 주변 환경 전체에 어떤 영향을 주는가? 그렇게 해서 생태계를 연구하는 새로운 과학 분야, 생태학이 탄생했다.

겉보기에는 다르지만 생태학과 깊은 관련이 있는 생물학 분야는 질병을 연구하는 전염병학(epidemiology)이다. 전염병학의 기원은 히포크라테스로 거슬러 올라가는데, 그는 질병과 환경 사이에 어떤 관계가 있음을 알게 되었다. 히포크라테스는 '풍토성(endemic)'과 '유행성(epidemic)'이라는 용어를 써서 집단 안에서 도는 질병과 밖에서 들어오는 질병을 구분했다. 현대 영국에서 각각의 예를 찾자면 수두와 유행성 독감이 있다. 전염병학은 어떤 환경 안에 있는 생명체 군집을 다룬다는 점에서 생태학과 비슷하다. 하지만 전염병학에서 다루는 생명체는 바이러스나 세균처럼 현미경으로 관찰해야 할 만큼 작으며, 환경은 주로 인간의 몸이다. 전염병학은 사람에서 사람으로 전염이 일어날 때 생태학과 공통 부분이 나타나기 시작하는데, 질병과 관련된 생명체 군집뿐만 아니라 사람 군집도 다루어야 하기 때문이다. 당연히 이때 두 분야 모두 비슷한 수학 모형이 나타나며, 그러므로 그 수학 모형들을 똑같은 주제의 변형으로 취급하기도 한다.

두 분야 모두 생명체 군집이 시간에 따라 어떻게 변하는지 이해하는 것을 기본 문제로 다룬다. 세계 곳곳에서는 폭등과 폭락의 주기가 나타난다. 개니트(gannet, 사다새목 해양 조류 — 옮긴이) 개체수는 급격하게

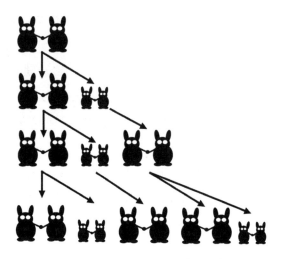

그림 69 피보나치 토끼 모형의 처음 몇 세대

증가하다가, 먹이 공급의 한계를 초과하면 폭락하고, 다시 똑같은 과정을 반복한다. '순환' 과정에서 정확히 같은 개체수가 반복되지는 않지만, 사건의 순서는 언제나 똑같다. 생태학 안에서 이를 다루는 분야를 개체군 역학(population dynamics)이라고 한다.

개체수 증가에 대한 수학 모형을 최초로 다룬 사람은 1202년 유명한 토끼 문제를 제시한 피사의 레오나르도인 듯하다. 토끼 문제는 4장에서 식물 수비학과 관련해 이야기했다. 어린 토끼 한 쌍에서 시작한다. 한 철이 지나면 각 어린 토끼 쌍은 어른 토끼가 되고, 각 어른 토끼 쌍은 어린 토끼 쌍을 낳는다(그림 69). 어떤 토끼도 죽지 않는다면 토끼 개체수는 어떻게 증가할까? 피보나치(보나치오의 아들이라는 뜻)라는 별명으로 잘 알려진 레오나르도는 토끼 쌍의 수가 다음과 같은 패턴을 따른다고 보았다.

생명의 수학

$$1, 1, 2, 3, 5, 8, 13, 21, 34, 55, 89, 144, 233, 377$$

처음 두 수를 제외하고 각각의 수는 앞에 나온 두 수를 더한 값이다. 앞에서 보았듯 이 수는 피보나치 수라고 한다. 피보나치 수에는 흥미로운 특징들이 많다. 예를 들어 n번째 피보나치 수는 $0.724 \times (1.618)^n$에 매우 가깝다.[1] 그러므로 피보나치가 낸 작은 수수께끼에 대한 답은, 토끼 개체수가 지수적으로 증가한다는 것이다. 수열을 따라가 보면 연이어 나오는 각 수는 앞 숫자에 일정한 수 1.618을 곱한(값에 매우 가까운) 수임을 알게 된다.

이 모형은 물론 실제와 다르며, 실제에 맞출 의도로 만든 것도 아니다. 모형에서는 토끼가 죽지 않는다고 가정할 뿐만 아니라, 토끼의 탄생과 관련된 규칙을 모두 따라야 한다는 등의 제약이 있다. 피보나치에게는 토끼에 관한 정보를 알릴 목적이 없었다. 토끼 문제는 그의 산술 책에 실린 귀여운 계산 문제일 뿐이었다. 하지만 오늘날 피보나치 모형을 일반화한 레슬리 모형(Leslie models)은 실제에 더 가깝다. 레슬리 모형은 죽음과 나이 구조를 포함하고 있으며 실제 개체군에도 적용할 수 있다. 더 자세한 내용은 곧 이야기할 것이다.

큰 군집에서는 보통 더 부드러운 연속적인 모형을 적용한다. 이 모형에서는 개체수를 최대 개체수 개념에 대한 비로 나타낸다. 다시 말해 개체수를 하나의 실수로 다룬다. 예를 들어 최대 개체수가 100만이고 실제 개체수가 63만 3241이라면, 최대 개체수에 대한 실개체수의 비는 0.633241로서, 개체수의 이산인 특성은 소수점 일곱 번째 자리에서 확인할 수 있다. 이 예에서는 일곱 번째 자리 다음부터는 모든 자리의 숫자가 0인데, 진정한 연속체라면 어떤 값이든 올 수 있다.

생명체 종의 성장에 관한 이와 같은 모형 중 가장 간단한 것으로는 로지스틱 방정식(logistic equation)이 있다.[2] 이 방정식에 따르면 개체군의 성장률은 개체수에 비례해 커지지만, 그 수가 환경 수용력 — 지속 가능한 개체군 크기의 상한 — 에 가까워지면 성장이 중단된다. 로지스틱 방정식의 해는 로지스틱 곡선 또는 S자 모양 곡선을 그리며, 이 곡선은 외함수식으로 나타낼 수 있다. 개체수는 거의 0에서 시작한다. 처음에 성장률은 거의 지수적으로 증가하다가 변화 없이 안정되기 시작한다. 개체수 증가율은 최댓값에 이른 뒤 감소하기 시작한다. 마침내 개체군의 크기는 수용력에 아주 가까운 값에 이르러 안정되지만 결코 수용력과 같아지지는 못한다. 성장률은 개체군 크기가 수용력의 정확히 절반일 때 최댓값이 된다.

동물의 개체수가 로지스틱 방정식을 따른다면 성장률이 언제 정점에 이르는지 알 수 있으며, 최종적인 개체군 크기가 원래 크기의 두 배라고 예측할 수도 있다. 그림 70은 가우스의 『생존 경쟁(*The Struggle for Existence*)』에 나온 고전적인 예로, 두 효모균 종 사카로미세스(*Saccharomyces*)와 스키조사카로미세스(*Schizosaccharomyces*)를 대상으

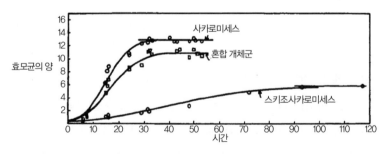

그림 70 가우스가 관찰한 효모균의 개체수 증가

로 111번의 실험에서 도출한 성장 곡선이다. 두 종이 공존할 때의 성장 패턴도 곡선에 나와 있다.

로지스틱 성장 패턴은 많은 상황에서 그리 현실적이지 못하기 때문에, 다른 수많은 성장 모형이 개발되었다. 그 모형들은 비교적 단순한 원리를 바탕으로 한다. 어떤 시점에서든 가까운 미래의 총 개체수는 현재 개체수에 출산 수를 더한 다음 사망 수를 뺀 값이 되어야 한다는 것이다.

피보나치 토끼 모형을 일반화한 레슬리 모형은 이러한 원리가 실행된 과정을 단순하게 보여 준다. 레슬리 모형이라는 이름은 1940년대 후반 모형을 개발한 동물 생태학자 패트릭 레슬리(Patrick Leslie)에서 따 왔다. 이 모형들은 레슬리 행렬이라는 숫자표를 기초로 한다. 간단한 예를 보면 기본적인 개념을 잡아낼 수 있는데, 실제 모형은 이러한 개념을 더 정교하게 발전시킨 것이다.

피보나치 모형의 설정에서 토끼(쌍)의 나이대를 유년, 성년, 노년 세 가지로 수정한다고 해 보자. 시간은 1, 2, 3 등과 같이 이산적인 단계로 흐르고, 각 단계가 지날 때마다 유년 토끼 쌍은 성년으로, 성년 토끼 쌍은 노년으로, 노년 토끼 쌍은 죽는다고 하자. 이에 더해 각 성년 쌍은 평균적으로 일정 수의 유년 쌍을 출산한다(평균값을 다루기 때문에 이 값은 정수가 아닌 소수가 될 수 있다.). 이 수를 출산율이라고 하고, 이해를 돕기 위해 이 값을 0.5라고 하자. 유년 쌍과 노년 쌍은 자손을 낳지 않는다.

일정한 시간 단계에서 개체수의 상태는 세 숫자, 유년, 성년, 노년 토끼 쌍의 수로 나타낸다. 또한 각 시간 단계에서의 변화는 다음과 같다.

- 유년 쌍의 수는 성년 쌍의 수에 출산율을 곱한 값이다.
- 성년 쌍의 수는 지난 단계의 유년 쌍의 수와 같다.
- 노년 쌍의 수는 지난 단계의 성년 쌍의 수와 같다.

이 규칙들은 다음과 같이 하나의 숫자표로 바꿀 수 있다.

$$\begin{pmatrix} 0 & 0.5 & 0 \\ 1 & 0 & 0 \\ 0 & 1 & 0 \end{pmatrix}$$

이와 같은 표를 레슬리 행렬이라고 하며, 매시간 단계마다 모형 속 세 나이대의 개체수가 어떻게 변하는지를 나타낸다. 왼쪽에서 오른쪽, 위에서 아래 순서로 각각 유년, 성년, 노년이다. 주어진 행과 열의 성분은 그 열에 있는 토끼 쌍에서 얼마나 많은 비율이 선택된 행에 대응하는 나이대의 토끼 쌍이 되거나, 혹은 그 나이대의 토끼 쌍을 낳는지 보여준다. 예를 들어 맨 위의 행 (0, 0.5, 0)에 따르면 각 유년 쌍에서 태어나는 유년 쌍은 0, 각 성년 쌍에서 태어나는 유년 쌍은 0.5, 각 노년 쌍에서 태어나는 유년 쌍은 0이다.

레슬리 행렬에는 나이대 전환에 관한 모든 규칙이 암호화되어 있는데, 이 규칙은 필자가 위에서 선택한 것보다 더 복잡할 때도 있다. 예를 들어 나이대가 10가지이고, 거의 모든 나이대의 출산율이 0이 아닌 경우도 있을 수 있다. 그렇게 되면 행렬의 맨 윗 행은 대개 서로 다른 특정한 수들로 이루어진 더 긴 수열이 될 것이다. 어쨌든 앞의 레슬리 행렬이 포함된 식을 이용하면 세 나이대의 토끼 쌍 수가 시간에 따라 어떻게 변하는지를 계산할 수 있다.

이 식을 이론적으로 분석한 바에 따르면, 같은 종류의 **모든** 모형에는 고유한 '안정기'라고 할 수 있는 나이대 구조와 전체 성장률이 있으며, 다양한 나이대의 초기 개체수가 어떻든 거의 모두 이 안정 상태로 가는 듯하다.

예로 든 행렬에서, 안정기 나이대 구조는 대략 유년 23퍼센트, 성년 32퍼센트, 노년 45퍼센트이다. 전체 개체수는 시간 단계가 지날 때마다 29퍼센트씩 감소한다(출산율 0.5가 인구 보충 수준보다 낮다는 점을 반영한다.). 그러므로 이 토끼 개체군은 피보나치 토끼들처럼 폭발적으로 늘어나지 않고 결국은 사라질 것이다.

출산율이 1이라면 개체수는 일정한 크기에 이를 것이다. 1보다 크다면 개체수는 폭발적으로 늘어날 것이다. 출산율 1을 기준으로 한 이 극단적인 변환은 성년 토끼들만이 자손을 낳을 수 있기 때문이다. 나이대가 더 많고 출산율이 다양해지면 소멸에서 폭발에 이르는 변화가 더 복잡해진다.

이러한 모형들은 인구수 증가에서 중요하게 활용한다. 현재 지구의 총인구수는 70억 미만으로 계산하고 있다. 인구수는 나이 분포, 사회 변화, 이주, 기타 수많은 사회적, 정치적 특성들에 좌우되기 때문에 앞으로의 성장을 예측하려면 더 정교한 모형이 필요하다. 하지만 모든 모형은 기본적인 '사람 보존 법칙(law of conservation of people)'을 따라야 한다. 사람은 출산으로 생겨날 수 있고, 죽음으로 소멸될 수 있으며 한 나라에서 다른 나라로 이주할 수도 있지만 공중에서 사라져 버릴 수는 없다(우주 비행사를 제외하고).

사람 보존 법칙은 쉽게 방정식으로 바꿀 수 있지만, 방정식의 형태는 출산율과 사망률, 그리고 인구수 자체의 변화에 따른 두 비율의 변화에 따라 달라진다. 레슬리 모형에서는 각 나이대마다 출산율이 일정했으며, 개체수를 고정된 나이대 수에 맞추어 나누었다. 다른 모형에서는 이와 같은 과정을 좀 더 현실적으로 바꾸었다. 출산율이 전체 개체군 크기에 따라 달라진다든지, 사람은 다음 나이대로 가기 전 일정 시간 동안 주어진 나이대에 머물 수 있다든지 하는 식으로 말이다.

좋은 모형이 되려면 모든 출산율과 사망률이 현실적이어야 한다. 이것은 자료의 질이 좋다면 가능하지만, 세계 인구에 관한 정확한 자료는 1950년부터 현재에 이르는 것밖에 없다. 조금이라도 확실하게 방정식이 취해야 할 형태를 결정하기에는 지나치게 짧은 시간이다. 그래서 전문가들은 알려진 사실에 기반한 추측으로 가장 타당한 모형을 선택한다. 하지만 당연히 전문가들마다 선호하는 모형이 다르다. 어떤 사람은 결정론적 모형을, 어떤 사람은 확률론적 모형을 사용한다. 어떤 사람은 둘을 결합한 모형을 쓴다. 정통파인 사람도 있고 아닌 사람도 있다.

그 결과 지구의 인구가 언제 정점에 달할지, 그때의 인구수가 얼마일지에 대해서는 의견이 분분하다. 예측은 75억에서 140억까지 다양하다. 그림 71은 1750년 이후의 인구 증가를 나타낸 그래프로 중간에 짧은 기간 추측한 부분이 있다. 증거에 따르면 인구 증가율은 인구수가 40억에 이른 1970년대 이래로 꽤 일정했으므로, 인구수가 변동 없이 안정을 이루거나 감소되기 시작하기는커녕 증가율이 느긋해지리라는 주장조차 분명하게 입증할 수 없다. 그럼에도 불구하고 세계 인구수는 앞으로 150년 안에 정점에 달하리라고 예측한다. 주된 까닭은

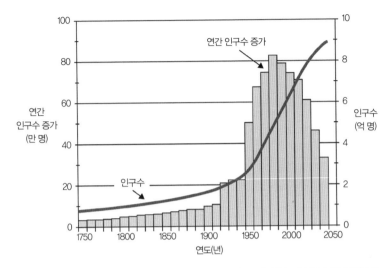

그림 71 1750년에서 2050년까지 장기적인 세계 인구의 증가(2010년 이후는 예측한 수치). 곡선은 인구수를, 막대는 10년을 간격으로 한 인구수의 증가를 보여 준다.

사회 문화와 관련이 있다. 사회 문화와 관련된 중요한 이론으로 '인구 천이(demographic transition)'가 있는데, 교육 수준과 삶의 질이 향상되면 가족 구성원의 수가 급격하게 떨어진다는 이론이다. 하지만 의학과 삶의 질 향상에 따라 기대 수명이 늘어나면서 인구 천이 효과는 많은 나라에서 사라지고 있다.

이러한 현상들을 인구 모형 안에서 모두 통합하기는 어렵다. 과학 발전, 정치 변화, 문화 변동 등 그 성질을 예측할 수 없는 요소에 따라 달라지기 때문이다. 인구 모형에서는 통계적 방법을 주로 사용하며, 모든 통계학이 그렇듯 인구수가 많을수록 효과가 더 좋다. 그래서 지역 날씨보다는 세계 날씨를 예측하기가 더 쉬운 것처럼, 한 국가의 인구보다는 세계 인구의 일반적 추세를 예측하는 것이 더 쉽다. 그렇더라도 엄청나게 불확실하지만 말이다.

역학 체계에서 관찰되는 전통적인 상태로는 시간이 지나도 아무것도 변하지 않는 안정 상태(평형 상태라고도 한다.)와 똑같은 사건의 순서가 거듭 반복되는 주기적 상태가 있다. 움직이지 않는 바위는 침식을 무시한다면 안정 상태에 있다. 계절의 순환은 1년을 주기로 한다. 하지만 1960년대 수학자들은 전통적인 관점에서 완전히 놓친, 더 혼란스러운 행동 방식이 있음을 깨달았다. 바로 카오스이다. 카오스는 너무나 불규칙해서 무질서한듯 보이지만, 현재가 절대적으로 미래를 결정하는 무질서한 특성이 조금도 없는 모형에서 나타난다. 그와 같은 모형에는 모든 역학계가 포함된다.

처음에 수많은 과학자들이 카오스를 의심스러워했는데, 아마도 그처럼 이상한 행동 방식은 자연에서 일어나지 않는다고 생각했기 때문인 듯하다. 하지만 카오스는 아주 자연스러운 현상이다. 밀가루 반죽을 치댈 때 재료가 섞이듯 카오스는 어떤 체계의 역학이 체계를 뒤섞을 때마다 나타난다. 본래 날씨 예측에서 나온 '나비 효과'도 카오스의 한 결과이다. 원리상으로, 그리고 아주 특수한 의미에서, 나비의 날갯짓은 세계 날씨 패턴을 변화시킬 수 있다. 일반적으로 말하면, 계의 미래가 현재에 따라 완벽하게 결정된다고 해도, 현재를 무한히 정확하게 알아야 한다는 뜻이다. 실제로 현재 상태를 측정할 때 미세하게라도 오류가 생기면 그 오류가 급속히 커지면서 '예측 지평선(prediction horizon)'을 넘어 미래를 예측 불가능한 상태로 만든다.

수학자들이 역학을 기하학적으로 생각하기 시작하자, 카오스는 분명해졌다. 깔끔하고 단정한 식으로 표현할 수 있는 해를 찾는다면 카오스는 이상하게만 보일 뿐이다. 그와 같은 해는 드물다.

실제로 카오스는 1895년 프랑스 수학자 앙리 푸앵카레(Henri Poincaré)가 태양계의 안정성을 기하학적으로 연구하면서 발견했다. 20세기에 들어서 첫 반 세기 동안 드문드문 몇몇 진전이 있었지만, 그 모든 진전들은 1960년대 스티븐 스메일(Stephen Smale)과 블라디미르 아널드(Vladimir Arnold)가 역학에 대한 체계적인 위상적 접근법을 개발하면서 통합되었다. 1975년, 로버트 메이(Robert May)는《네이처》에 쓴 기사에서 이 새로운 발견들을 알려 과학계, 특히 생태학자들의 관심을 집중시켰다.[3] 메이가 전하고자 한 요지는 복잡한 역학이 아주 단순한 인구 증가 모형에서도 일어날 수 있다는 것이었다. 단순한 원인이 복잡한 결과를 낳을 수도 있었다. 반대로 복잡한 결과가 반드시 복잡한 원인에서 일어나야 하는 것은 아니다.

메이는 단순하지만 주요한 예를 들어 이러한 현상을 소개했는데, 바로 시간이 1, 2, 3처럼 이산적으로 똑딱거리는 변형된 로지스틱 모형이었다. 군집에서 연속적인 세대를 연구할 때는 진화를 시시각각으로 살펴보기보다는 이와 같이 이산적인 시간의 흐름을 자연스럽게 가정한다.

생태학자가 연구하는 가장 단순한 체계의 하나는 세대가 겹치지 않고 철마다 번식하는 개체군이다. 수많은 자연 군집, 그중에서도 특히 온대 곤충(수많은 주요 농작물과 과수원의 해충들을 포함해)이 이러한 개체군에 속한다.…… 이론가들은 t+1세대 개체군의 크기 X_{t+1}이 앞 세대인 t세대 개체군의 크기 X_t와 어떤 관련이 있는지 알고자 한다.

메이는 구체적인 예로 방정식을 인용한다.

$$X_{t+1}=X_t(a-bX_t)$$

최초 개체군의 크기는 X_0로 나타내고, 그 다음부터는 식을 이용해 t에 0, 1, 2, 3,··· 을 차례대로 대입해 X_1, X_2, X_3 등의 값을 알아낸다. 여기서 a와 b는 조정 가능한 상수로서 그 값에 따라 역학이 바뀔 수 있는 매개 변수이다. 예를 들어 b가 0이면 식은 지수 증가를 나타내는데, 세대가 하나뿐이라는 점을 제외하면 피보나치의 토끼 모형과 아주 비슷하다. 하지만 b가 커지면 개체군 증가는 제약을 받는데, 자원이 제한된 상황의 모형과 같다. 수학적인 요령[4]을 쓰면 방정식을 다음과 같이 간단하게 만들 수 있다.

$$X_{t+1}=aX_t(1-Xt)$$

이 식에서는 매개 변수가 a 하나밖에 없으며, 수학자들은 이 식을 주로 쓴다.

이 식의 행동 방식은 매개 변수 a에 따라 달라지는데, 그 값이 0과 4사이에 있어야 X_t의 값이 0과 1 사이에 있을 수 있다. a가 작을 때, 개체수는 안정 상태로 수렴한다. a가 커지면 진동이 시작되면서 처음에는 두 값을 순환하다가 그 다음에는 4개의 값, 8개의 값, 16개의 값 등을 순환한다. a=3.8495일 때, 규칙적인 진동이 멈추고 계는 카오스적으로 행동한다. 그 다음부터는 카오스가 우세해지는데, 그래도 규칙적인 행동을 만드는 a값의 범위가 작지만 어느 정도 존재한다(그림 72).

생명의 수학

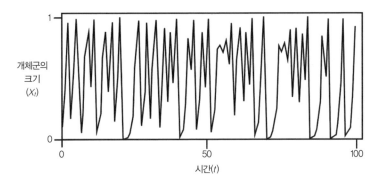

1

개체군의
크기
(X_t)

0

0   50   100

시간(t)

그림 72 이산적인 로지스틱 모형에서 a=4일 때 나타나는 카오스

이 모형은 실제에 비하면 지나치게 단순하지만, 더 복잡한 모형의 행동 방식이 이와 달라야 할 이유는 없으며, 실제로도 많은 경우 비슷한 행동을 한다는 풍부한 증거가 있다. 그러므로 이전까지는 기후 조건과 같은 환경의 불규칙한 변화를 자연 군집의 불규칙적 변화의 원인으로 돌렸지만, 사실 군집 자체의 역학이 자유롭게 전개된 결과일 수도 있다. 메이는 논문 끝에서 이와 같은 예들을 학교에서 널리 가르쳐야 불규칙한 결과가 반드시 불규칙한 원인에서 비롯된다는 가정을 방지할 수 있다고 썼다.

모두 그럴듯하고 맞는 이야기인데, 실제 군집에서 정말 카오스가 나타날까? 자연 상태에서는 군집 자체의 역학과 끊임없이 일어나는 자연 환경의 변화를 구분하기가 어려우므로, 카오스의 등장은 논란이 되어 왔다. 동물학자와 곤충학자들이 동물과 곤충 군집에 관해 수년간 모아온 자료의 대부분은 그 범위가 좁아서 카오스와 무질서를 타당하게 구분하기에는 부족하다. 자연 과학에서는 실험실 안에서 통제된 실험을 수행함으로써 그와 같은 문제를 처리했지만, 실험실이라 해도 생태학 실험 결과에 영향을 줄 수 있는 외부의 수많은 변수들을 통제하기는 어렵다. 그래도 불가능은 없다.

1995년 애리조나 대학교의 제임스 쿠싱(James Cushing)과 동료들은 트리볼리움 카스타네움(*Tribolium castaneum*) 군집에서 카오스가 나타남을 증명하고자 잇따른 실험을 시작했다. 트리볼리움 카스타네움은 흔히 빻아 놓은 곡물에서 우글거려 밀가루 갑충 또는 쌀겨벌레라고도 한다. 쿠싱 팀이 만든 이론 모형은 변수가 셋이다. 먹이를 먹는 유충의 수, 먹이를 먹지 않는 유충의 수(번데기와 새로 태어난 성충도 여기에 넣는다.), 다 자란 성충의 수.[5] 밀가루 갑충과 그 유충은 마음껏 동종의 알을 포식한다. 다시 말해 같은 종뿐만 아니라 자신들의 알까지도 먹는 것이다. 이러한 행동 방식은 모형 방정식에 포함된다.

어떤 실험들은 조건을 특별하게 통제해 수행했다. 밀가루 갑충을 자연에서 관찰한 사망률에 따라 군집에서 제거하거나 추가한 것이다. 다른 실험은 이러한 방식에 따라 조작하지 않았다. 유전적 변화가 일어나지 않도록, 실험실의 엄격한 조건을 유지하면서 다른 곳에서 키운 성충 개체들을 때때로 보충했다.

이러한 실험들에서는 예상했던 진동이 시작되기는 했지만, 카오스는 일어나지 않았다. 그러나 카오스는 이론 모형에서도 나타날 수 있으며, 실험 체계는 모형에서 카오스가 나타나는 변수 범위에 꽤 가까웠다. 처음의 계획을 수정해 야생에서 보통 나타나는 정도보다 더 높은 사망률을 따라가자 밀가루 갑충 개체군에 카오스적 변동을 일으킬 수 있었다.[6] 이와 관련된 두 번째 논문에서는 다음과 같은 결론을 내린다.

실험실 갑충의 역학에서 나타난 비선형 현상을 실험에서 확인한 결과 자연 개체군에서 나타나는 변동이 많은 경우 복잡하며, 비선형적 피드백으로 일어난 저차원 역학일 수도 있다는 가설에 신빙성이 생겼다. 복잡한 역학은 갑충을 '추수해' 성충 사망률과 보충 비율을 조절한 결과로 나타났다. 이 실험은 응용 생태학에서 자연 군집을 관리하거나 통제할 때 견고한 과학적 이해를 바탕으로 신중하게 접근해야 함을 시사한다. 개체군의 역학 체계를 제대로 이해하지 못한 상태에서 인간이 개입한다면, 예상치 못한 잘못된 결과가 나올 수 있다.

카오스는 플랑크톤의 역설도 해결한다. 플랑크톤의 역설이 나온 까닭은 가우스의 경쟁 배타 법칙에 어긋나기 때문이다. 환경에서 마련한 자리보다 더 많은 플랑크톤 종이 있는 것이다. 플랑크톤에게 잘못이 있을 리 없으므로, 일반적으로 알고 있는 것이 아닌 다른 원리가 있어야 한다. 그 원리란 무엇인가?

잘 정립된 생태학 모형 중에는 가우스 법칙과 일치하는 것이 있다. 이 모형에서는 궁극적으로 종의 수와 자리 수의 관계를 추적해 일반적인 수학적 사실을 찾는다. 변수보다 풀어야 할 방정식이 많다면 해는 존재하지 않는다. 대충 이야기하면 각 방정식은 변수 사이의 관계를 보여 준다. 변수만큼의 관계식이 있다면 해를 찾을 수 있다. 여기에 방정식이 추가되면 이미 찾은 해와 모순을 일으킬 수 있다. 간단한 예로, 방정식 $x+y=3$, $x+2y=5$를 만족하는 해는 $x=1$, $y=2$뿐이다. 여기에 $2x+y=3$과 같은 방정식을 더한다면 이 해는 틀리게 된다. 추가한 방정식이 새로운 정보를 주지 않을 때만 원래의 해가 살아남는다.

경쟁 배타 법칙은 비교적 잘 맞는 편이고 수학자들도 지지하므로 문제 해결은 생태학자들의 책임이 되었다.

지구 바다의 상층부가 아주 넓은데다가 플랑크톤이 균일하게 섞여 있지 않다는 것이 플랑크톤 역설에 대한 부분적인 답이 될 수 있다. 하지만 지금으로서는 그보다 더 나은 설명이 있는 듯하다. 표준적인 수학 모형의 가정은 제한적이다. 관련 방정식들에 대해 안정 상태의 해를 찾기 때문이다. 모형에서 다루는 생명체의 개체수는 시간에 따라 변하지 않는다고 가정하는 것이다. 변동은 있을 수 없다.

이와 같은 표준 수학 모형의 가정은 사실상 생태계에 대한 '자연 균형'의 비유를 지나치게 진지하게 받아들인다. 실제로 생태계가 오랫동안 살아남으려면 안정해야 한다. 다양한 생명체의 개체수가 정신없이 바뀐다면 일부가 소멸하면서 생태계의 역학을 바꾼다. 하지만 안정성은 계 전체가 언제까지나 똑같은 상태로 머물러 있는 것과 같지 않다. 경제가 안정기에 있다고 모든 사람이 언제나 돈을 어제와 똑같이 가지고 있는 것은 아닌 것처럼 말이다. 안정성의 중요한 특성은 개체수의 변동폭이 꽤 좁다는 점이다.

카오스 역학이 정확히 그와 같은 행동을 한다. 이상한 변동을 보이지만 그 변동의 크기와 유형은 끌개(attractor)에 따라 결정된다. 끌개란 계가 갇히는 상태들이 모인 특정한 집합이다. 계는 끌개 안에서만 움직일 수 있으며 바깥으로 탈출할 수 없다. 1999년, 네덜란드 생물학자 제프 휘스먼(Jef Huisman)과 프란츠 바이싱(Franz Weissing)은 자원 경쟁에 관한 표준 모형을 역학적으로 바꾼 판에서, 생명체들이 셋 이상의 자원을 놓고 경쟁한다면 규칙적인 진동과 카오스가 나타날 수 있음을 보였다.[7] 다시 말해 평형 상태에서 벗어나는 해를 허용하자마자, 같은 자원으로도 생명체의 다양성이 훨씬 크게 나타날 수 있다. 대

생명의 수학

충 말하면 역학적 변동으로 다른 종이 시간을 달리해서 같은 자원을 이용할 수 있게 된다. 그러므로 생명체들은 어느 하나가 이기고 나머지는 모두 죽는 직접 경쟁을 피하고, 같은 자원에 돌아가며 접근한다.

휘스먼과 바이싱 외에 다른 연구자들은 그 후 이러한 생각을 발전시켜 다양한 모형들을 개발했으며, 그 모형들에서 나온 예측은 실제 플랑크톤 군집에서 나온 자료와 일치하는 경우가 많다. 2008년, 휘스먼 팀은 발트 해의 자연스러운 먹이 그물과는 고립된 먹이 그물에 관한 한 실험 연구를 발표했는데, 이 먹이 그물에는 세균, 식물성 플랑크톤, 초식성이자 포식자이기도 한 동물성 플랑크톤이 속해 있었다.[8] 휘스먼 팀은 실험실에서 6년 동안 먹이 그물을 관찰했다. 그동안 외부 조건은 정확히 똑같이 유지했지만, 생명체 군집은 보통 100배 또는 그 이상으로 뚜렷하게 변동했다. 역학적 카오스를 검출하는 표준 기법을 쓰자 카오스 특유의 조짐이 드러났다. 심지어 나비 효과까지 나타났다. 계의 미래는 고작해야 몇 주 또는 한 달 앞 정도밖에 예측할 수 없었다.

그들은 연구 보고서에서 "안정성은 복잡한 먹이 그물의 지속에 필요하지 않으며, 종의 번성에 관한 장기적인 예측은 근본적으로 불가능할지도 모른다."라고 말했다. 또한 생태계를 이해할 때 카오스도 중요한 요소일지 모른다는 메이의 말을 인용했다. 메이의 선견지명은 오늘날 완벽히 입증되었다.

질병의 급속한 확산은 특별한 생태계 유형에서 일어난다. 그 안에는 질병에 감염되는 생명체와 질병을 일으키는 바이러스, 세균, 기생충 등의 미생물이 있다. 그러므로 적절하게 수정한다면 비슷한 모형화 기법을 생태계와 전염병학에 모두 적용할 수 있다.

2001년 에식스 주의 한 도살장은 배송된 돼지가 구제역에 걸렸다고 보고했다. 구제역은 확산이 빠르기 때문에, 유럽 연합은 즉시 모든 영국 가축의 수출을 금지했다. 모두 합해 2000곳의 영국 농장에서 구제역이 발생했고 1000만 마리의 양과 소가 죽었다. 비용으로 치면 모두 합해 약 80억 파운드로, 뉴스에서는 들판에서 소의 시체 더미가 타는 모습을 보도했다. 단테가 쓴 『신곡』의 '지옥편'에서 그대로 나온듯한 광경에 대중은 불안해했다. 영국 안의 모든 동물의 이주를 금지하고, 전염된 농장의 모든 동물을 도살하는 대책이, 과연 올바른 것이었을까?

구제역은 (여러 가지 형태를 띠는) 피코나바이러스(그림 27 참조)에 의해 감염되는데, 이 바이러스는 인간에게 거의 영향을 주지 않는다. 하지만 먹거리는 매우 민감한 주제이므로, 질병이 확산되도록 놔두는 것을 받아들일 사람은 없을 것이다. 구제역은 또한 고기와 우유 생산에 타격을 주고, 동물에게 심각한 고통을 주며, 수입 금지로 이어진다. 그래서 동서를 막론하고 표준적인 대처 방식은 구제역의 뿌리를 뽑는 것이다. 예방 접종이라면 실행 가능하고 값싼 대안이 될지도 모르겠다. 하지만 감염되었거나 곧 감염될 동물을 도살해야 하더라도, 수많은 다른 규제 대책을 같이 고려할 수 있다.

따라서 가장 좋은 대책이 무엇인지 결정하는 것이 중요하다. 나중에 2001년 구제역 발생을 수학적으로 모형화한 결과는 영국 정부의 대응이 처음에는 지나치게 느렸고, 병이 널리 퍼진 뒤에는 지나치게 극단적이었음을 보여 주었다. 도살된 동물 중 감염된 것은 고작 다섯에 하나였다. 이 과도한 학살은 전염병의 확산에 관한 수학 모형이 부적당하고 구식이었기 때문이었을 수도 있다.

전염병의 확산 가능성을 예측하고 가능한 규제 전략을 비교하는 방법은 모형뿐이다. 모형은 어떤 농장에 전염병이 닥칠지는 예측하지 못하지만 병의 확산 속도 같은 일반적인 추세나 전망을 알려 줄 수 있다. 2001년 당시에는 세 가지 모형을 사용했다.[9] 병이 발생하기 시작했을 때 당시 환경식품농무부(DEFRA)가 사용할 수 있었던 주요한 모형은 인터스프레드(InterSpread)라는 확률론적 모형이었다. 이 모형은 매우 상세해 필요하다면 농장 하나하나를 보여 줄 수 있으며, 병이 전달되는 수많은 경로도 나타냈다. 모형이 실제에 가까울수록 더 잘 기능할 것 같지만, 역설적으로 인터스프레드의 복잡성은 약점이기도 하다. 성능이 우수한 컴퓨터로도 계산이 오래 걸린다. 또한 모형을 실제 데이터에 맞추려면 수많은 매개 변수에 넣을 값을 설정해야 하는데, 그렇게 되면 이 매개 변수들을 계산할 때 생기는 작은 오류에도 모형이 지나치게 민감할 수 있다.

두 번째 모형인 케임브리지-에든버러 모형도 모든 농장의 위치를 나타낼 수 있지만 병의 전파를 모형화할 때 훨씬 단순한 기제를 사용한다. 병에 걸린 농장은 '전염된 농장', 아직 전염되지 않았지만 전염된 농장과 접촉할 수 있는 농장은 '취약한 농장'으로서, 모형에는 이 모든 변수를 종합해 어떤 농장에서 다른 농장으로 얼마나 빨리 병이 전염될지를 전체적으로 측정하는 척도가 있었다. 이 모형은 병이 지리적으로 어떻게 확산될지를 상당히 잘 예측하지만 시간에 대해서는 그보다 못하다. 아마도 전염된 동물에서 병이 드러나기까지 걸리는 시간이 모두 같고, 모든 동물이 똑같은 시간 동안 전염성이 있다고 가정했기 때문일 것이다. 실제로는 동물마다 그 시간이 다 다르다.

세 번째 모형인 임피리얼(Imperial) 모형은 전염병 확산에 대한 전통적인 방정식을 기본으로 했으며, 구제역이 진행되는 동안 만들었다. 앞의 두 모형보다 현실적이지 않았지만 계산이 훨씬 빨랐으므로 병의 진전을 실시간으로 추적하기에는 더 적합했다. 모형에서는 감염된 동물 수의 변화를 예측했지만 발병 위치는 예측하지 못했다.

각 모형은 특정한 유형의 예측에는 유용했으며, 차후 분석에 따르면 전체적으로 광범위한 도살 대책은 옳았을지도 모른다. 병이 급속히 확산되는 동안 어떤 동물이 감염될지 정확하게 알아내기란 현실적으로 불가능하며, 감염된 동물이 어쩌다가 살아 있었다면 병이 확산될 수 있는 새로운 중심지가 되면서 이전의 대응은 소용없게 되었을 것이다. 하지만 분명한 점은 최초의 대응이 지나치게 느렸다는 것이다. 가축의 이동에 대해 더 엄격한 제재를 즉시 마련했다면, 초기 발병을 더빨리 알았더라면 구제역이 그토록 엄청난 경제적 타격을 주지는 않았을 것이다.

또한 두 번째와 세 번째 모형에서는 일단 병이 확산되면 예방 접종은 효과적인 규제 대책이 아닐지 모르지만, 전염된 농장을 둘러싼 어떤 구역 안의 모든 동물에게 시작부터 적절히 예방 접종을 한다면 병의 확산을 제한할 수 있다고 나타났다.

구제역 확산에 대한 이 세 모형은 수학이 생물학의 질문에 어떻게 답을 줄 수 있는지 알려 준다. 모든 모형은 '실제' 전개보다 훨씬 더 단순했다. 모형이 언제나 서로 일치했던 것은 아니며, 상황에 따라 어느 한 모형이 더 뛰어날 때도 있었기에, 아주 단순한 생각으로 세 모형의 수행 결과를 평가한다면 모든 모형이 다 틀렸다고 말할 수도 있을 것이다.

하지만 모형이 현실적일수록, 실제 세계의 데이터로부터 유용한 결과를 뽑아내는 데 더 오래 걸린다. 시간은 절대적으로 중요하기 때문에, 유용한 정보를 빨리 주는 대충의 모형이 더 정교한 모형보다 훨씬 더 실용적이다. 자연 과학에서조차 모형은 실제를 모방한다. 현실을 있는 그대로 나타낸 적은 한 번도 없다. 상대성 이론도 양자 역학도, 가장 성공적인 물리 이론이기는 하지만 우주를 아주 정밀하게 잡아내지 못한다. 생물학 체계의 모형이 그보다 더 나을 것이라 기대하는 것은 부질없다. 모형에서 나오는 통찰과 정보가 가치가 있는지, 만약 그렇다면 어떤 상황에서 그런지가 중요하다. 각자 나름의 강점과 약점이 있고, 특정한 맥락에서는 수행이 더 뛰어나며, 전체 그림에서 중요한 부분을 제시하는 여러 모형들은 현실을 더 정확히 나타낸 모형보다 우수하다. 더 실제적일수록 분석은 지나치게 복잡하고 결과는 제때 나오지 않는다.

　　생물학 체계의 복잡성은 흔히 어떤 수학 분석으로도 넘기 어려운 장애라고 하지만 실제로는 중요한 기회이다. 수학은 적절히 사용한다면 복잡한 문제를 단순하게 만들 수 있다. 하지만 현실의 모든 면을 충실히 모방할 때가 아니라 본질에 초점을 맞추었을 때에야 가능하다.

17

생명이란?

생물학은 이 행성에 있는 모든 형태의 생명을 연구한다.

현재 우주의 다른 어떤 곳에서도 생명이 확실히 존재하거나, 존재했던 적은 없다고 알려진 이상, '이 행성'이라는 말은 사족처럼 보일지도 모르겠다. 하지만 이 말은 오늘날 생물학 지식 속에 난 틈, 설사 우주 어디에도 생명이 없다고 하더라도 언젠가 드러나게 될 그 빈틈을 암시하고 있다.

그 빈틈은 '생명이란 무엇인가?'라는 일반적인 질문에서 가장 강력하게 나타난다. 모든 생명은 **원리상** 이 행성에 사는 생명체들, 탄소 화학으로 구성되고, DNA의 통제를 받으며, 세포로 이루어진 생물과 비슷해야 할까? 간단히 말해 우리와 같아야 할까? 심지어 가설이라도, 다른 대안은 존재하지 않을까? 다른 물질을 가지고 다른 방식으로 만든 '살아 있다'는 자격을 받을 수 있을 만큼 충분히 복잡하게 조직된, 생식 능력이 있는 개체들이 존재할 수 있을까? 더 직접적으로, 그와 같은 개체들이, 우리은하 또는 다른 은하 어딘가에 존재할 수 있을까?

더 직접적으로 물어보자. 외계인은 존재할 수 있을까? 그리고 실제로 존재할까?

앞의 질문, 즉 외계인의 존재 가능성은 그 뒤의 질문보다 훨씬 쉽다. 먼 항성 주위를 돌고 있는 행성들을 탐사하지 않고도 외계 생명체의 가능성을 조사할 수 있기 때문이다. 하지만 그렇다 해도 심각한 문제에 부딪치게 된다. 앞에서 살펴본 대로, 생물학자들은 바이러스가 살아 있는지에 대해서조차 의견이 맞지 않는다. 그러므로 '생명'이란 어느 정도는 정의하기에 따라 달라진다. 뒤의 질문, 곧 외계인이 실제로 존재하는지에 답하기 위해서는 외계인과 만나는 수밖에는 없다. 그 만남의 기준을 어떻게 정하건 간에 말이다. 외계인과 접촉하기 위해서 다른 세계를 찾아갈 수도 있고, 강력한 망원경으로 생명 과정의 화학적 특징들을 관찰할 수도 있으며, 외계 문명에서 메시지를 받을 수도 있고, 외계인이 우리를 찾아올 때까지 기다릴 수도 있다.

다음 장에서는 UFO를 봤다는 보고나 그들에게 유괴되었다는 주장은 네 번째 선택안이 이미 실현되었다는 주장을 충분히 입증하지 못한다고 주장할 것이다. 세티 프로젝트(SETI project)에서는 1961년 이래로 세 번째 선택안을 쫓고 있으며,[1] 지금까지는 성과가 없지만 진보한 외계인이 실제로 존재한다면 언제든 성공할 것이다. 두 번째 선택안은 이제 막 시도했다. 첫 번째 선택안은 로봇 탐사자가 수행하는 중이며, 현재는 태양계를 벗어나지 못했다. 인간이 마지막으로 달에 착륙한 때는 1970년이며, 2007년 미국 항공 우주국(NASA)에서 연구한 유인 화성 탐사 프로젝트는 취소되었다.

어떤 생물학자들은 생명을 지구 위의 생명과 똑같이 정의한다. 탄소, 물, 유기 화학, DNA, 단백질을 기반으로 한다고 말이다. 이 땅에서는 통하지만 분명 어떤 증거도 존재하지 않는 엄청난 가정을 해야 한다. 게다가 그러한 생명 개념은 지구에서 특이한 생명체들을 더 많이 발견할수록 끊임없이 수정해야 했다. 수많은 지구 생물들이 50년 전에 '정상'이라고 믿었던 범주에서 완전히 벗어났다.

　동굴에 산 두 원시인이 '도구'의 정의에 대해 서로 이야기하는 장면을 떠올리지 않을 수 없다. 두 사람은 곧 두 가지 기본적인 사실에 동의한다. 도구는 부싯돌로 만들어져야 한다는 것, 그리고 손에 쥘 수 있어야 한다는 것. 부싯돌이 아니면 도구를 만들 수 없으며, 손에 맞지 않으면 사람들이 쓸 수 없을 것이라고 생각한다. 미래에서 누군가가 불도저와 함께 나타난다면 그들은 어떤 표정일까.

　생명의 가능한 형태를 이야기하려면 ― 그 생명이 우리와 비슷하건 아니건 ― 첫 단계로 '생명'의 실제적인 정의에 합의해야 한다. 필자는 이 장에서 생명의 정의에 관해 이야기하고 외계인에 대해서는 다음 장에서 다시 설명할 것이다. 생명이란 대개 눈으로 볼 때는 구분할 수 있지만 정확하게 설명하기는 힘든 그런 곤란한 개념이다. 그렇다 해도 놀랍거나 곤란하다고 생각하지 않는다. 경험상 절대적으로 정확하게 설명할 수 있는 과학 개념은 오래전에 고갈된 분야의 것들이다. 명왕성을 '행성'이라고 할 수 있는지를 두고 벌어졌던 난리를 생각해 보라.

수학에서도 엄밀한 정의는 관례이지만, 새로운 연구에서 새로운 사실이 밝혀질 때마다 그 개념은 흔히 수정된다. 앞에서 '공간'이나 '차원' 같은 기본 용어에서도 살펴보았다.

생물학자들에게는 보편적으로 수용하는 '생명'의 개념이 없다. 여러 정의들이 서로 경쟁하고 있지만 그중 어느 것도 완전히 만족스럽지는 않다. 극단적인 일부에서는 탄소 화학과 DNA를 가지고 명쾌하게 생명의 정의를 만든다. 이 정의에 따르면 탄소 화학과 DNA를 이용하는 모든 것을 생명의 형태로 받아들일 수 있다. 끝. 하지만 이 정의에서는 흥미로운 의문들이 다수 제기된다. 수학과 물리학에서 보면 지구의 생명은 훨씬 더 일반적인 어떤 **과정**의 한 예(라기보다는 관련된 엄청난 수의 예들이라고 해야겠지만)인 것 같다. 많은 생물학자들도 똑같이 느낀다. 그들은 생명을 무엇으로 만들었는가에 따라 정의하고 싶어 하지 않는다. 무엇을 하고 어떻게 하는지에 따른 정의가 더 적절하고 덜 제한적이라고 본다. 마치 1부터 100까지의 숫자들로 구성된 수학을 가지고, 이 숫자들 속에서 관찰된 흥미로운 대부분의 성질이 더 일반적인 수 개념에서도 보존되는지 알고 싶은 것과 같다.

결과적으로 현재 생명에 대한 실제적인 정의는 무엇이냐가 아닌 무엇을 하느냐에 중점을 둔다. 생명의 주요한 특징들은 다음과 같다.

- 조직적인 구조를 지닌다.
- 단기적인 환경 변화에 대응해 내부 행동을 조절한다.
- 환경에서 에너지를 얻어 위의 두 특성을 유지한다.
- 먹이 공급원 쪽으로 움직이는 것처럼 외부 자극에 반응한다.
- 단순히 물질을 쓰지 않고 더 많이 저장해 두는 방식을 넘어 성장한다.

- 번식한다.
- 장기적인 환경 변화에 맞춰 적응한다.

이 특징들은 생명체가 가진 전부가 아니며, 서로 배타적이지도 않고, 어떤 특징들은 다른 것보다 덜 중요하며, 어떤 특징들은 아예 없앨 수도 있다. 하지만 대략적으로 말해, 자연에 있는 어떤 체계가 이러한 특성들을 대부분 나타낸다면, 생명의 형태라는 자격을 얻을 수도 있다.

불꽃을 예로 생각해 보자. 불꽃은 분명한 물리적 구조가 있다. 주변 환경에 대응해 움직임을 바꾸고, 연료와 산소가 있으면 성장하며, 없으면 죽는다. 불꽃은 연료와 산소의 반응에서 화학 에너지를 얻는다. 근처의 연료 공급원을 침범한다. 자라나고 번식한다. 숲에서 난 불도 하나의 작은 불씨에서 시작되지 않는가. 하지만 불꽃과 관련된 화학은 오늘날이나 10억 년 전이나 같기 때문에, 마지막 특성에서 걸린다.

상상력을 발휘하면 복잡한 불꽃 체계로 된 그럴듯한 외계인을 만들어 낼 수 있다. 그 외계인의 화학이 오랜 시간에 걸쳐 환경에 따라 변할 수 있다면, 진화할지도 모른다. 어떤 면에서 우리도 그 외계인과 같다. 세포와 우리를 끊임없이 움직이게 만드는 에너지 순환은 몸 안에서 타오르는 불꽃이나 마찬가지이다. 그 순환에서는 발열 반응처럼 열을 방출한다. 하지만 우리는 단순히 발열 반응이 아니다.

생명의 특성에 대한 앞의 목록에 대해 여러 대안들이 나타났다. 거의 모든 대안에 가장 분명한 생명의 특징인 번식(reproduction)이 들어 있었다. 생물학자들은 번식을 이와 매우 비슷한 능력인 복제(replication)와 구분한다. 그 구분은 중요하다. 사실 매우 중요하다.

어떤 대상이나 체계가 **복제**한다는 말은 스스로를 그대로 베꼈거나 그렇지 않다면 너무 비슷해서 차이를 말하기 힘든 복사본을 만든다는 뜻이다. **번식**은 그 복사본에 어느 정도 가변성이 있다. 복사기는 흑백의 서류를 복사한다. 종이의 차이나 확대 또는 축소 복사를 제외하면 복사본은 기본적으로 원래의 것과 똑같다. 특히 중요한 서류의 내용은, 얼룩이나 공백이 있다 할지라도 본질적으로 동일하다. 가장 엄격한 의미에서 진정한 복제는 드물다. 컴퓨터 파일의 복사본조차도 오류가 있을 수 있다. 이와 달리 고양이는 번식한다. 새끼 고양이들은 심지어 다 자란 뒤에도 세세한 부분이 어미와 다르며 반점이나 크기, 성별이 완전히 다른 경우도 많다. 하지만 전체적으로 이들은 고양이로 자라나며 새끼 고양이들의 부모가 된다. 그러므로 '고양이'라는 **체계**는 번식하지만 복제되지는 않는다.

카우프만은 생명에 관한 가장 함축적이며 아마도 가장 폭넓은 듯한 정의를 만들었는데, 이 정의에서는 기본적으로 생명체를 하나의 복잡한 체계로 본다. 복잡한 체계라는 말은 전문적으로, 비교적 단순한 행위자(agent) 또는 독립체(entity) 다수로 구성되어 있으며 비교적 단순한 규칙에 따라 상호 작용하는 조직을 가리킨다. 복잡계 수학에 따르면 구성 요소가 단순해도 그것들이 결합한 계는 종종 (실제로는 일상적으로) 복잡한 '돌출' 행동을 보여 주는데, 이 행동은 구성 요소의 독립체나 그들이 상호 작용하는 규칙에서는 드러나지 않는다. 카우프만이 보기에, 생명은 번식할 수 있고 적어도 하나의 열역학적 일 순환 (열을 일로 전환하고, 믿을 만한 열원이 있는 경우 그 과정을 계속 반복할 수 있는)을 수행할 수 있는 복잡계이다. 생명의 다른 모든 특성들은 이 기본 특성에서 나올 수 있는, ― 때로는 필연적인 ― 결과로 볼 수 있다. 카우프만의 정의는 계의 구성 요소가 아닌, 일반적인 수학적 특성을 강조한다. 하지만 그의 정의는 생물학자들 다수의 지지를 받아야 한다.

지구 생명이 정보가 담긴 DNA에 크게 의존한다는 발견은 물론 매우 흥미롭다. 과학자라면 분명 DNA가 어떤 일을 하는지 알고 싶을 것이다. 하지만 그렇다고 '생명이란?'이라는 물음에 대한 답이 'DNA'는 아닌 것이다. '케이크란?'이라는 질문에 '베이킹 소다'라는 답을 내놓는 과학자는 거의 없을 것이다. 과학자들은 그저 베이킹 소다가 어떤 역할을 하며, 다른 것이 비슷한 일을 할 수 있을지 알고 싶을 뿐이다. 그러므로 생명이 가능한 까닭을 제대로 설명해 주는 것은 세세한 생화학 지식이 아닌, 그 생화학이 만들어 내는 추상적 과정이다. 지구 생명은 우리가 알고 있는 하나뿐인 예이다. 문제는 무엇에 관한 예란 말인가?

생명은 반드시 DNA를 바탕으로 해야 할까? DNA가 생명의 **열쇠**라고 생각한다면 '그렇다.'라고 답**해야** 한다. 하지만 심지어 그때도 흥미로운 질문들이 마구 떠오른다. DNA 세쌍둥이를 단백질로 바꾸는 '유전 암호'는 모두 지구에서 쓰는 것과 같을까? 암호는 전이 RNA(transfer RNA)에 따라 실행되며, 실험에 따르면 전이 RNA는 똑같은 화학 과정을 이용해 서로 다른 암호에 똑같은 기능을 줄 수 있다. 비표준적인 전이 RNA를 합성해도 전체 체계는 완벽하게 자신의 기능을 수행한다. 그러므로 원리상 지구의 생명은 오직 하나의 체계만 쓰지는 않는다는 것을 실제적인 가설로 받아들이자.

정도를 조금 높여 DNA와 충분히 비슷한 분자라면 모두 DNA와 비슷한 일을 할 수 있다는 점 또한 분명하다. 다른 염기가 나타나는 사소한 변형이 있을 수도 있다. 지구에서도 어떤 바이러스는 DNA 대신

RNA를 이용하는데, RNA에는 티민 대신 우라실이 있다. RNA는 거의 모든 생명체의 번식에서 여러 핵심적인 일을 하기도 한다. 한 실험에서는 '이상한 염기'들을 합성해 DNA 이중 나선에 넣었다. 실험에서 암호는 4개 염기 암호로 확장되었으므로, 암호화된 아미노산의 수도 몇백 가지가 될 수 있었다. 그러므로 DNA가 유일하게 가능한 선형 '정보 함유(information-bearing)' 분자(더 적확하게 말하면 분자류이다. 생명체가 다르면 DNA도 다르다는 것이 요점이므로.)는 아닐 것 같다.

정보 함유 분자가 선형일 필요도 없다. 나무 구조, 또는 2차원이나 3차원의 고분자 집합도 될 수 있다. 탄소의 독특한 성질 때문에, 거대한 정보를 담는 분자라면 유기(탄소 기반) 분자여야 할 것 같다. 하지만 가끔 금속 원자가 있을 때는, 규소도 가능한 대안이 될 수 있다. 금속 원소 덕분에 복잡한 규소 기반 분자가 안정되기 때문이다. 사실 생명체를 만들 때 필요한 조직적인 복잡성은 원리적으로 항성의 광구에서 나타나는 자기 유체 역학적 소용돌이, 중성자별의 표면에 있는 수정 같은 단분자막, 성간 공간의 폐기물들을 헤치고 나가는 전자기 복사의 파속, 양자 파동 함수, 심지어는 우리의 세계와 아주 다른 물리법칙이 지배하는 호주머니 우주 속의 추상적인 생명체에서도 나타난다.

그와 같은 생명체가 실제로 존재하는지와 관계없이, '만약 존재한다면?'과 같은 사고 실험을 한다면 'DNA를 이용해 번식하는 조직적인 화학 체계'보다 훨씬 더 보편적으로 설득력 있는 '생명'의 정의를 생각할 수 있게 된다. 그 정의에서는 특정한 물질 요소들이 아닌 생명의 추상적인 과정들을 강조할 것이다. 또한 스스로 조직하고 스스로 복잡하게 만드는 생명체의 명백한 능력도 그 안에 들어갈 것이다.

20세기 중반까지, 생명을 정의하는 데 사용한 특성들은 단 하나, 번식으로 짧게 정리할 수 있었다(번식이라는 낱말의 뜻을 약간 수정하면 불꽃은 생명에 들어가지 않을 것이다.). 살아 있지 않은 사물이나 체계는 그때까지 알려진 어떤 것도 번식은커녕 복제도 할 수 없었다. 살아 있는 체계에는 비생물 체계가 따라할 수 없는 유일한 신비로운 능력이 있었다. 초기에는 이 능력이 죽은 물질에 생기를 불어넣는 영혼 또는 어떤 근원적인 힘(생의 약동(elan vital))에서 나온다고 생각했다. 하지만 과학자들에게 그러한 설명은, 생명체 안에서 영혼이 놓이는 위치를 알 수 있거나 그 근원적인 힘을 밝힐 수 있지 않는 한, 만족스럽지 못하다. 그렇지 않으면 사물이 떨어지는 원인을 '자신의 자연스러운 위치 — 땅 — 로 움직이려는' 경향에 돌리던 중세 시대로 돌아가야 한다. 사물이 낙하하는 이유는 땅을 향해 움직이기 때문이다.…… 훌륭한 설명이다!

20세기 중반에 와서 복제 능력은 체계 특성, 곧 체계가 조직되는 과정에서 나타나는 능력임이 분명해졌다. 복제는 체계의 구조에 따른 결과이다. 어느 누구도 그 위치를 알아내거나 확인하기가 불가능한 마법의 요소는 필요하지 않았다. 이것을 분명하게 증명한 체계에는 그런 마법의 요소가 없었다. 추상적인 수학적 체계였기 때문이다. 이 체계의 발명자는 노이만으로, 앞에서 게임 이론의 창시자로 나왔다.

노이만은 1948년 강의에서 사고 실험을 하면서 이 분야에 첫 발을 내딛었다. 프로그램 작동이 가능한 로봇이 예비 부품으로 가득한 창고에 살고 있다고 하자. 로봇은 그 부품들을 다룰 수 있다. 또한 로봇에는 지시가 녹음된 테이프가 있다. 로봇은 지시에 따라 창고를 돌아다니면서 필요한 부품을 집어 테이프를 제외한 자신의 복제본을 만든다. 마지막으로는 테이프를 복제해 그 테이프를 자신의 복제본 안에 넣는다.

이러한 설명에는 문제가 있다. 예를 들어 로봇은 테이프를 복제할 수 있어야 하는데, 그렇다면 복제가 처음부터 내장된 것 아닌가? 노이만의 시나리오에서는, 로봇도, 프로그램도, 홀로는 복제할 수 없다. 그 둘이 결합한 체계만이 복제를 한다. 프로그램은 로봇을 복제한다. 그리고 로봇은 프로그램을 복제한다. 역할 분담은 여기에서 핵심적인 아이디어이다. 그전까지 자기 복제 장치에서 극복할 수 없다고 여겼던 문제를 해결하기 때문이다.

자기 복제하는 독립체가 존재한다고 가정하자. 그 독립체 안에는 복제본을 만들 수 있도록 스스로의 구조에 대한 완전한 설명서가 들어 있어야 한다. 하지만 그 복제본 또한 스스로를 복제할 수 있어야 하므로(그렇지 않으면 완전한 복제본이 아니다.), 이 내재된 구조 설명서에는 스스로의 구조에 대한 완전한 설명서를 제공하는 복제본의 부분을 설명하는 무언가가 있어야 한다. ……

문제를 더 자세히 설명하면, 자기 복제 장치는 스스로에 대한 **상징**(representation)을 포함하고 있어야 한다. 그 상징 안에는 2세대 장치의 상징이 있어야 한다. 그 안에는 3세대 장치의 상징이 있어야 한다. …… 모든 자기 복제 장치는 인형 속에서 인형이 나오는 과정이 **영원히** 계속되는 러시아 인형 같아 보인다. 그 과정에 끝이 있다면 가장 작은 인형은 스스로의 상징을 포함하지 않아 복제할 수 없을 것이다.

어떤 물리적 독립체도 이 과정을 끝없이 이어나갈 수 없다. 어떤 시점에 이르면 인형은 가장 작은 기본 입자보다 더 작아져야 한다. 물론 살아 있는 독립체도 그렇게 할 수는 없다. 생명이 어떤 초자연적인 '본질'에 달려 있다고 믿는다면 몰라도. 초자연적인 현상은 이치에 맞

생명의 수학

아야 할 필요가 없기 때문이다.

노이만이 제안한 장치 구조는 러시아 인형과 같은 상황을 피해 갔다. 똑같은 물리적 대상 — 테이프에 담긴 프로그램 — 을 개념이 다른 두 가지 방식으로 해석했기 때문이다. 로봇을 복제하는 입장에서 프로그램은 따라야 할 지시들로 구성되었다. 프로그램을 복제하는 입장에서는 복제되어야 하는 상징들로 구성되었다. 한쪽에서는 '주전자에 불을 붙여라.'라는 쪽지의 지시를 따라 주전자를 끓인다. 다른 쪽에서는 '주전자에 불을 붙여라.'라는 메시지를 담은 두 번째 쪽지를 만든다. 이제 프로그램은 로봇이 지시를 따르는 동안 로봇을 복제할 수 있고, 로봇은 프로그램을 따르지 **않으면서** 프로그램을 복제할 수 있게 된다.

노이만은 이러한 설정에 만족하지 않았는데, 그것을 수학적으로 분석할 좋은 방법을 찾지 못했거나, 그 설정을 실행에 옮길 수 있는 실제 기계를 만들 수 없었기 때문이다. 당시 노이만은 뉴멕시코 주에 있는 로스앨러모스 국립 연구소에서 일하고 있었고, 동료 중에는 수학자 스타니슬라프 마르친 울람(Stanislaw Marcin Ulam)이 있었다. 독창적인 사고방식으로 유명한 울람은 격자를 활용해 결정체의 성장을 모형화하고 있었다. 격자란 정사각형의 커다란 체스판과 비슷한데, 체크 패턴이 없는 것이다. 그는 노이만에게 격자와 비슷한 기술을 사용하면 자기 복제하는 기계를 실현할 수 있을지도 모른다고 제안했다. 구체적으로, 울람은 자기 복제하는 세포 자동 장치를 정의하려고 생각했다(그림 73).

여기서 자동 장치란 간단한 규칙을 따를 수 있는, 사실상 기초적

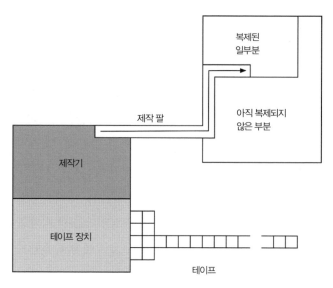

그림 73 노이만의 복제 자동 장치 도식

인 계산을 할 수 있는 수학 체계이다. 세포 자동 장치는 규칙이 있는 격자로, 단순한 비디오 게임과 같다. 세포 하나하나는 격자 안의 정사각형이고, 규칙은 말 그대로 규칙인 특수한 종류의 복잡계이다. 격자의 각 정사각형 — 각 세포 — 은 다양한 상태로 존재할 수 있다. 상태를 시각화하는 한 방법으로 세포에 색을 칠하면, 가능한 상태들이 여러 색깔로 나타난다. 각 세포는 자신의 색과 이웃의 색을 결정하는 특정한 규칙 체계를 따른다. 예를 들어 '빨강'과 '파랑' 두 색을 가지고 한다면 규칙은 다음과 같은 문장으로 쓸 수 있다.

● 네가 빨강이고 너의 바로 옆에 있는 이웃 넷이 모두 파랑이면, 파랑으로 변하라.

생명의 수학

- 네가 빨강이고 정확히 세 이웃이 파랑이면 파랑으로 변하라.
- 네가 빨강이고 정확히 두 이웃이 파랑이면 빨강으로 남아라.

규칙 목록이 완성되면 있을 법한 모든 상태 패턴을 만들어 낼 수 있다.

색과 규칙이 갖추어지면 자동 장치는 일정한 색 패턴(초기 상태)에서 시작되고, 규칙을 (모든 세포에 동시에) 적용해 다음 패턴을 만드는 과정을 반복한다. 단순해 보이지만 결과는 복잡할 수도 있다. 적절한 세포 자동 장치는 실제 컴퓨터가 하는 모든 계산을 따라할 수 있다.

울람의 제안에 영감을 얻은 노이만은 29개의 세포 색깔이 있는 자동 장치에 적용할 수 있는 규칙들을 고안했다.[2] 복제 장치는 약 20만 개의 정사각형으로 구성되었다. 나머지는 빈 상태로 남겨 두었다. 사실상 빈 공간이란 또 다른 색이었으며, 이웃한 세포가 비어 있는 상태에서 벗어날 때에만 다른 색으로 바뀌었다. 노이만은 단순한 규칙들을 따라가면 자동 장치는 자신을 복제하게 되리라고 증명했다. 그 복제본은 또 다른 복제본을 만들 것이며, 또 다른 복제본은 또 다른 복제본을 만들리라…….

그는 자신의 결과를 발표하지 않았다. 주된 연구에서 잠시 외도한 것으로 생각했거나 발표를 할 시간이나 의향이 없었을지도 모른다. 이유가 무엇이건 노이만이 자신의 생각을 발표하지 않았다는 사실은 유감스럽다. 노이만의 생각은 실제 생명체에 대한 중요한 수학적 예측이 되었을 텐데 말이다. 노이만의 예측은 다시 말해, 생명체가 번식할 때는 반드시 두 가지 기능, 즉 복제 과정을 조절하는 기능과 복제되는 기능을 함께 갖춘 데이터 목록(앞에서 말한 테이프와 같다.)을 사용한다는 것이다. DNA의 구조와 DNA가 생명체의 번식에서 하는 역할은 노이만의 예측을 증명했을 것이다. 우연히도 노이만의 연구는 크릭과 왓슨의 장대한 논문이 나온 직후인 1955년에만 대중의 관심을 받았다. 1960년에 비로소 미국의 수학자이자 컴퓨터의 선구자인 아서 버크스(Arthur Burks)가 노이만이 생각한 수학 기계가 스스로 복제할 수 있음을 최초로 완전하게 증명했다.[3] 결국 일반적인 수학 원리를 통해 생물학적 번식의 기본 기제를 예측할 기회를 잡은 사람은 없었다.

여러 사람들이 노이만의 생각을 받아들였다. 콘웨이(매듭 이론에서 마지막으로 살펴본 사람)도 그중 한 사람이었다. 그는 세포 자동 장치를 발명했는데, 그 역학이 매우 유연하고 '예측 불가능'해서 그는 그 장치에 생명 게임(Game of Life)이라는 이름을 붙였다.

보통 '생명(Life)'이라고 줄여서 부르는 이 게임은 정사각형 격자와 그 위에 놓는 계수 장치로 구성된다. 게임은 계수 장치가 유한하게 배열된 상태에서 시작되는데, 그 상태가 자동 장치의 초기 상태이다. 그리고 단순한 규칙들이 있는데, 이 규칙은 각 계수 장치의 바로 옆에 있는 이웃의 수와 관련된다. 규칙을 적용하고 나면 다음 배열이 나타난다. 계수 장치의 탄생, 죽음, 생존은 이 규칙이 지배한다. 죽은 계수 장치는 격자에서 제거되고, 새로 태어난 계수 장치는 추가되며, 그동안 나머지는 그 자리에 머문다.

규칙은 정확히 다음과 같다.

- 이웃이 없거나 하나인 계수 장치는 죽는다.
- 이웃이 넷 이상인 계수 장치는 죽는다.
- 이웃이 둘 또는 셋인 계수 장치는 산다.

● 이웃이 정확히 셋이 있는 빈 공간에는 새로운 계수 장치가 태어난다.

생명 게임에 관련된 정보와 무료 게임 소프트웨어는 인터넷에 많이 있다.[4] 생명 게임은 엄밀한 규칙에 따라 진행되므로 어떤 초기 배열이든 그 결과는 완전히 정해져 있다. 똑같은 형태로 게임을 다시 시작하면 똑같은 순서로 진행된다. 그럼에도 불구하고 그 결과를 예측할 지름길이 없다는 점에서 예측 불가능하다. 결과를 알기 위해서는 그저 게임을 진행시키고 어떻게 되어 가는지 봐야 한다. '결정론적'과 '예측 가능성'이 이론상에서는 본질적으로 같지만 실제에서는 달라진다.

생명 게임 규칙은 단순하지만, 그 규칙에서 나오는 행동은 놀라울 정도로 다채로울 수 있다. 실제로 그 행동은 엄밀한 의미에서 때로 예측 불가능하며, 심지어 초기 상태가 뒤에 일어나는 모든 일을 완벽하게 결정한다고 해도 그렇다. 1936년, 튜링은 컴퓨터 프로그램이 어떤 답을 내고 종료될지, 영원히 돌아갈지 — 이를테면 고리에 갇혀서 무한 반복하는 상태 — 를 미리 예측하는 것이 일반적으로 불가능함을 증명함으로써 정지 문제(halting problem)를 해결했다. 콘웨이와 다른 이들은 생명 게임에 범용 튜링 기계(universal Turing machine), 즉 수학에서 말하는 프로그램 작동이 가능한 컴퓨터를 구성하는 배열이 존재함을 증명했다.[5] 따라서 주어진 생명 게임 배열이 영원히 살지, 죽게 될지 미리 알 방법은 없다.

2000년, 매슈 쿡(Matthew Cook)은 영국의 박학다식한 학자 스티븐 울프럼(Stephen Wolfram)이 1985년에 제기한 추측을 증명해 더 단순한 범용 튜링 기계를 찾아냈다. 울프럼의 추측은 세포가 정사각형 격자가 아닌, 한 줄로 나란히 배열된 상태의 세포 자동 장치도 범용 튜링 기계를 따라할 수 있다는 것이었다.[6] 이 자동 장치는 '규칙 110(Rule 110)'이라고 한다. 자동 장치에는 두 가지 상태, 이를테면 0과 1이 있으며 규칙은 매우 단순하다. 한 세포의 다음 상태를 알려면 세포 좌우에 이웃한 두 세포를 살펴보면 된다. 패턴이 111, 100 또는 000이라면 다음 상태는 0이 된다. 이 세 경우를 제외한 다른 경우에는 1이 된다. 놀라운 것은 그러한 단순한 규칙 체계가 원리적으로 컴퓨터가 하는 모든 일을 할 수 있다는 점이다. 이를테면 π를 소수점 아래 10억 자리까지 계산한다. 이 사실은 인공 생명에 담긴 주요한 의미를 강화한다. "단순한 규칙에서 비롯될 수 있는 행동의 복잡성을 절대 과소평가하지 말라."

콘웨이가 생명 게임을 개발했을 때, 병원에서 중앙 컴퓨터의 프로그램을 만들던 크리스 랭턴(Chris Langton)은 그 게임에 크게 관심을 갖고 생명체의 특성들을 컴퓨터에서 모의 실험하기 시작했다. 버크스는 미시건 대학교에서 대학원 연구 프로그램을 돌리고 있었는데, 1982년 랭턴이 합류했다. 그 결과 새로운 과학 분야인 인공 생명이 탄생했다. 어떤 이들은 인공 생명이라는 이름이 과장되었다고 비판하지만, 분명히 해야 할 점은 그 이름에 **실제** 생명을 인공적인 수단으로 창조했다는 뜻은 없다는 것이다. 인공 생명은 오히려 살아 있는 생명체의 핵심적인 특성들, 이를테면 복제를 모방하는 비생물학적 체계를 가리킨다. 그 특성들은 물리적으로 나타나는 모습과는 별개로, 그 자체로 복잡하다. 그렇기에 그 특성과 그 특성의 구성 요소를 분리하는 수학 체계에서 연구하는 것이 이치에 맞다. 랭턴은 인공 생명을 주제로 한 최초의 학회에서 다음과 같이 이 분야를 설명했다.

인공 생명은 살아 있는 자연 체계의 행동 특성들을 보이는 인공 체계에 대한 학문이다. 또한 지구에서 진화한 특정 예에 국한되지 않고 가능한 모든 방식으로 생명을 설명하는 모험이다. …… 최종 목표는 논리적인 형태의 살아 있는 체계를 끌어내는 것이다.[7]

그 가능한 예로, 랭턴은 이미 최초의 자기 복제하는 '생명체'를 개발해 실제 컴퓨터에서 실행했다. 하지만 생명체의 복잡한 특성은 복제뿐만이 아니다. 생식 ─ 가끔씩 오류가 나는 복제 ─ 은 진화의 길을 여는 특성이다. 필요한 것은 선택의 원리, 즉 어떤 변화를 유지하고 어떤 변화를 버릴지 결정하는 원리이다.

지난 30년 동안, 수많은 방식으로 끊임없이 정의된 인공 생명 체계의 흐름에 따라 세 가지가 분명해졌다. 모두 과거의 직관과는 반대된다.

1. 규칙을 바탕으로 한 거의 모든 체계는 안정 상태나 주기적인 순환보다 더 복잡한 종류의 행동을 할 수 있다면, 사실상 아주 복잡한 행동을 할 수 있다. 규칙을 바탕으로 하는 체계에서 복잡한 행동은 일반적이다.
2. 규칙의 복잡성이나 단순성은 결과적으로 나오는 행동의 복잡성이나 단순성과 뚜렷한 관련이 없다. 복잡한 규칙에서 단순하거나 복잡한 행동 모두 나올 수 있다. 단순한 규칙에서 단순하거나 복잡한 행동 모두 나올 수 있다. 규칙과 행동 사이에 '복잡성의 보존'은 없다.
3. 진화는 필요한 특성을 눈에 보이는 방식으로 개체에 설계하지 않고도 고도로 복잡한 구조와 과정을 창조하는 매우 강력한 방법이다.

랭턴의 기본적인 생각은 티에라(Tierra), 아비다(Avida), 이볼브(Evolve)라는 체계들처럼 수많은 형태에서 실행되었다. 2003년 칼로 콜미스(Carlo Cormis)가 도입한 다윈보츠(Darwinbots)가 대표적인 체계이다.[8] 다윈보츠에서 각 생명체를 의미하는 보츠는 컴퓨터 화면에 원으로 나타난다. 각 보츠에는 가상으로 만든 유전자가 있으며, 이 유전자는 행동에 영향을 준다. 보츠는 먹이를 통해 에너지를 얻고, 그 에너지는 활동을 할 때마다 떨어진다. 에너지 수준이 너무 낮으면 보츠는 죽는다. 보츠는 매우 다양한 행동을 한다. 생명 게임과 규칙 110의 세포와 달리 평면 전체를 돌아다닐 수 있으며, 개개의 특정 세포에 갇혀 있도 않다.

'약한 인공 생명(weak alife)'이라는 철학적 입장에서는 생명의 과정을 창조하는 데는 화학이 유일한 방법이라고 주장한다. ('alife'는 'artificial life'를 가리키는 전문 용어다.) 지구에서 나타나는 표준적인 DNA 기반의 체계가 변할 수 있으며, 그렇게 변한 형태도 제 역할을 할 것을 안 이상, 또 다시 입장을 후퇴해 우리가 아는 생명의 형태가 유일하게 가능한 형태라고 주장할 수는 없다. 하지만 비화학적인 생명에 대한 확실한 증거가 없기 때문에 모든 생명이 화학적이라는 주장은 타당하다.

인공 생명이 주는 주된 메시지는 더 창의적이고 사색적이다. 노이만으로 거슬러 올라가는 이 입장은 '강한 인공 생명(strong alife)'이라고 한다. 강한 인공 생명에서는 생명이 특정한 화학 과정이 아니라, 그 화학 과정을 수행하는 데 필요한 매질과 관계없는, 일반적인 **유형**의 과정이라고 본다.

강한 인공 생명이 옳다면, 중요한 것은 생명이 무엇으로 이루어졌느냐가 아니라 무엇을 하는가이다.

합성 생명(synthetic life)은 인공 생명과 느낌이 비슷하지만, 실험실에서 비유기적인 요소를 합성해 관습적인 생화학을 따라 작동하도록 만든 생명체라는 점에서 다르다.

2010년 메릴랜드 주 록빌에 위치한 제이 크래이그 벤터 연구소(J. Craig Venter Institute)에서는 신시아(Synthia)라는 별명을 가진 생명체를 만들었다고 보고했다. 연구팀에서는 먼저 순수하게 화학적인 기술을 써서 마이코플라스마 마이코이데스(*Mycoplasma mycoides*) 세균의 유전체 120만 염기 쌍을 복제했다. 여기에는 어떤 생명체도 관련되지 않았다. (이들은 또한 원본과 복제본을 구분하는 암호화한 메시지를 덧붙여 다른 과학자들에게 암호 해독의 과제를 냈다. 다른 과학자들은 재빨리 암호를 해독했다.) 그 다음에는 그 세균의 DNA를 제거하고 합성한 유전체를 대신 넣었다. 그 결과 세균은 복제할 수 있었으며, 대체 유전체도 기능을 수행한다는 것이 증명되었다.

최초의 합성 생명 형태가 만들어지면서 이러한 성과는 전 세계적인 관심을 받았다. 하지만 최초의 합성 생명 창조라는 말은 과장되었다. 마치 손으로 직접 컴퓨터 메모리 일부에 똑같은 암호를 그대로 중복 기록한 뒤 새로운 컴퓨터를 만들었다고 주장하는 것과 같다. 신시아의 제조는 '신을 흉내 낸다'는 비난을 받기도 했는데, 이 또한 지나친 비판이다.

신시아는 중요하지만 선전되는 만큼은 아니다. 신시아는 실험실에서 긴 DNA 염기 서열 전체를 조합할 수 있음을 보여 주는 예로, 생명체의 DNA 활동이 생명의 불가해한 특성이 아니라 화학 법칙을 따른다는 믿음을 뒷받침한다. 또한 최소 유전체 프로젝트(Minimal Genome Proejct)로 나아가는 가치 있는 단계이기도 하다. 최소 유전체 프로젝트의 목표는 복제가 가능한 최소의 유전체를 가진 합성 세균을 만드는 것이다.[9] 기대되는 이 세균에는 마이코플라스마 라보래토리움(*Mycoplasma laboratorium*)이라는 이름이 붙었다. 신시아와 달리 그 유전체는 이미 자연에 존재하는 것의 복제본은 아닐 것이다. 하지만 세포의 나머지 생화학적 장치는 이미 존재하는 생명체로부터 가져올 것이다.

이것은 새로운 운영 체제를 만들어 이미 존재하는 컴퓨터에 까는 일과도 같다. 처음부터 완전히 새로운 컴퓨터를 만드는 일에 가깝지만, 아직 같지는 않다. 진정한 합성 생명을 창조하려면 갈 길이 멀다.

18

거기 누구 없소?

'생명'이라는 말의 여러 의미를 이해했으니, 이제 앞 장이 시작할 때 나왔던 문제로 돌아가자. 우리 지구 밖에는 생명이 존재할까?

과학자들은 외계 생명체를 관찰한 적이 없다. 다만 남극 대륙에서 나타난 ALH 84001이라는 이름이 붙은 운석에서 아주 작은 화석 같은 것을 발견한 적은 있는데, 어떤 과학자들은 이것을 과거 화성에 존재했던 생명의 증거라고 생각한다(그림 74). 1996년, NASA의 과학자들은 화성에서 왔다고 추정되는 그 운석에 미세한 세균 화석이 있다고 발표했다. NASA의 주장은 아직도 논란거리이며 완전히 무너진 듯했지만 최근 재평가되면서 실낱 같은 희망이 생겼다. 생물학적 기원에 대한 최초의 비판들에 답을 할 수 있게 되었기 때문이다.[1] 운석

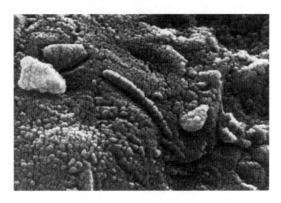

그림 74 화성에서 온 운석에 있는 세균 화석이라 추정되는 형태. 1밀리미터의 1000분의 1보다 짧다.

이 화성에서 왔음은 분명하다. 운석 안의 작은 기포에 갇힌 기체가 화성 대기의 특성과 일치하며, 계산 결과를 볼 때 운석은 화성 표면이 소행성과 충돌할 때 터져 나왔을 수 있다. 만일 그렇다면 화성 표면이 터져 나올 때 그중 일부 조각들이 지구로 들어와 남극 대륙으로 떨어졌고, 사람들이 그 운석을 발견한 것이다. 운석에는 분명 작고 이상한 형태들이 있었는데, 이 형태들이 한때 살아 있는 생명체였었는지가 논란의 대상이다. 많은 과학자들은 그 '화석'이 비생물학적인 과정의 결과일지도 모른다고 생각한다. 분명한 답을 내기는 어려운 문제이다. 상식에서 벗어나는 주장은 상식에서 벗어나는 증거를 대야 하므로, 증명의 책임은 그 형태가 한때 살아 있는 생명체의 것이라고 주장하는 사람들이 짊어져야 한다.

다른 행성의 생명에 대한 더 과학적인 이야기는 없을까?

내 생각에는 있다. 모두 과학적 추론 덕택이다.

생명의 수학

지구 생명의 기원에 대해 현재 과학적으로 이해한 바에 따르면, 지구는 별로 특별할 것이 없으므로 또 다른 곳에 사는 생명을 찾게 될 것이다. 심지어 지적 외계 생명체도 찾게 될 것이다. 어떤 과학자들은 여기에 동의하지 않는다. 그들은 지구가 특별하며, 그래서 다른 곳에 사는 생명체란 매우 드물 것이고 복잡한 생명체는 더더욱 드물 것이라고 주장한다. 『희귀한 지구(*Rare Earth*)』에서, 피터 워드(Peter Ward)와 도널드 브라운리(Donald Brownlee)는 생명에 특히 적합한 지구와 태양계의 수많은 특성들을 나열하면서 이러한 주장을 설득력 있게 입증한다.[2] 그들은 외계 생명이 있을 수 있다는 점을 받아들이면서도, 그 생명체는 대부분 세균의 수준에 머물 것이며 지적 생명체는 아주 드물게 나타날 것이라고 예상한다. 어떤 과학자들은 여기서 더 나아가, 지구만이 광활한 전체 우주에서 생명이 존재하는 유일한 곳이라고 주장한다.

외계 생명에 대한 과학적 예측은 넓게 보아 다음 셋 중 하나에 속한다.

- 외계 생명은 존재하지 않는다. (정의에 의해서가 아니라, 합리적인 과학적 원리에 따라)
- 외계 생명은 존재하며 지구 생명과 매우 비슷하다.
- 외계 생명은 존재하지만 대부분이 지구 생명과 전혀 다르다.

첫 번째 입장은 다소 부정적이지만, 현재로서는 외계 생명에 대한 확실한 증거가 없기 때문에, 적어도 현재는 반박당할 염려가 없다. 하지만 생명의 기원을 물리적, 화학적 과정에 따라 이해하는 현재의 과학에서는 4개 중에 1개의 별은 행성을 가지며, 그런 별이 평균 4000억 개가 있는 은하가 다시 2000억 개나 되는 우주에서 오직 하나의 행성에 생명을 제한하지 않는다. 그러므로 지구가 실제로 우주에서 생명이 존재하는 유일한 곳이라면, 심지어 그 생명이 정확히 우리와 같은 형태가 될 수밖에 없다면 매우 놀라울 것이다.

두 번째 입장은 가장 상상력이 풍부하지는 않더라도 과학적으로는 가장 인정할 만하다. 우리와 비슷한 생명체가 분명히 가능하다는 사실은 알지만, 우리와 비슷한 외계 생명체가 자연스럽게 나타날 수 있는지는 확실하지 않다. (인위적으로 나타날 수 있는지는 또 다른 문제이다.) 우주 생물학(astrobiology, exobiology)은 지구 생물학과 우주학을 결합한 학문으로 최근 새롭게 나타난 분야이다. 그 전까지는 지구 생명과 비슷한 생명의 가능성에만 거의 집중했기에, 행성의 환경이 지구와 비슷해야 했다. 지구 생명의 기원에 대해 더 많이 알아갈수록, 이러한 조건은 덜 엄격해졌고, 이에 따라 비슷한 생명을 발견할 최적의 확률은 감소했다.

세 번째 입장은 서서히 지지를 얻고 있다. 외계 생명이 우리와 똑같을 까닭이 없다고 생각할 만한 타당한 근거는 많다. 생명에서 가장 중요한 특징 하나는 환경에 대한 적응이다. 이것은 또한 진화의 기본 특징이기도 하다. 지구와 전혀 다른 환경에서 진화해 그 환경에 적응하는 일이 있을 수 없다고 생각할 만한 까닭은 별로 없다. 지구와 비슷한 환경을 생명의 전제 조건이라고 주장하는 것은 지나치게 편협해 보인다. 마치 모든 인간의 의복, 예절, 사회 구조가 빅토리아 시대 사람들과 같으리라고 예상하고, 여성 모자를 파는 상점이 없다는 이유로 아프리카 숲을 인간의 거주지에서 제외한 빅토리아 시대의 탐험가와 같다. 수많은 우주 생물학자들이 지구와 같은 행성은 아주 드물지도 모

생명의 수학

르지만, 외계 생명은 우리와 다른 세계에 존재하리라고 생각하게 되었다. 이러한 관점은 외계 생물학(xenobiology)이라는 말로 더 잘 나타낼 수 있다. 외계의 '생물학'이 생물학 교과서에 나오는 내용과 근본적으로 다를 수 있다는 점을 강조하면, '외계 과학(xenoscience)'이라는 말이 더 나을지도 모르겠다.[3]

우주 전체에서 지구가 지적 생명이 사는 유일한 곳일 확률은 얼마나 될까?

수를 단순하게 만들기 위해 행성의 수가 10^{22}이라고 하자. 큰 수의 법칙에 따라, 평균적으로 하나의 행성에 지적 생명이 산다면, 한 행성에 지적 생명이 자라날 확률은 10^{22}분의 1이어야 한다. 그 확률이 100배 크다면 지적 생명이 자라는 행성이 100개 있다고 기대한다. 그 확률이 100분의 1배로 작다면 그와 같은 행성이 100분의 1개라고 기대한다. 거의 없는 것이나 다름없다. 그러므로 우리가 사는 세계를 유일하게 만들어 줄 마법의 수 1이 나오기 위해서는 우주론적으로 매우 정교한 미세 조정이 필요하다. 하지만 지적 생명이 나타날 확률을 구체적인 행성의 수로 환산해 주는 그럴듯한 물리적 기제는 없는 듯하다. 그러므로 지구는 우주 복권에서 대박을 맞은 행성이거나, 그게 아니라면 외계 생명은 존재한다.

표준적인 계산에 따르면 확률이 정확히 10^{22}분의 1인 임계 상황에서는 지구에만 지적 생명이 있을 확률이 37퍼센트이다. 어떤 행성에도 지적 생명이 존재하지 **않을** 확률 또한 37퍼센트, 둘 이상의 행성에서 지적 생명이 존재할 확률은 26퍼센트이다.[4] 외계 생명을 발견할 확률이 낮지는 않지만, 인간이 유일한 지적 생명이게끔 우주가 정밀하게 조정되었다고 하더라도, 유일한 지적 생명이 존재할 가능성만큼이나 어떤 지적 생명도 존재하지 않을 수 있었음을 생각하면 정신이 번쩍 든다. 둘 이상의 지적 생명이 존재할 확률도 거의 비슷하다.

언젠가 정말 인간만이 홀로 존재한다고 밝혀진다면, 더 나은 수학 모형을 찾든지, 우주의 운명에 따라 인간이 유일한 지적 생명이 되었다고 결론 내려야 할 것이다. 바로 지금은 우리가 혼자가 아니라는 추측이 가장 적절하다. 지적 생명이 있는 행성은 아마도 드물겠지만, 우주는 아주 광활해서 그와 같은 행성이 우주에 1000조 개 있고 거기에서 현재 모두 지적 생명이 자라난다고 해도[5] 우리은하 안에서는 1만 개도 채 되지 않을 정도이다. 우리은하 안에 있는 그 1만 개 중에서 지구와 가장 가까운 행성은 평균적으로 약 1000광년 떨어져 있을 것이다. 그러므로 우주에 생명이 넘쳐난다고 해도 우리는 그들과 마주치지 못할 것이다.

인터넷에서 대충 보기만 해도 과학자가 아닌 많은 사람들이 외계인은 존재할 뿐만 아니라, 그들이 이미 지구를 방문했다고 확신하고 있음을 알 수 있다. 그들의 주장에 따르면 미국 정부가 그 사실을 은폐해 왔기 때문에 주변에 돌아다니는 외계인을 보지 못한다는 것이다. 필자는 미국 정부 ― 또는 어떤 정부라도 ― 가 외계인 방문을 은폐하기로 결정했을 수도 있다고 기꺼이 믿고 싶다. 하지만 그 시도는 오래갈 수 없었을 것이며, 그럴 필요도 없다고 생각한다. 내가 보기에는 은폐할 것이 없기 때문이다.

외계인 방문 이야기를 믿지 않는 주된 이유는 정치적인 입장이나 외계인들을 믿는 사람들의 사고방식 때문이 아니라 외계 생명 과학 때

생명의 수학

문이다. 외계 생명 과학은 한창 자라나는 아주 과학적인 학문이다. 비록 외계 생명이 관찰된 적은 한 번도 없지만 말이다.

논의의 대상이 관찰된 적이 없다 하더라도, 그에 대해서는 충분히 연구할 수 있다. 아원자 입자를 다루는 '표준 모형'에서 예측한 힉스 보손(Higgs boson)에 대해 물리학자들이 엄청난 연구를 해 왔지만, 지금껏 그 입자를 관측한 사람은 없다. 사실 그 입자는 가동한 뒤 며칠 만에 고장난 것으로 유명한 강입자 충돌기에서 지금도 찾아내려 애쓰고 있다. 여러 국가에서 강입자 충돌기를 건설하고 유지하는 데 90억 달러의 돈을 투자했다. 강입자 충돌기는 다시 작동하고 있지만 이 책이 출판되기 전에 힉스 보손을 발견할 것 같지는 않다. (저자의 말대로 책이 출판된 시점(2011년)까지는 힉스 보손이 발견되지 않았으나 2015년 현재 힉스 입자는 그 존재가 발견되어 확정된 상태이다. CERN에서는 2012년 7월 힉스 입자로 추정되는 새 입자를 발견했으며 2013년 10월 그 입자를 힉스 입자로 최종 확정했다. ― 옮긴이)

초끈은 지금껏 누구도 관측한 적이 없지만, 초끈 이론가들은 이 가설적인 대상에 엄청난 노력을 기울여 왔다. 초끈에는 양자 이론과 상대성을 통합할 가능성이 있었기 때문이다. 누구도 우주가 태어난 광경을 본 적이 없지만, 우주론자들이 그 때문에 펀드 매니저로 직업을 바꾸는 일은 없다. 블랙홀의 안, 네안데르탈인의 탄생, 생명이 뭍에 출현한 순간, 어슬렁거리는 용각류 무리, 안드로메다은하의 중력장을 본 사람은 없다. 직접적으로 말이다. 아니, 많은 경우에는 간접적으로도 아예 보지 못했다. 하지만 이 주제들은 모두 과학에서 굳건히 자리를 차지하고 있다.

사실 외계인이 존재하지 **않는다고** 증명하는 과정에서 탁월한 과학

그림 75 '그레이' 외계인이라고 알려진 사진

적 성과를 이룰 수도 있다. 『희귀한 지구』가 바로 그러한 예이다.

과학은 단순히 직접적 관찰만을 다루지 않는다. 과학은 이론과 실험 사이의 복잡한 상호 작용이며, 실험은 간접적으로 이루어지는 일이 많다. 과학의 힘은 추론에 있다. 100만 년 전에 살아서 침팬지에서 인간이 분화된 사건을 목격한 사람은 없지만 과학자들은 이 사건이 일어났음을 확신한다. 수많은 독립적인 계통의 연구들에서 필연적으로 그와 같은 결론이 나오기 때문이다. 화석의 증거, 화석이 들어 있는 암석 연대, 매우 상세한 DNA 증거, 침팬지와 사람 몸의 생화학, 이 모든 것이 적어도 지구가 태양 주위를 돈다는 사실만큼 확실하게 그 결론을 뒷받침한다.

화성에서 온 작은 화석들이 아니더라도, UFO 연구가, 뉴에이지 신봉자, 초자연적 현상을 믿는 사람들은 외계 생명체를 보았다고 주장한다. 그들은 흔히 자신이 외계인에게 납치되었다가 풀려났다고 말한다. UFO 연구에 나오는 전형적인 외계인은 흔히 '그레이(grey)'라고 부르며, 인간과 비슷하게 생겼다. 키는 우리보다 작고, 피부는 회색빛이며 머리가 크고, 거대한 타원형 눈에 콧구멍은 작다(그림 75). 신체 비율과 팔다리의 관절은 우리와 다르다. 그레이는 외계인과 접촉한 사람들의 보고에서 놀라울 정도로 두드러지게 나타난다. 캐나다 90퍼센트, 브라질 65퍼센트, 미국 40퍼센트. 유럽에서는 그 비율이 20퍼센트 정도로 떨어지며 괴짜들이 많은 영국에서는 고작 12퍼센트이다.[6]

역설적이게도 외계인 방문에 관한 보고를 믿지 않는 주된 이유는 믿기지 않을 정도로 이상해서가 아니다. 오히려 그 반대이다. 그레이는 별로 이상하지 않다. 그들은 뭔가 잘못된 외계인종이다. 우리와 지나치게 비슷하기 때문이다. 그리고 이를 정당화하는 과학은 타당하고 견고한 지구의 생물학이다.

1960년대부터, 내 친구인 생물학자 코언은 외계 행성에 사는 생명을 주제로 300편이 넘는 강의를 했다. 그가 강의에서 설명한 중요한 원리 중 하나로, 지구 생명의 어떤 특징이 외계 생명체에 나타날 가능성이 있으며, 어떤 특징이 지구 진화에서 일어난 우연한 사건이기 때문에 다른 생명체에서는 나타나지 않을지를 판단하는 방법이 있었다. 내가 "가능성이 있다."라고 말한 까닭은 그 논의가 지금 단계에서는 추론에 그치기 때문이다.

코언은 두 가지 유형의 특징을 구분해 각각 보편성(universal)과 지역성(parochial)으로 이름 붙였다. 손에 있는 다섯 손가락은 지역적이지만, 사물을 다룰 수 있는 촉수는 보편적이다. 깃털에 덮인 날개는 지역적이지만, 대기 중에서 날 수 있는 능력은 보편적이다. 데이지 꽃은 지역적이지만 빛에서 에너지를 얻는 광합성 작용은 보편적이다. '보편적'이라는 말은 그와 같은 생명체가 어디에나, 심지어 적절한 모든 행성에 존재할 것이라는 뜻이 아니다. 예를 들어 날기 위해서는 대기가 필요하지만, 대기가 있는 모든 행성에 날 수 있는 생명체가 살 것이라고 예측하지는 않는다. 보편성은 다른 적절한 행성에서 진화할 가능성이 큰 특징이다. 지역성은 반대로, 지역적인 사건이기에 다른 곳에서 볼 수 있으리라고 기대하지 않는다.

지구에 사는 생명체들은 멀게 보든 가깝게 보든, 대부분 보편적인 특징들이 지역적으로 나타난 예이다. 특정 유형의 눈 ― 눈은 완전히 다른 구조만 해도 수백 가지이다 ― 은 지역성이지만, 시각은 보편성이다. 다리는 생명체마다 다르지만, 걸음걸이는 보편성이다. 이와 같은 예들에서 두 종류의 특성을 구분할 수 있는 검사가 필요해진다. 이 특성은 어쩌다가 한 번 진화했을까, 아니면 독립적으로 여러 번 진화했을까? '어쩌다가 한 번'에는 수많은 후손들에서 잇달아 수정되어 나타나는 특성이 속한다. '독립적으로 여러 번'에는 그런 진화적 연계성 없이 서로 다른 계통에서 나타나는 특성이 속한다.

사람의 기도와 식도는 교차하므로, 매년 많은 사람들이 질식으로 사망한다. 이러한 구조는 사람뿐만 아니라 많은 포유류 동물에서 나타난다. 매우 형편없는 '설계'이지만, 이 구조는 진화적으로 우연히 일어난 사건에서 유래했다. 약 3억 5000만 년 전, 육지에는 커다란 생물이 없었지만 바다와 대양에는 수많은 어류들이 살았다. 어떤 것은 폐가 몸의 위에 있었고, 어떤 것은 몸의 아래에 있었다. (행성의 대기 일부를 들이마셔 화학 반응을 일으키는 것은 보편성이다. 그와 관련된 기관이 어디로 이어지는지는 지역성이다.) 육상 동물로 진화한 총기류는 폐가 아래에 있었다. 총기류는 5장에서 과도기 형태로서 이야기했다. 우리에게 있는 식도와 기도의 이상한 배열은 그로 인한 결과이다. 다른 어류가 총기류 대신 뭍으로의 진화를 겪었다면 결과가 달라질 수 있었으리라고 생각해 볼 수 있다. 다른 행성에서도 유사한 사건들이 일어나지 않을 이유가 없다. 그러므로 식도와 기도의 교차는 지역성이다.

화석의 증거는 바다에서 육지로의 전환이 서서히 일어났다는 견해를 뒷받침한다. 물고기들은 어느 순간 갑자기 뭍으로 나타난 것이 아니다. 농구를 하던 어린 물고기 셋이 육지로 튀어나간 공을 동경이 가득한 눈으로 바라보고 있는 게리 라슨(Gary Larsen)의 만화 「저 편의 세계(Far Side)」와는 다르다. 지느러미가 팔다리로 변하는 과정은 아마 어류가 아직 바다 속에 있을 때, 얕은 물가를 총총히 돌아다니다가 지느러미를 사용해 진흙과 모래를 밀어내기 시작하면서 일어났을 것이다. 해저를 '걷는' 능력은 팔다리의 구조와 협력해 진화했다. 육지에서 영원히 살게 되었을 무렵 지느러미는 팔다리로 변해 있었다. 5개의 손가락과 발가락은 이 기간 동안 진화해 얕은 물가에서 종종거리던 어류에서 양서류, 파충류, 포유류를 거쳐 진화한 인간에게 전해졌다. 사람의 팔다리 구조는 지역적이다. 하지만 관절이 있는 팔다리가 있다는 특징은 보편성이다. 이를테면 곤충에서도 관절이 있는 팔다리가 독립적으로 발달했다.

보편성을 검사하기 위한 '여기서 수차례 진화했는가'의 기준은 지구의 고유한 진화 역사와 깊은 관련이 있다. 지능은 그와 같은 기준에서 보편적이다. 문어와 갯가재도 포유류와 마찬가지로 지능이 있기 때문이다. 하지만 문화 자본과 경험적 지식을 폭넓게 접근할 수 있는 형태로 외부에 저장하는, 나와 코언이 '외적 지능(extelligence)'이라고 부르는, 인간 수준의 지능은 지구에서 단 한 번 진화해 온 듯하다. 돌고래는 똑똑하지만 그들에게는 도서관이 없다. 그러므로 외적 지능은 보편성을 판단하는 진화 검사에서 탈락한다. 하지만 외적 지능이 **보편적이어야 한다**는 것은 타당한 주장이다. 우리의 고유한 뇌 구조는 지역적이며, 보통 말하는 뇌라는 것도 지역적일 수 있지만, 외적 지능은 포괄적인 요령으로서 특정한 유전 사건이 아닌 진화적으로 분명히 이점을 얻는 수단이다. 어쩌면 외적 지능이 다시 한 번 나타나기 위해서는 시간이 더 필요할 뿐인지도 모른다.

그러므로 보편성과 지역성의 기준을 폭넓게 정해 더 이론적인 형태로 바꿔야 한다. 지역성은 우연히 나타난 특징으로, 지구 진화의 역사를 처음부터 다시 시작한다면 같은 형태로 일어날 가능성이 적다. 보편성은 일반적인 특성으로서 다양한 방식으로 실현될 수 있으며, 진화에서 분명한 이점을 제공하고, 진화의 역사를 다시 시작했을 때 또나타날 것이다. 논란의 여지가 있다는 점에는 동의하지만, 이러한 정의는 빠른 판단을 유도하는 엄밀한 규칙이 아니라 하나의 지침일 뿐이다. 즉 다른 행성에 생명이 존재할 가능성에 대해 **사고하는 방법**에 관한 지침인 것이다.

이 지침이 얼마나 우수한지는 외계 생명을 찾아낼지, 찾아낸다면 그 외계 생명은 어떻게 생겼을지에 달려 있다.

우리 대부분은 텔레비전과 영화에서 본 외계인에 대한 인상을 받아들인다. 나는 「이글(Eagle)」이라는 만화에서 처음으로 외계인에 대한 인상을 갖게 되었다. 미래 조종사 댄 대어(Dan Dare)는 얼굴이 초록색인 금성의 나무 접시들, 머리가 엄청나게 크고 몸은 작으며 반중력 쿠션 같은 것을 타고 다니는 악한 메콘(Mekon)과 싸운다. 만화는 영화나 텔레비전보다 상상력을 더 넓게 펼칠 수 있다. 컴퓨터 그래픽이 오늘날처럼 생생하게 외계인을 표현하기 전에는 사람이 얄팍하게 분장하거나, 엄청난 비율로 곤충을 확대하거나, 형체 없는 존재가 어둠 속에서 빛을 내면서 불꽃을 내뿜고, 공기의 흐름을 조종해 커튼을 움직이는 식으로 표현해야 했다. 이제 외계인들은 영화 「에일리언(Alien)」에 나오는 어미 외계인처럼 감탄할 정도로 정교하며 공포스러운 생명체로 나타나거나, 「스타워즈 에피소드 6: 제다이의 귀환(Return of the Jedi)」에 나오는 이워크 족처럼 귀엽고 깜찍한 모습으로 나타난다. 그러한 모습들은 영화 제작자들이 의도한 것으로, 사람들은 매체에 나오는 외계인의 모습 때문에 실제 외계인의 모습을 잘못 상상하게 된다.

매체에 나오는 외계인은 사람의 감정을 자극하기 위한 의도로 만들어 낸 것이다. 그러므로 이들은 어쩔 수 없이 지역적 특성을 띠며, 그러한 특징들 다수는 과학적으로 전혀 말이 되지 않는다. 「에일리언」에 나오는 외계인은 사람의 몸속에서 자라다가 고양이만 한 크기가 되면 사방에 피를 뿌리며 흉곽 외벽에서 터져 나온다. 희생자들이 왜 자신의 몸 안에 고양이 크기만 한 덩어리가 있는 것을 몰랐는지는 논외로 한다 해도, 외계 행성의 생명체가 어떻게 인간 몸의 생화학을 이용해 자라날 수 있었을까? 이들은 어쩌면 다양한 생명체를 숙주로 이용할 수 있는 범기생동물일 수도 있지만, 사실 그처럼 다수의 동물에 기생할 수 있도록 진화하기란 거의 불가능하다. 기생동물은 숙주와 함께 진화하며 일반적으로 매우 특성화되어 있다. 개벼룩은 일시적으로는 사람 안에 우글거릴 수 있지만 개가 없으면 오래 살지 못한다.

가장 큰 보편적 특징은 진화이다. 생명은 진화를 거치며 다양해지고, 일부는 더 복잡해지며, 그동안 고향 별의 조건에 더욱 적응해 간다. 실제 외계인이라면 우주 어딘가의 환경에서 진화해 왔을 것이며 그 환경에 적응했을 것이다. 그러므로 과학적으로 믿을 만한 외계인 영화를 만들려면, 그럴듯한 환경과 진화 역사 또한 만들어 내야 할 것이다. 어미 외계인과 기생하는 자식들로는 효과가 없다. 하지만 텔레비전이나 영화 제작자들 다수가 이러한 노력을 하지 않는다. '공상 과학일 뿐이야. 꼭 말이 되어야 할 필요는 없어.'라고 생각하는 듯하다. 하지만 그와 같은 생각이 현실성 없는 오락거리와 형편없는 공상 과학 소설을 만들고, 심지어는 과학의 수준도 낮추는 것이다.

외계인에 대한 인상은 인간의 문화에서도 생겨난다. 과거에는 유령이나 요정, 그밖에 초자연적인 생명체를 보았다. 글쎄, 어떤 사람들이 보았다고 생각했고, 많은 사람들이 그것을 믿었다. 외계인이 방문했으며 자신을 납치했다는 주장은 무시무시한 초자연적인 생명체를 자신이 속한 문화에서 받아들일 만한 용어로 표현하는 오래된 전통의 연장선이다. 그와 같은 주장들은 십중팔구 그 기원이 같을 것이다. 수면 마비 말이다. 수면 마비는 잠에서 깰 수 있게 되었는데 여전히 꿈속에 있는 상태로, 팔다리가 움직이지 않고 비판 능력이 억압된다. 꿈과 현실을 구분하는 뇌의 일부가 작동하지 않아 꿈에서 겪은 납치는 실제 일어난 것처럼 느껴지며, 몸을 움직일 수 없으므로 공포를 체험하게 된다.

이러한 초자연적인 외계인들의 구체적인 이미지와 모습은 문화를 통해 퍼져 나간다. UFO를 믿지 않는 사람들조차도 외계인의 눈이 크고 어두우며 머리가 크다고 '안다.' 그것이 외계인을 판단하는 기준이기 때문이다. 사실 그 기준은 가짜 외계인을 판단하는 기준이다. 그레이 외계인은 인간과 지나치게 닮았다. 이들은 인간의 지역적 특성들을 약간 변형시켜 만들었다. 안이한 방법으로 외계인을 만들어 낸 것이다. 우리와 비슷하지만 몇 가지 특징들을 극적으로 과장해 만들어 낸 모습일 뿐이다. 그저 형태 — 발이 둘이고, 맨 위에 머리가 있으며, 두개골이 사람과 비슷함(과장만 했을 뿐이다.) — 의 문제가 아니다. 그레이들은 지구의 공기를 호흡한다. 다른 세계에서 진화해 왔다면 그렇게 할 수 있는 생명체는 거의 없다. 그 세계의 대기가 지구와 아주 비슷하지 않다면 말이다. 심지어 사람도 똑같은 지구에서 고도가 높아지기만 해도 호흡 곤란을 느낀다. 대기의 구성이 비슷하지만 희박해지기 때문이다. 그러한 높이에서 자란 사람들만이 편안히 있을 수 있다. 페루에 가 보라, 무슨 말인지 알 것이다.

다른 의견도 있다. 외계인이 우리와 아주 비슷해야 한다고 주장하는 전통적인 과학 이론도 있다. 형태까지는 아니더라도, 그들을 이루는 생화학이나 살 수 있는 환경은 같아야 한다는 것이다. 막 싹이 튼 우주 생물학은 주로 지구 생물학의 지식을 받아들이며, 천문학을 통해 알고 있는 외계 세상의 배경에 그 지식을 투사한다. 그렇게 하면 외계 생명을 찾는 일은 거주할 수 있는 세계를 찾는 일과 같아진다. 여기서 '거주할 수 있음'은 사람이 살 수 있다는 뜻이다. 아니면 페루 사람이 고도에 적응하듯 지역의 조건에 적응한, 우리와 아주 비슷한 무언가가 살거나 말이다.

　　외계인이 우리와 비슷하다고 생각하는 사람이라면, 지구 생명을 출발점으로 외계인의 존재 가능성을 가늠할 수 있다. 지구 생명(간단히 '생명'이라고 간주하는)은 어떻게 작동할까? 생명의 다양성에도 불구하고, 모든 것은 DNA와 RNA, 매우 표준적인 분자 장치 체계에 좌우된다. 차이가 있더라도 그 정도는 미미하다. 지구의 생명체들이 살아가기 위해서는 무엇이 필요한가? 물, 산소, 살아갈 땅, 적절한 온도, 적은 양의 방사선, 태양 에너지, 안정된 환경 — 그것도 매우 안정된 환경, 다시 말해 지진, 화산 폭발, 쓰나미, 숲 속의 화재, 귀향하는 혜성과 소행성 등이 지나치게 많지 않은 환경 — 등이 필요하다.

그렇다면 모든 외계 생명체는 이와 똑같은 조건이 필요하다는 뜻일까? 그들 역시 똑같은 종류의 DNA를 가지게 될 것이라는 뜻일까? 이와 같은 관점에서 모든 논의의 핵심은 단순한 하나의 사실이다. 즉 우리가 조금이라도 알고 있는 유일한 생명은 지구에 존재하는 생명이라는 사실이다. 나머지는 모두 가설일 뿐이다. 그러므로 유일하게 타당한 과학적 입장은 우리와 같은 종류의 생명만이 가능한 종류의 생명이라는 것이다. 동의하지 않는가? 그렇다면 근거를 들어야 한다.

그렇다면 이제부터 그 근거를 살펴보자. DNA가 유일하게 가능한 수단이 아니라고 가정할 만한 이유는 충분하다. 앞 장에서 지구 생화학에서 주요한 역할을 하는 요소를 사실상 전부 수정할 수 있으며, 그렇게 해도 기능을 한다는 사실을 보았다. DNA의 분자 구조도 바꿀수 있다. 유전 암호를 다른 것으로 바꾸어도 DNA 염기 서열을 아미노산으로 바꿀 수 있다. 심지어 아미노산을 암호화하는 염기의 개수도, 셋에서 넷으로 바꿀 수 있다. 아미노산의 목록도 바꿀 수 있다. 똑같은 기능을 하는 다른 단백질을 쓸 수 있다. 생명은 산소 없이도, 빛 없이도, — 몇 년 전 왕립 학회에서 열린 학회에 따르면 — 물 없이도 존재할 수 있다.

탄소-산소 화학을 에너지원으로 사용하지 않는 생명 형태는 무언가 다른 것을 사용해야 하는데, 철과 황이라면 에너지원으로 가능하다. 화학자이자 특허권 변호사인 귄터 베히터새우저(Günter Wächtershäuser)는 지구의 생명이 대양저의 열수 분출공에서 최초로 나타났으며, 그와 같은 장소에서 흔한 화학 물질, 특히 황화철을 이용했다고 주장했다.[7] 니켈과 코발트 같은 촉매의 도움을 받아, 황화철 위로 흐르는 뜨거운 물은 금속 펩티드(metallo-peptide)라는, 꽤 복잡한 유기 분자를 형성할 수 있다. 이러한 생각을 뒷받침하는 실험 증거가 있지만, 금속 펩티드와 같은 화학 물질이 얼마나 복잡해질 수 있는지는 분명하지 않다. 그래도 황화철은 탄소 화학에 대한 타당한 대안으로, 원시 생명체가 이를 바탕으로 나타났을 수도 있다.

덜 가설적인 이야기라면, 크레타 섬에서 서쪽으로 3.5킬로미터 떨어진 지중해 바닥에는 한 호수가 있다. '호수'라 말한 까닭은 염분이 매우 높은 물이 이루는 고밀도 층이 그곳에 모여 해저의 웅덩이를 만들기 때문이다. 그곳에는 산소가 거의 녹아 있지 않고, 황화수소가 많이 용해되어 있는데, 황화수소는 두터운 진흙층에서 스며 나온다. 그 호수에 존재하는 유일한 생명은 산소가 필요 없는 혐기성 세균이어야 한다. 하지만 사실은 수소-황 대사를 하는 작고 복잡한 동물들이 살고 있다. 진화 생물학자인 빌 마틴(Bill Martin)은 이러한 동물로 진핵생물의 기원에 관한 생각이 바뀔 것이라고 믿는다.[8]

진핵생물의 기원에 관한 전통적인 이론에 따르면, 진핵생물은 대양의 엄청난 확장과 더불어 광합성 세균과 조류가 분비한 대기 중의 산소 덕분에 진화했다. 산소는 에너지원이 될 잠재력이 있으므로, 생명체는 산소를 이용하도록 진화할 수 있었다. 진핵생물에서 필수적인 미토콘드리아가 바로 산소를 이용한다. 미토콘드리아는 또한 산소의 유해한 영향에서 세포를 보호하기도 한다. (유해 물질은 미토콘드리아 안에서 **연소**된다.) 이러한 전통 이론과 달리 마틴의 주장에 따르면 산소가 활성 산소(free radical) 형태일 때만 화학 반응을 하는데, 미토콘드리아는 활성 산소를 **창조해** 내므로, 대기 중 산소를 이용하기는 더 어려워진다. 또한 산소에서 에너지를 뽑아내는 것은 너무나 복잡해서 진화하기까지는 오랜 시간이 걸렸음이 분명하다. 그러므로 몇십억 년 동안 바다는 황화수소로 빈틈없이 꽉 찼을 것이며, 혐기성 생물은 산소에 오염되지 않았을 것이다. 진핵생물을 이끈 것은 산소가 아닌 수소와 황이었을지 모른다. 바다 속 호수에 사는 동물은 그러한 과정의 유물일지도 모른다. 물론 그 동물들은 10억 년이 넘는 시간 동안 진행되는 진화 과정에 따라 변해 갔겠지만 말이다. 마틴이 옳다면 지구 생명은 비지구적인 생명으로 시작했다. 지구에서도 산소가 필요하지 않았는데, 외계인에게 산소가 반드시 필요하다고 생각하는 것은 어리석다.

DNA와 그 화학의 특수성에 반대하는 또 다른 주장이 있다. 알다시피 지구에는 수백만 종의 생물이 살고 있으며, 모두 똑같은 생화학을 이용하지만 그렇다고 다른 것이 있을 수 없다는 뜻은 아니다. 모든 생물 종이 똑같은 원시 조상에게서 진화했기 때문이다. 생명은 번식한다. 무언가 효과가 있으면 그 즉시 모든 곳에 퍼져 나간다. 어떤 면에서 수백만의 생물 종은 어느 특정한 생화학적 체제의 필요성에 대해더는 설득력 있는 증거가 되지 못할지도 모른다.

그뿐만이 아니다. 심지어 같은 지구에서도, 아주 최근까지 생명이 존재할 수 없다고 생각했을 정도로 극한의 환경에서도 생명은 존재한다. 그러한 곳에 사는 생명체들은 원시적이며, 발달 단계가 세균의 수준에 그친다. 이들은 통틀어 호극성 생물(extremophiles)이라 한다. 극단적인 곳에서도 생존할 수 있는 생명체라는 뜻이다. 어떤 생물은 끓는 물에서 안락하게 살며, 어떤 생물은 일반적인 어는점 밑으로 과냉각된 물에서 살아왔다. 지하 3킬로미터에서 발견된 생물도 있으며, 성층권에 사는 생물도 있고, 다른 생명체에는 치명적인 수준의 방사선 속에서 살 수 있는 생물도 있다. 2010년 말 오리건 주립 대학교의 스티븐 지오반노니(Stephen Giovannoni)가 이끄는 연구팀은 대서양 해저 밑을 1400미터 뚫고 들어간 곳에서, 섭씨 102도에서 번성하는 세균을 발견했다.[9] NASA의 과학자들은 캘리포니아 호수에 있는 어떤 세균은 보통의 인 대신 대부분의 생물에게 유독한 비소를 사용한다고 보고했지만, 이 발견에 대해서는 논란이 많다.

'호극성 생물'이라는 말은 인간에게 있는 무의식적인 편견을 드러낸다. 끓는 물에서 사는 생물의 입장에서 보면, 극한의 환경에서 사는 생물은 오히려 인간이다. 그들이 볼 때 인간은 영국 여름의 끔찍한 추위를 어떻게든 견뎌 생존하는 것이다. '생존하다(survive)'라는 말 속에는 어렵다는 뜻이 담겨 있지만, 호극성 생물은 펄펄 끓는 뜨거운 물속에서 생명줄의 끝을 간신히 붙잡고 살아가는 절박한 상황에 있지 않다. 그들은 거기에서 편안하다. 고작해야 손을 델 것 같은 정도의 뜨거운 물에서는 오히려 살지 못할 것이다. 얼어 버릴 것 같은 추위 속에서 사는 다른 호극성 생물도 마찬가지이다. 우리의 환경은 그들에게 지나치게 따뜻할 것이다.

펄펄 끓는 뜨거움과 얼어 버릴 것 같은 차가움이 '극단적인 환경'이라는 분류로 어떻게든 함께 묶임에도, 그 사이에 있는 환경들은 서로 다르다는 사실이 이상하게 느껴진다. 지역성을 상기시키는 이 사실이 동화 「골디락스와 곰 세 마리(Goldilocks and the Three Bears)」와 너무도 흡사하게 느껴진다.

이 주제에 대해서는 다시 이야기할 것이다.

그리 오래지 않은 옛날, 과학자를 포함해 많은 사람들에게는 지구가 생명이 존재할 수 있는 유일하고 특별한 행성이라고 믿을 만한 매우 타당한 이유가 있었다. 그들의 추리는 여기서 그치지 않았다. 그들은 지구가 태양계에서 생명이 살 수 있는 유일한 행성임을 '알았는데', 그 까닭은 태양계는 우주에서 행성들이 있는 유일한 공간이기 때문이었다. 단순 명백한 사실이 이러한 관점을 뒷받침했다. 다른 별의 행성은 관찰된 적이 없다는 것. 그러므로 태양계 밖 행성의 존재는 가설에 불과하다는 것이었다. 가설은 과학에서 설 자리가 없다. 다른 행성이 존재할지도 모른다는 생각은, 태양계의 형성에 관한 제한된 지식에서 나온 순수한 추측일 뿐이었다.

분명히 이 추측은 정반대의 생각을 제안한다. 태양은 별로 특별하지 않으므로, 비슷한 과정이 다른 곳에서도 일어났을 것이다. 그 말은 태양계 바깥에 행성이 있다는 뜻이었다. 그럴듯했지만 증거가 없었기에 과학이라고 할 수 없었다.

그러나 지금 태양계 밖에 다른 행성이 없다는 생각은 사라졌다. 이 글을 쓰는 현재, 태양이 아닌 다른 별을 도는 행성은 518개가 있다고 알려졌다.[10] 과학에서는 그와 같은 행성을 '태양계 밖 행성(exoplanet)'이라고 한다. 이 행성들은 매주 더 발견된다. 상당히 많은 별들에 행성이 있다는 사실이 분명해졌다. 아마 우주에 있는 다수의 별들이 그럴 것이다. 아마 이 별들 대다수를 영원히 직접 관측할 수는 없겠지만, 무작위로 고른 표본으로도 사실을 더 완전하게 알 수 있다. 태양계 밖 행성은 이제 더는 논란거리가 아니다. 우리가 그들을 더 일찍 관찰하지 못했던 이유는 단지 그것들을 발견할 수 있는 기술이 없었기 때문이다. 그러므로 논쟁의 전선은 지구와 비슷한 행성의 존재로 후퇴했다. 알려진 태양계 밖 행성은 대부분 태양계의 모든 행성보다 크기 때문에 목성마저도 그에 비하면 난쟁이로 보일 정도이다. 보수파에서는 사전에 준비했던 진지로 후퇴해, 이제는 그 증거가 거대한 태양계 밖 행성이 지구와 별로 다르지 않음을 충분히 증명하지 못한다고 주장한다. 그러므로 그와 같은 세계에는 생명이 존재할 가능성이 없다는 뜻이다. 하지만 알려진 대부분의 태양계 밖 행성이 왜 지구와 닮지 않았는지에 대해서는 충분히 타당한 이유가 있다. 태양계 밖 행성을 감지하는 데 사용하는 방법은 그 행성이 매우 클 때만 가장 효과가 크기 때문이다.

관측 기술이 개선되면서 논쟁의 전선은 다시 한 번 후퇴했다. 이제 우리는 훨씬 작은 태양계 밖 행성들이 있음을 안다. 게다가 그 행성의 대기를 구성하는 주된 기체가 무엇인지도 알 수 있다. 2008년 캘리포니아에 있는 제트 추진 엔진 연구소에서 마크 스웨인(Mark Swain)이 이끄는 팀은 태양계 밖 행성에서 최초로 유기 분자인 메탄을 발견했다.[11] 그 행성은 HD 189733b로서, 지구에서 63광년 떨어진 '뜨거운 목성(hot Jupiter)'이다. GJ 1214b에서는 수증기가 발견되었고,[12] 같은 방법으로 산소도 찾아낼 수 있을 것이다.

결국 역사는 타당한 가능성을, 그것을 지지하는 관측 사실이 없음을 근거로 묵살하는 것은 현명하지 못함을 보여 준다. 그 가능성을 반박하려면 근본적으로 불가능함을 입증하는 증거를 따로 제시해야 한다. 관측의 부재는 새로운 기술이 개발됨에 따라 언제든 바뀔 수 있다. 따라서 현재 지구 생명체와 다른 외계 생명체의 증거가 없음은 순전히 외계 생명체 자체의 증거가 없기 때문일지도 모른다. 지구와 비슷한 행성의 증거가 없었던 것이 태양계 밖 행성의 증거가 없어서였던 것처럼 말이다. 하지만 그것이 지구와 닮은 행성이건 닮지 않은 행성이건 태양계 밖 행성 자체의 부재를 입증하는 증거는 아니었다.

『희귀한 지구』에서는 종합적이고 호소력 있게 은하, 또는 우주에 복잡한 생명이 매우 드물다고 주장했다. 책의 저자 워드와 브라운리는 생명이 존재하는 데 필수적이라고 알려진, 지구의 수많은 특별한 성질들을 나열한 뒤, 그와 같은 성질들이 모두 갖추어질 가능성이 얼마나 되는지 계산한다. 결과는 정말로 아주 희박하다. 그들은 세균과 같은 단순한 생명체를 배제하지 않았으며, 금붕어 정도로만 복잡해도 우주에서는 매우 희귀한 생물이라고 설득력 있게 주장한다. 그와 같은 생물이 존재하는 곳은 지구밖에 없다고 주장하지는 않지만, 지구와 같은 행성이 만약 존재한다면, 매우 드물게 퍼져 있을 것이라고 말한다.

나는 그 책에 나온 몇 가지 특성들을 나열할 것이다. 이 특성들은 견고한 과학을 바탕으로 하며, 대부분 최근에 나온 놀라운 사실로서, 그 자체로 흥미롭기도 하다. 나는 천문학적인 세 가지 특징에 주목하려 한다. 처음 두 특성은 비교적 최근에 나온 것이다. 세 번째 특성은 훨씬 전에 밝혀졌다.

1. 목성은 지구를 포함한 내행성들을 비 오듯 쏟아지는 혜성으로부터 보호한다. 그 과정을 보여 주는 한 예로 1994년 일어났던 슈메이커-레

비 9 혜성과 목성의 충돌이 있다. 충돌 전에 혜성은 선회하며 목성에 가까워졌고, 그 뒤 궤도의 방향을 틀어 몇 년 뒤 돌아올 예정이었다. 하지만 목성 가까이 다가가면서 혜성은 20개의 조각으로 부서졌고, 그 거대한 행성과 충돌해 TNT 600만 메가톤에 달하는 에너지(지구에 비축된 모든 핵무기가 가진 에너지의 600배 정도)를 방출했다. 그중 한 조각이라도 지구와 충돌했다면 세균보다 큰 생물은 모두 살아남지 못했을 것이며, 세균마저도 어쩌면 전멸했을 것이다. 목성이 없다면 혜성은 약 20년마다 지구와 충돌할 것이다.

2. 달 덕분에 지구 자전축은 안정하게 유지된다. 수학적으로 계산한 결과, 달이 없다면 지구는 축의 방향이 1000만 년 동안 불규칙하게 변할 것이다.[13] 달처럼 커다란 위성은 흔치 않다. 지구의 달은 태양계가 형성되는 초기 단계에서 크기가 화성만 한 천체와 지구가 거대한 충돌을 일으키면서 생겨났다고 추정된다. 그와 같은 충돌은 드물다.

3. 지구는 태양에서 거주 가능 영역(Habitable zone) 안에 위치한다. 거주 가능 영역은 속이 빈 껍질 같은 공간으로 그 안에서는 액체 상태의 물이 행성 표면에 존재할 수 있다. 행성이 태양에 지나치게 가까우면 물은 수증기로 변해 전부 증발해 버린다. 반대로 너무 멀리 떨어져 있으면 얼어 버릴 것이다. 거주 가능 영역은 유한하다. 태양에 가까운 수성과 금성은 거주 가능 영역 안쪽 경계 바깥에 있으며, 화성, 목성, 토성, 천왕성, 해왕성은 바깥 경계 바깥에 있다. 우리는 행운아다.

『희귀한 지구』에서는 이와 같은 특징들이 수십 개 나열되어 있는데, 텔레비전 과학 프로그램에서 지구가 거의 유일하다는 증거로 이러한 특징들을 수도 없이 내보낸다. 하지만 지구의 희소성은, 때 이르게 나왔던 마크 트웨인의 사망설처럼, 지나치게 과장되었다. 실제로 나열된 특징들 각각은 과장되었다. 설상가상으로 이와 같은 특징들의 목록은 모두 그 중요성이 과장되었다. 나는 앞의 세 특징들을 차례대로 살펴보고, 더 포괄적인 이의를 제기하려 한다.

목성. 슈메이커-레비 9의 예처럼, 목성이 실제로 혜성으로부터 지구를 보호해 주는 경우가 있다. 그렇다고 목성이 언제나 이로운 영향만 주는 것은 아니다. 들어오는 혜성들의 방향을 바꾸어, 안 그랬다면 지구를 못 맞혔을 그중 하나와 지구를 충돌시킬 수도 있다.

전 세계 정부와 NASA에서는 NEO, 즉 지구 가까이 있는 물체(near-Earth object)에 대해 우려하기 시작했다. 이들은 우주의 바위 덩어리들로 태양 주위 궤도를 따라 지구 가까이에 올 수 있다. 그중 다수가 소행성이며 크기는 테니스 공만 한 것에서 달 지름의 3분의 1에 달하는 것까지 다양한데, 현재 지구 근처 궤도에 있는 가장 큰 소행성은 최대 크기보다 훨씬 작다. 소행성들은 화성과 목성 사이에 있는 소행성대에서 몇천 개씩 발견된다. 실제로 지구와 교차하는 소행성들 대부분은 이 소행성대에서 나왔을 것이다. 그곳에 그대로 머물렀다면 지구는 전혀 위험하지 않았을 것이다. 무엇이 그들의 궤도를 바꾸어 지구 궤도와 교차하게 만들었을까?

목성이다.

수학적 계산 결과, 목성이 소행성 궤도에 커다란 영향을 주는 것이 밝혀졌다. 실제로 태양계에서 가장 거대한 행성으로서, 목성은 작은 천체들의 궤도에 큰 영향을 준다. 목성은 적절한 크기의 소행성을 건드려, 그 궤도를 화성 궤도와 교차할 정도까지 길게 늘릴 수도 있다. 이렇게 하면 화성과 교차하는 것이지 지구와 교차하는 것은 아니다.

하지만 그 소행성들이 화성에 가까이 오면 방향이 다시 바뀔 수도 있으며, 그렇게 되면 그 궤도가 지구의 궤도와 교차할 수도 있다. 목성이 중심부로 공을 패스하면 화성이 골을 넣는 것과 마찬가지이다.

목성에게는 두 얼굴이 있다. 한쪽은 우리를 보호해 주고, 다른 한쪽은 우리에게 돌을 던진다.

워드와 브라운리도 이러한 점에 대해 이야기하며, 소행성이 가끔씩 주는 충격은 생물권을 흔들어 진화에 도움이 될 수도 있다고 주장한다. 정말로 그럴지도 모르지만 왜 이러한 점에서 소행성들이 혜성과 달리 이로운지 의문스럽다. 마치 설득을 위해 유리한 주장만 하는 것처럼 보인다. 사실 목성의 존재는 이로움보다는 해로움이 더 클지도 모른다.

달. 대다수의 천문학자들과 달리, 나는 달의 기원에 관한 현재의 이론을 확신하지 못한다. 그러나[14] 그 기제가 무엇이건 자신의 주 행성과 크기가 비슷한 위성은 분명 매우 드물 것 같다. 그러므로 그 기원은 인정하겠다. 또한 달과 같은 천체의 존재로 축의 경사가 안정된다는 것도 인정한다. 하지만 수학적 계산 결과에 따라 어떤 행성의 축 방향이 몇천만 년에 걸쳐 변한다고 한다면, 이 결과가 왜 진화에서 대처하기 어려운 문제가 되는지 전혀 분명하지 않다. 지구의 생명체들은 1만 년, 또는 2만 년마다 드나드는 빙하기를 극복해 왔다. 이 기간은 축 방향에 변화가 일어나는 기간보다 훨씬 짧다. 육상 생물들은 기후 변화가 일어날 때 육지가 사라지지 않는 한 이동할 수 있다. 여기서의 이동은 연간 수백 미터로, 오늘날의 생물은 기후 변화에 대응해 이보다 더 빨리 움직이고 있다. (내가 키우는 나이 지긋한 고양이는 쥐를 잡을 때 연간 수백 미터보다는 빠르지만, 여기서는 지리적 위치의 평균 변화에 관해 말하는 것이다.) 새들은 바다를 가로질러 날 수 있다. 해양 생물은 **어떤 차이도 느끼지 못할 것이다.** 일반적으로 생명은 바다에서 시작되었으며 그곳에서 복잡해졌다고 알려진 이상, 지구 자전축의 기울어짐은 문제가 아닐 것이다.

거주 가능 영역. 별의 거주 가능 영역을 가리켜 흔히 골디락스 영역(Goldilocks zone)이라고 한다. '아주 적당한(just right)' 곳이기 때문이다. 거주 가능 영역에 관한 주장이 문제가 되는 까닭은, 그 개념이 전혀 터무니없어서가 아니라 지나치게 단순하기 때문이다. 예를 들어 지구가 태양의 거주 가능 영역 안에 있는지는 전혀 확실하지 않다. 지구에 공기가 없다면 지구의 표면은 태양이 머리 위에 떴을 때의 달처럼 엄청나게 뜨거울 것이다. 반면 이산화탄소의 양이 지나치게 적거나 표면이 빛을 반사하는 흰색이라면 지구 전체는 얼음으로 뒤덮일 것이다. 현재는 지구의 일부 영역만이 얼음으로 덮여 있지만, 약 7억 년 전 눈덩이 지구 시기에는 지구 대부분이 얼음으로 덮여 있었다. 한편 화성과 금성 모두 적절한 환경에서는 액체 상태의 물이 존재할 수 있지만, 현재와 같은 환경에서라면 화성은 섭씨 영하 15도로 내려갈 수 있으며 금성은 납을 녹일 정도로 뜨겁다. 오늘날까지 기록된 화성 표면의 최고 온도는 섭씨 27도로, 매우 드문 화성의 여름날에나 그렇다.

거주 가능 영역과 관련된 수학을 자세히 들여다보면, 문제가 어디에서 나타나는지 알 수 있다. 거주 가능 영역의 계산은 흑체라고 하는, 열역학의 중심 주제에서 비롯되었다. 초록색 물체가 인간의 시각 체계에서 초록색으로 보이는 이유는 그 물체가 우리의 뇌에서 '초록색'이라고 해석하는 파장의 범위로 빛을 반사하기 때문이다. 검은 물체는 가시 범위에 있는 파장으로 빛을 반사하지 않는다. 검은색은 뇌가 가

시광선을 반사하지 않는 물체를 인식하는 기본 색이다. 물리학자들이 말하는 흑체는 이러한 검은색 물체를 극단적으로 이상화한 형태이다. 흑체는 어떤 전자기파도 전혀 반사하지 않는다.

하지만 반사 외에도 사물은 다른 방식으로 복사파를 방출할 수 있다. 흑체는 0K — 가장 낮은 온도인 '절대 영도' — 에서 어떤 종류의 복사파도 방출하지 않는다. 하지만 다른 온도에서는 복사파를 방출한다. 다만 그 방법이 반사가 아닐 뿐이다. 반사 대신 흑체는 빨갛게 달아오른 쇠막대처럼 백열 상태로 빛난다. 방출된 복사파의 강도는 그 복사파의 파장과 물체의 온도에 따라 달라진다. 고전 역학은 흑체가 무한한 에너지를 방출해야 한다고 예측했지만, 그것은 말이 되지 않았다. 1901년 막스 카를 에른스트 루트비히 플랑크(Max Karl Ernst Ludwig Planck)는 관찰한 사실과 일치하는 새로운 공식을 만들어 냈으며, 이것은 훗날 양자 세계의 증거가 되었다.

플랑크 법칙은 별을 공전하는 행성의 온도 공식을 이끌어내는 데 쓸 수 있다. 또한 거주 가능 영역의 안쪽과 바깥쪽 경계가 어디에 있는지 계산하는 데에도 쓰인다. 공식에는 두 가지 형태가 있다. 그중 단순한 형태는 행성을 흑체로 모형화한다. 하지만 실제 행성은 들어오는 복사파의 일부를 반사한다. 다른 형태의 공식에서는 이 점을 고려해 어떤 값을 추가한다. 이 값은 행성의 알베도(albedo)로서, 행성으로 유입되는 복사파가 반사되는 비율을 나타낸다.

첫 번째 형태의 공식은 별의 특징에만 좌우되는 거주 가능 영역 밖에 계산할 수 없다. 알베도를 공식에 넣으면, 거주 가능 영역은 행성 — 그것이 실제 관찰된 것이든, 가설적인 것이든 — 의 특징에 따라서도 달라진다. 이 두 번째 형태의 공식은 첫 번째보다 더 포괄적이다. 알베도 값을 0으로 놓으면, 행성은 흑체가 되기 때문에 두 번째 공식은 첫 번째 공식과 같아진다. 두 번째 공식에서는 행성의 온도와 그것이 공전하는 별의 크기, 표면 온도, 별과 행성까지 거리, 행성의 알베도가 서로 영향을 준다.[15]

우선 알베도가 0일 때, 즉 지구를 흑체로 놓으면 온도가 어떻게 될지 계산해 보자. 답은 279K, 즉 섭씨 6도로, 거주 가능 영역 안에 들어간다. 하지만 실제 관찰한 알베도 값 0.3으로 계산하면 지구의 온도는 254K, 즉 섭씨 영하 19도가 된다. 물의 어는점보다 훨씬 낮다. 그러므로 정확한 알베도 값을 넣으면 우주에서 유일하게 알려진 거주 가능한 행성 지구가 태양의 거주 가능 영역에 있지 않다는 모순된 결과가 나온다.

거주 가능 영역의 바깥 경계를 정하기 위해, 표면 온도가 물의 어는점 273K인 가상의 행성을 생각한다. 그리고 공식을 이용해 태양까지의 거리를 알아낸다. 비슷한 방법으로 안쪽 경계도 구하는데, 이때는 표면 온도가 물의 끓는점 373K인 행성을 가정한다. 여기서도 두 가지 값을 따로 계산한다. 알베도 값이 흑체를 나타내는 0일 때, 태양의 거주 가능 영역은 8300만 킬로미터에서 1억 5600만 킬로미터까지이다. 알베도 값이 지구와 같은 0.3이면 6900만 킬로미터에서 1억 3000만 킬로미터까지이다.

태양과 내행성들의 평균 거리를 보면 수성은 5800만 킬로미터, 금성은 1억 800만 킬로미터, 지구는 1억 5000만 킬로미터, 화성은 2억 2800만 킬로미터이다. 그러므로 알베도가 0이면 지구는 태양의 거주 가능 영역 안에 간신히 들어간다. 하지만 금성 역시 들어간다. 알베도가 0.3이면 금성만이 거주 가능 영역 안에 들어간다. 지구와 화성은 너

생명의 수학

무 차고 수성은 너무 뜨겁다.

그렇다면 왜 지구는 거주 가능할까? 지구 대기 속에 있는 온실 가스(주로 이산화탄소와 수증기)가 들어오는 복사파를 가두기 때문에, 지구는 대기가 없을 때보다 더 따뜻해진다. 하지만 일반적으로 거주 가능 영역에서는 행성의 대기를 고려하지 않는다. 어떤 별에 관련된 행성의 특징과는 별개로 일정한 거주 가능 영역이 있다는 생각은 지나친 단순화이다. 물론 일반적인 정성적 의미에서, 행성이 별에 너무 가까우면 표면에 있는 물은 증발하고, 너무 멀리 있으면 그 물은 얼 것이다. 하지만 '거주 가능 영역'은 정확한 정량적 의미를 호도한다.

온실 효과는 '거주 가능 영역'이라는 유용한 개념을 거의 완전히 무너뜨리는 매우 다양한 현상들 중 하나일 뿐이다. 행성의 표면 온도는 수많은 요인에 따라 달라지며, 열 산출량이 같다고 할 때 행성이 별에서 얼마나 멀리 있는지는 그중 하나의 요인일 뿐이다. 예를 들어 구름과 얼음은 알베도를 증가시켜 행성의 온도를 낮출 수 있다. 이산화황도 같은 일을 한다. 이산화탄소와 메탄, 수증기는 지구의 온도를 높일 수 있다. 여러 요인들 사이에 피드백 고리가 생기면 더 복잡해진다. 바닷물이 따뜻해지면 구름이 생기고, 그 구름이 방출한 열과 빛을 지구로 되돌려 보내면, 지구 표면의 얼음이 줄어들면서 더 많은 열과 빛이 들어오는 식이다.

심지어 이러한 사실을 모두 고려한다 해도, 거주 가능 영역 안에서만 액체 상태의 물이 행성 표면에 존재할 수 있는 것은 아니다. 예를 들어 수성은 한때 자전-공전 공명(spin-orbit resonance) 속에 갇혀, 태양을 한 번 공전하는 동안 한 번 자전한다고 여겨졌던 적이 있었다. 만약 그렇다면 달이 지구에 대해 그렇듯 수성은 언제나 같은 면이 태양을 마주보게 될 것이다(달은 이때 칭동(libration)이라는 작은 흔들림을 주거나 받는다.). 사실 수성은 그렇게 하지 않지만, 우주 어딘가에서는 자신이 공전하는 별과 매우 가까워 — 위에서 정의한 거주 가능 영역보다 더 가까워 — 그 같은 공명 상태에 갇히는 행성이 있으리라고 충분히 예상할 수 있다. 실제로 적어도 한 태양계 밖 행성은 그렇다.[16] 어쨌든 만일 그렇다면, 행성의 한 면은 매우 뜨겁고, 다른 한 면은 매우 차가울 것이다.…… 그리고 그 사이에는 적절한 온도대, 액체 상태의 물이 존재할 수 있는, '아주 적당한' 영역이 있을 것이다.

천문학자들은 태양계의 거주 가능 영역을 벗어난 수많은 천체에 액체 상태의 물이 존재함을 거의 확신한다. 이러한 천체들 중 가장 중요한 것으로 목성의 위성인 유로파가 있다. 지구 지름의 4분의 1인 유로파에 지구의 바다를 모두 합한 양만큼의 물이 있는 바다가 존재한다는 믿을 만한 증거가 있다. 하지만 유로파의 표면은 단단한 얼음이다. 그렇다면 바다는 어디에 있을까?

바로 얼음 밑에 있다.

유로파의 자기장을 측정한 결과를 보면 현재로서 오직 한 가지로만 설명할 수 있는 변화가 나타난다. 표면에 떠 있는 얼음 밑의 바다 전체. 물은 유로파의 핵에서 발생하는 열 덕분에 따뜻하게 유지되는데, 이 열은 목성의 강력하고 거대한 중력장이 반복적으로 가하는 압력에서 발생하는 듯하다. 목성의 안쪽에 있는 주요한 세 위성, 이오, 유로파, 가니메데는 궤도 공명(orbital resonance)에 갇혀 있다. 이오가 네 번 공전하는 동안 유로파는 두 번 공전하고, 가니메데는 한 번 공전한다. 이에 따라 필연적으로 기조력이 생기고, 목성의 중력에 따른 압력이 마찰을 일으키면서 핵이 뜨거워진다. 이것은 그렇게 이상한 시나리오

생명의 수학

가 아니다. 단단한 암석인 지구의 대륙과 해저도 지하의 광대한 마그마 바다 위에서 떠다닌다.[17]

바다가 있는 위성은 유로파만이 아니다. 가니메데와 칼리스토에도 바다가 있을 수 있으며, 이오에는 거의 확실히 바다가 있지만 물이 아닌 황의 바다이며, 토성의 위성인 타이탄은 지표 밑에 액체 상태로 녹은 메탄 바다가 있을 것이다.

마지막으로 지구의 호극성 생물이 거주 가능 영역 바깥의 환경, 일반적인 끓는점 이상이거나 일반적인 어는점 이하의 물에서 산다는 확실한 예가 있다. 거주 가능 영역에서 아주 멀리 벗어나지는 않지만 그래도 벗어나는 것은 맞다. 이 생물들은 그러한 극한의 조건에서 진화했을 수도 있지 않을까? 그 점은 별로 확실하지 않지만, 생명의 기원에 관한 그럴듯한 이론에서 진화의 첫 단계가 호극성 생물임을 이미 살펴보지 않았던가.

지구를 보호하는 거대한 기체 덩어리, 축을 안정시키는 위성들, 골디락스 궤도…….『희귀한 지구』에서는 그와 같은 요소들을 수십 가지나 나열하며, 앞의 세 요소와 마찬가지로 다른 수십 가지의 요소들 대부분에 대해서도 타당한 이의를 제기할 수 있다. 하지만 더 넓게 보아 수학적 관점에서 짚어야 할 부분이 있다. 바로 논리이다.

지구의 특별한 수십 가지 성질들을 나열하는 것도, 그 특징들 모두가 생명의 진화에 분명히 중요한 역할을 한다는 주장도 좋다. 하지만 그것(만)으로, 그 특징들이 생명에 **필수적**이라고 결론내리는 것은 틀렸다. 그 특징들로 충분하다는 것이 올바른 결론이다. '충분하다'함은, 그 특징들로 생명이 나타났다는 뜻이다. '필수적이다'함은 그 특징들 없이는 생명이 나타나지 않으리라는 뜻이다. 두 말의 뜻은 다르며, 지구의 특별한 성질들은 전자를 뒷받침한다. 물에 젖으려면 우산 없이 비를 맞으며 서 있는 것으로 충분하다. 하지만 그것이 필수는 아니다. 호수에 뛰어들거나 샤워를 해도 된다.

진화는 보편적인 성질로, 생물이 서식지에 적응하도록 진화함이 그 주요한 특징이다. 어떤 생명체가 어떤 환경에 존재할 수 있다면, 그 환경이 우리에게 적대적으로 보일지라도, 그들은 그곳에 존재하게끔 진화할 수 있다. 그곳에 살 예정이 아닌 이상, 우리의 의견은 아무 상관이 없다. 유일하게 합리적인 생명체가 인간이라는 암묵적인 가정 아래 외계 생명에 관한 문제에 접근한다면, 다른 생명의 존재 가능성을 모두 무시하게 될 것이다. '호극성 생물'이라는 말은 인간 본위이다. 이 낱말은 우리가 어디에 있는지를 출발점으로 하며, 그 출발점이 타당하고 합리적이라고 말하고 있다. 인간이 스스로 정의한 중심에서 벗어날수록 사물은 더욱 '극단적'이 된다.

심해 어류를 전시한 한 박물관에서, 다음과 같은 의미의 이야기를 들은 적이 있다. "이들의 기이한 형태는 그들이 사는 환경 조건이 기이함을 보여 줍니다." 언뜻 말이 되는 듯하다. 이상한 조건이면 이상한 형태가 된다고. 인간과 같은 정상적인 형태를 만드는 정상적인 조건과 다른 것이다. 하지만 모두 거꾸로 되었다. 여기서의 정상적인 조건이란 인간이 적응한 조건이다. 정상적인 형태란 것도 마찬가지이다. 하지만 인간과 어류는 형태와 환경에서 서로 다르다. 어류에게는 자신들이 정상이고 인간이 이상할 것이다.

진화의 입장에서 보면, 생명체는 모두 각자의 환경에 대해 정상일 것이다.

상상력이 풍부한 동화 「골디락스와 곰 세 마리」에서도 같은 이야기를 하면서, 훨씬 흥미로운 문제들을 제기한다. 엄마 곰이 만든 윔피 죽은 골디락스에게 너무 차가웠고, 아빠 곰이 만든 마초 죽은 너무 뜨거웠지만, 아기 곰이 만든 중간 죽은 아주 적당했다. 골디락스에게 그랬다는 이야기이다.

하지만 엄마 곰에게 중간 죽은 너무 따뜻했다. 아빠 곰에게는 너무 차가웠다. 골디락스의 관점만 특별하지는 않다. 모호한 사회적 상대주의일지도 모르겠지만, 나는 엄마 곰과 아빠 곰 둘 모두의 의견도 타당했다고 생각한다.

지구를 혜성과의 충돌에서 지켜 준다는 목성의 중요성에 대해 이야기할 때 사람들은 흔히 다음과 같은 논리를 따라간다. "목성이 없다면 지구는 20년마다 혜성과 충돌했을 것이다." 어떤 면에서는 사실이지만 이 말은 자세히 살펴보면 실체가 없다. 마치 스포츠 중계자가 이렇게 말하는 것과 같다. "오프사이드가 아니었다면, 지금 들어간 골로 이길 수 있었을 텐데요." 하지만 그 선수가 오프사이드가 아니었다면 다른 위치에 있었을 것이다. 골을 넣을 때 그는 공을 다른 방식으로 찼어야 했을 것이다. 나머지는 모두 전과 같게 그대로 둔 채, 오프사이드라는 하나의 요소만 바꿀 수는 없다.

목성의 경우도 마찬가지이다. 그렇다. 태양계를 현재 그대로 두고 목성만 마술처럼 사라지게 하면, 혜성이 무방비 상태인 지구에 비처럼 내릴 것이다. 하지만 태양계가 처음부터 목성 없이 진화해 왔다면, 모든 면에서 지금과 같지 않을 것이다. 꽤 많이 달라졌을 것이다. 예를 들어 과거에 수많은 혜성이 지구와 충돌해서, 지금은 충돌할 만한 혜성이 별로 남지 않게 되었을 수도 있다.

중력 아래에서 일어나는 수많은 천체의 이동을 다루는 천체 역학은 행성 체계의 예상치 못했던 면을 보여 주고 있다. 즉 행성들이 체계라는 점이다. 몇십억 년 동안, 행성들은 복잡한 방식으로 스스로를 조직했다. 가장 큰 행성, 목성처럼 거대한 기체 덩어리는 가장 큰 영향을 준다. 그보다 더 작은 세계들은, 심지어 목성보다 아주 조금 작아도 모든 체계가 서로 들어맞아 하나의 전체로서 행동할 때까지 재배열된다. 마치 천체들에 적용한 가이아 이론과 같다.

아주 최근에 목성이 태양계에 영향을 미친 결과 일종의 천체 지하도, 다시 말해 수학적으로는 감지할 수 있지만 시각적으로는 감지할 수 없는 중력 '지하도' 망이 생겨났다고 밝혀졌다.[18] 이 지하도들은 물질이 더 효율적으로 이동할 수 있는 경로이다. 지하도의 배열은 중력이 일으킨 미묘한 피드백의 결과로 생겨났다. 중력 방정식은 비선형적이다. 다시 말해 원인과 결과가 비례하지 않는다는 뜻이다. 비선형 체계는 놀라울 정도로 복잡하게 행동하는 편이며, 특정한 형태의 행동에 자리 잡도록 스스로 조직하는 경향이 있다.

목성이 없는 태양계를 생각하고, 그와 같은 환경은 생명에 전혀 적합하지 않을 것이라고 주장한다면 앞에서 말한 스포츠 중계자와 같은 실수를 저지르게 된다. 하나를 바꾸려면, 전체를 바꾸게 된다는 사실을 잊고 있기 때문이다. 오늘날 발견된 증거에 따르면 태양계와 같은 대부분의 체계에는 목성처럼 거대한 행성이 있다. 그보다 더 작은 행성들도 있는 것 같지만 현재로서는 감지하기가 매우 어렵다. 작은 행성들이 존재한다면, 목성처럼 큰 행성들은 자신보다 작은 신도들을 다스릴 것이고, 그렇게 작은 행성들은 별에 가까이, 큰 행성들은 멀리 위치하는 일이 매우 흔히 일어날 것이다. 그러므로 목성이 전체적으로는 혜성 등으로부터 지구를 지켜 준다는 이야기가 사실일지라도, 목성과 같은 행성들 중 어느 하나가 대충 제대로 된 궤도에 존재한다 해서 굉장히 우연한 일은 아닌 것이다. 자연은 그저 행성들을 아무렇게나 재빨리 쿵쿵 박아 넣어 태양계를 만들지 않았다. 행성들에는 일관성 있는 구조가 있다.

이는 거주 가능한 행성이 반드시 존재한다는 말은 아니다. 거주 가능한 행성이 되는 데 실패하는 경우도 많다. 하지만 우주에는 수많은 별들 — 적어도 4×10^{22}개 — 이 있고, 행성의 수는 그보다 더 많을 것이다. 거주 가능한 행성이 되는 방법 또한 많으며, 그와 같은 행성이 모두 지구의 탄소 복제본은 아닐 것이다. 태양계의 역사를 처음부터 다시, 또 다르게 반복한다면, 생명에 적합한 행성이 여전히 적어도 하나 있을 확률은 충분히 크다.

태양계 역사에서 언젠가 약 10억 년 전에, 화성은 지구형 생명에 적합한 곳이었을지도 모른다. 사실 지구 생명이 원래는 화성에서 시작되었다는 주장도 제기되어 왔다. 현재 학자들은 이러한 주장이 아마도 틀렸을 것이라고 보지만, 완전히 터무니없는 이야기는 아니다. 진위를 판단하기 위해서는 화성을 더 자세히 살펴보아야 할 것이다.

『희귀한 지구』를 떠나서, 나는 하버드 대학교의 천체 물리학자 드미타르 사셀로프(Dimitar Sasselov), 다이애나 발렌시아(Diana Valencia), 리처드 오코넬(Richard J. O'Connell)이 개발한 수학적 모의 실험과 모형을 소개하려 한다. 이 모의 실험과 모형에서는 지구형 생명이 존재할 수 있는 행성은 그동안 생각했던 것보다 훨씬 더 흔할지도 모른다는 주장이 제기된다.[19] 또한 실험 결과는 이 땅의 생명에게는 지구가 이상적인 세계라는 통설에 의문을 제기한다.

그들의 연구는 지구의 생명체와 같은 생명이 존재할 수 있는 조건을 갖추려면 행성의 크기가 꼭 지구와 비슷해야 할 필요가 없다는 사실에서 출발한다. 다만 지구에서 핵심적인 한 가지 성질이 비슷해야 한다는 점이 중요하다. 바로 판 구조의 출현이다. 현재 대륙의 역동적인 운동이 지구 기후의 안정화에 도움이 되리라는 생각이 커지고 있다. 특히 이산화탄소는 대기에서 대양저로 재사용되고, 대양저에서는 해양 미생물에 흡수되어 탄산염으로 바뀐다. 미생물에게서 나온 탄산염은 화산에 의해 이산화탄소로 다시 돌아온다. 기후가 안정되면 지질학적으로 오랜 시간 동안 액체 상태의 물이 존재할 수 있으며, 다른 종류의 생물은 물이 없이도 존재할 수 있지만 지구 생명체에게는 물이 필요하다. 이에 따라 물에 의존적인 복잡한 생명이 진화할 수 있게 되었다.

그동안 학자들은 다른 행성에서는 판 구조가 드물게 나타나며, 그것도 행성의 크기가 지구와 비슷해야 한다고 가정했었다. 행성이 지구보다 훨씬 작다면 지각이 적절한 판으로 갈라질 수 없을 것이고, 지구보다 훨씬 크다면 거대 기체 행성(gas giant)이 되어 표층이라는 것이 아예 존재하지 않을 것이기 때문이다. 사셀로프 팀은 두 가지 가정이 모두 틀렸음을 보였다. 판 구조는 사실 다른 행성에서도 매우 흔하게 나타나며, 지구보다 훨씬 큰 행성에서도 나올 수 있다. 바로 '초지구(슈퍼지구, super-Earth)'의 존재 때문이다. 초지구는 암석으로 된 행성으로 지질학적 구성이 지구와 비슷하지만 질량은 훨씬 크다. 전에는 누구도 그런 행성 내부의 지질학적 과정을 연구하지 못했는데, 아마도 초지구와 같은 태양계 밖 행성이 알려지지 않았기 때문이었을 것이다. 실제로 사실상 알려진 모든 태양계 밖 행성은 너무나 거대해서 거대 기체 행성이 되어야 했다. 사셀로프 팀이 모형화 연구를 시작하고 첫 번째 논문을 발표할 때 까지만 해도 그랬다.

하지만 2005년에 글리스(Gliese) 876이라는 별의 주위를 도는 태양계 밖 행성 GJ 876d가 발견되면서 상황은 달라지기 시작했다. 이 행성은 그때까지 알려진 태양계 밖의 전형적인 거대 기체 행성보다 작았지만, 지구보다는 훨씬 컸다. 또한 대부분이 기체가 아닌 암석으로 이루어졌을 듯한 조짐이 보였다. 하지만 이 문제를 판단하기 위해 행성의 밀도를 측정하려 해도 좋은 방법이 없었다. 유일하게 알려진 방법을 쓰려면 지구에서 봤을 때 행성이, 자신이 도는 모항성의 표면을 가로질러야 했다. 2009년, 모항성의 표면을 가로지르는 새로운 태양계 밖 행성 CoRoT-7b가 발견되었다. 밀도 측정이 가능해졌고, 결과는 분명했다. CoRoT-7b는 암석으로 이루어졌다. 질량은 지구의 약 4.8배, 반지름은 1.7배였다. 2010년 두 번째 초지구 행성 GJ 1214b의 위치를 찾아냈고, 밀도는 암석보다는 물에 가까워 짙은 기체 대기가 존재함을 알아냈다. 이 행성의 질량은 지구의 6.5배이며, 반지름은 2.7배이다.

사셀로프 팀의 이론적 분석이 실제 행성으로 뒷받침되자, 그들의 연구는 더욱 흥미로워졌다. 우선 초지구가 크게 두 가지, 다시 말해 물이 많은 행성과, 그렇지 않은 행성으로 나누어짐을 보였다. 물이 많은 행성은 모항성에서 꽤 멀리 떨어진 곳에 형성되어, 많은 양의 얼음을 확보했을 것이다. 물이 적은 행성은 훨씬 안쪽에 형성되어 비교적 건조할 것이다. 두 종류의 행성 모두, 용해된 물질에서 밀도가 높은 부분이 중심부를 향해 가라앉으면서 거대한 철핵이 생기고, 밀도가 낮은 물질이 떠오르면서 규산염 맨틀이 생겨날 것이다. 물이 풍부한 초지구에서는 맨틀 위로 수심이 매우 깊은 바다가 생길 것이고, 건조한 초지구에서는 얕은 바다가 생기거나 바다가 아예 존재하지 않을 것이다.

거대한 초지구의 중심부에 작용하는 압력이 지구의 그것에 비해 더 크기 때문에, 철핵은 빠르게 굳을 것이다. 이로 인해 어쩌면 자기장이 매우 약하거나 없을 것이며, 그렇게 되면 생명이 나타나기에 좋지 않을 수 있다. 자기장은 행성 표면을 방사선으로부터 보호하기 때문이다. 하지만 깊은 바다 속에서도 자기장이 약하기는 마찬가지이며, 어쨌든 우리는 자기장이 실제로 생명에 얼마나 필수적인지 잘 모른다. 예를 들어 지구에 사는 어떤 세균은 방사선에 저항력이 있기 때문이다.

거대한 초지구 내부에는 방사성 원소인 우라늄과 토륨이 있는데, 이 원소들에서 지구의 핵을 용해된 채로 유지시키는 데 필요한 열의 대부분이 발생한다. 이 원소들은 은하 전체에서 거의 같은 비율로 나타나므로, 초지구에는 지구보다 이들이 더 많이 존재할 것이며, 그래서 그 핵은 상당히 뜨거울 것이다. 추가로 발생하는 열로, 맨틀에서는 대류가 더 활발히 일어나고, 차례로 암석의 경계에 있는 거대한 판들이 지구에서와 같이 움직일 것이다. 이들 판은 지구의 판보다 더 얇을 것으로 보이는데, 이동 속도가 더 커 냉각으로 두꺼워지는 시간이 더 짧기 때문이다. 변형하기도 더 쉬울 것이다. 단 행성의 중력이 더 커서 단층선에 더 많은 압력이 가해진 결과, 지구에서만큼 판이 쉽게 미끄러지지 않는다. 두 가지 효과가 서로 상쇄되므로, 판들이 서로를 지나치며 미끄러질 때 전체적인 마찰 저항은 크기에 관계없이 지구와 비슷해진다.

정리하면 판 구조는 지구형 행성보다는 초지구에 더 많을 가능성이 크다. 생성 또한 더 빠르게 일어날 것이다. 즉 이산화탄소의 농도를 매우 안정하게 유지시키는 섭입과 화산 활동의 주기 과정이 존재한다면 더 활발히 일어날 것이다. 그러므로 지구보다 상당히 큰 초지구는 어쩌면 지구보다 기후가 더 안정되어, 지질학적 시간 기준에서 복잡한 생명이 진화하기가 더 쉬울 것이다.

이와 같은 분석은 『희귀한 지구』의 그림을 완전히 바꾸어 놓는다. 지구와 크기가 비슷한 지구형 행성은 상당히 빈번하게 나타나야 하지만, 아마 비교적 상당히 드물 것이다. 하지만 은하계에서 초지구의 수는 추측하건대 지구형 행성의 수보다 훨씬 많기 때문에, 우리가 지구형 행성에만 집중할 때 보는 것보다 생명이 존재할 가능성이 훨씬 더 크다. 골디락스 이론도 진지하게 의심스러워진다. 지구는 판 구조가 생겨나기에 '아주 적당한' 곳이 아니며, 오히려 그와 같은 일이 일어날 수 있는 행성 크기의 최저 한계에 가깝다고 밝혀졌기 때문이다. 지구가 조금 더 작았다면 판 구조는 없었을 것이며, 복잡한 생명이 진화하지 못했을지도 모른다.

이러한 이론에서 볼 때 이상적인 지구형 행성은 지구보다 훨씬 더 커야 한다. 지구는 간신히 허용 범위 안에 들어왔을 뿐이다.

이 연구의 전체적인 메시지는 훨씬 더 널리 인정받아야 한다. 외계 생명체가 존재할 가능성을 알고 싶다면, 사실상 지구와 똑같은 환경에 초점을 맞추어 그 환경만이 생명에 적합하다는 주장 — 특히 충분성과 필요성을 혼동하는 주장 — 을 해서는 안 된다. 정말 중요한 것은 어떤 행성이 지구와 얼마나 다른가, 그 상태에서도 그들만의 생명이 존재하는가, 그 생명이 주어진 환경에 적응하게끔 진화했는가이다.

생명체는 얼마나 다양하며, 그들이 사는 세계는 또 얼마나 다양할까? 생명이 모두 지구 생명체와 같아야 한다는 가정에서 출발한다면 그 답을 알지 못할 것이다.

어쩌면 외계 생명체는 이미 발견되었을지도 모른다.

　1997년 NASA에서는 토성 탐사선인 카시니-하위헌스 우주선을 쏘아 올렸다. 7년 후, 우주선은 목적지에 도착했다. 하위헌스 탐사선은 토성의 한 위성인 타이탄에 착륙했다. 카시니 우주선은 토성 주위의 궤도에 진입했다. 극적이었지만 어느 정도 예상했던 초기 발견 중 하나로 타이탄에는 호수가 있었다. 태양에서 그 정도 떨어졌으면 아주 차갑기 때문에, 호수는 물이 아닌 액체 상태의 메탄과 에탄으로 이루어졌다.

　현재 일부 과학자들은 카시니 호가 외계 생명체의 흔적을 찾아냈는지 궁금해 하고 있다. 생명체의 존재는 타이탄에 있는 두 종류의 기체, 수소와 아세틸렌의 이상한 행동을 설명해 줄 수도 있다. 타이탄에는 상당량의 수소가 대기 속에 고루 퍼져 있어야 한다. 존스 홉킨스 대학교에서 연구하는 대럴 스트로벨(Darrell Strobel)은 수소의 흐름이 토성의 대기를 따라 아래로 흐르다가 표면 근처에서 사라짐을 발견했다. 천문학자들은 타이탄의 대기에서 단순한 화학 반응으로 생성되어 표면에 침전되는 아세틸렌 역시 매우 흔하게 나타나리라고 예상했었다.

　하지만 타이탄에 아세틸렌은 없다.

　2005년 NASA의 행성학자 크리스 매카이(Chris MacKay)는 지구 생물 대부분이 산소와 탄소 함유 분자를 반응시키는 것처럼, 메탄을 기본으로 하는 가설의 미생물이 수소와 아세틸렌의 화학 반응에서 에너지를 얻을 가능성이 매우 크리라고 생각했다. 새로이 나오는 관찰 결과들은 이와 같은 생명이 타이탄 표면에 거주하면서 사라진 수소와 아세틸렌을 썼으리라는 가설과 일치했다.

물론 이것은 타이탄에 외계 생명체들이 존재한다는 증거가 되지 못하며, (역시 NASA에 있는) 마크 앨런(Mark Allen)은 수소와 아세틸렌의 부재가 무생물적인 과정 때문일 가능성이 더 크다고 제안했다. 예를 들어 우주 광선은 아세틸렌 분자와 충돌해 그것을 더 복잡한 물질로 바꿀 수 있다. 하지만 우주에 있는 모든 생명이 지구에 있는 생명체와 비슷해야 한다는 가정이 쓸모없음은 분명하다. 그렇게 가정한다면 우리는 작지만 중요한 확률로 가까이에 있는 외계 생명체를 놓칠 수도 있다.

이 우주를 지켜보자.

19

여섯 번째 혁명

수학은 지난 몇백 년 동안 물리학에서 중요한 역할을 했다. 1623년, 갈릴레오는 『시금자(*The Assayer*)』에서 이렇게 썼다.

> 철학은 우리 눈에 끊임없이 열려 있는 우주라는 웅대한 책에 담겨 있다. 하지만 그 책을 읽으려면 우선 거기에 쓰여 있는 언어를 이해하고, 문자를 배워야 한다. 언어는 수학이며, 문자는 삼각형, 원, 다른 기하학적 도형들이다. 이들이 없다면 인간은 그 책에 적힌 단어를 단 하나도 이해하지 못한 채 어두운 미로를 방황할 것이다.

갈릴레오의 말은 예언이다. 17세기까지 수학은 물리학이 이룬 극적인 진보의 주요 원동력이 되었고, 오늘날 수학과 물리학은(천문학, 화학, 공학과 그 관련 분야도) 서로 떼어놓을 수 없는 사이이다.

그러나 아주 최근까지도, 수학은 생물학의 발전에 그리 큰 역할을 하지 못했다. 그 까닭 중 하나는 수학자를 고용해 목장을 발전시켜 보려던 한 목축업자에 관한 오래된 농담에 나와 있다. 수학자가 내민 보고서를 펼쳐 본 목축업자는 첫 문장밖에 읽지 못했다. "소를 둥근 구라고 가정하자." 갈릴레오가 말하는 삼각형과 원의 언어는 살아 있는 세계의 유기적 형태와는 동떨어진 것 같다.

목축업자의 이야기는 재미있기도 하지만, 수리 생물학자가 되려는 이들에게 교훈을 주기도 한다. 수학 모형에 대한 오해 또한 드러난다. 수학 모형이 유용하려면 실제를 그대로 표현할 필요가 없다. 사실 그 모형이 유용한 통찰을 제공하는 한 오히려 덜 현실적으로 만드는 것이 일반적으로 더 쓸모가 있다. 모형이 표현하려는 과정이나 대상만큼 복잡하면 너무 복잡해서 쓸모가 없을 수도 있다. 단순한 모형이 다루기가 더 쉽다. 그러므로 구 모양의 소는 송아지를 낳는 데는 쓸모가 없지만 소의 피부병이 어떻게 전염되는지 알고 싶을 때는 유용한 근사일 수 있다.

물론 좋은 모형이 되려면 필수적이고 중요한 사항을 빼놓지 않을 정도로 충분히 실제적이어야 한다. 죽지 않는 토끼들로 토끼 개체수를 모형화한다면, 현실에는 존재하지 않는 폭발적인 개체수 증가를 관찰하게 될 것이다. 하지만 그런 모형에서조차, 환경이 제약을 가하기 전까지 작은 개체군이 자라나는 과정을 잡아낼 수 있다. 그러므로 너무 쉽게 모형을 폐기하지 말자. 중요한 것은 모형에서 무엇을 예측하는가이며, 무엇을 배제했는가가 아니다. 수리 생물학 기법 중 첫째는 유용한 모형을 선택하는 것이다. 둘째로 생물학을 진지하게 받아들이고 중요한 사항을 빠뜨려서는 안 된다. 마지막으로 생물학자들이 풀고자 하는 문제에 관심을 가져야 한다. 하지만 가끔은 한 발자국 뒤로 물러나 단순하고 비현실적인 모형에서 새로운 수학적 아이디어를 시도할 때 어떤 결과가 나오는지 보는 것도 필요하다. 오래된 우스갯소리가 하나 더 있다. 술 취한 사람이 가로등 밑에서 열쇠를 찾는다. "자네, 여기에 열쇠를 떨어뜨렸나?" "아니, 하지만 여기가 불빛이 있어 잘 보이잖아." 요제프 바이젠바움(Joseph Weizenbaum)의 책 『컴퓨터의 힘과 인간 이성(*Computer Power and Human Reason*)』에 나온 이 우스운 상황은 많은 이가 알지는 못하지만 과학에 대한 비유이다. 과학에서는 가로등 밑에서 찾지 않으면 아무것도 찾지 못한다. 어쩌면, 정말로 어쩌면, 열쇠가 길가 시궁창에 있더라도 그 열쇠를 찾을 횃불을 가로등 밑에서 발견할지도 모른다. 『생명의 수학』에 나온 여러 주제는, 당시에는 최적이었지만 지나치게 단순한 모형에서 시작했다. 하지만 그 모형들은 결국 생물학에 매우 유익한 정보였다. 갓 태어난 좋은 아이디어가 질식되지 않도록 하는 것도 중요하다.

생물학이 수학을 끌어안기 시작한 과정을 돌아볼 때, 한 가지 점이 눈에 띈다. 오래전 아무도 눈치채지 못했을 때도 수학은 생물학과 함께했다는 점이다. 멘델의 발견은 특정한 성질을 가진 식물 수가 만들어 낸 단순한 수학적 패턴을 활용한 결과였다. 초기 현미경은 경험을 기반으로 개발했지만, 곧 광학 수학을 활용하기 시작했다. 광학이 없이는 매우 우수한 현미경을 만들 수 없기 때문이다. 인상적이지만 설명하기 어려운, 그러나 우연이라고 할 수 없는 숫자 규칙이었던 샤가프의 법칙은 DNA 구조에 관한 단서 중 하나였다. 엑스선 회절에 관한 브래그의 법칙은 아주 중요해서 생물학적으로 중요한 분자 구조의 지식 대부분이 관련될 정도다. 진화론의 경우는 최근까지 어떤 수식도 등장하지 않았지만, 적어도 다윈이 비글 호에 올랐던 까닭은 수학과 관련 있다. 비글 호에서는 여러 활동 중에서도 특히 크로노미터를 사용한 조사, 즉 수학적 기법으로 경도를 찾고 있었기 때문이다.

그렇기에 생물학의 문제를 수학으로 풀게 된 것이 내가 말하는 여섯 번째 혁명은 아니다. 혁명적인 것은, 얼마나 폭넓게 수학적 기법을 사용했는가, 그 기법들로 인해 일부 생물학 분야에서 설정하기 시작한 의제의 규모가 어느 정도인가와 관련된다. 나는 수학이 현재 물리학을 지배하는 방식대로 생물학적 사고를 지배하리라고는 믿지 않는다. 그러나 생물학에서 수학의 역할은 매우 중요해지고 있다. 21세기의 생물학은 20세기가 시작할 때 어느 누구도 상상하지 못했던 방식으로 수학을 활용하고 있다. 22세기가 되기 전까지, 수학과 생물학은 서로를 알아볼 수 없을 정도로 변화시킬 것이다. 19세기와 20세기에 수학과 물리학이 그랬듯 말이다.

다윈 시대의 초기 진화론에서는 수학이 아닌 지질학이 필수였다. 1960년대 세포 생물학에서는 화학이 필수가 되었다. 이후 생물 정보학의 출현에는 컴퓨터 과학이 참여했다. 이제 물리학과 수학이 이 소용돌이에 발을 들이고 있다. 생물학만이 이렇게 변하는 것은 아니다. 과학의 다른 모든 분야들도 마찬가지이다. 과학의 전통적인 경계는 무너지고 있다. 더는 다른 과학이 존재하지 않는 듯 생물학을 공부할 수 없다.

오늘날의 과학에는 자신의 전공에만 사로잡힌 고립된 과학자 집단들이 아닌 관심 분야가 다양하고 보완적인 사람들로 이루어진 팀이 필요하다. 과학은 부락 집단에서 세계적인 공동체로 바뀌고 있다. 수리 생물학 이야기가 주는 교훈이라면, 공동체는 구성원 각자에게 불가능한 일도 이루어 낼 수 있다는 것이다.

미래 과학을 이끌 지구 생태계에 온 것을 환영한다.

후주

1 수학과 생물학

1 더 적확하게, 집고양이는 펠리스 실베스트리스(*Felis sylvestris*)이지만, 학명은 펠리스 카투스(*Felis catus*)이다.

2 J. D. 왓슨, F. H. 크릭, 「핵산의 분자 구조: 디옥시리보스 핵산의 구조(Molecular structure of nucleic acids: a structure for deoxyribose nucleic acid)」, *Nature* 171 (1953) 737~738.

3 '완성'을 어떤 뜻으로 보느냐에 따라 날짜가 달라진다. 염기 서열 초고는 2000년에 발표했고, 이른바 '완성된' 초고는 2003년 발표했다. 마지막 남은 염색체, 염색체 1의 염기 서열은 2006년 5월 《네이처》에서 발표했다. 하지만 메우지 못한 부분이 얼마 남아 있기 때문에, 아직 완성되지 못했다고 말할 수 있다. 알려진 공백, 불일치, 오류만 몇천 개로, 현재 열성적인 생물학자들이 정리 작업을 하고 있다.

2 작디작은 생명체

1 동영상을 보려면, www.cellimagelibrary.org/images/8082

3 생명의 긴 목록

1 분류학자들 대부분은 시아니스테스를 파루스 종의 아종으로 여기지만, 영국 조류학
   자 연합에서는 둘을 별개의 종으로 간주한다. 이들이 판단의 근거로 삼은 DNA 염기
   서열 결정법(더 구체적으로 미토콘드리아의 시토크롬B 염기 서열)에서는 이 두 새가 다른 박
   새들과 뚜렷하게 다르다는 것이 나타난다. *C.* 카에룰레우스는 다시 적어도 9종류의
   아종으로 나뉜다.

4 꽃에서 찾은 수학

1 H. 포겔, 「해바라기의 머리를 구성하는 더 효과적인 방법(A better way to construct the
   sunflower head)」, *Mathematical Biosciences* 44 (1979) 179~189.

2 S. 두아디, Y. 쿠더, 「자기 조직하는 성장 과정인 잎차례(Phyllotaxis as a self-organised
   growth process)」, *Growth Patterns in Physical Sciences and Biology* (J.-M. 가르시아 루이츠
   (J.-M. Garcia-Ruiz) 외 편집), Plenum Press, New York (1993) 341~351.

3 L. S. 레비토프, 「층 구조를 갖는 초전도체에서 유동 격자의 잎차례(Phyllotaxis of flux
   lattices in layered superconductors)」, *Physics Review Letters* 66 (1991) 224~227; M. 쿤츠,
   「잎차례의 두 가지 물리 모형에 대한 분석 결과(Some analytical results about two physical
   models of phyllotaxis)」, *Communications in Mathematical Physics* 169 (1995) 261~295.

4 에키노카투스 그루소니 이네르미스(*Echinocatus grusonii inermis*)라는 종이다. www.
   maths.surrey.ac.uk/hosted-sites/R.Knott/Fibonacci/fibnat.html#nonfib

5 G. W. 라이언(G. W. Ryan), J. L. 라우스(J. L. Rouse) and L. A. 버실(L. A. Bursill), 「해바라
   기 씨 채우기의 정량적 분석(Quantitative analysis of sunflower seed packing)」, *Journal of
   Theoretical Biology* 147 (1991) 303~328.

6 P. D. 시프먼과 A. C. 뉴웰, 「식물의 잎차례 패턴(Phyllotactic patterns on plants)」, *Physics
   Review Letters* 92 (2004) 168102.

7 A. C. 뉴웰, 쩌잉 순(Zhiying Sun), P. D. 시프먼, 「식물에 나타난 잎차례와 패턴 (Phyllotaxis and patterns on plants)」, 출판 전 논문, University of Arizona 2009.

5 종의 기원

1 「회장단 연설(Presidential Address)」, *Proceedings of the Linnaean Society*, 24 May (1859) viii.

2 F. 다윈(F. Darwin)(편집), 『종의 기원의 기초. 1842년과 1844년에 쓴 두 편의 에세이 (*The Foundations of The Origin of Species. Two essays written in 1842 and 1844*)』. Cambridge University Press, Cambridge (1909)

3 오늘날의 사람들이라면 어떻게 이처럼 구체적인 날짜를 정할 수 있는지 이해하기 어려울 것이다. 예를 들어 「창세기」에는 아담과 이브가 에덴 동산에서 추방되기 전까지 얼마나 오래 살았는지 나오지 않는다. 하지만 어셔는 『구약 성경』에 나온 지질학적 기록으로 볼 때 천지 창조는 정확히 예수 그리스도가 태어나기 4000년 전에 일어났다고 확신했다. 어셔가 예수의 생년월일을 정확히 알 수 있었다면 창조의 날짜도 자동으로 나왔을 것이다. 당시 신학자들은 예수가 기원전 4년에 태어났다는 데 의견이 일치했기 때문에, 천지 창조는 기원전 4004년에 일어났다고 생각했다. 어셔는 성경에 나온 다른 사건의 날짜도 계산했다. 노아의 홍수는 그의 계산에 따르면 기원전 2348년에 일어났다.

4 2004년 갤럽 여론 조사에 따르면 미국인의 약 45퍼센트가 지구의 나이는 1만 년이며 신이 지구를 창조했다고 믿고 있으며, 38퍼센트는 신이 지구를 창조했지만 지구의 나이는 몇백만 년 단위에 이른다고 생각한다. 13퍼센트는 지구의 나이는 몇백만 년이며, 신이 지구를 창조한 것이 아니라고 믿는다. 1997년 과학을 전공한 미국인을 상대로 한 갤럽 여론 조사에서는 5퍼센트만이 지구의 나이가 1만 년 이하라고 생각했다. 40퍼센트는 신이 지구를 창조했으나 그 일은 몇백만 년 전에 일어났다고 생각했다. 나머지 55퍼센트는 지구가 매우 오래되었으며 신은 인간의 진화와 아무 관련이 없다고 믿었다. 이중 소득이 연 2만 달러 이하인 사람은 각각 59퍼센트, 28퍼센트, 6.5퍼센트를 차지했으며, 연 5만 달러 이상을 버는 사람은 각각 29퍼센트, 50퍼센트, 17퍼센트였다.

5 이 시는 다윈의 『종의 기원』이 나오기 20년 전인 1849년에 나온 것으로, 1844년 로버

트 체임버스(Robert Chambers)가 익명으로 발표한 책 『천지 창조 역사의 흔적(*Vestiges of the Natural History of Creation*)』의 영향을 받았다. 체임버스의 책에서는 종의 변성, 항성의 진화, 기타 추측성의 과학 이론들을 설명했으며, 훗날의 진화론에 대한 여론을 완화시켰다. 급진주의로 인기를 얻었지만, 책이 널리 알려지면서 유물론을 주장한다는 이유로 지배층의 맹렬한 비난을 받았다.

6 축구를 생각해 보자. 경기마다 비기는 경우 없이, 한 팀은 이기고 다른 한 팀은 반드시 진다. 하지만 승패가 순전히 무작위로 결정되지는 않는다. 경기 기량이 더 뛰어난 팀일수록 더 많이 이기게 마련이다. '기량'을 어느 팀이 이기는가를 가지고 동어 반복으로 정의한다면, 위의 문장은 참일 것이다. 하지만 이것은 시작이지 끝이 아니다. 더 자세히 조사하면 공에 대한 어떤 능력, 전략, 강도, 열정 또는 '믿음'이 그 팀의 승률을 높이는지 알 수 있다. 진 팀을 빼 버리고 이긴 팀을, 기량까지 함께 복제할 수 있다면 경기 수준은 전체적으로 향상될 것이다.

   루이스 아마라우(Louis Amaral)는 망 기법을 사용해 2008 유럽 축구 선수권 대회에 출전한 팀들의 기술을 분석했다. 경기 장면을 통해 팀마다 패스의 정확도, 슛 횟수 등의 점수를 매겼고, 이러한 데이터를 가지고 각 팀의 기량 수준을 정했다. 순위는 대회에서의 실제 결과에 매우 가까웠다. 다음을 참고하라. J. 두치(J. Duch), J. S. 웨이츠먼(J. S. Waitzman), L. A. N. 아마라우, 「팀 내 각 선수들의 경기 실적을 수량화하기(Quantifying the performance of individual players in a team activity)」, *PLoS ONE* 2010 5(6):e10937. doi:10.1371/journal.pone.0010937.

7 두 마리 작은 초식 공룡이 행복하게 풀을 뜯고 있다가 벨로키랍토르가 다가오고 있음을 알아챈다. (전에는 벨로키랍토르가 아닌 티라노사우루스였겠지만, 『쥐라기 공원』이 나온 후에는 바뀌었다.) 두 마리 공룡 중 하나가 곧 뛰기 시작한다. "달려봤자 소용 없어. 벨로키랍토르보다 빨리 뛸 수 없잖아."라고 다른 공룡이 말한다. 뛰어가던 공룡이 뒤를 돌아보더니 소리친다. "소용 있어. 난 너보다 빨리 뛸 수 있거든!"

8 실제로는 조금 더 복잡하다. 예를 들어 유전체의 어떤 부분은 다른 부분보다 더 잘 바뀐다.

9 테오도시우스 도브잔스키, 「생물학의 무엇도 진화 없이는 말이 되지 않는다(Nothing

in biology makes sense except in the light of evolution)」, *American Biology Teacher* 35(1973) 125~129.

10 1841년 주요 고생물학자 리처드 오언(Richard Owen)은 (치아의 모양을 보았을 때) 바위너구리의 것이라고 생각했던 불완전한 화석을 발견하고는 히라코테리움(*Hyracotherium*)이라는 새로운 종으로 분류했다. 1876년 오언의 경쟁자였던 오드니엘 마시(Othniel Marsh)는 분명히 말과 비슷한 완전한 골격을 발견하고 이를 에오히푸스(*Eohippus*, 말의 시조)라는 또 다른 새로운 종으로 분류했다. 나중에 두 화석 모두 같은 종임이 분명해지자, 분류학 원칙에 따라 처음 발표된 이름을 쓰게 되었다. 그렇게 '말의 시조'라는 적절한 표현은 사라졌고, 과학적인 오해가 계속되었다.

6 수도원 정원에서

1 맞아도 너무 잘 맞았을 것이다. 멘델이 수집한 데이터를 재분석하면 통계적으로 예상되는 것보다 더 잘 일치함을 알 수 있다. 어쩌면 애매한 경우에는 무의식적으로 데이터를 조작했을 것이다. 다음을 참고하라. 로널드 에일머 피셔(R. A. Fisher), 「멘델의 연구는 재발견되었는가?(Has Mendel's work been rediscovered?)」, *Annals of Science* 1(1936) 115~137.

2 이와 같은 관례는 분명히 드러나지 않는다. 보통 AB라면 요소 A는 아버지에게서, 요소 B는 어머니에게서 온 것으로 표준화되어 있기 때문에, AB와 BA는 다를 수 있다. 멘델의 실험은 AB=BA임을 암시했다.

7 생명의 분자

1 본래는 디옥시리보스핵산(deoxyribose nucleic acid)이다. 이 책 18쪽에서 크릭과 왓슨을 인용한 부분을 참고하라.

2 이것은 닭과 달걀의 상황처럼 보일지도 모른다. 효소를 구체적으로 나타내려면 DNA가 필요하고, DNA를 복제하려면 효소가 필요하기 때문이다. 같은 상황의 수수께끼들이 모두 그렇듯이, 여기에서도 답은 '이 피드백 고리는 재귀 구조가 없는 더 단순한 구조에서 유래되었다.'일 것이다.

3 동물이나 미생물(식물은 제외)의 미토콘드리아에서는 정지(STOP)가 아닌 트립토판 단 백질을 UGA(U=우라실)로 암호화한다. 그러므로 세포 분자 장치에서 번역될 때, 단백 질 합성은 트립토판이 삽입되었어야 할 자리에서 멈춘다. 또한 대부분의 동물 미토콘 드리아에서는 AUA가 이소류신이 아닌 메티오닌이다. 척추동물의 미토콘드리아에서 는 AGA와 AGG가 정지(STOP)이고, 효모균의 미토콘드리아에서는 CU로 시작되는 모든 세쌍둥이 암호가 류신이 아닌 트레오닌을 나타낸다.

4 리처드 도킨스, 『이기적 유전자(*The Selfish Gene*)』, Oxford University Press, Oxford (1989)

5 '이것이 무엇을 의미하는지 이해가 안 된다.'라는 뜻으로, 특히 '이것은 아무것도 의미 하지 않는다.'와 혼동을 일으킨다.

6 이와 같은 말에서 DNA 때문에 이기적이 된다는 이상한 오해가 나오는 경우도 있다.

7 잭 코언, 이언 스튜어트, 『카오스의 붕괴(*The Collapse of Chaos*)』, Viking, New York (1994)

8 존 매틱, 「복잡한 생물 속에 숨겨진 유전 프로그램(The hidden genetic program of complex organisms)」, *Scientific American*, October 2004, 291(4) 60~67.

8 생명의 책

1 미국 정부 기관들은 본래 소관 밖에 있는 것으로 보이는 연구에 대한 재정 지원 실적이 높다. 이 사업은 DoE 건강 환경 연구 자문 위원회라는 특별 소위원회에서 맡았다.

2 2010년 미국 법원에서는 이른바 유방암 유전자인 BRCA1과 BRCA2와 관련해 미리어 드(Myriad) 사가 제기한 특허 소송에 대해 무효 판결을 내렸다. 필자가 이 글을 쓰고 있 는 현재, 회사는 항소를 준비 중이다.

3 적어도 아직은 아니다. 하지만 나노 기술의 발전으로 DNA 가닥을 뽑아 전기적 성질 의 미묘한 차이를 이용해 염기를 읽어 낼 장치가 생길 것이다. 이미 여러 차례 진보가 이루어졌다. 가장 최근에는 탄소 원자들이 이룬, 두께가 원자 하나 정도인 벌집 그래핀 (graphene)의 한 층에 작은 구멍을 낼 수 있을 정도로 발전했다.

4 T. 래드퍼드(T. Radford), 「"게이 유전자" 이론, 혈액 검사 통과 실패("Gay gene" theory fails blood test)」, *The Guardian* (23 April 1999) 11.

5   D. H. 해머, S. 후(S. Hu), V. L. 매그너슨(V. L. Magnusson), N. 후(N. Hu), A. M. 패터투치
(A. M. Pattatucci), 「X 염색체에 나타난 DNA 표지와 남성의 성적 취향 사이의 관련성
(A linkage between DNA markers on the X chromosome and male sexual orientation)」, *Science*
261(1993) 321~327.

6   G. 라이스, C. 앤더슨(C. Anderson), N. 리쉬(N. Risch), G. 에버스(G. Ebers), 「남성의 동
성애: Xq28의 미소부수체 표지와 관련성 없음(Male homosexuality: absence of linkage to
microsatellite markers at Xq28)」, *Science* 284 (1999) 665~667

9 생명의 나뭇가지를 따라서

1   K. 오치아이, T. 야마나가, K. 기무라, O. 사와다 「시겔라 균주 사이의 항생제 내성의 유
전과 시겔라 균주와 대장균 균주 사이의 항생제 내성 전달(Inheritance of drug resistance
(and its transfer) between *Shigella* strains and between *Shigella* and *E.coli* strains)」 [in Japanese],
Hihon Iji Shimpor 1861 (1959) 34.

2   더글라스 시어벌드, 「보편 공통 가계 이론의 검증(A formal test of the theory of universal
common ancestry)」, *Nature* 466 (2010) 219~222.

10 4차원에서 온 바이러스

1   유클리드는 기하학을 체계적인 토대 위에 세웠으나, 그 자신이 새로운 기하를 창조하
지는 못했던 것 같다. 일반적으로 아폴로니우스, 에우독소스, 아르키메데스 같은 다른
그리스 기하학자들이 수학자로서 더 창의적이었다고 여긴다.

2   입방체(cube)는 다른 이름과 일관성 있게 정육면체(hexahedron)라고도 하는데, 아무도
이 일관성을 지키지 않고 입방체로 부른다.

3   예를 들어 아르키메데스의 원리는 선박의 설계에서도 여전히 중요하다. 선박이 물 위
에 뜰지, 뜬다면 얼마나 안정할지 등이 이 원리에 따라 결정되기 때문이다. 지렛대의 원
리는 건물, 자동차, 다리 등의 설계와 관련된 컴퓨터 소프트웨어 안에 내장되어 있다.

4   이언 스튜어트, 『아름다움은 왜 진리인가(*Why Beauty is Truth*)』, Basic Books, New York
(2007)

5   D. L. D. 캐스퍼, 에런 클루그, 「규칙적인 바이러스 구성의 물리적 원리(Physical principles in the construction of regular viruses)」, *Cold Spring Harbor Symposia on Quantitative Biology* 27, Cold Spring Harbor Laboratory, New York (1962) 1~24.

6   N. G. 리글리, 「전자 현미경으로 연구한 세리케스티스 무지개 바이러스의 구조 (An electron microscope study of the structure of Sericesthis iridescent virus)」, *Journal of General Virology* 5 (1969) 123~134; N. G. 리글리, 「전자 현미경으로 연구한 티퓰라 무지개 바이러스의 구조(An electron microscope study of the structure of Tipula iridescent virus)」, *Journal of General Virology* 5 (1970) 169~173.

7   R. C. 리딩턴, Y. 얀(Y. Yan), J. 물레(J. Moulai), R. 샬리(R. Sahli), T. L. 벤자민(T. L. Benjamin), S. C. 해리슨(S. C. Harrison), 「3.8-Å의 해상도에서 관찰한 시미안 바이러스 40의 구조(Structure of simian virus 40 at 3.8-Å resolution)」, *Nature* 354 (1991) 278~284.

8   R. 트바로크, 「바이러스의 구조와 집합에 관한 수리 물리학자의 연구(A mathematical physicist's approach to the structure and assembly of viruses)」, *Philosophical Transactions of the Royal Society of London A* 364 (2006) 3357~3374.

9   R. 트바로크, 「바이러스 구조 문제의 해법으로서 바이러스 캡시드 집합에 적용한 타일링 기법(A tiling approach to virus capsid assembly explaining a structural puzzle in virology)」, *Journal of Theoretical Biology* 226(4) (2004) 477~482.

10   도널드(Donald)라는 이름이 H. S. M.에서 나온 이유는 M이 맥도널드(MacDonald)의 머리글자이기 때문이다.

11 숨겨진 배선도

1   S. 허큘라노 휴젤, B. 모타(B. Mota), R. 렌트(R. Lent), 「설치류 뇌 세포의 치수 변경 규칙(Cellular scaling rules for rodent brains)」, *Proceedings of the Natural Academy of Sciences* 103 (2006) 12138~12143; S. 허큘라노 휴젤, 「수치로 본 인간의 뇌: 영장류 뇌를 연속적으로 확대한 결과(The human brain in numbers: a linearly scaled-up primate brain)」, *Frontiers in Human Neuroscience* 3 (2009) article 31.

2   A. 호지킨, A. 헉슬리, 「막 전류와 그것이 신경 전도와 자극에 어떻게 응용되는지

에 대한 정량적 기술(A quantitative description of membrane current and its application to conduction and excitation in nerve)」, *Journal of Physiology* 117 (1952) 500~544.

3 호지킨-헉슬리 방정식의 형태는 다음과 같다.

$$I=C\frac{dV}{dt}+g_{KN}n^4(V-V_K)+g_{Na}m^3h(V-V_{Na})+g_L(V-V_L)$$

I=막전류, C=막전기용량, V=전압, V_k, V_{Na}, V_l 들은 칼륨, 나트륨, 그밖의 다른 이온 통로들에 관련된 상수이며, m, n, h는 실험 데이터를 기반으로 한 세 미분 방정식에 따라 결정되는 값이다.

4 피츠휴-나그모 방정식은 다음과 같다. (전류를 통하지 않았을 때)

$$\frac{dV}{dt}=v(a-v)(v-1)-w$$

$$\frac{dw}{dt}=bv-gw$$

v는 전압 V에서 단위가 생략된 형태이며, w는 호지킨-헉슬리 방정식에서 m, n, h의 역할을 하나의 변수로 결합한 것이다.

5 M. 골루비츠키, I. 스튜어트, P. -L. 부오노, J. J. 콜린스, 「보행과 관련된 중추 패턴 발생자의 대칭과 동물의 걸음걸이(Symmetry in locomotor central pattern generators and animal gaits)」, *Nature* 401(1999) 693~695.

6 C. A. 핀토, M. 골루비츠키, 「두발 보행의 중추 패턴 발생자(Central pattern generators for bipedal locomotion)」, *Journal of Mathematical Biology* 53 (2006) 474~489.

7 R. L. 캘러브레즈, E. 피터슨(E. Peterson), 「거머리 히루도 메디시날리스 신경의 심장 박동 조절(Neural control of heartbeat in the leech *Hirudo Medicinalis*)」, 『율동적인 움직임의 신경성 기원(*Neural Origin of Rhythmic Movements*)』 (A. 로버츠, B. 로버츠 편집), *Symposium of the Society for Experimental Biology* 37 (1983) 195~221; E. 드 슈터(E. De Schutter), T. W. 사이먼(T. W. Simon), J. D. 앵슈타트(J. D. Angstadt), R. L. 캘러브레즈, 「의료용 거

476   생명의 수학

머리의 심장 박동을 유지하는 신경 세포 진동계 모형(Modeling a neuronal oscillator that paces heartbeat in the medicine leech)」, *American Zoologist* 33 (1983) 16~28; R. L. 캘러브 레즈, F. 나딤(F. Nadim), Ø. H. 올센(Ø. H. Olsen), 「의료용 거머리의 심장 박동 조절: 율 동적인 운동 패턴의 기원, 조직, 조절을 이해하기 위한 모형 체계(Heartbeat control in the medicinal leech: a model system for understanding the origin, coordination, and modulation of rhythmic motor patterns)」, *Journal of Neurobiology* 27 (1995) 390~402; W. B. 크리스 턴 주니어(W. B. Kristan Jr), R. L. 캘러브레즈, W. O. 프리슨(W. O. Friesen), 「신경 세포의 거머리 행동 조절(Neuronal control of leech behavior)」, *Progress in Neurobiology* 76 (2005) 279~327.

8 P.-L. 부오노, A. 팔라치오스, 「거머리의 심장 박동에서 나타나는 운동신경 세포 역학 의 수학 모형(A mathematical model of motorneuron dynamics in the heartbeat of the leech)」, *Physica D* 188 (2004) 292~313.

9 H. R. 윌슨, J. D. 카원, 「국지적인 모형 신경 세포 집단에서 일어나는 흥분성과 억제성 상호 작용(Excitatory and inhibitory interactions in localized populations of model neurons)」, *Biophysical Journal* 12 (1972) 1~24.

10 P. C. 브레슬로프(P. C. Bressloff), J. D. 카원, M. 골루비츠키, P. J. 토머스(P. J. Thomas), 「시 각 피질의 패턴 형성으로 유발되는 스칼라와 수도스칼라 분기(Scalar and pseudoscalar bifurcations motivated by pattern formation on the visual cortex)」, *Nonlinearity* 14 (2001) 739~775; P. C. 브레슬로프, J. D. 카원, M. 골루비츠키, P. J. 토머스, M. C. 위너 (M. C. Wiener), 「기하학적 환영, 유클리드 대칭, 선조 피질의 기능 구조(Geometric visual hallucinations, Euclidean symmetry, and the functional architecture of striate cortex)」, *Philosophical Transactions of the Royal Society of London B* 356 (2001) 299~330; P. C. 브 레슬로프, J. D. 카원, M. 골루비츠키, P. J. 토머스, M. C. 위너, 「어떤 기하학적 환영이 시각 피질에 대한 정보를 주는가(What geometric visual hallucinations tell us about the visual cortex)」, *Neural Computation* 14 (2002) 473~491.

11 J. W. 즈웩, L. R. 윌리엄스, 「이동과 휘어짐이 가능한 함수를 사용한, 확률론적 완비체 의 유클리드 군 불변량 계산 (Euclidean group invariant computation of stochastic completion

fields using shiftable-twistable functions)」, *Journal of Mathematical Imaging and Vision* 21 (2004) 135~154.

12 매듭과 접기

1   S. A. 바서만(S. A. Wasserman), J. M. 던건(J. M. Dungan), N. R. 코자렐리, 「예측한 DNA 매듭이 발견되면서 위치 특이성 재조합 모형이 입증되다(Discovery of a predicted DNA knot substantiates a model for site-specific recombination)」, *Science* 229 (1985) 171~174; D. 섬너스(D. Sumners), 「비밀이 밝혀지다. 위상 수학으로 숨겨진 효소의 작용 탐사(Lifting the curtain: using topology to probe the hidden action of enzymes)」, *Notices of the American Mathematical Society* 42 (1995) 528~537.

2   산소 결합 또는 방출이 일어날 때 헤모글로빈의 모양이 바뀌는 영상을 보려면 다음 주소로 접속하라. en.wikipedia.org/wiki/Hemoglobin#Binding_for_ligands_other_than_oxygen.

3   헤모글로빈이 유일하다고 말함으로써 이야기를 단순하게 만들고 있다. 사실 그림 51에 나타난 특정 형태의 헤모글로빈의 변종들은 자연에 많이 존재한다. 이 변종들은 모두 상당히 비슷하기에 아마도 공통 조상에서 진화했을 것이다. 여기에는 더 강력한 의미가 있다. 원리적으로 엄청난 수의 전혀 다른 분자들이 산소를 나를 수도 있었다는 뜻이다. 여기서 '올바른 형태(the right shape)'는 '유일한 형태(the only shape)'를 뜻하지 않는다. 바로 그 역할을 하게 될 모든 형태를 뜻한다. 많은 형태의 분자들이 그 일을 할 것이다. 훨씬 많은 다른 분자들은 그 일을 하지 못할 것이다.

4   C. 레빈탈, 「우아하게 접는 방법(How to fold graciously)」, 『뫼스바우어 분광법의 생물학적 체계 적용(*Mössbauer Spectroscopy in Biological Systems*)』(J. T. P. 드부르너(J. T. P. Debrunner), E. 멍크 편집), University of Illinois Press, Illinois (1969) 22~24.

5   C. M. 돕슨(C. M. Dobson), 「단백질 접기와 그 과정에서 일어나는 오류(Protein folding and misfolding)」, *Nature* 426 (2003) 884~890.

6   S. 쿠퍼, F. 카팁(F. Khatib), A. 트뢸(A. Treuille), J. 바베로(J. Barbero), J. 리(J. Lee), M. 비넌(M. Beenen), A. 리버페이(A. Leaver-Fay), D. 베이커(D. Baker), Z. 포포비치(Z. Popović),

폴딧 게임 선수들(Foldit players), 「다자간 온라인 게임 단백질 구조 예측하기(Predicting protein structures with a multiplayer online game)」, *Nature* 466 (2010) 756~760.

7   다음 주소에 접속하면 폴딧 게임을 직접 해 볼 수 있다. http://fold.it/portal/

13 반점과 줄무늬

1   앨런 매시선 튜링, 「형태 발생의 화학적 기초(The chemical basis of morphogenesis)」, *Philosophical Transactions of the Royal Society of London B* 237 (1952) 37~72.

2   J. 머리, 『수리 생물학(*Mathematical Biology*)』, Springer, Berlin (1989)

3   S. 곤도, R. 아사이, 「에인절피시 포마칸투스 표면에 나타난 반응-확산 파동(A reaction-diffusion wave on the skin of the marine angelfish *Pomacanthus*)」, *Nature* 376 (1995) 765~768.

4   정확하게 말하면 '풍부한 대칭'은 최대 등방성 부분군 추측이라고 한다. 이 그럴듯한 추측은 결국 틀렸다고 증명되었다. M. J. 필드(Field), R. W. 리처드슨(R. W. Richardson), 「반사군에서 나타난 대칭 붕괴와 최대 등방성 부분군 추측(Symmetry breaking and the maximal isotropy subroup conjecture for relection groups)」, *Archive for Rational Mechanics and Analysis* 105 (1989) 61~94.

5   H. 마인하르트, 「분할 모형(Models of segmentation)」, 『발생 배아에서 나타나는 체절 (*Somites in Developing Embryos*)』 (R. 벨레어스(R. Bellairs) 외 편집) *Nato ASI Series A* 118, Plenum Press, New York (1986) 179~189.

6   P. 에겐베르거 호츠, 「인위적인 진화 체계에서 발생 과정과 그 물리학의 결합이 형태로 발전하는 과정(Combining development processes and their physics in an artificial evolutionary system to evolve shapes)」, 『성장, 형태, 컴퓨터에 관해(*On Growth, Form, and Computers*)』 (S. 쿠마르(S. Kumar), P. J. 벤틀리(P. J. Bentley) 편집), Elsevier, San Diego CA (2003) 302~318.

14 도마뱀 게임

1   존 메이너드 스미스, 『진화와 게임 이론(*Evolution and the Theory of Games*)』, Cambridge University Press, Cambridge (1982) 16.

2 마시모 피글리우치, 「가족 유사성 개념으로 본 종: 종 문제의 해결인가, 해체인
   가?(Species as family resemblance concepts: the (dis-)solution of the species problem?)」,
   BioEssays 25 (2003) 596~602.

3 낸시 놀턴, 「바다의 자매종들(Sibling species in the sea)」, *Annual Review of Ecology and
   Systematics* 24 (1993) 189~216.

4 이것은 그리 단순하지 않으며, 논란이 되는 부분도 있다. 유전체의 어떤 영역은 자연 선
   택으로 보존된다. 돌연변이가 나타난다 하더라도 살아남지 못한다.

5 L. M. 매슈스(L. M. Mathews), A. 앵커(A. Anker), 「분자 계통 발생론에서는 딱총새우
   종 집합체(갑각강, 딱총새우과, 알페우스 아르밀라투스)에서 나타나는 과거와 현재의 광
   범위한 방사선 양을 밝혀낸다(Molecular phylogeny reveals extensive ancient and ongoing
   radiations in a snapping shrimp species complex (Crustacea, Alpheidae, *Alpheus armillatus*))」,
   Molecular Phylogenetics and Evolution 50 (2009) 268~281.

6 G. 포겔(G. Vogel), 「아프리카코끼리 종은 둘로 분화된다(African elephant species splits in
   two)」, *Science* 293 (2001) 1414.

7 H. 사야마(H. Sayama), L. 카우프만(L. Kaufman), Y. 바얌(Y. Bar-Yam), 「지질학적으로
   불규칙한 서식지에서 일어나는 자연 발생적인 패턴 형성과 유전적 다양성(Spontaneous
   pattern formation and genetic diversity in habitats with irregular geographical features)」,
   Conservation Biology 17 (2003) 893; M. A. M. 드 애굴러(M. A. M. de Agular), M. 버랭거
   (M. Baranger), Y. 바얌, H. 사야마, 「공간에 분포된 유전 개체군에서 일어나는 자연 발생
   적인 패턴 형성의 견고함(Robustness of spontaneous pattern formation in spatially distributed
   genetic populations)」, *Brazilian Journal of Physics* 33 (2003) 514~520.

8 A. S. 콘드라쇼프, F. A. 콘드라쇼프, 「동지역성 종 분화 과정의 정량적 특성들끼리의 상
   호 작용(Interactions among quantitative traits in the course of sympatric speciation)」, *Nature*
   400(1999) 351~354.

9 U. 딕먼, M. 도벨리, 「동지역성 종 분화에 따른 종의 기원에 대해(On the origin of species
   by sympatric speciation)」, *Nature* 400 (1999) 354~357.

10 다윈의 방울새 종들은 다음과 같다.

큰선인장방울새(Large cactus-finch, *Geospiza conirostris*)

날카로운부리땅방울새(Sharp-beaked ground-finch, *Geospiza difficilis*)

흡혈귀방울새(Vampire finch, *Geospiza difficilis* septentrionalis) [아종]

중간땅방울새(Medium ground-finch, *Geospiza fortis*)

작은땅방울새(Small ground-finch, *Geospiza fuliginosa*)

큰땅방울새(Large ground-finch, *Geospiza magnirostris*)

다윈의큰땅방울새(Darwin's large ground-finch, *Geospiza magnirostris* magnirostris) [아종으로 멸종되었을 수 있음.]

일반선인장방울새(Common cactus-finch, *Geospiza scandens*)

초식방울새(Vegetarian finch, *Camarhynchus crassirostris*)

큰나무방울새(Large tree-finch, *Camarhynchus psittacula*)

중간나무방울새(Medium tree-finch, *Camarhynchus paupaer*)

작은나무방울새(Small tree-finch, *Camarhycnchus parvulus*)

딱따구리방울새(Woodpecker finch, *Camarhynchus pallidus*)

맹그로브방울새(Mangrove finch, *Camarhynchus heliobates*)

휘파람방울새(Warbler finch, *Certhidea olivacea*)

11 다윈의 방울새들이라는 말은 두 번째 책으로 유명해졌으나, 원래는 1936년 퍼시 로(Percy Lowe)가 만들어 낸 말이다.

12 더 정확하게 말하면 새로운 두 표현형이 불연속적으로 나타난다 해도, 그 사이의 평균 표현형이 연속적으로 변한다. 표현형들이 어떻게 그 평균값에서 벗어나는지를 생각한다면, '불변'이라는 단어가 적용되며, 사실 수학 모형에서 연구하는 부분이 바로 이 '불변'이 적용된 부분이다. J. 코언, I. 스튜어트, 「표현형 대칭 붕괴로서 바라본 다형성(Polymorphism viewed as phenotypic symmetry breaking)」, 『생물학과 물리학에서 나타나는 비선형적 현상(*Nonlinear Phenomena in Biological and Physical Sciences*)』(S. K. 말릭(S. K. Malik) 외 편집), Indian National Science Academy, New Delhi (2000) 1~63; I. 스튜어트, T. 엘름허스트, J. 코언, 「종의 기원으로서의 대칭 붕괴(Symmetry breaking as an origin of species)」, 『분기, 대칭, 패턴(*Bifurcations, Symmetry, and Patterns*)』(J. 부스큐(J. Buescu) 외

편집), Birkhäuser, Basel (2003) 3~54.

15 정보망 형성

1 A. 테로, S. 다카기(S. Takagi), T. 사이구사(T. Saigusa), K. 이토(K. Ito), D. P. 베버(D. P. Bebber), M. D. 프릭커(M. D. Fricker), K. 유미키(K. Yumiki), R. 고바야시(R. Kobayashi), T. 나카가키(T. Nakagaki), 「생물학에서 영감을 받은 적응망 설계 규칙(Rules for biologically inspired adaptive network design)」, *Science* 327 (2010) 439~442.

2 상징적인 용어를 그림으로 나타내면, 중요한 것은 한 점에서 만나는 선의 개수임이 드러난다. 예를 들어 닫힌 경로가 존재한다고 가정하자. 그 경로가 한 점을 통과한다면 언제나 그 점에서 나오게 된다. 그러므로 어떤 점에서든 그 점에서 만나는 선의 개수는 짝수이다. 쾨니히스베르크 다리 문제는 이렇게 해결되는데, 다리 그림에는 3개의 선이 만나는 점 3개와 5개의 선이 만나는 점 하나가 있기 때문이다. 홀수 개의 선이 만나기 때문에 쾨니히스베르크 다리 문제는 닫힌 경로로 풀 수 없다. 열린 경로는 두 끝이 있으며 두 끝에서 들어오는 선분의 개수는 홀수이다. 두 끝 외에는 모두 짝수이다. 그러므로 이제 정확히 두 점, 즉 경로의 양 끝에서 홀수 개의 선이 만난다. 쾨니히스베르크 그림에는 홀수 개의 선이 만나는 점이 넷이므로, 열린 경로 또한 존재하지 않는다.

오일러가 증명한 사실은, 그림이 연결되었다(어떤 두 점이든 그를 잇는 경로가 있다.)는 전제 아래 위 조건들은 적절한 경로가 존재하는지를 판단하는 충분 조건이 된다는 것이다. 오일러는 여러 쪽에 걸쳐 기호를 써서 증명했다. 그림으로 본다면 사실상 자명하다.

3 Y. 구라모토, 『화학적 진동과 파동, 그리고 난류(*Chemical Oscillations, Waves, and Turbulence*)』, Springer, New Youk (1984)

4 J. R. 콜라이어, N. A. M. 멍크, P. K. 마이니, J. H. 루이스, 「측면 억제 피드백에 따른 패턴 형성: 세포간 델타-노치 신호(Pattern formation by lateral inhibition with feedback: a mathematical model of Delta-Notch intercellular signalling)」, *Journal of Theoretical Biology* 183 (1996) 429~446.

생명의 수학

1 구체적으로, 이 수는 $\frac{1}{10}(5+\sqrt{5})\phi^n$ 에 가장 가까운 정수이다. ϕ는 황금수 $\frac{1}{2}$
$(1+\sqrt{5})\sim1.618034$이다.

2 로지스틱 방정식은 다음과 같다.

$$\frac{dN}{dt}=rN(1-\frac{N}{K})$$

r과 N은 상수이다. 여기서 r은 무제한의 성장률이고, K는 개체군의 최대 크기이다. 개체수가 N일 때, 실제 성장률은 $r(1-\frac{N}{K})$로, N에 따라 달라진다. 그래서 이와 같은 성장률을 밀도 종속(density-dependent) 성장률이라 한다.

초기 조건이 $N(0)=N_0$일 때, 로지스틱 방정식은 외적인 표준 방법으로 풀 수 있으며, 그 해는 다음과 같다.

$$N(t)=\frac{KN_0e^{rt}}{K+N_0(e^{rt}-1)}$$

N_0는 초기 개체 수이다.

3 R. M. 메이, 「단순 수학 모형의 매우 복잡한 역학(Simple mathematical models with very complicated dynamics)」, *Nature* 261 (1976) 459~467.

4 그 요령이란 X_t를 $\frac{bX_t}{a}$ 로 바꾸는 것이다.

5 모형은 다음과 같다.

$$L_{t+1}=bA_t\exp(-c_{ea}A_t-c_{el}L_t)$$
$$P_{t+1}=L_t(1-\mu_l)$$
$$A_{t+1}=P_t\exp(-c_{pa}A_t)+A_t(1-\mu_a)$$

L_t는 먹이를 먹는 유충의 수, P_t는 먹이를 먹지 않는 유충과 번데기, 갓 나온 성충의 수,

A_t는 성충의 수이며, 모두 시간 t에서의 값이다. 다른 기호들은 매개 변수를 나타낸다.

6   2기(Period-2): R. F. 콘스탄티노(R. F. Costantino), 제임스 쿠싱, B. 데니스(B. Dennis),

R. A. 드샤르나이스(R. A. Desharnais), 「곤충 개체군에 실험적으로 유도한 변화

(Experimentally induced transitions in the dynamic behavior of insect populations)」, *Nature*

375 (1995) 227~230; 카오스(Chaos): R. F. 콘스탄티노, R. A. 드샤르나이스, J. M. 쿠싱,

B. 데니스, 「곤충 개체군에서의 카오스 역학(Chaotic dynamics in an insect population)」,

Science 275 (1997) 389~391.

7   J. 휘스먼, F. J. 바이싱, 「종의 진동과 카오스에 따른 플랑크톤의 생물학적 다양성

(Biodiversity of plankton by species oscillations and chaos)」, *Nature* 402 (1999) 407~410.

8   E. 베닌커(E. Benincà), J. 휘스먼, R. 히어클로스(R. Heerkloss), K. D. 욍크(K. D. Jöhnk),

P. 브랑쿠(P. Branco), E. H. 반 네스(E. H. Van Nes), M. 셰퍼(M. Scheffer), S. P. 엘너(S. P.

Ellner), 「플랑크톤 집단을 대상으로 한 장기 실험에서 나타난 카오스(Chaos in a long-

term experiment with a plankton community)」, *Nature* 451 (2008) 822~825.

9   M. J. 킬링(M. J. Keeling), 「구제역의 모형들(Models of foot-and-mouth disease)」,

Proceedings of the Royal Society of London B 272 (2005) 1195~1202.

17 생명이란?

1   1960년에 선구자 격인 오즈마(Ozma) 프로젝트가 있었다.

2   완전한 사양을 알고 싶다면 주소를 검색하라.

en.wikipedia.org/wiki/Von_Neumann_cellular_automata

3   J. 폰 노이만, A. W. 버크스, 『자기 복제하는 자동 장치론(Thoery of Self-Reproducing

Automata)』, University of Illionois Press, Chicago (1966)

4   예를 들어 다음을 참고하라. www.ibiblio.org/lifepatterns/

5   E. R. 벌르캠프(E. R. Berlekamp), J. H. 콘웨이, R. K. 가이(R. K. Guy), 『수학 퍼즐 위닝웨

이즈 제2권(Winning Ways volume 2)』, Academic Press, London (1982)

6   M. 쿡, 「기초 세포 자동 장치의 범용성(Universality in elementary cellular automata)」,

Complex Systems 15 (2004) 1~40.

7   C. G. 랭턴, 「인공 생명(Artificial life)」, 『인공 생명(*Artificial Life*)』 (C. G. 랭턴 편집), Addison-Wesley, Reading MA (1989), 1.

8   www.darwinbots.com/WikiManual/index.php/Main_Page

9   여기서 '최소'라는 말은 보통 'DNA를 여기서 더 제거하면 작동하지 않을 것'이라는 뜻이다. 그와 같은 최소 유전체는 유일하지 않을 수도 있다. 적당한 크기로 유전체를 자르는 방법이 여러 가지가 될 수 있으며, 그렇게 자른 유전체들을 저마다 다른 용도로 쓸 수도 있기 때문이다.

18 거기 누구 없소?

1   K. 토머스 케프르타(K. Thomas-Keprta), S. 크레메(S. Clemett), D. 매카이(D. McKay), E. 깁슨(E. Gibson), S. 웬트워스(S. Wentworth), 「화성 운석 ALH 84001의 자철석 나노 결정의 기원(Origin of magnetite nanocrystals in Martian meteorite ALH 84001)」, *Geochimica et Cosmochimica Acta* 73 (2009) 6631~6677.

2   D. 브라운리, P. D. 워드, 『희귀한 지구』, Copernicus, New York(2000)

3   두 낱말 모두 라틴-그리스 어 합성어로, 전에는 수용하지 않았지만 지금은 아주 흔히 사용해서 거부감을 느끼는 사람이 거의 없다. '텔레비전(Television)'이 그와 같은 예이다.

4   큰 수 n에 대해, n개의 항성이 있으며, $p=\dfrac{1}{n}$이라고 하자. 이항 분포에 따르면 지적 생명이 정확히 한 행성에만 존재할 확률은 $np(1-p)^{n-1}$로, e^{-1}에 매우 가깝다. $np=1$이고, $(1-\dfrac{1}{n})^{n-1}$은 e^{-1}에 매우 가깝기 때문이다. e=2.718는 자연 로그의 밑수로, $e^{-1}=0.37$이다. 둘 이상의 행성에 지적 생명이 존재할 확률은 1-0.37-0.37=0.26이다.

5   '현재'라는 말이 상대성에 모순되는 것처럼 들릴 수 있을지도 모르겠다. 상대론에서는 모든 관성 운동 관찰자들에게 적용되는 동시성의 개념이 없기 때문이다. 상대론이 옳을 수도 있겠지만, 우리는 우리만의 특별한 좌표계를 선택할 수 있다. 그렇게 하면 지적 외계 생명체는 **우리의 관점에서** 현재가 된다.

6   C. D. B. 브라이언(C. D. B. Bryan), 『제4종 근접 조우(*Close Encounters of the Fourth Kind*)』, Alfred A. Knopf, New York (1995)

7 권터 베히터새우저, 「진화 생화학의 기초 작업: 철과 황의 세계(Groundworks for an evolutionary biochemistry: the iron-sulphur world)」, *Progress in Biophysics and Molecular Biology* 58 (1992) 85~201.

8 N. 레인(N. Lane), 「창세기 재고(Genesis revisited)」, *New Scientist* 2772 (17 August 2010) 36~39.

9 O. U. 메이슨(O. U. Mason), T. 나카가와(T. Nakagawa), M. 로즈너(M. Rosner), J. D. 반 노스트란드(J. D. Van Nostrand), J. 저우(J. Zhou), A. 마루야마(A. Maruyama), M. R. 피스크(M. R. Fisk), S. J. 지오반노니, 「해양 지각 최심층 미생물학에 관한 첫 연구(First investigation of the microbiology of the deepest layer of ocean crust)」, *PlosOne*, 5(11): e15399. doi:10.1371/journal.pone.0015399.

10 2011년 1월 11일 기준이다.

11 M. R. 스웨인, G. 바시쉬트(G. Vasisht), 조반나 티네티(Giovanna Tinetti), 「한 태양계 밖 행성의 대기에서 발견된 메탄(The presence of methane in the atmosphere of an extrasolar planet)」, *Nature* 452 (2008) 329~331.

12 J. L. 빈(J. L. Bean), E. M. -R. 켐프턴(E. M. R. Kempton), D. 호메이어(D. Homeier), 「초지구 태양계 밖 행성 GJ 1214b의 지상 스펙트럼 투과율(A ground-based transmission spectrum of the super-Earth exoplanet GJ 1214b)」, *Nature* 468 (2010) 669~672.

13 J. 래스커(J. Laskar), F. 주텔(F. Joutel), P. 로부텔(P. Robutel), 「달에 의한 지구의 황도 경사각 안정(Stabilization of the Earth's obliquity by the Moon)」, *Nature* 361 (1993) 615~617.

14 아폴로 달 탐사선이 달에서 가져온 바위를 보면 달의 표면이 지구의 맨틀과 거의 똑같이 구성되었음을 알 수 있다. 달은 각운동량이 크다. 이러한 사실을 모두 설득력 있게 설명하는 방법으로 지구와 다른 큰 천체 사이의 충돌이 있다. 이 충돌로 큰 맨틀 덩어리가 떨어져 나와 달이 되었다고 생각할 수 있다. 가상 실험 결과를 보면 충돌한 천체가 화성만 한 크기라면 가능했을 수도 있다. 이 '엄청난 충돌 가설'이 세워지면서, 충돌했을지도 모를 천체에는 테이아(Theia)라는 이름이 붙었다. 하지만 개선된 가상 실험에서, 테이아에서 나온 거대한 덩어리 역시 달을 이룬다는 결과가 나왔다. 그러므로 테이아는 지구의 맨틀과 구성이 거의 똑같다고 추측하고 있다. 천체 하나를 더 추가해 다시

시작점으로 돌아온 셈이다. 필자는 이 상황을 "길을 잃었다."라고 말한다.

15   나는 논의를 약간 단순화했다. 일반적인 공식에서는 행성의 방사율, 즉 복사파 방출 능
     력도 포함된다. 필자는 방사율을 대표적인 값인 1로 놓았다. 공식은 다음과 같다.

$$T_p = T_s \sqrt{\frac{R}{2D}} \left(1 - \frac{\alpha}{\varepsilon}\right)^{\frac{1}{4}}$$

T_p는 행성의 온도, T_s는 행성이 공전하는 별의 온도, R은 별의 반지름, D는 별에서 행성
까지의 거리, α는 행성의 알베도, ε은 행성의 방사율이다.

     태양-지구 계에서, T_s=5,800K, R=700,000km, α=0.3이며, 지구의 평균 방사율은 적외
선 영역(대부분의 에너지가 방출되어 나가는 곳)에서 대략 ε=1이다. 이 값들을 공식에 대입
하면 T_p=254K가 나온다.

16   한 예로 태양계 밖 행성 HD 209458b가 있다.

17   그룸바툴라(Grumbatula) VI의 준금속 마그마 거주자들은 태양 III(지구)가 생명이 존
     재하기에는 너무 춥다고 생각했었다. 안에 있는 행성들의 표면이 용해된 암석인 태양
     의 거주 가능 영역에서 꽤 많이 벗어났기 때문이다. 그룸바툴라 VI의 대양을 모두 합
     한 것보다 100만 배나 더 큰 지구 지하의 마그마 바다를 발견했을 때, 처음에는 마그마
     를 용해시킬 열원이 존재할 수 없다고 생각해 그 존재를 의심했지만, 이제 가상의 외계
     학자들은 그 증거로 인해 다시 생각해 보게 되었다.

18   M. 델니츠(M. Dellnitz), K. 패드버그(K. Padberg), M. 포스트(M. Post), B. 티에르(B.
     Thiere), 「불변 다양체의 세트 지향 근사: 천체 역학 문제들의 개념 재검토(Set oriented
     approximation of invariant manifolds: review of concepts for astrodynamical problems)」, 『천체
     역학과 그 응용의 새로운 경향 III(*New Trends in Astrodynamics and Applications III*)』 (E. 벨브
     루노(E. Belbruno) 편집), *AIP Conference Proceedings* 886 (2007) 90~99.

19   D. 사셀로프, D. 발렌시아, 「고향이라 부를 수 있는 행성들(Planets we could call home)」,
     Scientific American 303(2) (August 2010) 38~45.

도판 저작권

다음 그림들은 명시된 원저작권자와의 협의를 거쳐 가공되었다.

그림 4, 5, 15, 16, 20, 25(오른쪽), 27, 31, 34, 51, 70, 73, 75: Wikimedia Commons. Reproduced under the terms of the GNU Free Documentation License.

그림 10(오른쪽): James Murray.

그림 25(왼쪽): Kenneth J. M. MacLean. *A Geometric Analysis of the Platonic Solids and other Semi-regular Polyhedra*. LHP Press (2008).

그림 25(가운데): Christian Schroeder.

그림 26: Rochester Institute of Technology.

그림 39: Ronald Calabrese.

그림 41, 43, 44: Paul Bressloff. From P.C. Bressloff, J.D. Cowan, M. Golubitsky and P.J. Thomas, 'Scalar and pseudoscalar bifurcations motivated by pattern formation on the visual cortex', *Nonlinearity* 14 (2001) 739 – 775.

그림 47: From S.A. Wasserman, J.M. Dungan and N.R. Cozzarelli, 'Discovery of a predicted DNA knot substantiates a model for sitespecific recombination', *Science* 229 (1985) 171 – 174. Reprinted with permission from AAAS.

그림 52: Christopher Dobson, 'Protein folding and misfolding', *Nature* 426 (2003) 884 – 890.

그림 53(왼쪽): Teresa Zuberbühler.

그림 54(위): Harry Swinney.

그림 54(아래): Erik Rauch.

그림 56: Shigeaki Kondo and Rihito Asai.

그림 57(왼쪽): ASTER.

그림 57(오른쪽), 74: NASA.

그림 62: Michael Doebeli.

그림 64: A.L. Barabasi and E. Bonabeau, 'Scale-free networks', *Scientific American* 288 (May 2003) 60.

그림 65: Seiji Takagi.

옮긴이의 글

학부 때, 과독서실에서 문자와 기호, 숫자로 가득한 책을 몇 시간이고 노려보다가 기숙사로 돌아가는 길에 보았던 까치는 너무나 이상하고 신비했습니다. '살아 움직이는 것'의 경이로움이 그렇게 생생하게 느껴진 적이 없었습니다. 질서정연한 추상적 세계에서 갑자기 어떤 수학적 체계로도 설명할 수 없을 것 같은 아주 실제적이며, 구체적이고, 복잡한 생물의 세계를 보았기 때문인지도 모르겠습니다. 제게는 이 두 세계가 참 이질적이며 연결 고리가 없는 동떨어진 세계로 보였습니다.

제 느낌과는 달리, 『생명의 수학』에서는 퍽 이상한 조합인 줄로만 알았던 수학과 생물학이 실제로는 흔히 생각하는 것 이상의 관계를 맺어 왔으며, 그 관계는 앞으로 점점 더 깊어질 것이라고 합니다. '숫자'

가 어떻게 '살아 있는 것'을 이해하는 데 통찰을 준다는 것일지, 자못 궁금해집니다.

수학을 공부한 저는, 수학에 대한 사람들의 생각에 조금 더 민감한 편입니다. 고등학교까지의 수학이 수학의 전부가 아니라 아주 일부에 불과한데도 수학으로 인해 정신적 트라우마(?)를 얻으셨을 수많은 분들의 수학에 대한 반응이 조금은 안타깝기도 합니다. 수학에 뛰어난 사람은 아니지만 제가 짧게나마 공부를 하며 어렴풋이 느끼게 된 그 재미를 더 많은 분들이 아셨으면 합니다. 수학이 왜 전 분야에서 중요하고 필수적일 수 있는지를, 확실하게, 직접적으로, 마음에 닿게끔 전달하는 방법에 고민하는 이유도 그 때문입니다.

수학이 가진 아주 포괄적인 힘에 대해 조금이나마 아주 확실하게 느낀 적이 있습니다. 수업을 들으며 단 하나의 수식과 그래프가, 많은 사람들을 속인 사기 집단의 그럴듯한 논리를 단숨에, 완전히 깨뜨릴 수 있음을 보았을 때였습니다. 지금 생각하면 그때 수학적 모형, 또는 수학적 모델링의 힘과 본질에 눈을 뜬 것이라고 생각합니다.

결국 수학은 실제 현상에서 수학적 모형을 통해 적용된다고 생각합니다. 어떤 현상의 본질을 찾아 단순화하여, 거기서 수학적 원리나 패턴을 찾고, 거기서 도출되는 결과를 가지고 그 현상에 대한 예측이나 통찰을 합니다. 물론 단순화하는 과정에서 모형은 실제 세계의 복잡함을 아주 많이 잃어버리는 듯합니다. 그래도 저자는 이렇게 말합니다. 수학 모형은 실제를 있는 그대로 모방한 적이 없으며, 오히려 실제에 가까울수록 분석은 지나치게 복잡하고 결과는 제때 나오지 않는다고요. 모형은 실제의 본질에 초점을 맞출 때 진정한 통찰을 줄 수 있습니다. 생물학에서도 다르지 않을 것입니다.

『생명의 수학』에서는 생물학과 수학에 관한 많은 이야기가 나옵니다. 미생물과 DNA, 진화를 비롯하여, 식물 수비학, 바이러스, 신경망, 얼룩말의 줄무늬와 수컷 도마뱀들의 경쟁, 단백질이 접히는 과정과 인구 증가, 외계 생명체에 이르는 다양한 생물학적 주제들이 확률론과 조합, 피보나치 수열, 4차원과 대칭 이론, 게임 이론과 위상 수학, 카오스 이론 등의 수학적 이론들과 어우러져 나타납니다. 지적인 호기심이 많은 독자분들께 아주 흥미로운 내용이 될 것은 분명해 보입니다. 생물학의 각 주제들이 수학적 이론들과 관련하여 어떻게 모형화되는지를 살펴본다면 수학이 생물학과 어떤 관련을 맺어 왔고, 그 관계가 앞으로 어떻게 전개될지를 조금이나마 엿볼 수 있으리라고 생각합니다. 더불어 수학이라면 미적분을 떠올리는 독자분들께도, 그에 못지않게 중요한 다양한 수학의 얼굴들을 감상할 수 있는 기회가 될 것입니다.

다행히도, 방정식은 본문에 등장하지 않습니다. 하지만 이 책의 내용 전부를 쉽게 읽기는 어려울지도 모르겠습니다. 하지만 모르는 부분, 난해한 부분에 크게 연연하지 않는다면 저자가 전하고자했을 놀라움과 즐거움을 느낄 수 있을 것입니다. 수학자 마커스 드 사토이가 『넘버 미스터리』에서 말했듯, 음악에 대해 잘 모르고 문학에 대해 잘 몰라도, 모차르트의 음악과 셰익스피어의 작품을 감상할 수 있습니다. 예술 작품에서 느끼는 전율이 전문적인 감식가들만의 몫은 아닙니다. 수학도 마찬가지라고 생각합니다.

부디, 천천히 즐기시기 바랍니다.

안지민

찾아보기

가

가모브, 조지 148
가우스, 게오르기 프란체비치 377, 382, 393
갈릴레오 28~29, 32, 76, 463~464
곤도 시게루 297
골루비츠키, 마티 245, 248~250, 253
골턴, 프랜시스 119~120
구라모토 요시키 371
굴드, 스티븐 제이 200~202
굴드, 존 95
그랜트, 로즈메리 355
그랜트, 피터 355
그리피스, 프레더릭 141
길버트, 월터 170

나

내시, 존 319~320
네로 황제 30
노이만, 요한 루트비히 폰 318~319, 409~414
놀턴, 낸시 334
뉴얼, 앨런 80~81
뉴컴, 사이먼 221
뉴턴, 아이작 14, 76, 100

다

다르마티, 살비노 31
다윈, 이래즈머스 87~88
다윈, 찰스 로버트 14~16, 36, 62, 86~88,
    90~105, 113, 120, 190, 312, 322, 341,
    353~357, 466
더프리스, 휘호 120
데로 아쓰시 362, 367

도벨리, 마이클 344~345
도브잔스키, 테오도시우스 109
도킨스, 리처드 109, 154, 177
두아디, 스테판 77
딕먼, 올프 344~345

라

라마르크, 장 바티스트 피에르 앙투안 드 모
    네 88~90, 105
라슨, 게리 431
라이엘, 찰스 90, 94, 102
라이트풋, 존 100
래드클리프, 폴라 315
랙, 데이비드 램버트 355
램지, 마르마듀크 92
랭턴, 크리스 416~417
레비토프, 레오니트 79
레빈, 피버스 139, 142
레빈탈, 사이러스 286
레슬리, 패트릭 383
레이우엔훅, 안톤 판 33, 35~37
로젠호프, 아우구스트 폰 34
루이 16세 88
루이스, 줄리언 372
르원틴, 리처드 23
리글리, 니컬러스 218
리딩턴, 로버트 219
리스팅, 요한 베네딕트 270
린네, 칼 폰 12~14, 52~53, 58~59, 62,
    188~189

마

마이니, 필립 372
마인하르트, 한스 295
마틴, 빌 437
망델브로, 브누아 296
매카이, 크리스 460
매카티, 매클린 141
매클라우드, 콜린 먼로 141
매클린톡, 바버라 156
매틱, 존 162
맥삼, 앨런 170
맬서스, 토머스 로버트 97~98
머리, 제임스 297
머리, 존 104
멍크, 니컬러스 372
메레쉬코프스키, 콘스탄틴 121
메이, 로버트 389, 391
멘델, 그레고어 요한 15~16, 118~121,
  125~129, 465
모건, 토머스 헌트 129
모르겐슈테른, 오스카어 318
뫼비우스, 아우구스트 페르디난트 270
미셰르, 요한 프리드리히 138

바

바우어스펠트, 발터 208
바이싱, 프란츠 394~395
바이젠바움, 요제프 465
발렌시아, 다이애나 455
버크스, 아서 414
베게너, 알프레트 로타르 351
베네딩, 에두아르 반 43
베르누이, 야코프 125~126
베이에링크, 마루티뉘스 210
베이컨, 로저 31
베히터새우저, 귄터 437
벤터, 존 크레이그 168, 183
벨, 토머스 85
보베리, 테오도어 43
본스, 존 277
부오노, 루치아노 248, 252~253
브라운리, 도널드 423, 445
브래그, 윌리엄 로런스 139
브래그, 윌리엄 헨리 139
브린젤슨, 조지프 284
블리스, 에드워드 102

사

비트겐슈타인, 루트비히 요제프 요한 327

사셀로프, 드미타르 455~457
생어, 프레더릭 171
샤가프, 어윈 143
세네카 30
셰익스피어, 윌리엄 269
스메일, 스티븐 389
스미스, 존 메이너드 319~320
스웨인, 마크 441
스트로벨, 대럴 460
스펜서, 허버트 105
시발스키, 바츨라우 144
시어벌드, 더글러스 205
시프먼, 패트러 80

아

아널드, 블라디미르 389
아르키메데스 208, 259
아리스토텔레스 86
아사이 리히토 297
아인슈타인, 알베르트 14, 300, 318
알렉산더 277
앨런, 마크 461
얀센, 자카리아스 31
얀센, 한스 32
어셔, 제임스 100
에르멘트라우트, 바드 259, 262
에르미트, 샤를 208
에르쿨라누오젤, 수자나 236
에이버리, 오즈월드 시어도어 141
엘름허스트, 토비 204
오웬, 패니 91
오일러, 레온하르트 215, 368~369
오코넬, 리처드 455
왓슨, 제임스 듀이 17~19, 146~148, 152
요한 바울 2세 29
우즈, 타이거 315
울람, 스타니슬라프 마르친 411, 413
울린스, 피터 284
울프럼, 스티븐 415
워드, 피터 423, 445
월리스, 앨프리드, 러셀 86, 102~104
월린, 이언 131
웰스, 허버트 조지 220

494

윌리엄스, 랜스 265
윌슨, 존 투조 352
윌슨, 휴 259
윌킨스, 모리스 휴 프레더릭 18, 145
유클리드 207, 213, 223

자
제프리스, 해럴드 351
즈윅, 존 265

차
체이스, 마사 142

카
카루서스, 엘리너 129
카우프만, 스튜어트 341, 349, 370, 406
카웬, 잭 259, 262
캐스퍼, 도널드 214, 216~218, 233
캘러브레스, 로널드 251, 253
커비, 윌리엄 91
케플러, 요하네스 31, 100
코렌스, 카를 에리히 120
코언, 잭 154, 429
코자렐리, 니콜라스 로버트 279~280
코페르니쿠스 14
콕스터, 해럴드 스콧 맥도널드 232
콘드라쇼프, 알렉세이 342~343
콘드라쇼프, 표도르 342~343
콘웨이, 존 호턴 278, 414~416
콜리어, 조앤 372
콜린스, 짐 247
콜미스, 칼로 418
쿠더, 이브 77
쿠싱, 제임스 392
쿠퍼, 세스 288
쿡, 매슈 415
쿤츠, 마틴 79
퀴리, 피에르 300~301
크나워, 알뮈 253
크릭, 프랜시스 해리 컴프턴 17~19,
    146~148, 152
클래펌, 아서 로이 378
클루그, 에런 214, 216~218, 233
클린턴, 빌 169

타
테니슨, 앨프리드 105
톰프슨, 다시 앤트워스 23, 73~74, 82
튜링, 앨런 매시선 293~297, 308, 415
트바로크, 라이둔 219, 231~232

파
팔라시오스, 안토니오 252
퍼넷, 레지널드 124
페일리, 윌리엄 91~92
포겔, 헬무트 75
포포빅, 조런 289
폴링, 라이너스 칼 145~146
푸리에, 장 바티스트 조제프 140
푸앵카레, 앙리 389
풀러, 버크민스터 208, 217
프라이스, 조지 320
프랭클린, 로절린드 18, 145~146
플랑크, 막스 카를 에른스트 루트비히 447
피글라우치, 마시모 326~329
피사의 레오나르도(피보나치) 67, 380~381,
    390
피츠로이, 로버트 92
피츠휴, 리처드 242~244
핀토, 칼라 250

하
해머, 딘 178~179
허셜, 존 프레더릭 윌리엄 92
허시, 앨프리드 데이 142
허슬리, 앤드루 필딩 240~241
헤니히, 빌리 195
헤켈, 에른스트 하인리히 필리프 아우구스트
    189, 203
호지킨, 앨런 로이드 240~241
호츠, 페터 에겐버거 309
호프마이스터, 빌헬름 70~74
홀데인, 존 버턴 샌더슨 56
후커, 조지프 달턴 102
훅, 로버트 37~38
훔볼트, 알렉산더 폰 92
휘스먼, 제프 394~395
히포크라테스 379

옮긴이 안지민(안기연)

카이스트 수리과학과를 졸업했다. 옮긴 책에 이언 스튜어트의 『아름다움은 왜 진리인가』, 마커스 드 사토이의 『대칭: 자연의 패턴 속으로 떠나는 여행』, 『넘버 미스터리』, 레더먼·힐 공저의 『대칭과 아름다운 우주』, 테렌스 타오의 『경시대회 문제, 어떻게 풀까』가 있다.

생명의
수학

1판 1쇄 펴냄 2015년 7월 10일
1판 15쇄 펴냄 2024년 4월 15일

지은이   이언 스튜어트
옮긴이   안지민
펴낸이   박상준
펴낸곳   (주)사이언스북스

출판등록   1997. 3. 24.(제16-1444호)
(06027) 서울특별시 강남구 도산대로1길 62
대표전화   515-2000   팩시밀리   515-2007
편집부   517-4263   팩시밀리   514-2329
www.sciencebooks.co.kr

ISBN 978-89-8371-741-2 03410